"十二五"职业教育国家规划教材
经全国职业教育教材审定委员会审定

21世纪高职高专通信规划教材

U0394212

通信电源（第3版）

张雷霆 主编

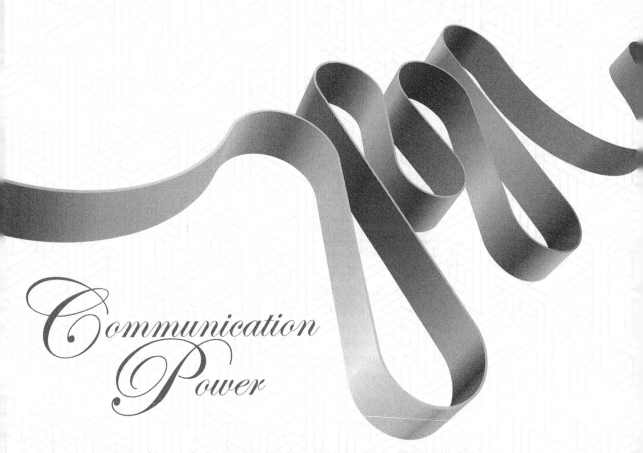

Communication Power

人民邮电出版社
北 京

图书在版编目（CIP）数据

通信电源 / 张雷霆主编. -- 3版. -- 北京：人民
邮电出版社，2014.9
　21世纪高职高专通信规划教材
　ISBN 978-7-115-34660-5

Ⅰ. ①通… Ⅱ. ①张… Ⅲ. ①通信设备－电源－高等
职业教育－教材 Ⅳ. ①TN86

中国版本图书馆CIP数据核字(2014)第030349号

内 容 提 要

根据通信电源系统构成和日常维护的规律，本书分成概述、交流篇、直流篇和综合篇。在概述中介绍通信电源系统的总体概念，简要说明各分支专业如何组成整体，构成一个满足通信正常运行所要求的电源系统；交流篇介绍高低压配电、油机发电机组、交流配电、机房空调、UPS；直流篇包括整流与变换、蓄电池、高压直流、直流配电；综合篇包含通信接地与防雷、电源与环境集中监控、电源系统日常维护测试以及通信基站电源系统设计施工维护。第 1 章至第 11 章在内容编排上考虑到认知规律的顺序，首先提出若干典型工作任务，包含所需知识、能力、参考行动计划、参考操作步骤、检查评估等子项。在每一章的第二部分配套以完成相应典型工作任务所需的较为系统的专业理论知识以供学习。这样的编排有利于提高读者学习的主动性和有效性，达到提升职业岗位能力的目的。

本书适合高职高专通信专业作为教材使用，同时也可供从事通信电源相关维护、管理工作的人员作为参考用书。

◆ 主　　编　张雷霆
　　责任编辑　刘　博
　　责任印制　彭志环　焦志炜
◆ 人民邮电出版社出版发行　　北京市丰台区成寿寺路 11 号
　　邮编　100164　　电子邮件　315@ptpress.com.cn
　　网址　http://www.ptpress.com.cn
　　固安县铭成印刷有限公司印刷
◆ 开本：787×1092　1/16
　　印张：20.5　　　　　　　　2014 年 9 月第 3 版
　　字数：499 千字　　　　　　2025 年 1 月河北第 28 次印刷

定价：45.00 元

读者服务热线：(010) 81055256　印装质量热线：(010) 81055316
反盗版热线：(010) 81055315

第 3 版前言

本书主要的读者对象为高等职业院校通信类专业的学生、通信电源专业初中级从业人员以及通信电源专业的管理人员。

本书自 2005 年第 1 版以来，经过 2009 年第 2 版，目前已经是第 3 版。编者这些年一直坚持对通信企业现状进行深入的调研，以相应岗位的人才需求为依据，以现代高等职业教育的教学思想为指导，从编写思路到内容形式，做了一些探索和尝试，力求体现现代职业教育教学理念，突出时代特点。

随着科技的发展，通信电源技术和维护理念、维护方法也日新月异，本书从通信电源设备的更新换代、供电方式的改变和维护模式的变革三个方面进行综合考虑，所编写的内容力求体现与通信行业专业领域应用的一致性。本次修订新增了高压柴油发电机组、水冷冷冻水空调机组、开关电源节能技术、磷酸铁锂电池、高压直流系统、通信基站电源设计施工和维护等内容和章节。

通信电源专业涵盖的知识面非常宽，包含了高低压配电、油机发电机、通信机房空调、通信用蓄电池、直流不间断电源、交流不间断电源、接地与防雷、电源及环境集中监控等子专业内容。本书以较为合理的方式组织电源系统中相对独立的各部分知识点，使教学能一直围绕通信电源系统之间相互内在联系的系统性主线，分为概述、交流篇、直流篇和综合篇，即整本教材贯彻总－分－总的设计思想。在实际教学过程中这种结构的设计有助于理解系统的概念，进而掌握各子专业的内容，最后进行综合运用。

工作过程导向的职业教学模式较为适合通信电源专业的学习。本书在教材的编写过程中，改变传统的先理论阐述、后安排实验实训的编排方式，强调以典型工作任务的学习带动专业技能和专业理论水平的提高，重视在实践中培养学生的学习能力、实践能力和创新能力，体现了"基于工作过程"的课程设计理念。经过多年的教学实践，该种教学方式效果非常好。

本书第 2 章、第 13 章由浙江邮电职业技术学院杨育栋编写、第 4 章由浙江邮电职业技术学院张曙光编写、第 7 章由浙江邮电职业技术学院李银碧编写、第 8 章由浙江邮电职业技术学院孙海华编写，其余章节由浙江邮电职业技术学院张雷霆编写，全书由张雷霆统编定稿。

由于编者水平有限，书中难免有疏漏和不妥之处，恳请读者批评指正。

编者

2013 年 12 月于绍兴

目　录

概述 ·· 1

    一、通信中的电源系统组成 ·· 1

    二、通信电源的分级 ·· 3

    三、通信设备对通信电源供电系统的要求 ······································ 3

    四、通信电源系统发展概述 ·· 4

  小结 ·· 6

  思考题与练习题 ·· 7

第一篇　交流篇

第1章　高低压配电 ·· 9

  1.1　典型工作任务 ·· 10

    1.1.1　典型工作任务一：高低压配电设备日常数据的读取 ······················ 10

    1.1.2　典型工作任务二：高低压配电设备倒换操作 ···························· 11

    1.1.3　典型工作任务三：高低压配电设备参数的检查设置 ······················ 12

    1.1.4　典型工作任务四：高低压配电设备周期保养 ···························· 13

  1.2　相关配套知识 ·· 14

    1.2.1　高压配电系统 ·· 14

    1.2.2　低压配电系统 ·· 34

    1.2.3　电弧基本知识 ·· 40

    1.2.4　高低压配电维护规程 ·· 42

    1.2.5　高低压配电设备周期维护保养方法实例 ································ 43

  小结 ·· 44

  思考题与练习题 ·· 45

第2章　油机发电系统 ·· 46

  2.1　典型工作任务 ·· 47

    2.1.1　典型工作任务一：大型油机手动启动操作 ······························ 47

    2.1.2　典型工作任务二：小型汽油机操作 ···································· 48

    2.1.3　典型工作任务三：油机的日常维护操作和周期检测 ······················ 50

    2.1.4　典型工作任务四：自动化油机工作参数查看和设置 ······················ 51

  2.2　相关配套知识 ·· 51

    2.2.1　油机发电机的作用 ·· 51

    2.2.2　油机的总体构造 ·· 52

2.2.3 油机发电机的工作原理 ································· 56
2.2.4 便携式油机发电系统 ······························ 60
2.2.5 油机发电机的使用和维护 ··························· 62
2.2.6 高压柴油发电机组 ······························· 67
小结 ··· 69
思考题与练习题 ··· 69

第 3 章 交流配电 ··· 70
3.1 典型工作任务 ·· 71
3.1.1 典型工作任务一：交流配电屏的日常检查 ················ 71
3.1.2 典型工作任务二：交流参数的设置 ···················· 72
3.1.3 典型工作任务三：交流参数的周期检测和交流屏内负荷开关的判断 ··· 72
3.2 相关配套知识 ·· 74
3.2.1 交流配电的作用 ································· 74
3.2.2 典型交流配电屏原理 ······························· 74
小结 ··· 78
思考题与练习题 ··· 78

第 4 章 空调设备 ··· 79
4.1 典型工作任务 ·· 80
4.1.1 典型工作任务一：空调设备的日常检查 ·················· 80
4.1.2 典型工作任务二：机房空调参数的设置 ·················· 80
4.1.3 典型工作任务三：空调的周期检测 ···················· 81
4.1.4 典型工作任务四：机房空调高压告警分析 ················ 82
4.2 相关配套知识 ·· 83
4.2.1 空调基础知识 ··································· 83
4.2.2 空调器结构和工作原理 ····························· 91
4.2.3 机房专用空调 ··································· 97
4.2.4 水冷冷冻水空调机组 ······························ 107
小结 ··· 110
思考题与练习题 ··· 111

第二篇 直流篇

第 5 章 UPS ·· 113
5.1 典型工作任务 ·· 114
5.1.1 典型工作任务一：UPS 日常检查 ····················· 114
5.1.2 典型工作任务二：UPS 周期检测 ····················· 115
5.1.3 典型工作任务三：UPS 进网测试 ····················· 116
5.2 相关配套知识 ·· 119

5.2.1　UPS 发展概述 ⋯⋯⋯⋯⋯⋯⋯⋯⋯⋯⋯⋯ 119
5.2.2　UPS 组成 ⋯⋯⋯⋯⋯⋯⋯⋯⋯⋯⋯⋯⋯⋯ 120
5.2.3　UPS 逆变工作原理及主要电路技术 ⋯⋯⋯ 124
5.2.4　UPS 操作 ⋯⋯⋯⋯⋯⋯⋯⋯⋯⋯⋯⋯⋯⋯ 128
5.2.5　UPS 电源供电系统的配置形式 ⋯⋯⋯⋯⋯ 129
5.2.6　UPS 日常维护 ⋯⋯⋯⋯⋯⋯⋯⋯⋯⋯⋯⋯ 133
小结 ⋯⋯⋯⋯⋯⋯⋯⋯⋯⋯⋯⋯⋯⋯⋯⋯⋯⋯⋯⋯ 134
思考题与练习题 ⋯⋯⋯⋯⋯⋯⋯⋯⋯⋯⋯⋯⋯⋯⋯ 135

第 6 章　整流与变换设备 ⋯⋯⋯⋯⋯⋯⋯⋯⋯⋯⋯⋯⋯ 136
6.1　典型工作任务 ⋯⋯⋯⋯⋯⋯⋯⋯⋯⋯⋯⋯⋯⋯ 137
6.1.1　典型工作任务一：高频开关整流器日常检查 ⋯ 137
6.1.2　典型工作任务二：高频开关整流器参数查看与设置 ⋯ 138
6.1.3　典型工作任务三：高频开关整流器模块更换 ⋯ 139
6.1.4　典型工作任务四：高频开关电源系统的日常检测 ⋯ 140
6.1.5　典型工作任务五：高频开关整流器的进网测试 ⋯ 141
6.2　相关配套知识 ⋯⋯⋯⋯⋯⋯⋯⋯⋯⋯⋯⋯⋯⋯ 142
6.2.1　通信整流技术的发展概述 ⋯⋯⋯⋯⋯⋯⋯ 142
6.2.2　通信高频开关整流器的组成 ⋯⋯⋯⋯⋯⋯ 144
6.2.3　高频开关整流器主要技术 ⋯⋯⋯⋯⋯⋯⋯ 145
6.2.4　开关电源系统简述 ⋯⋯⋯⋯⋯⋯⋯⋯⋯⋯ 155
6.2.5　监控单元日常操作 ⋯⋯⋯⋯⋯⋯⋯⋯⋯⋯ 157
6.2.6　开关电源系统的故障处理与维护 ⋯⋯⋯⋯ 160
6.2.7　开关电源系统日常检查项目内容、方法及意义 ⋯ 161
6.2.8　开关电源节能技术 ⋯⋯⋯⋯⋯⋯⋯⋯⋯⋯ 162
小结 ⋯⋯⋯⋯⋯⋯⋯⋯⋯⋯⋯⋯⋯⋯⋯⋯⋯⋯⋯⋯ 164
思考题与练习题 ⋯⋯⋯⋯⋯⋯⋯⋯⋯⋯⋯⋯⋯⋯⋯ 165

第 7 章　蓄电池 ⋯⋯⋯⋯⋯⋯⋯⋯⋯⋯⋯⋯⋯⋯⋯⋯⋯ 166
7.1　典型工作任务 ⋯⋯⋯⋯⋯⋯⋯⋯⋯⋯⋯⋯⋯⋯ 167
7.1.1　典型工作任务一：阀控式铅酸蓄电池（VRLA）的日常检查 ⋯ 167
7.1.2　典型工作任务二：充电设备有关 VRLA 蓄电池的参数检查及设置 ⋯ 168
7.1.3　典型工作任务三：VRLA 蓄电池的周期检测 ⋯ 169
7.1.4　典型工作任务四：VRLA 蓄电池一般故障的处理 ⋯ 171
7.2　相关配套知识 ⋯⋯⋯⋯⋯⋯⋯⋯⋯⋯⋯⋯⋯⋯ 172
7.2.1　通信蓄电池发展概述 ⋯⋯⋯⋯⋯⋯⋯⋯⋯ 172
7.2.2　阀控蓄电池的结构与原理 ⋯⋯⋯⋯⋯⋯⋯ 174
7.2.3　VRLA 蓄电池的电特性 ⋯⋯⋯⋯⋯⋯⋯⋯ 176
7.2.4　VRLA 蓄电池的运行与维护 ⋯⋯⋯⋯⋯⋯ 180
7.2.5　磷酸铁锂电池 ⋯⋯⋯⋯⋯⋯⋯⋯⋯⋯⋯⋯ 190

小结 ·· 192

思考题与练习题 ··· 193

第8章　高压直流供电系统 ·· 194

8.1　典型工作任务 ··· 195

8.1.1　典型工作任务一：高压直流系统的绝缘监察装置检测 ···················· 195

8.1.2　典型工作任务二：高压直流系统的周期检测 ··································· 196

8.2　相关配套知识 ··· 197

8.2.1　高压直流供电方式概述 ··· 197

8.2.2　服务器使用高压直流供电的可行性分析 ······································ 198

8.2.3　高压直流供电技术参数选择 ··· 199

8.2.4　高压直流技术优势分析 ··· 200

8.2.5　高压直流技术存在的问题 ·· 200

小结 ·· 201

思考题与练习题 ··· 201

第9章　直流配电 ··· 202

9.1　典型工作任务 ··· 203

9.1.1　典型工作任务一：直流配电日常检查 ··· 203

9.1.2　典型工作任务二：熔断器检查与更换 ··· 204

9.1.3　典型工作任务三：直流压降测量 ··· 205

9.1.4　典型工作任务四：直流杂音测量 ··· 206

9.2　相关配套知识 ··· 207

9.2.1　直流电源供电方式概述 ··· 207

9.2.2　直流供电系统的配电方式 ·· 209

9.2.3　直流配电的作用和功能 ··· 210

9.2.4　典型直流配电屏原理 ·· 211

小结 ·· 213

思考题与练习题 ··· 213

第三篇　综合篇

第10章　通信接地与防雷 ·· 215

10.1　典型工作任务 ··· 216

10.1.1　典型工作任务一：接地系统日常检查 ·· 216

10.1.2　典型工作任务二：接地电阻的测量 ··· 217

10.1.3　典型工作任务三：避雷器的检测与更换 ····································· 218

10.1.4　典型工作任务四：接地系统的工程验收 ····································· 219

10.2　相关配套知识 ··· 220

10.2.1　接地系统概要 ……………………………………………………… 220
10.2.2　联合接地系统 ……………………………………………………… 226
10.2.3　通信电源系统的防雷保护 ………………………………………… 228
小结 …………………………………………………………………………… 235
思考题与练习题 …………………………………………………………… 236

第 11 章　通信电源与环境集中监控 ……………………………………………… 237
11.1　典型工作任务 ………………………………………………………… 238
11.1.1　典型工作任务一：集中监控系统日常检查 ……………………… 238
11.1.2　典型工作任务二：集中监控系统日常操作 ……………………… 239
11.1.3　典型工作任务三：集中监控系统周期测试 ……………………… 240
11.1.4　典型工作任务四：集中监控系统参数配置分析 ………………… 241
11.2　相关配套知识 ………………………………………………………… 242
11.2.1　集中监控实施的背景及意义 ……………………………………… 242
11.2.2　集中监控具有的功能 ……………………………………………… 243
11.2.3　常见监控硬件介绍 ………………………………………………… 247
11.2.4　监控系统的数据采集 ……………………………………………… 249
11.2.5　监控对象及原则 …………………………………………………… 250
11.2.6　电源监控系统的传输与组网 ……………………………………… 252
11.2.7　电源监控系统的结构和组成 ……………………………………… 253
11.2.8　远程实时图像监控 ………………………………………………… 254
11.2.9　集中监控系统日常使用和维护 …………………………………… 255
小结 …………………………………………………………………………… 261
思考题与练习题 …………………………………………………………… 262

第 12 章　通信电源系统日常维护测试 …………………………………………… 263
12.1　通信电源日常维护测试概述 ………………………………………… 264
12.1.1　测量操作的基本要求 ……………………………………………… 264
12.1.2　测量的误差控制 …………………………………………………… 264
12.2　交流参数指标的测量 ………………………………………………… 267
12.2.1　交流电压的测量 …………………………………………………… 267
12.2.2　交流电流的测量 …………………………………………………… 268
12.2.3　交流输出频率的测量 ……………………………………………… 269
12.2.4　交流电压波形正弦畸变因数的测量 ……………………………… 269
12.2.5　三相电压不平衡度的测量 ………………………………………… 270
12.2.6　交流供电系统的功率和功率因数的测量 ………………………… 271
12.3　温升、压降的测量 …………………………………………………… 271
12.3.1　温升的测量 ………………………………………………………… 271
12.3.2　接头压降的测量 …………………………………………………… 273
12.3.3　直流回路压降的测量 ……………………………………………… 273

12.4 整流模块的测量·······274
12.4.1 交流输入电压、频率范围及直流输出电压调节范围测量·······274
12.4.2 稳压精度测量·······275
12.4.3 整流模块均分负载能力测量·······275
12.4.4 限流性能的检测·······276
12.4.5 输入功率因数及模块效率测量·······276
12.4.6 开关机过冲幅值和软启动时间测量·······276
12.4.7 绝缘电阻及杂音·······277
12.5 直流杂音电压的测量·······278
12.5.1 衡重杂音电压的测量·······278
12.5.2 宽频杂音电压的测量·······279
12.5.3 峰—峰值杂音电压的测量·······280
12.5.4 离散杂音电压的测量·······280
12.6 蓄电池组的测量·······280
12.6.1 蓄电池组常规技术指标的测量·······281
12.6.2 蓄电池组容量的测量·······283
12.7 柴油发电机组的测量·······289
12.8 接地电阻的测量·······292
12.8.1 直线布极法测量介绍·······293
12.8.2 接地电阻测量的注意事项·······294
12.9 机房专用空调的测试·······295
12.9.1 空调高低压力的测试·······295
12.9.2 空调运行工况测试·······295
小结·······296
思考题与练习题·······297

第13章 基站电源系统设计施工维护·······298
13.1 典型工作任务·······298
13.1.1 典型工作任务一：通信基站电源系统勘查设计·······298
13.1.2 典型工作任务二：通信基站电源系统规范施工·······299
13.1.3 典型工作任务三：通信基站电源系统日常巡检·······300
13.2 相关配套知识·······303
13.2.1 通信基站电源系统的勘查·······303
13.2.2 通信基站的电源系统设计原则·······304
13.2.3 通信基站电源系统施工规范·······309
13.2.4 通信基站电源系统典型故障分析与排除·······314
小结·······317
思考题与练习题·······317

参考文献·······318

概述

通信电源是整个通信设备的重要组成部分,通常被称为通信设备的"心脏",在通信局(站)中,具有无可比拟的重要地位。如果通信电源供电质量不佳或中断,会使通信质量下降甚至无法正常工作直至通信瘫痪,造成重大的经济损失,给人民生活带来极大的不便,甚至造成极坏的政治影响。

随着通信网的快速发展,通信电源系统也发生了革命性的跃变,主要体现在标准的制(修)订、供电系统可用性的提升、供电方式的完善、技术装备水平的提高、维护方式的变革以及集中监控管理的实施等诸多方面。由于通信电源系统设备繁多,维护复杂,是一门要求既要有扎实的科学知识,又具有很强的实际动手能力的专业。因此,我们必须了解其总体的组成情况,在此基础上,才能有目的地学习其中的各种设备及设施。

一、通信中的电源系统组成

在通信局(站)中主要的电源设备及设施包括:交流市电引入线路、高低压局内变电站设备、自备油机发电机组、整流设备、蓄电池组、交直流配电设备以及 UPS、通信电源/空调集中监控系统等。另外,在很多通信设备上还配有板上电源(Power on board),即 DC/DC 变换、DC/AC 逆变等。

通信电源是专指对通信设备直接供电的电源。在一个实际的通信局(站)中,除了对通信设备供电的不允许间断的电源外,一般还包括有对允许短时间中断的保证建筑负荷(比如电梯、营业用电等)、机房空调等供电的电源和对允许中断的一般建筑负荷(比如办公用空调、后勤生活用电等)供电的电源。所以说,通信电源和通信局(站)电源是两个不同的概念,通信电源是通信局(站)电源的主体和关键组成部分。图 1 所示是一个较完整的通信局(站)电源组成方框图,它包含了通信电源和通信用空调电源及建筑负荷电源等。

1. 市电引入

如图 1 中 A 框所示。由于市电比油机发电等其他形式电能更可靠、经济和环保,所以市电仍是通信用电的主要能源。为了提高市电的可靠性,大型通信局(站)的电源一般采用高压电网供电,为了进一步提高可靠性,一些重要的通信枢纽局还采用从两个区域变电所引入两路高压市电,并且由专线引入一路主用,一路备用。市电引入部分通常包含有局站变电所(含有高压开关柜、降压变压器等)、低压配电屏(含有计量、市电-油机电转换、电容补偿、防雷和分配等功能)等,通过这些变电、配电设备,将高压市电(一般为 10kV)转为低压市电(三相 380V),然后为交流、直流不间断电源设备及机房空调、建筑负荷提供交流能源。

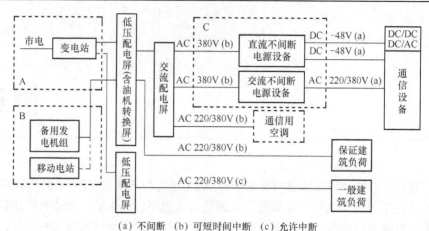

(a) 不间断　(b) 可短时间中断　(c) 允许中断

图1　通信局（站）电源系统

2. 油机发电

如图1中B框所示，当市电不可用时（比如停电、市电质量下降等），可用备用油机发电机组提供能源，某些通信局（站）配有移动油机发电机组（或便携式发电机）以适应局（站）外应急供电的需要，比如移动基站的市电故障应急供电。

整个通信局（站）电源供电系统线路根据供电中断与否可分为：a级（供电不允许中断）、b级（供电允许短时间中断）、c级（供电允许中断）3个等级。由于市电的中断在某些情况下是无法控制和避免的，对一些不能长时间停电的线路（比如通信机房用空调以及通信电源交流输入）必须由备用油机发电机组在市电中断后几分钟至十几分钟内提供能替代市电的交流能源。此外，由于通信局（站）中，建筑负荷用电量日趋增加，为了减小备用油机发电机组容量和节约能源，在市电中断后，备用油机发电机组仅供给保证建筑负荷，而不再对一般建筑负荷供电。

3. 不间断电源

通信的特点决定了通信电源必须不间断地为通信设备提供电源，而市电（油机电）做不到这一点。如图1中C框所示，我们要做的就是将市电（油机电）这种可能中断的电源转换为不间断电源对通信设备的供电。必须明确的是，不间断电源只是将市电（油机电）进行电能的转换和传输，它并不生产电能。对通信设备的供电，可分为交流供电和直流供电两种。交换、传输、光通信、微波通信和移动通信等通信设备均属直流供电的设备，无线寻呼、卫星地球站设备则属于交流供电的通信设备，目前直流供电的通信设备占绝大部分。

通信设备的供电要求有交流、直流之分，因此通信电源也有交流不间断电源和直流不间断电源两大系统。

图2所示为直流不间断电源系统方框示意图。

当市电正常时，由市电给整流器提供交流电源，整流器将交流电转换为直流电，一方面经由直流配电屏供出给通信设备，另一方面给蓄电池补充充电（即蓄电池一般处于充足电状态）。

当整流器由于以下原因发生停机：

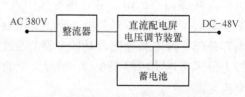

图2　直流不间断电源系统方框示意图

① 市电停电;

② 市电质量下降到一定程度;

③ 整流器故障。

此时,蓄电池在同一时间代替整流器经由直流配电屏给通信设备提供高质量的直流电,从而实现了直流电源的不间断供电。当然,考虑到蓄电池的供电时间有限,我们必须在蓄电池放完电之前,让整流器重新开机输出高质量直流电源给通信设备及蓄电池供电。针对上述整流器停机的前两种原因,我们应及时启动油机发电机组替代市电供出符合标准的交流电源;如果是上述的第三种原因,我们应及时修复或更换整流器(通常是易更换的整流模块)。

当由油机供电过程中,市电恢复正常,则应优先用市电提供能源。在市电—油机电的转换过程中,虽然整流器的交流输入侧有短时间的中断,但由于蓄电池的存在,仍能保证直流输出不间断供电。

图 3 所示为交流不间断电源系统方框示意图。可以看出,其不间断供电原理与直流不间断电源系统十分相似,只是由于要求供出交流电的缘故,在输出侧串联了逆变器(将直流电转换为交流电)。

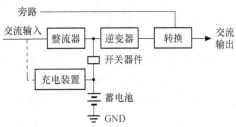

图 3　交流不间断电源系统方框示意图

总之,直流电源和交流电源两大系统的不间断,都是靠蓄电池的储能来保证的。但交流不间断电源系统远比直流不间断电源系统要复杂,系统可靠性和效率也远比直流不间断电源低,所以一直以来通信设备的供电电源还是以直流不间断供电为主。近年来,随着交流不间断电源技术的不断发展和成熟,加之通信设备计算机化使交流用电的通信设备增多,交流不间断电源的规模在逐渐扩大,其技术维护工作也正成为电源维护的重点。

二、通信电源的分级

由上述可知,无论是交流不间断电源系统还是直流不间断电源系统,都是从交流市电或油机发电机组取得能源,再转换成不间断的交流或直流电源去供给通信设备。通信设备内部再根据电路需要,通过 DC/DC 变换或 AC/DC 整流将单一的电压转换成多种交、直流电压。因此,从功能及转换层次来看,可将整个电源系统划分为 3 个部分:交流市电和油机发电机组称为第一级电源,这一级保证提供能源,但可能中断;交流不间断电源和直流不间断电源称为第二级电源,主要保证电源供电的不间断;通信设备内部的 DC/DC 变换器、DC/AC 逆变器及 AC/DC 整流器则划为第三级电源,第三级电源主要提供通信设备内部各种不同的交、直流电压要求,常由插板电源或板上电源提供。板上电源又称为模块电源,由于功率相对较小,其体积很小,可直接安装在印制板上,由通信设备制造厂商与通信设备一起提供。上述三级电源的划分如图 4 所示。

三、通信设备对通信电源供电系统的要求

为了保证通信生产可靠、准确、安全、迅速,我们可以将通信设备对通信电源的基本要求归纳为:可靠、稳定、小型智能和高效率。

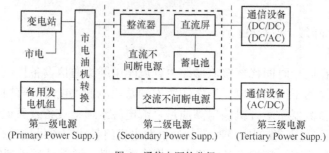

图 4 通信电源的分级

1. 可靠

可靠是指通信电源不发生故障停电或瞬间中断。可靠性是通信设备对通信电源最基本的要求。要确保通信畅通可靠，除了必须提高通信设备的可靠性外，还必须提高供电电源的可靠性。

为了保证供电的可靠，要通过设计和维护两方面来实现。设计方面：其一，尽量采用可靠的市电来源，包括采用两路高压供电；其二，交流和直流供电都应有相应的优良的备用设备，如自启动油机发电机组（甚至能自动切换市电、油机电），蓄电池组等，对由交流供电的通信设备应采用交流不间断电源（UPS）。维护方面：操作使用准确无误，经常检修电源设备及设施，做到防患于未然，确保可靠供电。

2. 稳定

各种通信设备都要求电源电压稳定，不能超过允许的变化范围。电源电压过高会损坏通信设备中的电子元器件，电源电压过低通信设备不能正常工作。

对于直流供电电源来说，稳定还包括电源中的脉动杂音要低于允许值，也不允许有电压瞬变，否则会严重影响通信设备的正常工作。

对于交流供电电源来说，稳定还包括电源频率的稳定和良好的正弦波形，防止波形畸变和频率的变化影响通信设备的正常工作。

3. 小型智能

随着集成电路、计算机技术的飞速发展和应用，通信设备越来越小型化、集成化，为了适应通信设备的发展以及电源集中监控技术的推广，电源设备也正在向小型化、集成化和智能化方向发展。

4. 高效率

随着通信设备容量的日益增加，以及大量通信用空调的使用，通信局（站）用电负荷不断增大。为了节约能源、降低生产成本，必须设法提高电源设备的效率。另外，采用分散供电方式也可节约大量的线路能量损耗。

四、通信电源系统发展概述

通信电源从建国初期发展至今，随着对通信电源重视程度的不断加强，以及功率半导体技术、计算机控制技术和超大规模集成电路生产工艺的飞速发展，我国的通信电源事业发生了巨大的变革，逐步走向世界先进水平。

1. 电源设备的变革

（1）整流设备

从 20 世纪 50 年代末的饱和电抗器控制的稳压稳流硒整流器，20 世纪 60 年代的硅二极管取代硒整流片的稳压稳流硅整流器，20 世纪 60 年代末 70 年代初稳压稳流可控硅整流器，一直到 20 世纪 80 年代末 90 年代初的高频开关整流器，我国通信用整流设备经历了几代变革。20 世纪 90 年代以后，随着计算机控制技术、功率半导体技术和超大规模集成电路生产工艺的飞速发展，高频开关整流器产品也越来越成熟，性价比逐步提升，目前已经逐步取代了可控硅整流器，并且还在不断地朝着高频化、高效率、大功率、小型智能化以及清洁环保的方向发展。

（2）蓄电池

由于铅酸蓄电池具有电压稳定性好、可进行大电流放电的特点，所以在通信电源中得到广泛使用。20 世纪 60 年代我国通信用铅酸蓄电池以开口式为主，20 世纪 70 年代中期我国首次研制并开始使用防酸隔爆式铅酸蓄电池，20 世纪 80 年代消氢少维护电池被采用。20 世纪 70 年代末期国际上出现了阀控式密封铅酸蓄电池（VRLA），由于阀控式密封铅酸蓄电池具有无酸雾溢出、免加水、能与其他电器设备同室安装等特点，随着其技术的成熟，从 20 世纪 90 年代起，我国开始推广阀控式密封铅酸蓄电池。由于目前大量使用的阀控式密封铅酸蓄电池属贫液型，存在着对环境温度变化适应性差的缺点，所以又出现了富液式 VRLA，国际上也正在发展其他蓄电池如新型锂蓄电池。

（3）柴油发电机组

柴油发电机组是通信局（站）重要的备用交流能源。20 世纪 60 年代使用手启动的普通机组，20 世纪 70 年代研制成功了自启动机组、无人值守机组，但可靠性不高。从 20 世纪 80 年代研制成功无人值守风冷机组、微计算机控制的自动化机组，到 20 世纪 90 年代开始对低噪声机组和对闭式循环蒸汽透平发电机组、自动化燃气轮机发电机组等进行应用研究，提高了柴油发电机组的可靠性指标，具有自动化程度高和遥控功能的特点，便于实现少人或无人值守维护。要实现供电系统的无人值守，柴油发电机组的可靠性一直是一个难点，随着机组技术含量的增加和可靠性的不断提高，这方面的问题正在不断地得到解决。

2. 供电方式的变革

20 世纪 90 年代之前，通信电源系统一直是集中供电方式。所谓集中供电方式是在通信局（站）中设有电力机房，配置公用的电源设备，集中给全局各种通信设备统一供电的供电方式。图 1 所示即是集中供电方式，B 框内的电源设备被集中放置在电力机房内。当某种直流电源系统发生故障时，将影响所有使用这一种电压的通信设备的正常工作，另外直流供电馈线长，材料、施工费用高，线路压降大，电能损耗大，由于线路电感和耦合电容的存在，易引入干扰，会降低供电质量。随着利于与通信设备同室安装的阀控式密封铅酸蓄电池、高频开关电源系统等的推广使用，采用分散供电这种新的方式成为可能。自 20 世纪 90 年代以来，国际上通信局（站）已普遍采用分散供电方式。所谓分散供电方式，主要是指将直流供电系统进行分散，即将使用同一电压种类的通信设备采用两个以上的独立供电系统，并靠近通信设备安装进行供电的方式。如图 5 所示，采用分散供电方式时，交流供电系统部分仍采用集中供电方式，其组成也与集中供电方式相同或相似，而直流供电系统则分成若干个单元供电系统，可按楼层设置，也可按通信系统或通信机房设置，甚至按通信设备机架设置。单元直流供电系统的基本组成与集中供电方式的直流供电系统相同。当某一个供电系统出现故障时，不会造成整个通信系统的瘫痪，提高了供电的可靠性，缩小了故障的影响面。同时，分散供电方式降低了能耗和设备占地，而且能更合理地配置电源设备。目前的移动通信交换局及基站，一些大的市话局已开始采用分散供电，综合楼的分散供电的试验工作也正在进行中，这是今后供电方式发展的主要趋势。

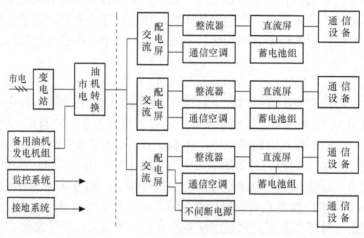

图 5　分散供电示意图

3. 维护方式的变革

长期以来，通信电源是人员密集型的分散维护，是一种有人值班，定时抄表，包机，预检预修的维护方式，这在设备技术档次低、可靠性差的情况下为了保证供电是必要的。进入 20 世纪 90 年代以来，随着通信网络规模的不断扩大，电源设备的种类、数量也大幅增加，同时，计算机被广泛地应用，电源设备和系统的技术层次和可靠性大大提高，在这种情况下，为提高电源维护的效率、降低维护运行成本、进一步提高电源设备运行的稳定性和可靠性，要求电源供电系统、机房空调和环境实现计算机集中监控管理。与集中监控相适应的技术维护方式必需是集中维护，要求维护人员一专多能，既要有比较全面的理论知识，更要有丰富的实践经验。

如何将集中监控与分散供电有效地融合，在通信电源供电系统的可靠性、先进性和可维护性等方面不断提高供电系统品质，将成为今后很长一段时间内我们应致力研究的课题。由于通信电源在通信中不可替代的重要地位，其发展空间十分广阔。

小　　结

1. 通信电源是通信系统的重要组成部分，它的作用是向各种通信设备供给可靠、稳定的交直流电源，保证通信的畅通。

2. 通信设备的供电要求有交流、直流之分，因此通信电源也有交流不间断电源和直流不间断电源两大系统。两大系统的不间断，都是靠蓄电池的储能来保证的。

3．从功能及转换层次来看，通信电源可分为三级，第一级电源的作用是提供能源；第二级电源的作用是保证供电不中断；第三级电源的作用是提供给通信设备内部各种不同要求的交、直流电压。

4．对通信电源供电系统的要求是：可靠、稳定、小型智能和高效率。

5．通信电源系统目前有集中供电方式和分散供电方式两种。

6．通信电源设备将朝着高效率、大功率、小型智能化和清洁环保的方向发展；供电方式逐步从集中供电走向分散供电；维护方式正在向可远程监控、无人值守方向发展。总之，我国的通信电源正在不断提高供电系统品质，成为通信强有力的能源保证。

思考题与练习题

1．通信电源在通信中的地位和作用是什么？

2．通信电源系统由哪几部分组成？

3．通信电源和通信局（站）电源有什么区别？画出通信局（站）电源系统图。

4．从功能及转换层次来看，对电源是如何分级的？其作用是什么？画出分级图。

5．通信设备对电源系统提出了什么样的要求？

6．简述集中供电方式和分散供电方式的联系和区别。

7．结合当地通信公司电源的实际情况，谈谈你对未来通信电源发展的看法。

第一篇

交流篇

第1章

高低压配电

本章典型工作任务

- 典型工作任务一：高低压配电设备日常数据的读取。
- 典型工作任务二：高低压配电设备倒换操作。
- 典型工作任务三：高低压配电设备参数的检查设置。
- 典型工作任务四：高低压配电设备周期保养。

本章知识内容

- 高压供电系统简介。
- 高压配电方式。
- 高低压配电系统组成。
- 常见高低压配电设备电器。
- 功率因数概念以及电容补偿方法。
- 电弧基本知识。
- 高低压配电操作安全规程。
- 维护保养方法周期。

本章知识重点

- 高低压配电系统组成。
- 常见高低压配电设备电器。
- 电弧基本知识。
- 高低压配电操作安全规程。
- 维护保养方法周期。

本章知识难点

- 常见高低压配电设备电器。
- 功率因数概念以及电容补偿方法。

本章学时数　6课时。

学习本章目的和要求

- 了解高压输配电过程，掌握三种高压配电方式及其优缺点。

- 掌握功率因数概念，理解功率因数低下的危害和提高功率因数的方法，掌握电容补偿的方法及简单计算。
- 能进行高低压配电设备日常数据的读取和参数设置操作。
- 能进行高低压配电设备倒换操作和设备周期保养。

交流系统包含有高压市电进线及分配、低压市电的分配、油机发电机组、交流配电和机房空调，相当于电源分级的第一级电源，主要作用是保证提供能源。需要指出的是，UPS虽然属于交流输入输出设备，但由于其工作原理以及与蓄电池配合的缘故，逻辑上我们仍将它归在直流系统篇介绍。

相对于油机发电，市电具有经济、环保的优点，在通信局（站）电源系统的建设中，国家要求将市电作为主要能源（除个别地区可利用太阳能、风力发电以外）。市电作为通信局（站）电源系统的能源提供者，我们应首先了解它在引入通信局（站）前、后的工作流程和原理。

1.1 典型工作任务

1.1.1 典型工作任务一：高低压配电设备日常数据的读取

1.1.1.1 所需知识

1. 常见高低压配电设备的结构

（1）了解市电输配电过程，详见1.2.1.1节。

（2）熟悉高压配电的三种方式（放射式、树干式和环状式），详见1.2.1.2节。

（3）掌握高低压配电常见一次线路方案，详见1.2.1.3、1.2.1.4节。

2. 高低压电器的技术参数的意义

（1）熟悉常见高低压电器的功能特点，详见1.2.1.5节和1.2.2.3节。

（2）掌握常见高低压电器的维护技术参数及其含义，详见1.2.1.5节和1.2.2.3节。

1.1.1.2 所需能力

（1）高低压配电设备电器菜单的操作。

（2）日常数据是否合格的判断。

1.1.1.3 参考行动计划

（1）分组：以5人左右为一个小组，明确人员职责，按照项目要求各自独立开展工作。

（2）讨论：明确分组以后各组围绕主题、重点和工作步骤开展讨论。根据讨论结果拿出各组的方案、具体步骤、注意事项。

（3）教师的审核：教师根据各组提出的方案审核方案是否完整及具体可操作性、是否存在安全隐患。

（4）各小组的实际训练操作：各小组按照审核通过的方案组织实际训练操作。

（5）检查评估：实际操作结束后，由检查组开展评估和小结。

1.1.1.4　参考操作步骤

（1）进入菜单。

（2）找到相应的菜单项读取数据。

（3）判断数据是否合格。

（4）分析原因并给出意见。

1.1.1.5　检查评估

（1）步骤实施的合理性：看工作步骤是否符合计划方案，是否顺畅、合理。

（2）安全性考虑：可靠性如何，是否存在安全隐患。

（3）团队分工合作效率：团队配合是否默契、工作效果如何。

（4）创新：工作思路和方法是否有所创新。

（5）拓展性：是否有助于相近学科的学习和研究。

（6）职业素养的提高：学习态度、操作能力、可持续发展能力、创新能力均有较大提高。

（7）成果的自我总结评价：各小组的工作总结是否恰如其分，对存在问题的分析是否透彻，整改措施是否得当。

1.1.2　典型工作任务二：高低压配电设备倒换操作

1.1.2.1　所需知识

1．常见高低压配电设备的结构

（1）掌握高低压配电常见一次线路方案，详见 1.2.1.4 节和 1.2.2.5 节。

（2）了解高低压配电二次线路初步认识。

（3）掌握高低压电器结构原理，详见 1.2.1.5 节和 1.2.2.3 节。

2．操作安全知识

（1）掌握电弧安全知识，详见 1.2.3 节。

（2）掌握高低压配电操作安全规程，详见 1.2.4 节和 1.2.5 节。

1.1.2.2　所需能力

（1）高低压配电设备倒换的正确操作。

（2）高低压配电设备菜单的规范操作。

1.1.2.3　参考行动计划

（1）分组：以 5 人左右为一个小组，明确人员职责，按照项目要求各自独立开展工作。

（2）讨论：明确分组以后各组围绕主题、重点和工作步骤开展讨论。根据讨论结果拿出各组的方案、具体步骤、注意事项。

（3）教师的审核：教师根据各组提出的方案审核方案是否完整及具体可操作性、是否存在安全隐患。

（4）各小组的实际训练操作：各小组按照审核通过的方案组织实际训练操作。

（5）检查评估：实际操作结束后，由检查组开展评估和小结。

1.1.2.4　参考操作注意事项

（1）应实行两人值班制，一人操作、一人监护，实行操作唱票制度。不准一人进行高压操作。

（2）切断电源前，任何人不准进入防护栏。

（3）在切断电源、检查有无电压、安装移动地线装置、更换熔断器等工作时，均应使用防护工具。

（4）在距离 10～35kV 导电部位 1m 以内工作时，应切断电源，并将变压器高低压两侧断开，凡有电容的器件（如电缆、电容器、变压器等）应先放电。

（5）核实负荷开关确实断开，设备不带电后，再悬挂"有人工作，切勿合闸"警告牌方可进行维护和检修工作。警告牌只许原挂牌子人或监视人撤去。

（6）严禁用手或金属工具触动带电母线，检查通电部位时应用符合相应等级的试电笔或验电器。

（7）雨天不准露天作业，高处作业时应系好安全带，严禁使用金属梯子。

1.1.2.5 检查评估

（1）步骤实施的合理性：看工作步骤是否符合计划方案，是否顺畅、合理。

（2）安全性考虑：可靠性如何，是否存在安全隐患。

（3）团队分工合作效率：团队配合是否默契、工作效果如何。

（4）创新：工作思路和方法是否有所创新。

（5）拓展性：是否有助于相近学科的学习和研究。

（6）职业素养的提高：学习态度、操作能力、可持续发展能力、创新能力均有较大提高。

（7）成果的自我总结评价：各小组的工作总结是否恰如其分，对存在问题的分析是否透彻，整改措施是否得当。

1.1.3 典型工作任务三：高低压配电设备参数的检查设置

1.1.3.1 所需知识

1. 常见高低压配电设备的结构

（1）了解市电输配电过程。

（2）熟悉高压配电的 3 种方式（放射式、树干式和环状式）。

（3）掌握高低压配电常见一次线路方案。

2. 高低压电器的技术参数的意义

（1）熟悉常见高低压电器的功能特点。

（2）掌握常见高低压电器的维护技术参数及其含义。

1.1.3.2 所需能力

（1）高低压配电设备电器菜单的操作。

（2）日常数据是否合格的判断。

（3）高低压配电设备电器设置选项操作。

1.1.3.3 参考行动计划

（1）分组：以 5 人左右为一个小组，明确人员职责，按照项目要求各自独立开展工作。

（2）讨论：明确分组以后各组围绕主题、重点和工作步骤开展讨论。根据讨论结果拿出各组的方案、具体步骤和注意事项。

（3）教师的审核：教师根据各组提出的方案审核方案是否完整及具体可操作性、是否存在安全隐患。

（4）各小组的实际训练操作：各小组按照审核通过的方案组织实际训练操作。

（5）检查评估：实际操作结束后，由检查组开展评估和小结。

1.1.3.4　参考操作步骤

（1）进入菜单。

（2）找到相应的菜单项读取参数数据。

（3）判断数据是否符合实际情况。

（4）分析原因并进行重新设置参数。

1.1.3.5　检查评估

（1）步骤实施的合理性：看工作步骤是否符合计划方案，是否顺畅、合理。

（2）安全性考虑：可靠性如何，是否存在安全隐患。

（3）团队分工合作效率：团队配合是否默契、工作效果如何。

（4）创新：工作思路和方法是否有所创新。

（5）拓展性：是否有助于相近学科的学习和研究。

（6）职业素养的提高：学习态度、操作能力、可持续发展能力、创新能力均有较大提高。

（7）成果的自我总结评价：各小组的工作总结是否恰如其分，对存在问题的分析是否透彻，整改措施是否得当。

1.1.4　典型工作任务四：高低压配电设备周期保养

1.1.4.1　所需知识

1. 常见高低压配电设备的结构及工作原理

（1）了解市电输配电过程。

（2）熟悉高压配电的 3 种方式（放射式、树干式和环状式）。

（3）掌握高低压配电常见一次线路方案。

2. 高低压配电设备的操作要求

（1）熟悉常见高低压电器的功能特点。

（2）掌握常见高低压电器的维护保养方法。

1.1.4.2　所需能力

（1）高低压配电设备的全面检查。

（2）高低压配电设备的维护。

1.1.4.3　参考行动计划

（1）分组：以 5 人左右为一个小组，明确人员职责，按照项目要求各自独立开展工作。

（2）讨论：明确分组以后各组围绕主题、重点和工作步骤开展讨论。根据讨论结果拿出各组的方案、具体步骤和注意事项。

（3）教师的审核：教师根据各组提出的方案审核方案是否完整及具体可操作性、是否存在安全隐患。

（4）各小组的实际训练操作：各小组按照审核通过的方案组织实际训练操作。

（5）检查评估：实际操作结束后，由检查组开展评估和小结。

1.1.4.4　参考操作方法

由于高压变配电设备是由电力部门维护的，则变配电设备维护作业计划不含高压变配电部分。

仪表的校正应由有关的计量检测单位来完成，并提供有效的检测校正合格证明。

接地电阻的测试应选择在干燥的天气进行。

（1）清洁机架。季

（2）检查干式变压器的风机。季

（3）堵塞进水和小动物的孔洞。季

（4）检查熔断器接触是否良好，温升是否符合要求。年

（5）检查接触器、闸刀、负荷开关是否正常。年

（6）测试布线和机盘的绝缘。年

（7）检查各接头处有无氧化，螺丝有无松动。年

（8）清洁电缆沟和瓷瓶。年

（9）调整继电保护装置。年

（10）检测避雷器及接地引线。年

（11）检验高压防护用具。年

（12）检查变压器和电力电缆的绝缘。年

（13）校正仪表。年

（14）核查交流负荷是否满足要求。年

（15）检查主要元器件的耐压。2年

1.1.4.5　检查评估

（1）步骤实施的合理性：看工作步骤是否符合计划方案，是否顺畅、合理。

（2）安全性考虑：可靠性如何，是否存在安全隐患。

（3）团队分工合作效率：团队配合是否默契、工作效果如何。

（4）创新：工作思路和方法是否有所创新。

（5）拓展性：是否有助于相近学科的学习和研究。

（6）职业素养的提高：学习态度、操作能力、可持续发展能力、创新能力均有较大提高。

（7）成果的自我总结评价：各小组的工作总结是否恰如其分，对存在问题的分析是否透彻，整改措施是否得当。

1.2　相关配套知识

1.2.1　高压配电系统

1.2.1.1　高压输配电系统概述

电力系统是由发电厂、电力线路、变电站和电力用户组成的。通信局（站）属于电力系统中的电力用户。市电从生产到引入通信局（站），通常要经历生产、输送、变换和分配4个

环节。

在电力系统中，各级电压的电力线路以及相联系的变电站称为电力网，简称电网。通常用电压等级以及供电范围大小来划分电网种类，一般电压在 10kV 以上到几百千伏且供电范围大的称为区域电网，如果把几个城市或地区的电网组成一个大电网，则称国家级电网。电压在 35kV 以下且供电范围较小，单独由一个城市或地区建立的发电厂对附近的用户供电，而不与国家电网联系的称为地方电网。包含配电线路和配电变电站，电压在 10kV 以下的电力系统称为配电网。

电力系统的输配电方式示意图如图 1-1 所示。

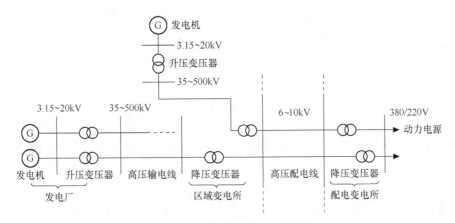

图 1-1　电力系统的输配电方式示意图

我国发电厂的发电机组输出额定电压为 3.15～20kV。随着大型发电厂的建成投产及输电距离的增加，为了减少线路能耗和压降，以及节约有色金属和降低线路工程造价，必须经发电厂中的升压变电所升至 35～500kV，再由高压输电线传送到受电区域变电所，降压至 6～10kV，经高压配电线送到用户配电变电所降压至 380V 低压，供用电设备使用。我国已于 1985 年建成 500kV 高压输电网，国际上不少国家已建成 750kV 电网，我国和国际上都在开发 1 000～1 500kV 超高压电网。

对于电信局（站）中的配电变压器，其一次线圈额定电压即为高压配电网电压，即 6kV 或 10kV。二次线圈额定电压因其供电线路距离较短，则其额定电压只需高于线路额定电压（380/220V）5%，仅考虑补偿变压器内部电压降，一般选 400/230V，而用电设备受电端电压为 380/220V。

1.2.1.2　高压配电方式

高压配电方式，是指从区域变电所，将 35kV 以上的输电高压降到 6～10kV 配电高压送至企业变电所及高压用电设备的接线方式。配电网的基本接线方式有 3 种：放射式、树干式及环状式。

1. 放射式配电方式

放射式配电方式，是指从区域变电所的 6～10kV 母线上引出一路专线，直接接电信局（站）的配电变电所配电，沿线不接其他负荷，各配电变电所无联系。图 1-2（a）所示为单回路放射式，图 1-2（b）所示为双回路放射式。

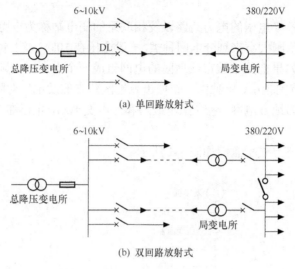

(a) 单回路放射式

(b) 双回路放射式

图 1-2　放射式配电方式

放射式配电方式的优点是，线路敷设简单，维护方便，供电可靠，不受其他用户干扰，适用于一级负荷。

2．树干式配电方式

树干式配电方式，是指由总降压变电所引出的各路高压干线沿市区街道敷设，各中小型企业变电所都从干线上直接引入分支线供电，如图 1-3 所示。

树干式配电方式的优点是，降压变电所 6～10kV 的高压配电装置数量减少，投资相应可以减少。缺点是供电可靠性差，只要线路上任一段发生故障，线路上的变电所都将断电。

3．环状式配电方式

图 1-4 所示为环状式配电方式。环状式配电方式的优点是运行灵活，供电可靠性较高，当线路的任何地方出现故障时，只要将故障邻近的两侧隔离开关断开，切断故障点，便可恢复供电。为了避免环状线路上发生故障时影响整个电网，通常将环状线路中某个隔离开关断开，使环状线路呈"开环"状态。

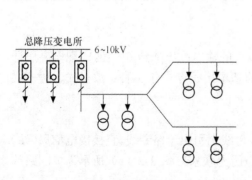

图 1-3　树干式配电方式

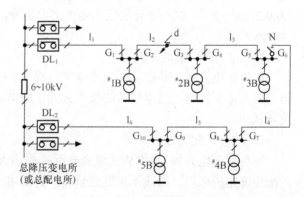

图 1-4　环状式配电方式

1.2.1.3　高压配电系统组成

常用的高压电器包括高压熔断器、高压断路器、高压隔离开关、高压负荷开关和避雷器等。

局（站）变电所从电力系统受电经变压器降压后馈送至低压配电房。要求变电所尽量靠近负荷中心，从而缩短配电距离，以减少电能损失。主接线应简单而且运行可靠，同时要便于监控和维护。

市电的引入一般均从附近现有公用电网上引入馈电线，采用专用电力电缆。应根据附近电网中变电所的位置以及电压等级、供电质量和局（站）重要性等情况选取合适可靠的市电。

通信局（站）变电所可分为露天变电所和室内变电所两种。露天变电所又分为杆架式（180kVA 以下变压器）和落地式。室内变电所又分为小型独立变电站和带有高压开关柜的变电所。一般有两路市电引入的变电所均采用带有高压开关柜的变电所。

电力变压器通常有油浸式和干式两种类型，在室内安装变压器时，应考虑变压器室的布置、高低压进出线位置以及操作机构的安全性等问题。目前大容量变压器广泛采用干式变压器。

所谓一次线路，表示的是变电所电能输送和分配的电路，通常也称主电路。根据通信局（站）市电引入的情况和局（站）对电源可靠性要求的不同，可以有不同的一次线路方案，如图 1-5 所示。图 1-5（a）为一路市电引入时通常采用的一次线路，图 1-5（b）为两路市电引

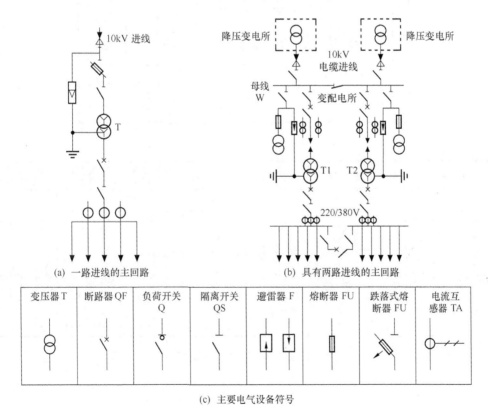

(a) 一路进线的主回路　　　　(b) 具有两路进线的主回路

变压器 T	断路器 QF	负荷开关 Q	隔离开关 QS	避雷器 F	熔断器 FU	跌落式熔断器 FU	电流互感器 TA

(c) 主要电气设备符号

图 1-5　典型一次线路方案

入时通常采用的一次线路方案之一。

在图 1-5（b）中，局（站）变电所母线采用单母线制，采用两路或以上进线时，用高压隔离开关分断单母线。当任一路进线或变压器发生故障时，另一路进线或变压器给全部负荷继续供电，操作灵活性较好，供电可靠性较高。

1.2.1.4　两路高压市电进线的配电图

目前，绝大多数开关柜都装设了防止电气误操作的闭锁装置，即具有"五防性能"：防止误跳、误合断路器；防止带负荷拉、合隔离开关；防止带电挂接地线；防止带接地线闭合隔离开关；防止人员误入带电间隔。

近年国内高压电气技术发展迅速，高压开关柜内电气设备不断更新，通信局（站）中现在使用的高压开关柜，其一次线路有百余种之多，其线路图例如图 1-6（a）、图 1-6（b）、图 1-6（c）所示。

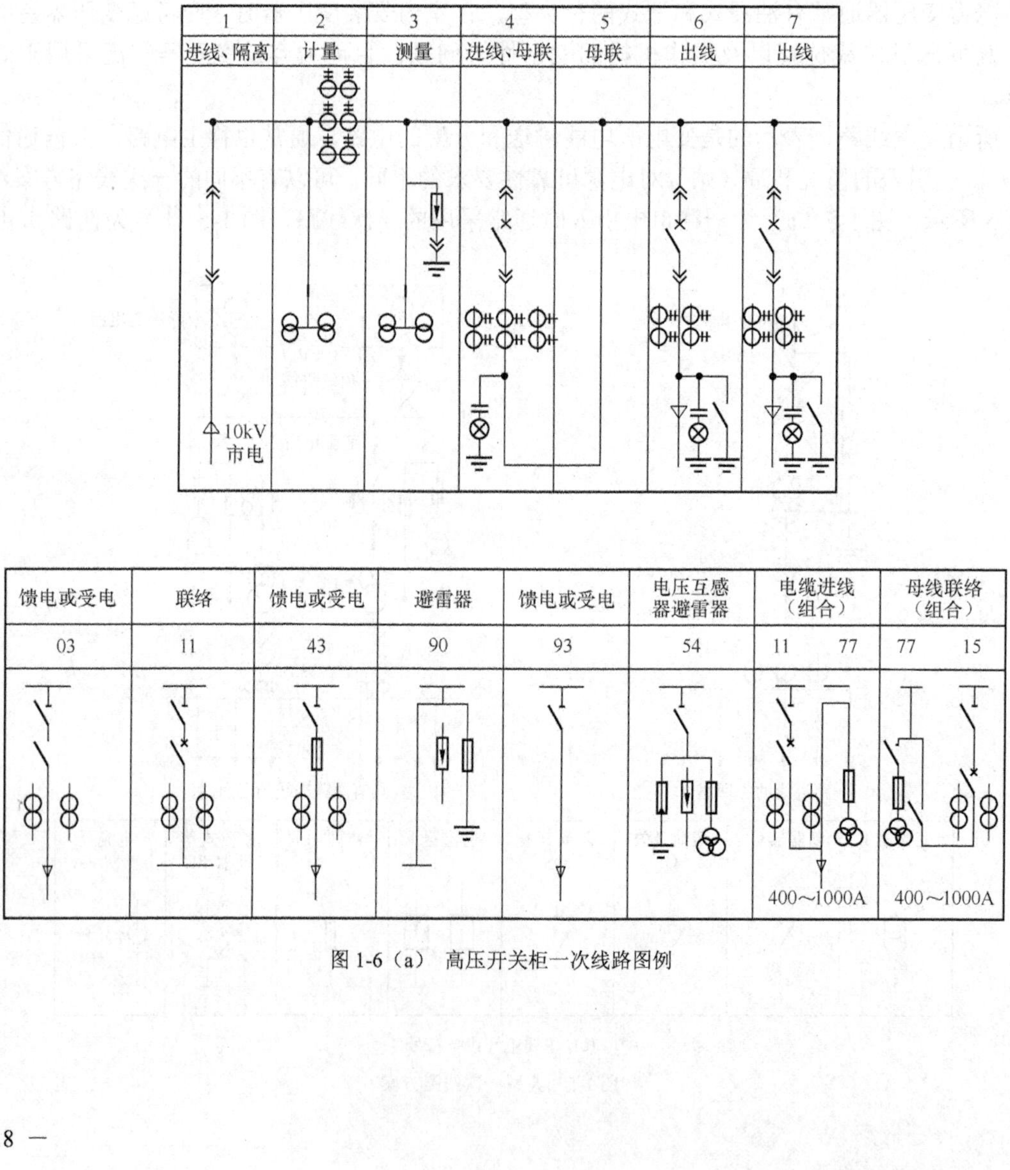

图 1-6（a）　高压开关柜一次线路图例

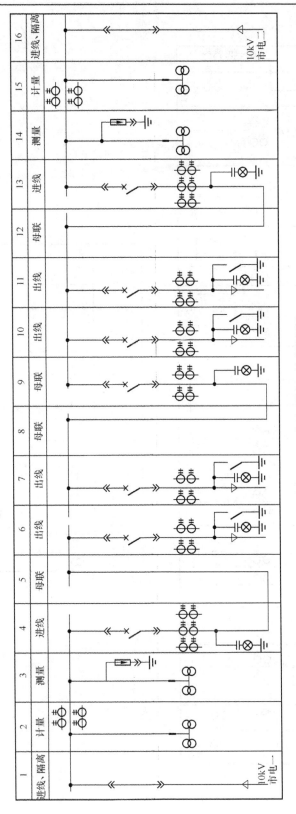

图 1-6 (b)　高压开关柜一次线路图例

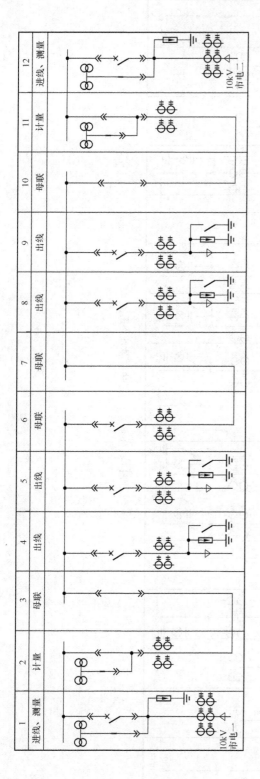

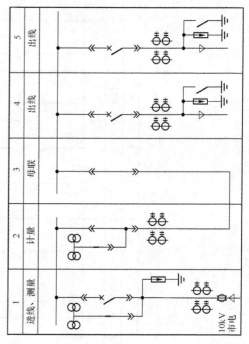

图 1-6（c） 高压开关柜一次线路图例

1.2.1.5 常见高压电器介绍（包含常见技术参数介绍、变压器的介绍）

高压电器是指额定工作电压在 3000V 以上的电器，它在高压线路中用来实现闭合、开断、保护、控制、调节和测量等功能，对通信电源供电系统的稳定可靠和连续运行起着十分重要的作用。高压电器有高压断路器、高压负荷开关、高压熔断器、高压隔离开关等。

1. 高压电器主要技术参数

（1）额定电压 U，（kV，有效值）

额定电压指的是采用的标称电压。对于三极电器是指其极间电压，见表 1-1。

（2）最高工作电压 U_{max}，（kV，有效值）

电网在运行中可容许有一定的波动范围。因此，我国国家标准中规定了电网上能长期工作的最高工作电压，见表 1-1。

表 1-1　　　　　　　　　　　高压电器的额定电压和最高工作电压

额定电压（kV）	3	6	10	15	20	35	63	110	220	330	500
最高工作电压（kV）	3.5	6.9	11.5	17.5	23	40.5	69	126	252	363	550

（3）额定电流 I_n（A，有效值）

额定电流是高压电器在额定电压、额定功率下能长期工作的电流，是高压电器金属导电部分和绝缘部分的温升不超过允许温升的最大标称电流。

按国家标准，常用开关的额定电流有 200、400、630、（800）、1 000、1 250、1 600、2 000、2 500、3 150、4 000、6 300、8 000、10 000A 等。

对高压电流互感器，其额定一次电流有 5、10、20、30、40、50、75、100、200、300、400、500、600、800、1 000、1 500、2 000、2 500、3 000、5 000、6 000、7 500、10 000A 等。

（4）额定绝缘水平（kV）

表征产品绝缘耐受能力的一组电压值。对于 330kV 以下产品，规定为额定雷电击和短时工频耐受电压。

（5）额定短路开断电流 I_b（kA）

在规定条件下，开关能开断的最大短路电流有效值。

（6）额定短路闭合电流 I_n＊（kA）

在规定条件下，开关能顺利关合的最大短路峰值电流。

（7）额定短时耐受电流 I_{tb}（kA）

又称热稳定电流，是指在规定的使用和性能条件下，在确定的时间内，高压电器的闭合回路能承受的电流值。

（8）额定峰值耐受电流（kA）

高压电器在闭合位置能承载的峰值电流。

（9）额定短时耐受时间 t（s）

高压电器在闭合位置能通过额定短时耐受电流的时间。

2. 高压电器操动机构

操动机构是高压开关设备不可缺少的重要组成部分，其作用是使开关设备准确地合闸、分闸。以断路器用操动机构的技术要求最高，它不仅要保证断路器准确无误地断开和接通短路电流，而且要可靠地保持在合闸、分闸的位置上，还要完成快速自动重合闸操作，具备防跳跃、自动复位和闭锁等功能。断路器操动机构的特点是操作功率大、结构复杂、传动速度快、动作过程快。而隔离开关要求与线路可靠接通或安全隔离，其导电回路及运动部分不能承受较大的冲击力。因此，隔离开关操动机构的特点是结构简单，没有脱扣等环节、操动功率小、动作平稳、运动速度慢、动作过程时间较长（几秒至十几秒）。操动机构的类型、压力及特点见表 1-2。

表 1-2		操动机构的类型及特点	
类别	操动原理	特　点	适用范围
手动	人力直接驱动开关合闸，人力或储能弹簧分闸	结构简单，经济，无需辅助设备。操作性能与操作者技巧、体力有关，不能遥控合闸及自动重合闸	负荷开关、隔离开关
人力储能	人力为弹簧储能分合闸，无合闸保持装置	结构较手动式复杂，操作性能与操作者技巧、体力无关，不能遥控合闸及自动重合闸	小容量断路器及负荷开关
电动机	电动机经减速装置带动开关分合闸	需要交流操作电源具有一定容量且可靠。操作平稳，动作较慢	隔离开关
电磁	直流电源储能，电磁铁驱动合闸，弹簧分闸	能遥控分合闸、自动重合闸，但需要大功率直流电源	具有大型直流电源的电站，110kV 及以下断路器
重锤	重锤自由落下推动触头合闸	结构简单，合闸力矩特性好，能遥控及自动重合闸；操作功耗小，耗材多，尺寸大	小容量断路器
弹簧	弹簧储能驱动触头分合闸	可使用交直流操作电源，能遥控及快速自动重合闸，结构紧凑；但制造要求较高	广泛应用于断路器和负荷开关
气动	压缩空气推动活塞使开关分合闸	控制方便，操作功率大，能遥控及自动重合闸，可连续多次操作；但需要压缩空气装置，噪声大	各种开关电器
液压	气体储能，通过液体介质推动使开关分合闸	操作功率大，快速平稳，能遥控及自动重合闸，结构复杂，制造难度大	高压和超高压电器

3. 高压断路器

高压断路器（High Voltage Circuit Breaker）的功能是不仅能通断正常负荷电流，而且能接通承受一定时间的短路电流，并能在保护装置作用下自动跳闸，切除短路故障。

高压断路器按其采用的灭弧介质分，有油（oil）断路器、六氟化硫（SF6）断路器、真空（vacunm）断路器以及压缩空气断路器、磁吹断路器等。油断路器按其油量多少和油的作用又分为多油和少油两大类。多油断路器的油量多，其油一方面作为灭弧介质，另一方面又作为相对地（外壳）甚至相与相之间的绝缘介质。少油断路器的油量很少（一般只几千克），其油只作为灭弧介质。一般 6～35kV 户内配电装置中多采用少油断路器。

（1）高压断路器的基本技术参数

断路器在工作过程中，要经受电场的、热的、机械力的作用，还要受大气环境的影响，并且要经久耐用。为了使高压断路器可靠地工作，一般要考虑下述基本要求：在给定的条件下，能可靠地长期运行；各部分的温度升高，不超过损害电器性能的允许温度值；具有足够的电寿命和机械寿命，保证绝缘不因受热老化而发生损坏。能够承受系统额定电压、最大工作电压、内部过电压以及外部雷电过电压的作用。能够耐受短路电流流过时所产生的过热及电动力的作用。具有足够的开断电流的能力，能可靠地开断规定的各种性质的电流；具有足够的闭合短路故障的能力，并能可靠地开断本"闭"时所产生的短路电流。具有抵抗大气不利环境影响的能力。在要求安全可靠的同时，还应考虑生产的经济性和维修方便。

为了满足上述的基本要求，用下列技术参数表征高压断路器的工作性能。

① 额定电压（kV）

这是断路器的标称电压，应保证能在这一电压等级的电力系统中使用。电器要满足额定电压的要求，必须通过国家标准中规定的试验。

② 额定电流（A）

这是指断路器在闭合状况下导电系统能长期通过的电流。通过这一电流时，电器各部分的允许温度不超过国家标准中规定的数值。额定电流在某种程度上决定了导体及触头的尺寸与结构。

③ 额定短路开断电流（kA）

这是指在规定的条件下，断路器能保证正常开断的最大短路电流。断路器的额定短路开断电流一般比其所能开断的极限电流值稍低，留有一定的裕量。国家标准中有规定。

④ 断流容量（MVA）

单相断路器的断流容量一般用工频恢复电压有效值 kV 与额定短路开断电流 kA 有效值的乘积来表示。三相断路器的断流容量为

$$S_{OS}=\sqrt{3}\ U_L I_K$$

其中，S_{OS}——三相断路器的断流容量，单位 MVA；

U_L——额定线电压，单位 kV；

I_K——额定短路断开电流，单位 kA；

⑤ 热稳定电流（S*KA）

热稳定电流又称短时耐受电流，是指在规定的短时间 t 内，断路器在闭合位置所能耐受的电流。这一电流的流过期间，断路器的温度升高不应超过规定的数值，我国标准规定的短时间为 2s。

⑥ 动稳定电流（kA）

动稳定电流是指断路器在闭合位置所能耐受的峰值电流。在通过这一电流时，断路器应不被损坏而能继续正常工作。动稳定电流决定于导电部分及支持绝缘部分的机械强度和触头的结构形式。动稳定电流表示断路器对短路电流的电动稳定性或动稳定性，又称为极限通过电流。

⑦ 额定短路闭合电流（kA）

在断路器闭合之前，线路上可能已存在着短路故障，或者在重合闸时，线路的短路故障尚没有被排除，这时在断路器闭合时，断路器及线路中将流过强大的短路电流，产生巨大的电动力效应和热效应，可使其受到严重的机械损伤。断路器在闭合电路时，一般要产生预击穿，在触头接触之前，即已形成电弧，促使触头熔焊，降低了断路器随后开断短路电流的能力。

保证断路器在短路故障下闭合，不致发生触头熔焊或其他操作的短路电流的最大峰值，称为额定短路闭合电流。

⑧ 动作时间

断路器的动作时间可分为开断时间与闭合时间。在断开过程中，从断路器分闸线圈开始通电到三相电弧完全熄灭为止的时间间隔称为开断时间。从断路器接到分闸指令、操作起始瞬间起到所有相触头都分离瞬间为止的时间间隔称为分闸时间。从断路器触头分离、产生电弧起到三相电弧完全熄灭为止的时间间隔称为燃弧时间。在闭合过程中，从合闸电路开始通电起到所有各相触头都接触的瞬间为止的时间间隔称为等闸时间。从合闸电路开始通电到任一相中开始流通电流瞬间为止的时间间隔称为闭合时间。

⑨ 自动重合闸

重合闸操作时，从所有相的触头分离瞬间起到首合相触头接触瞬间为止的时间间隔称为"分—合时间"或"自动重合闸时间"。从分闸时间起始瞬间起到所有相的动、静触头都接触瞬间为止的时间间隔称为"重合闸时间"。

（2）油断路器分类及工作原理

油断路器是用变压器油来熄灭电弧和作为触头间的绝缘介质的断路器。按照绝缘结构的不同，油断路器可分为多油断路器和少油断路器。

多油断路器由于用油多、钢材消耗大、体积笨重、维修复杂、性能落后、存在爆炸和火灾的危险，目前国内已停止发展多油断路器。

少油断路器由于结构简单、制造方便、材料消耗少、性能稳定、运行可靠、耐气候性强、维修简单、价格低廉等优点，在高压开关设备中仍占有一定的地位。

我们以 SN10-10 型高压少油断路器为例说明其结构和原理。图 1-7 是 SN10-10 型高压少油断路器的结构示意图，这种断路器由框架、传动部分和油箱 3 个主要部分组成。油箱是其核心部分。油箱下部是由高强度铸铁制成的基座。操作断路器导电杆（动触头）的转轴和拐臂等传动机构就装在基座内。基座上部固定着中间滚动触头。油箱中部是灭弧室。外面套的是高强度绝缘筒。油箱上部是铝帽。铝帽的上部是油气分离室，下部装有插座式静触头。插座式静触头有 3 至 4 片弧触片。断路器合闸时，导电杆插入静触头，首先接触的是弧触片。断路器跳闸时，导电杆离开静触头，最后离开的是弧触片。因此，无论断路器合闸或跳闸，电弧总在弧触片与导电杆端部之间产生，而这些弧触片与导电杆端部都用耐弧材料制成。为了使电弧能偏向弧触片，在灭弧室上部靠弧触片的一侧嵌有吸弧铁片，利用电弧的磁效应使电弧吸往铁片一侧，确保电弧只在弧

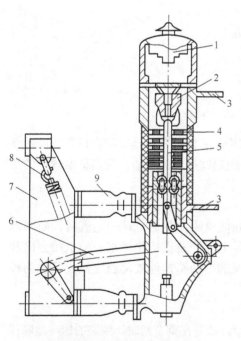

1—油气分离器 2—静触头 3—接线端子
4—灭弧室 5—导电杆 6—绝缘拉杆
7—支架 8—分闸弹簧 9—支持瓷瓶

图 1-7 SN10-10 型高压少油断路器的结构示意图

触片与导电杆之间产生，不致烧损静触头中主要的工作触片。

这种断路器的导电回路是：上接线端子—静触头—导电杆（动触头）—中间滚动触头—下接线端子。

断路器的灭弧主要依赖于灭弧室。

断路器跳闸时，导电杆向下运动。当导电杆离开静触头时，产生电弧，使绝缘油分解，形成气泡，导致静触头周围的油压剧增，迫使静触头内的逆止阀动作，其钢珠上升堵住中心孔。于是电弧在近乎封闭的空间内燃烧，使灭弧室内的压力迅速升高。当导电杆继续向下运动，相继打开一、二、三道横吹沟及下面的纵吹油囊时，油气混合体强烈地横吹和纵吹电弧；同时导电杆向下运动，在灭弧室内形成附加油流射向电弧。由于这种机械油吹和上述纵、横气吹的综合作用，能使电弧在很短时间内迅速熄灭。而且这种断路器在跳闸时，导电杆是向下运动的，从而使得导电杆端部的弧根部分不断地与下面冷却的新鲜油接触，进一步改善了灭弧条件。

这种少油断路器，在油箱上部设有油气分离室，其作用是使灭弧过程中产生的油气混合体分离，油滴返回，而气体则由顶部的排气孔排出。

SN10-10 型少油断路器可配用 CD10 等型电磁操动机构、CS2 型手动操动机构或 CT7 等型弹簧操动机构。CD10 等型电磁操动机构能手动和远距离跳合闸，适于实现自动化，但需直流操作电源。CS2 型手动操动机构能手动和远距离跳闸，但只能手动合闸，不能自动合闸；然而由于它可采用交流操作电源，从而使保护和控制装置大大简化，因此目前在一般中小型供电系统中应用最为普遍。CT7 等弹簧操动机构与电磁操动机构一样，能手动和远距离跳合闸，并且它采用交流电动操作，利用弹簧机构储能，因而可实现一次自动重合闸。

（3）高压六氟化硫断路器

高压六氟化硫断路器，是利用 SF_6 气体作为灭弧和绝缘介质的一种断路器。SF_6 是一种无色、无味、无毒且不易燃的惰性气体，它在 150℃ 以下时化学性能相当稳定，但在电弧的高温作用下要分解，分解物有一定的腐蚀性和毒性，且能与触头的金属蒸气结合成有绝缘性能的活性杂质，即一种白色粉末状的氟化物。因此这种 SF_6 断路器的触头一般都要设计成具有自动净化的作用。然而这些活性杂质，大部分在电弧熄灭后不到1μs 的极短时间内又会还原，剩余杂质也可用特殊的吸附剂（如活性氧化铝）清除，因此对设备和人员都不会有什么危害。SF_6 不含碳元素（C），这对于灭弧和绝缘介质来说，是极为优越的特性。而油断路器是用油作为灭弧和绝缘介质的。油是含碳的高分子化合物，经过一段时间的运行，特别是在断路器跳合闸操作后，油在电弧高温作用下要分解出碳来，使油的含碳量增高，从而降低油的绝缘和灭弧性能。因此油断路器在运行中要经常注意监视油色，适时分析油样，必要时更换新油，而 SF_6 断路器就无此麻烦。SF_6 又不含氧元素（O），因此不存在触头氧化的问题。所以 SF_6 断路器较之空气断路器，其触头的磨损极少，使用寿命大大增长。SF_6 除具有上述优良的物理、化学性能外，还具有优良的电绝缘性能。在 3 个绝对大气压时，其绝缘强度与一般绝缘油的绝缘强度大体相当。特别优越的是 SF_6 在电流过零、电弧暂时熄灭后，具有很快恢复绝缘强度的能力，因此使电弧难以复燃而很快熄灭。

SF_6 断路器的结构，按其灭弧方式分，有双压式和单压式两类。双压式具有两个气压系统，压力高的用作灭弧。单压式只有一个气压系统，灭弧时，SF_6 的气流靠压气活塞产生。单压式结构简单，我国现在生产的 LN1、LN2 型 SF_6 断路器均为单压式。

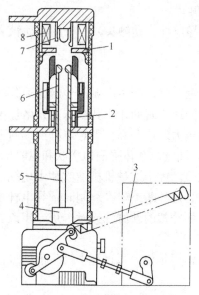

1—环形电极 2—中间触头 3—分闸弹簧
4—吸附剂 5—绝缘操作杆 6—动触头
7—静触头 8—吹弧线圈

图1-8 10kV SF$_6$型断路器

SF$_6$断路器与油断路器比较，具有下列优点：断流能力强，灭弧速度快，电绝缘性能好，工作寿命长，适于频繁操作，且无燃烧爆炸危险。同时它也有缺点：要求加工精度高、密封性能好，对水分和气体的检测控制要求严，SF$_6$的年漏气量不得大于 50%（实际小于 2%），因而价格昂贵。目前主要应用在需频繁操作及有易燃易爆危险的场所。

户内 SF$_6$断路器主要结构如图 1-8 所示，主要由环形电极、动触头、静触头、分闸弹簧、操作杆、吹弧线圈、绝缘筒和基座等组成，它适用于组装在高压开关柜内，在中压领域广泛使用。

（4）高压真空断路器分类及工作原理

高压真空断路器，是利用真空灭弧的一种断路器。它的触头装在真空灭弧室内，因为真空中不存在气体游离的问题，所以这种断路器的触头断开时不会产生电弧，或者说，触头一断开，电弧就已熄灭。但是在感性电路中，灭弧速度过快，即 di/dt 太大，会引起极高的过电压，这对供电系统是不利的。因此，最好是在开关触头间产生一点电弧（真空电弧），并使之在电流第一次自然过零时熄灭，这样燃弧时间既短（至多半个周期），又不会产生很高的过电压。下面以 VS1 型真空断路器为例来进行介绍。

VS1 户内高压真空断路器是三相交流 50Hz。额定电压为 10kV 的户内装置，可供工矿企业、发电厂及变电站作电气设施的控制和保护之用，并适用于频繁操作的场所。

① 结构特点

VS1 户内高压真空断路器配用中间封接式陶瓷真空灭弧室，采用铜铬触头材料、杯状纵磁场触头结构，其触头的电磨损速率小，电寿命长，触头的耐压水平高，介质绝缘强度稳定，弧后恢复迅速，截流水平低，开断能力强。

VS1 真空断路器总体结构采用操动机构和灭弧室前后布置的形式，主导电回路部分为三相落地式结构。真空灭弧室纵向安装在一个管状的绝缘筒内，绝缘筒由环氧树脂采用 APG 工艺浇注而成，因而它特别抗爬电。这种结构设计，大大减少了粉尘在灭弧室表面聚积，不仅可以防止真空灭弧室受到外部因素的损坏，而且可以确保即使在湿热及严重污秽的环境下，也可对电压效应呈现出高阻态。操动机构是弹簧储能式，具有手动储能和电动储能的功能。操动机构置于灭弧室前的机箱内，机箱被四块中间隔板分成五个装配空间，其间分别装有操动机构的储能部分、传动部分、脱扣部分和缓冲部分。VS1 真空断路器将灭弧室与操动机构前后布置成统一整体，即采用整体型布局。这种结构设计，可使操动机构的操作性能与灭弧室开合所需性能更为吻合，减少不必要的中间传动环节，降低了能耗和噪声，使 VS1 断路器的操作性能更为可靠。VS1 断路器既可装入手车式开关柜中，也可装入固定式开关柜中。

该断路器具有寿命长、维护简单、无污染、无爆炸危险和噪声低等优点，并且适用于频繁操作等比较苛刻的工作场合。

② 工作原理

断路器配有真空灭弧室，具有极高的真空度。当动、静触头在操动机构作用下带电分闸时，在触头间将会产生真空电弧。同时，由于触头的特殊结构，在触头间隙中也会产生适当的纵磁场，促使真空电弧由积聚型转变为扩散型，使电弧均匀地分布在触头表面燃烧，并维持低的电弧电压。在电流自然过零时，废留的离子、电子和金属蒸气在几分之一毫秒的时间内就可复合或凝聚在触头表面和屏蔽罩上，灭弧室断口的介质绝缘强度很快被恢复，从而电弧被熄灭，达到分断的目的。

动作原理：如图 1-9（a）、图 1-9（b）、图 1-9（c）所示。

储能电机 34 输出扭矩通过单向轴承 32 经链传动，带动挡销 19 运动，推动储能轴 17 旋转，驱动储能轴 17 上的挂簧拐臂转动，从而拉长合闸弹簧 16，达到储能目的。当合闸弹簧储能完成后，能量由储能保持挚子 25 保持住。与此同时，拨板 18 带动储能微动开关动作，切断储能电机的电源，完成整个储能动作。机构储能后，若接到合闸信号，合闸电磁铁 29 的动铁芯将被吸合向前运动，通过合闸轴 26 带动储能保持挚子 25 转动，从而解除了储能保持挚子对储能轴 17 的约束，合闸弹簧 16 的能量释放使合闸凸轮 15 作顺时针方向转动，通过二级四连杆传动机构 13，10 及绝缘拉杆 9 带动真空灭弧室的动导电杆向上运动，完成合闸动作。

合闸动作完成后，一旦接到分闸信号，分闸半轴 35 在脱扣力的作用下顺时针转动，半轴对分闸脱扣部分 36 的约束解除，分闸脱扣部分在断路器的触头压力弹簧和分闸弹簧的作用下，作顺时针方向转动，真空灭弧室 3 的动导电杆在二级四连杆机构及绝缘拉杆 9 的带动下向下运动，从而完成分闸动作。

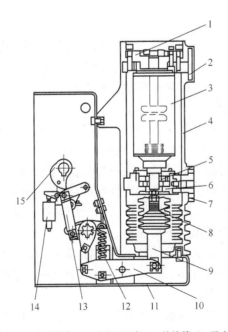

1—上支架　2—上出线座　3—真空灭弧室　4—绝缘筒　5—导电叶片　6—下支架
7—下出线座　8—弹簧　9—绝缘拉杆　10,13—四连杆机构　11—断路器壳体
12—分闸弹簧　14—分闸电磁铁　15—合闸凸轮

图 1-9　VS1 高压真空断路器结构图（a）

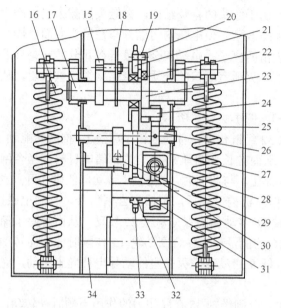

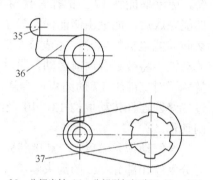

16—合闸弹簧 17—储能轴 18—拨板 19，24—挡销 20—滑块 21，33—链轮
22—单列向心球轴承 23—轮 25—挚子 26—合闸轴 27—链条 28—蜗杆
29—合闸电磁铁 30—涡轮 31，32—单向轴承 34—储能电机

35—分闸半轴 36—分闸脱扣部分图 37—主轴

图 1-9　VS1 高压真空断路器结构图（b）　　　　图 1-9　VS1 高压真空断路器结构图（c）

4．高压熔断器

熔断器是一种当通过的电流超过规定值时使其熔体熔化而断开电路的保护电路。其功能主要是对电路及电路中的设备进行短路保护，但有的也具有过负荷保护的功能。室内广泛采用 RN 型管式熔断器，室外则广泛采用 RW 型跌落式熔断器。

（1）3～35kV 户内高压熔断器

户内高压限流熔断器是较简单和较早采用的一种保护电器，主要用于电压 3～35kV，三相交流 50Hz 的电力系统中，用以保护电气设备免受严重过负荷和短路电流的损害。限流熔断器具有较大的分断能力。它既可以单独使用，也可与负荷开关、真空接触器配合使用。

高压限流熔断器按使用环境可分为户内和户外两种；按其保护对象可分为变压器保护用、电动机保护用、电压互感器保护用、电容器保护用和保护对象不指定 5 种；按保护特性可分为一般保护用、后备保护用和全范围保护用 3 种。

户内高压熔断器按照其安装方式可分为插入式熔断器和母线式熔断器两种。插入式高压限流熔断器由熔断器底座、支柱绝缘子、插座和熔断件等组成，根据额定电流的大小，熔断件可由单管、双管、四管并联使用。

母线式高压限流熔断器的结构是接线端子直接固定在熔断器的两端，根据额定电流的大小，熔断件可由单管、双管、三管并联使用。

这两种形式的熔断器的熔断件的结构基本相同。下面以 RN1 户内高压限流熔断器为例说明。

RN1 户内高压限流熔断器作为变压器及其他电气设备的过载及短路保护，其结构形式为插入式，具有便于更换的优点，结构如图 1-10 所示。

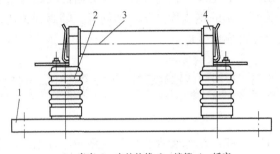

1—底座　2—支柱绝缘　3—熔管　4—插座

图 1-10　RN1 户内高压熔断器结构示意图

熔断件是由熔体绕在六角瓷管的圆周上，再把熔断件装在瓷管中，并在瓷管内充满石英砂作为灭弧介质。两端装上接触端盖，用水泥密封粘牢。

（2）10～35kV 户外交流高压跌落式熔断器

户外交流高压跌落式熔断器是户外高压电器设备，属于喷射式熔断器的一种类型。它主要用于额定电压 10～35kV，三相交流 50Hz 的电力系统中，作为配电线路或配电变压器的过载和短路保护。

跌落式熔断器由最基本的构件组成，包括熔断器底座、底座上下触头、载熔体上下触头、载熔件、熔断件等。各种型号的跌落式熔断器的功能基本相同，只是组成熔断器的零部件外形有所不同。

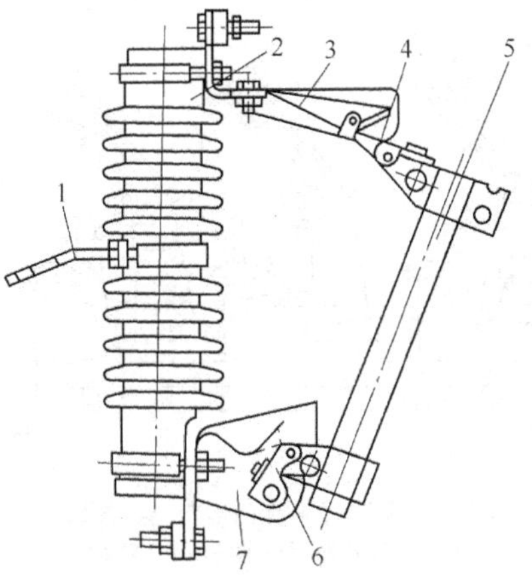

图 1-11 所示的 RW7-10 熔断器由绝缘支架、熔断管两部分组成，静触头安装在绝缘支架两端，动触头安装在熔断器两端，安装熔丝的同时能使熔管上的动触头和活动的机构锁紧，合闸时在上触头的压力下使之可靠接触。当熔丝熔断时，在电弧的作用下，熔管内析出的大量气体和电流过零时产生的强烈的去游离作用将电弧熄灭，使触头的活动机构释放，在弹片的推动和熔断自重的作用下迅速跌落，形成明显的隔离断口。

该熔断器瓷件与静触座支架采用机械卡装，与水泥胶装相比，具有机械强度高、不会发生瓷件胶装外断裂事故等优点。熔断器的熔丝管采用钢纸管环氧玻璃钢复合管制成，在制造时直接将环氧玻璃布卷绕在钢纸管上，故有较高的机械强度，并具有较高的开断容量和多次开断能力。

1—安装板　2—绝缘支架　3—上静触头
4—上动触头　5—熔管　6—下动触头　7—下静触头

图 1-11　RW7-10 跌落式熔断器

5．高压隔离开关

高压隔离开关主要用来隔离电路。它没有专门的灭弧装置，但在分闸状态下有明显可见的断口，在合闸状态下，导电系统中可以通过正常的工作电流和故障下的短路电流。

（1）隔离开关的主要用途

① 检修与分断隔离线路

利用隔离开关断口闸的可靠绝缘，使需要检修和分断的线路与带电部分隔离。为确保检修工作的安全，隔离开关断口闸的绝缘均高于对地绝缘。隔离开关还可带有接地装置，当隔离开关打开时，接地装置便可靠地接地。

② 倒换母线

根据运行需要换接线路，在断口两端接近等电位的条件下，可带负荷进行分、合闸操作，变换母线接线方式。

③ 分合空载电路

分合一定长度的母线、电缆、绝缘套管和架空线路的电容电流，以及分合小容量的变压器的空载电流。

（2）隔离开关主要分类

按安装地点的不同，分为户内隔离开关和户外隔离开关两类；按断口两侧装设接地刀数量的不同，分为不接地（无接地刀）、单接地（一侧有接地刀）和双接地（两侧有接地刀）3类；按触头运动方式的不同，分为水平回转式、垂直回转式、伸缩式（折架式）和直线移动式（插拔式）4类。

（3）隔离开关的结构及工作原理

① 户内隔离开关

一般配电用户内隔离开关的额定电压不高，多采用三相共座式结构，如图1-12所示。每相导电部分由触座、闸刀和静触头等组成，并安装在支持瓷瓶的上端，通过支持瓷瓶固定在底座上。三相平行安装，每相闸刀由拉杆瓷瓶（或绝缘子）、拉杆绝缘子与安装在底座上的转轴相连，主轴通过手柄与手动操动机构（CS2、CS6等）相连，从而通过操动机构控制开关的分合。在额定电流不大时，可借助一般触头弹簧施加接触压力。额定电流较大时，则需要采用磁锁装置等专门措施，增加接触的可靠性。为减轻产品重量，缩小尺寸，提高性能，可采用轻质、高强度注塑或压塑成型的绝缘支柱。

大容量发电机母线用的户内隔离开关，额定电压虽只有10～200kV，但通过的电流能力很大，其额定电流从数千安至数万安。导电部分呈圆筒形，采用水平直线移动式触头结构，配用电动机操作机构，三相联动操作。使用时两端八角形接线端子通过伸缩节与封闭母线相连。

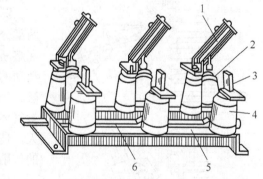

1—导电闸刀 2—操作瓷瓶 3—静触头
4—支持瓷瓶 5—瓶座 6—转轴
图1-12　10kV户内高压隔离开关

② 户外隔离开关

35kV及以下户外高压隔离开关主要结构形式如图1-13所示。

户外高压隔离开关中，除了中性点隔离开关和铁道用隔离开关外，一般均由3个单极组成，每个单极主要由底座、支柱绝缘子及导电部分等组成。单极间用连杆连接，配合操动机构（人力）进行分、合操作。

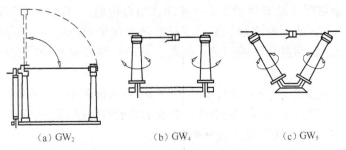

（a）GW₂　　　　（b）GW₄　　　　（c）GW₅

图 1-13　户外高压隔离开关结构图

由于户外隔离开关工作环境较为恶劣，因此在结构上要考虑的问题比户内的多。如使用在冰雪地区的隔离开关，需装设破冰机构；为防止触头表面沉积污垢和消除氧化物的影响，触头分、合时应具有自清除功能；为克服风力和其他外力的作用、保证接触良好，触头应有自调节的能力；为改善切断小电流性能，防止烧伤接触面，应采取引弧棒或灭弧角等措施。

（4）安装、运行及检修

① 隔离开关的安装方式应符合产品使用说明书的有关规定。有些隔离开关需要侧装、倒装或不同角度的倾斜安装，但要注意瓷件的伞裙（户外式）不得积水，各处受力不显著恶化，所有连杆不影响导电部分对地绝缘。

② 所有传动杆件，在安装调整时必须注意相对位置的正确性，以使连接后的相对角度、尺寸等符合产品规定的要求，并达到合闸、分闸过程中各相同步和终点位置正确。

③ 隔离开关动作应灵活，不允许有卡阻现象。凡配用人力操动机构时，一般体力的操作人员均应能独立进行分、合闸操作。

④ 在接线端接上引线后，要认真检查，将触头的接触点调整在允许接触范围的中部位置，否则该处的温升超标，就会影响安全运行。

⑤ 隔离开关三相联动的合闸不同期性，应按照产品使用说明书规定的要求，进行调整。

⑥ 隔离开关在投入运行前，需全面检查各部位尺寸、触头接触情况、各紧固件连接是否可靠，将操作机构操作数次，检查分合是否灵活、有无卡阻现象，检查确认无误后方可投入运行。

⑦ 隔离开关需投入或切出运行时，必须在线路负载切除后（即断路器分闸后）方可进行分、合操作。

⑧ 隔离开关需经常维护，定期检修，一般每年不少于 1 次。在线路发生短路后，也应进行检查和修理。

6. 高压负荷开关

（1）用途与特点

高压负荷开关主要用于高压配电线路中，作为接通及开断一次回路的负荷电流之用。它具有下列特点。

① 可直接带负荷进行操作，操作功率较小，并可进行远距离控制跳闸和近距离手工合闸，安全可靠。

② 带有三工位结构，开关可具有合、开断、接地 3 个功能位置，以便于线路正常运行及在故障情况下安全检修。

③ 与高压熔断器配合组成负荷开关—熔断器组合电器，可执行短路保护及过流保护的功能，其动作时间大大低于断路器加继电保护的传统保护动作时间，可缩短一次故障回路的延时，特别对变压器回路及终端回路、线路、电动机等短路故障，其快速保护作用更加明显。

④ 与其他保护类型的方式相比较，具有投资少、占地面积小、可节省资金和费用等优点。

⑤ 可设计成无油化开关系统，在防爆、防火等方面有优越的运行条件。

（2）分类及结构、特点 按灭弧方式分类如下。

① 产气式负荷开关

其结构特征表现为负荷开关在分断负荷电流的过程中，能通过快速分、合闸，使产气管通过电弧发热产生 SF_6 压缩气体，将电弧迅速熄灭。

产气式交流高压负荷开关为模块式结构，包括主开关基本单元、储能机构、接地开关、联锁装置、熔断器、电动跳闸装置等。

其特点是结构紧凑，体积小，功能全，重量轻，分合速度快，燃弧时间短，灭弧性能好，操作方便、可靠，价格便宜，易维修。

产气式负荷开关利用产气式灭弧原理，即当分闸时，主回路已切除，副回路尚未断开，在断开副回路的瞬间产生压缩气体，将电弧迅速熄灭。在设计开断容量范围内，灭弧性能较稳定。

其开关操作通过伞型内齿轮与储能机构外齿轮相啮合，通过连杆与开关面板上的主轴连接，在右侧或左侧进行操作，操作力约 300N。

② 压气式负荷开关

其结构特征是开关在分、合闸的过程中，通过气缸、喷口与弧触头之间的相对运动，产生较强的压缩空气，将电弧迅速熄灭。

其结构特点如下。

- 采用上、下直动式动、静触头形式。
- 灭弧方式采用自动压气式熄灭电弧。
- 操动机构采用弹簧过中扣接式结构。
- 可加入电动遥控脱扣装置进行远方电动脱扣。
- 与限流式高压熔断器组合，可具备开断短路电流实行过负荷保护。
- 带撞击脱扣装置，并可配装接地开关，实现接通电源、隔离、接地三工位的要求。

③ 真空负荷开关

该产品的结构特点是既具有接通和分断负荷电流的功能，在分闸后又有可见的隔断口，分、合负荷电流的作用依靠真空灭弧室来执行，隔离功能依靠联动机构装置来完成。

按电压等级可分为 10kV，200kV，35kV，63kV 四类。

真空负荷开关主要由隔离开关，真空开关、操动机构及储能分、合闸系统组成，如组成组合电器并带接地开关，还包含熔断器、分励脱扣器、接地开关等零部件。

隔离开关与真空开关通过联杆实行联锁、联动，即应满足如下要求：合闸过程隔离开关先合，真空开关后合；分闸过程真空开关先分，隔离开关后分。

真空负荷开关与接地开关之间的联锁通过圆盘来实现，应满足如下要求：真空负荷开关合闸时，接地开关不允许合闸；接地开关处于合闸时，负荷开关不允许合闸。

合闸操作：接地开关处于分闸状态，顺时针摇动操作杆，联动隔离开关缓缓合上，此时合闸弹簧开始储能，当隔离开关完全合上后，合闸弹簧释放，真空开关合闸（并有明显合闸音响），此时分闸弹簧已储能。

分闸操作：在负荷开关处于合闸状态下，逆时针摇动负荷开关操作杆，分闸弹簧释放，真空开关分闸（可听到明显响声），继续摇动手柄，在真空开关分闸后联动隔离开关缓缓打开。

电动操作：为实现远距离控制、简化操作过程，达到电动分、合闸的目的。

真空负荷开关的优点如下。

- 真空触头开距小，动作迅速。
- 燃弧时间短，触头损耗度轻，技术指标高。
- 防火、防爆，属无油化开关。
- 体积小，重量轻。
- 维修少，工作稳定可靠。
- 可频繁操作。

真空负荷开关的缺点如下。

- 为实现可见断口，制造成本高。
- 在分断小电感电流时，易产生操作过电压，增加了保证绝缘及安全运行的难度。

7. 配电电力变压器

变压器是用于高压输电、低压配电、供电和其他用途的电气设备。它把输入的交流电压升高或降低为同频率的交流电压，以满足不同电流和阻抗负荷的需要。通信局站通常使用的是降压变压器，既配电变压器。

配电变压器的种类很多，在实际使用中根据需要正确选用。按相数分，有单相和三相两大类，一般通信局站用的都是三相变压器。按容量分，有 100kVA、125kVA、160kVA、200kVA、330kVA 等（按 1.26 倍递增，即 IEC 推荐的 R10 容量系列，等级较密，便于选用）。按调压方式分，有无载调压（无激磁调压）和有载调压两类。按绕组材质分，有铜、铝两大类。按绕组类型分，有双绕组、三绕组和自耦变压器 3 种。按绕组冷却方式分，有油浸式、干式和充气式 3 种。油浸式变压器又分油浸自冷式、油浸风冷式、油浸水冷式和油强制循环冷却式 4 种。干式变压器又有环氧树脂浇注干式和非环氧树脂浇注干式等。按用途分，有普通型、全封闭型和防雷型变压器。目前，通信局站开始大量采用干式变压器。

变压器的主要组成部分是铁芯和绕组。工作原理详见电工知识，这里不再赘述。

目前国内生产的油浸变压器主要有：S7-M，SF，S9，S9-M 等系列。其中 S9 系列产品是全国统一设计的产品，具有西方 20 世纪 80 年代初的产品水平，是目前国内技术经济指标较先进的铜线系列变压器。S7-M，S9-M 油浸变压器是上海 ABB 变压器有限公司生产的产品，引进了 ABB 油浸变压器（50-25000kVA）制造技术。该产品为封闭式油浸配电变压器。变压器整体为全注油密封式结构，没有储油柜，高度比同类产品低。变压器油箱由波纹壁构成，波纹散热片不但具有冷却功能，而且具有呼吸功能。其散热片具有弹性可补偿因温度的变化而引起变压器油体积的变化。

环氧树脂浇注干式变压器已在通信企业中被广泛采用，其主要特点是具有很高的机械强度、空载损耗小、抗短路及过载能力强、抗雷电冲击性能好、局部放电量小、抗干裂性能好、热容性好，变压器使用寿命长、噪声低，具有防潮、抗湿热、阻燃和自熄的特性，并具有温度自动监测与保护，为变压器的运行提供安全可靠的保障。基本上属于免维型的变压器。干式变压器的保护等级共分为三级：IP00，IP20，IP23。目前国内引进和生产的环氧树脂浇注型干式变压器主要有以下几种。

上海广隆变压器有限公司生产的 SCB 系列（中国南阳天力变压器有限公司生产的为 SC系列），引进了瑞士和意大利的 T+M 技术，高、低压绕组均为箔绕组。采用全环氧树脂真空浇注成型。铁芯叠片采用斜接缝结构。广东佛山变压器厂、许继集团变压器有限公司及上海变压器厂引进德国 HTT 公司干式变压器的技术，且使用 HTT 商标的 SC9，SCB9 系列干式变压器。其高、低压绕组根据容量的不同，相应选用圆线、扁线或箔带绕制，全环氧树脂加填料全真空浇注成型，铁芯为步进叠片结构。代表当今世界最先进的技术水平。

广东顺德变压器厂引进德国曼·克瑞斯特公司技术生产的 SC3、SCB3、SC8、SCB8，SC9、SCB9 系列变压器。高、低压绕组均为线绕导体，全环氧树脂真空浇注成型，铁芯叠片采用斜接缝结构。采用此技术的还有中国金乡变压器厂生产的 SC 系列（与德国曼克瑞斯特公司合作生产）。

上海 ABB 变压器有限公司等生产的 SCR 系列雷神干式变压器，高、低压绕组均为线绕导体，线圈制造工艺过程在非真空环境下绕制成型。产品生产工艺简单，不需成套真空设备。

志有集团济南志亨特种变压器有限公司引进德国西门子公司的技术生产的 SCLBZ 系列变压器，高、低压绕组均为铝箔导体，采用加填料（石英粉）型环氧树脂浇注。

国内自行开发生产的干式变压器产品有北京变压器厂生产的 SCL1 系列；沈阳变压器厂生产的 SGZ 系列；沈阳第二变压器生产的 SG3 系列。

非环氧树脂浇注型干式变压器目前国内生产厂家不多。由保定天成集团特变电气有限公司开发生产的 H 级阻燃纸干式变压器是一种非环氧树脂浇注型干式变压器。变压器绕组绝缘采用美国杜邦公司 NOMEX 芳香酰胺纤维纸绝缘。产品具有电气、机械、化学、耐热优良性能。NOMEX 纸耐高温属于 C 级绝缘材料，温度达 220℃时电气及机械性能比较稳定，为保证变压器的供电可靠性，按 H 级防护等级使用，温升可达 140℃，环境温度可达 40℃。变压器采用铜材线圈，利用浸漆工艺制成，变压器产品系列：SGB-lOkV400～2 500kVA，其中 30～800kVA 为铜绕组，>1 000kVA 为铜箔绕组。

通信局（站）变电所一般由一台或多台变压器组成。对于负荷较小的市话局、县中心以下通信局、二类国内卫星通信地球站、微波站、干线光缆郊外站、分路站、增音站配置一台变压器。对于 50 000「」以上的市话局、省会级通信枢纽楼、国际及一类国内卫星通信地球站、大型无线电台均配置两台或多台变压器。随着通信负荷的日益增长，用电负荷越来越大，地方供电部门为限制短路电流，对单台变压器的容量一般不允许大于 1 600kVA（各地有所不同），为此局内变电所势必采用多台变压器。

1.2.2　低压配电系统

1.2.2.1　低压配电系统概述

1. 市电分类

依据 XT005－95《通信局（站）电源系统总技术要求》，市电根据通信局（站）所在地区的供电条件，线路引入方式及运行状态，将市电供电分为下述三类。

（1）一类市电供电（市电供应充分可靠）

一类市电供电是从两个稳定可靠的独立电网引入两路供电线路，质量较好的一路作主要电源，另一路作备用，并且采用自动倒换装置。两路供电线路不会因检修而同时停电，事故停电次数极少，停电时间极短，供电十分可靠。长途通信枢纽、大城市中心枢纽、程控交换容量在万门以上的交换局以及大型无线收发信站等规定采用一类市电。

（2）二类市电供电（市电供应比较可靠）

二类市电供电是从两个电网构成的环状网中引入一路供电线路，也可以从一个供电十分可靠的电网上引入一路供电线。允许有计划地检修停电，事故停电不多，停电时间不长，供电比较可靠。长途通信地区局或县局、程控交换容量在万门以下的交换局，以及中型无线收发信站，可采用二类市电。

（3）三类市电供电（市电供应不完全可靠）

三类市电供电是从一个电网引入一路供电线路，供电可靠性差，位于偏僻山区或地理环境恶劣的干线增音站、微波站可采用三类市电。

2．通信系统低压交流供电原则

根据各地市电供应条件的不同，各通信企业容量大小不同，以及地理位置的差异等因素，可采用各种不同的交流供电方案，但都必须遵循以下基本原则。

① 市电是通信用电源的主要能源，是保证通信安全、不间断的重要条件，必要时可申请备用市电电源。

② 市电引入，原则上应采用 6～10kV 高压引入，自备专用变压器，避免受其他电能用户的干扰。

③ 市电和自备发电机组成的交流供电系统宜采用集中供电方式供电，系统接线应力求简单、灵活，操作安全，维护方便。

④ 局（站）变压器容量在 630kVA 及以上的应设高压配电装置，有两路高压市电引入的供电系统，若采用自动投切的，变压器容量在 630kVA 及以上则投切装置应设在高压侧。

⑤ 在交流供电系统中应装设功率因数补偿装置，功率因数应补偿到 0.9 以上；对容量较大的自备发电机电源也应补偿到 0.8 以上。

⑥ 低压交流供电系统采用三相五线制或单相三线制供电。

1.2.2.2　常见低压配电设备

较大容量的局（站）设置低压配电房用来接受与分配低压市电和备用油机发电机电源。低压配电房中安装的电气设备包括低压配电屏、油机发电机组控制屏和市电油机电转换屏等设备。

1．低压配电屏

通信局（站）中低压配电屏大多采用原电力工业部和机械工业部所属企业的系列产品，低压配电屏主要用来进行受电、计量、控制、功率因数补偿、动力馈电和照明馈电等，主要产品有 PGL1、PGL2、GCS、GCK、GCL 及 GGD 等系列开关柜，以及国外引进产品和合资企业生产的低压开关柜。

低压配电屏内按一定的线路方案将一次和二次电路电气设备组装成套。每一个主电路方案对应一个或多个辅助电路方案，从而简化了工程设计。

2．油机发电机组控制屏及 ATS

发电机组控制屏是随油机发电机组的购入由油机发电机组厂商配套提供。而 ATS（即双电源自动切换装置，通常与低压开关柜安装在一起）目前普遍采用芯片程序控制，一般可实现两路市电或一路市电与发电机电源的自动切换，且切换延时可调，同时有多种工作模式可供选择（如自动模式、正常供电模式、应急供电模式和关断模式等）。

1.2.2.3　常见的低压电器

在低压配电设备中常用的低压电器有以下4种。

1. 低压断路器

低压断路器也称为低压自动开关，主要作为不频繁地接通或分断电路之用。低压断路器具有过载、短路和失压保护装置，在电路发生过载、短路、电压降低或消失时，断路器可自动切断电路，从而保护电力线路及电源设备。

低压断路器按灭弧介质可分为空气断路器和真空断路器两种，按用途分可分为配电用断路器、电动机保护用断路器、照明用断路器和漏电保护用断路器等。配电用断路器又可分为非选择型和选择型两种。非选择型断路器因为是瞬时动作，所以常用作短路保护和过载保护；选择型断路器又可用作两段保护、三段保护和智能化保护。两段保护为瞬时与短延时或长延时两段。三段保护为瞬时、短延时和长延时三段。其中瞬时、短延时特性适用于短路保护，长延时特性适用于过载保护。智能化保护是近些年研制成功的高科技保护手段，是用微机来控制各脱扣器进行监视和控制，保护功能多，选择性能好。所以这种断路器叫做智能型断路器。

另外，作为配电用断路器，按其结构形式又可分为塑料外壳式断路器和万能式断路器两大类，这两类低压断路器目前使用较为普遍。典型产品有塑料外壳式（DZ10型）和框架式（DW10型）两类，它们均由触头系统、灭弧装置、传动机构、自由脱扣机构及各种脱扣器等部分组成。目前塑料外壳式的改进产品有AM1型及H型等，框架式改进产品有DW15、DWX15、DW40、3WE及ME、AH等。

2. 低压刀开关

刀开关是低压电器中结构最简单的一种，广泛应用于各种配电设备和供电线路中，用来接通和分断容量不太大的低压供电线路以及作为低压电源隔离开关使用。

低压刀开关根据其工作原理、使用条件和结构形式的不同，可分为开启式负荷开关（HK1、HK2、TSW系列等）、封闭式负荷开关（HH3、HH4系列等）、隔离刀开关（HS13、HD11系列等）、熔断器式刀开关（HR3系列等）和组合开关（HZ10系列等）。

3. 熔断器

熔断器是一种最简单的保护电器，在低压配电电路中，主要用于短路保护。它串联在电路中，当通过的电流大于规定值时，以它本身产生的热量，使熔体熔化而自动分断电路。熔断器与其他电器配合，可以在一定的短路电流范围内进行有选择的保护。

低压熔断器种类很多，根据其构造和用途可分为开启式、半封闭式和封闭式，封闭式熔断器又可分为有填料和无填料熔断器，有填料熔断器中有螺旋式和管式，无填料熔断器中有插入式和管式。目前的典型产品有RT0/RT10/RT11系列有填料封闭管式熔断器，RM10系列封闭管式熔断器，RL1/RL2系列螺旋式熔断器，PZ1-100、QSA、NT系列熔断器以及引进的aM、gM系列熔断器。

（1）熔断器的结构和主要参数

熔断器主要由熔体和安装熔体的熔管或熔座两部分构成。熔体是熔断器的主要部分，常做成丝状或片状。熔体的材料有两种，一种是低熔点材料，如铅、锌、锡以及锡铅合金等；另一种是高熔点材料，如银和铜。熔管是熔体的保护外壳，在熔体熔断时兼有灭弧的作用。

每一种熔体都有两个参数，即额定电流与熔断电流。额定电流是指长时间通过熔断器而不熔断的电流值。熔断电流通常是额定电流的两倍。一般规定通过熔体的电流为额定电流的1.3 倍时，应在 1 小时以上熔断；为额定电流的 1.6 倍时，应在 1 小时内熔断；达到熔断电流时，在 30～40s 后熔断；当达到 9～10 倍额定电流时，熔体应瞬间熔断。熔断器具有反时限的保护特性。熔断器对过载反应是很不灵敏的，当发生轻度过载时，熔断时间很长，因此，熔断器不能作为过载保护元件。

熔管有 3 个参数：额定工作电压、额定电流和断流能力。额定工作电压是从灭弧角度提出的，当熔管的工作电压大于额定电压时，在熔体熔断时，可能出现电弧不能熄灭的危险。熔管的额定电流是由熔管长期工作所允许温升决定的电流值，所以熔管中可装入不同等级额定电流的熔体，但所装入熔体的额定电流不能大于熔管的额定电流值。断流能力是表示熔管在额定电压下断开电路故障时所能切断的最大电流值。

（2）熔断器的选用原则

选用熔断器，一般应符合下列原则。

① 根据用电网络电压选用相应电压等级的熔断器。

② 根据配电系统可能出现的最大故障电流，选用具有相应分断能力的熔断器。

③ 在电动机回路中用作短路保护时，为避免熔体在电动机启动过程中熔断，对于单台电动机，熔体额定电流≥(1.5～2.5)×电机额定电流；对于多台电动机，总熔体额定电流≥(1.5～2.5)×容量最大一台电动机的额定电流+其余电动机的计算负荷电流。

④ 对电炉及照明等负载的短路保护，熔体的额定电流等于或稍大于负载的额定电流。

⑤ 采用熔断器保护线路时，熔断器应装在各相线上；在二相三线或三相四线回路的中性线上严禁装熔断器，这是因为中性线断开可能会引起各相电压不平衡，从而造成设备烧毁事故；在公共电网供电的单相线路的中性线上应装熔断器，电业的总熔断器除外。

⑥ 各级熔体应相互配合，下一级应比上一级小。

4．接触器

接触器适用于远距离频繁接通和分断交、直流主电路及大容量控制电路。接触器可分为交流接触器和直流接触器两种。接触器主要由主触头、灭弧系统、电磁系统、辅助触头和支架等组成。交流接触器主要有 CJ0、CJ10、CJ12、CJ12B 系列以及众多的合资品牌。直流接触器主要有 CZ0 系列。

1.2.2.4　电容补偿

在三相交流电所接负载中，除白炽灯、电阻电热器等少数设备的负荷功率因数接近 1外，绝大多数的三相负载如异步电动机、变压器、整流器和空调等的功率因数均小于 1，特别是在轻载情况下，功率因数更为降低。用电设备功率因数降低之后，带来的影响如下。

① 使供电系统内的电源设备容量不能充分利用。

② 增加了电力网中输电线路上的有功功率的损耗。

③ 功率因数过低，还将使线路压降增大，造成负荷端电压下降。

在线性电路中，电压与电流均为正弦波，只存在电压与电流的相位差，所以功率因数是电流与电压相角差的余弦，称为相移功率因数，即

$$PF=\frac{P}{S}=\frac{UI\cos\varphi}{UI}=\cos\varphi$$

在非线性电路中（如开关型整流器），交流电压为正弦波形，电流波形却为畸变的非正弦波形，同时与正弦波的电压存在相位差。此时为全功率因数

$$PF = \frac{P}{S} = \frac{U_L I_1 \cos\varphi}{U_L I_R} = \frac{I_1 \cos\varphi}{I_R} = \gamma\cos\varphi$$

其中，P 是有功功率；S 是视在功率；U_L 是电网电压；I_1 是基波电流有效值；$\cos\varphi$ 是位移因素；I_R 是电网电流有效值；γ 称为失真功率因数，也称电流畸变因子，它是电流基波有效值与总有效电流值之比。从公式中可以看出，电路的全功率因数为相移功率因数 $\cos\varphi$ 与失真功率因数 γ 两项的乘积。

提高功率因数的方法很多，主要有以下几种。

① 提高自然功率因数，即提高变压器和电动机的负载率到 75%～80%，以及选择本身功率因数较高的设备。

② 对于感性线性负载电路，采用移相电容器来补偿无功功率，便可提高 $\cos\varphi$。

③ 对于非线性负载电路（在通信企业中主要为整流器），则通过功率因数校正电路将畸变电流波形校正为正弦波，同时迫使它跟踪输入正弦电压相位的变化，使高频开关整流器输入电路呈现电阻性，提高总功率因数。

我们这里要说的主要是感性线性负载电路中的功率因数补偿，关于非线性电路中的功率因数校正将在开关型整流器原理部分加以分析。

根据在 R-L-C 电路中，电感 L 和电容 C 上的电流在任何时间都是反相的，相互间进行着周期性的能量交换，采用在线性负载电路上并联电容来作无功补偿，使感性负载所需的无功电流由容性负载储存的电能来补偿，从而减少了无功电流在电网上的传输衰耗，达到提高功率因数的目的。《全国供用电规则》规定："无功电力应就地平衡，用户应在提高用电自然功率因数的基础上，设计和装置无功补偿设备，并做到随其负荷和电压变动及时投入或切除，防止无功电力倒送。"供电部门还要求通信企业的功率因数达到 0.9 以上。

移相电容器的补偿容量可按下式确定：

$$Q_C = Q_1 - Q_2 = P_{js}(\tan\varphi_1 - \tan\varphi_2) \text{（kVar）}$$

即

$$Q_C = P_{js}\left(\sqrt{\frac{1}{\cos^2\phi_1} - 1} - \sqrt{\frac{1}{\cos^2\phi_2} - 1} \right) \text{（kVar）}$$

其中，P_{js}——总的有功功率计算负荷（kW）；

Q_1——补偿前的无功功率（kVar）；

Q_2——补偿后的无功功率（kVar）；

Q_C——需补偿的无功功率（kVar）；

$\cos\varphi_1$——补偿前的功率因数；

$\cos\varphi_2$——补偿后的功率因数。

在计算电容器容量时，由于运行电压的不同，电容器实际能补偿的容量 Q'_H 应为

$$Q'_H = Q_H \left(\frac{V'_H}{V_H} \right)^2$$

式中，Q_H——电容器的标准补偿容器；

　　　　V'_H——实际运行电压；

　　　　V_H——电容器的额定工作电压。

因此，需要补偿电容器的数量 n 应为

$$n = \frac{Q_C}{Q'_H}$$

移相电容器通常采用△形接线，目的是为了防止一相电容断开造成该相功率因数得不到补偿，同时，根据电容补偿容量和加载其上的电压的平方成正比的关系，同样的电容△形接线能补偿的无用功更多。大多数低压移相电容器本身就是三相的，内部已接成△形。移相电容器在局（站）变电所供电系统可装设在高压开关柜或低压配电屏或用电设备端，分别称为高压集中补偿，低压成组补偿或低压分散补偿。目前在通信企业中绝大多数采用了低压成组补偿方式，即在低压配电屏中专门设置配套的功率因数补偿柜。

例如与 PGL12 型低压配电屏配套的 PGJ_1 或 PGJ_1A 型无功功率自动补偿控制屏。电容器装于柜中两层支架上，还装有自动投切控制器，它能根据功率因数的变化，以 10～120s 的间隔时间自动完成投入或切除电容器，使 $\cos\varphi_1$ 保证处于设定范围内。投切循环步数 PGJ_1 为 6～8 步，而 PGL_1A 为 8～10步。PGL_1 / PGL_1A 型无功功率补偿屏的一次线路如图 1-14 所示。

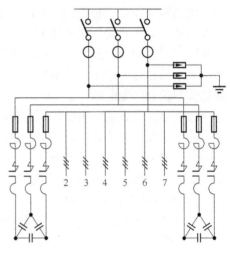

图 1-14　PGL_1/PGL_1A 型无功功率补偿屏一次线路

1.2.2.5　两路市电进线的低压配电图

两路市电引入，并实现低压母联，具有一侧油机接入的典型低压配电一次线路如图 1-15 所示。

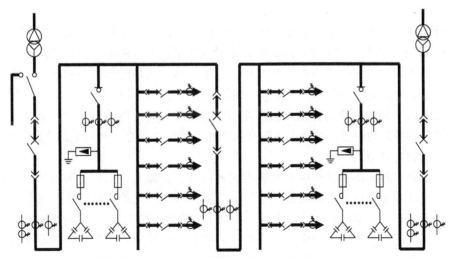

图 1-15　两路进线的低压配电一次线路图

1.2.3　电弧基本知识

为了安全可靠地使用各种高、低压开关电器，我们应该知道：在断开电路时，电路中的开关触头在分开瞬间产生电弧，电路中的电流借此电弧维持导通。这样会使触头不能断开电路，因而烧毁设备，危及人身安全。尤其是在电路发生短路故障时，如不快速切断短路电流，就会造成通信电源停电，影响整个通信设备的正常工作。本节着重从理论上讨论电弧形成的原因及快速灭弧的方法。

1.2.3.1　电弧产生的原因

1. 电弧的现象

电弧实际上是一种气体游离的放电现象。在通信电源的交、直流供电系统中，有各种开关型电器，如断路器、隔离开关、熔断器、自动开关、接触器和刀型开关等。这些开关型电器在断开时，由于电路中电压和电流的作用，在相互分开的开关触头之间产生一种强烈的亮光，这个亮光称为电弧。经测定如果触头间的电压大于 $10\sim20\text{V}$；电流大于 $80\sim100\text{mA}$ 时，在触头间就会产生电弧。

由于电弧具有能量集中、温度高、亮度强的特性，因此必须在开关电器中，安装灭弧装置，防止烧毁开关触头。如高压开关柜中的 10kV 少油断路器断开 20kA 的电流时，电弧功率可高达 10^4kW。这样高的能量几乎全部变为热能，中心温度可达 10 000℃。在低压直流电路中，放电开关断开 30A 的 48V 电源，若不加灭弧设备，产生的电弧温度足以使触头熔化。

2. 形成电弧的 4 个因素

（1）强电场发射：在开关的触头刚分开的瞬间，触头之间的距离很近，所以分开的缝隙间电场强度 $E(\text{V/cm})$ 很大。在此强电场的作用下，电子从阴极表面被拉出，以高速度奔向阳极，这种现象称强电场发射。电场强度越大，这种金属表面发射电子量也越增加，但随着触头逐渐分开，触头间的距离增大，电场强度 E 随之减小，发射电子量也迅速减少。

（2）热电发射：当触头分开的瞬间，接触电阻增大，从而使电极上出现强烈的炽热点。再加上正离子迅速移向阴极释放能量，使阴极表面温度升高，便于发射电子。使弧隙中电子数目增加，这种现象称为热电发射。

（3）碰撞游离：奔向阳极的自由电子，因具有很大的动能，在运动的过程中，如果碰到中性分子或原子，所持的一部分动能就传给原子或分子。若自由电子所持的能量足够大时，可将中性原子的外围电子撞击出来，变为自由电子，受到电场的作用而运动。并获得一定的动能。再次碰撞出新的自由电子，如此继续碰撞，在弧隙中的自由电子和离子浓度不断增加，成为游离状态，这种游离状态称为碰撞游离。当开关触头间游离的离子和电子达到一定浓度时，触头间有足够大的电导，使触头间的介质击穿开始弧光放电。此时电路中仍有电流通过，这是电弧产生的主要原因。

（4）热游离：热游离是维持电弧燃烧的主要原因。在弧光放电和触头拉开距离增大后，弧柱的电场强度减小，碰撞游离减弱，这时由于弧光放电产生的高温使弧心有大量的电子移动。同时由于电弧的高温可达几千度甚至上万度，使气体中的质点发生迅速而又不规则的热运动。如果具有足够动能的高速中性质点互相碰撞时，中性质点将会被电离形成自由电子和正离子，这种现象称为气体的热游离。电弧后期的导电性主要靠这种现象来维持。

上述电弧形成的 4 个因素，实际上是一个连续的过程。当触头刚分开时强电场发射和热电发射所产生的自由电子,在电场作用下移向阳极,以后电子在运动过程中,产生碰撞使弧道中气体游离,进而产生电弧。由于游离现象存在和电弧的产生,又使热游离继续进行,从而使电弧持续不断地燃烧。这 4 个因素贯穿整个电弧形成过程。

3. 电弧的伏安特性

图 1-16 所示为电弧的伏安特性曲线,它表示电弧的电流和电压的关系。由图可见,随着电弧电流的增大,电弧电压(维持电弧电压)降低。这是因为电弧电流的增大,使热游离加剧,而电弧电阻的变化与电流的平方成反比,即 $R_{hu} \propto \dfrac{1}{i^2_{hu}}$ 所以弧的两端电压下降。曲线与纵轴交点的电压值 U_F,称为发弧电压,即比 U_F 值小的电压就不能点燃电弧。发弧电压的大小与触头间距离,弧隙的温度与压力以及触头的材料等因素有关。维持电弧的电压一般在 20~40V。

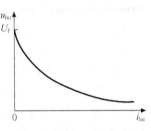

图 1-16　电弧的伏安特性曲线

1.2.3.2　熄灭电弧的方法

熄灭电弧的过程,就是去游离的过程。因此必须减弱或完全终止热游离,加强带电质点的复合离子向周围介质的扩散。

在现代开关电路中,根据上述电弧产生的因素和熄灭电弧的过程,广泛采取了下面几种灭弧方法。

1. 利用气体吹动灭弧

这种灭弧的原理,是利用气体纵向或横向吹动电弧,使电弧冷却,因此减弱了电弧的热游离,加强了带电质点的再结合及向周围的扩散作用。纵向吹弧如图 1-17(a)所示,横向吹弧如图 1-17(b)所示。使电弧受到强烈的冷却和拉长,而将电弧熄灭。

如果横向吹动电弧时,在电弧的侧面(正对着气流的方向)装有绝缘材料制成的隔板,如图 1-17(c)所示。隔板能阻碍电弧沿着气流方向的自由移动,使电弧与气流和固体介质接触紧密,迅速冷却,去游离现象增强。一般横向吹弧的效果要比纵向吹弧的效果好。有绝缘隔板的横向吹弧的效果更好。

在高压开关柜中的少油断路器,就采用气体吹弧的灭弧方法。

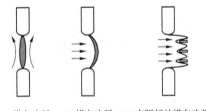

(a)纵向吹弧　(b)横向吹弧　(c)有隔板的横向吹弧

图 1-17　利用气体吹动灭弧

2. 利用固体介质的狭缝或狭沟灭弧

电弧与固体介质紧密接触时,使电弧的去游离大大加强,原因是在固体介质表面的带电离子强烈复合;同时固体介质在电弧高温作用下,使狭缝或狭沟中的气体受热膨胀压力增大,并使固体介质对电弧冷却的结果。如 20A 以上的各级接触器均采用半封闭式陶土纵缝灭弧罩。充有石英砂的熔断器,当其熔体烧断时,弧发生在熔体形成的狭沟中与石英砂紧密接触,电弧很快地去游离而熄灭。目前我国生产的 RTO 系列熔断器就是利用这种原理进行灭弧的。

3. 将长电弧分成若干短电弧灭弧

利用由金属片制成的灭弧栅,将长弧分割成短电弧串联,如图 1-18(a)所示。由于维持一个电弧的稳定燃烧,需要 20~40V 的外加电压,当被分割的短电弧上外加电压小于电弧的维持电压时，电弧熄灭。一般低压开关电器灭弧常采用这种灭弧的方法。灭弧栅是怎样将长电弧分割成短电弧的呢？把钢制栅片制成中间有矩形缺口，如图 1-18（b）所示。当电弧与栅片接触时，电弧被自己的磁通移动所造成的力吸入钢片内。因为磁通总是走磁阻小的路径。即由栅片矩形缺口的 A 处趋向 B 位置，在该位置电弧被分割成一串短电弧。

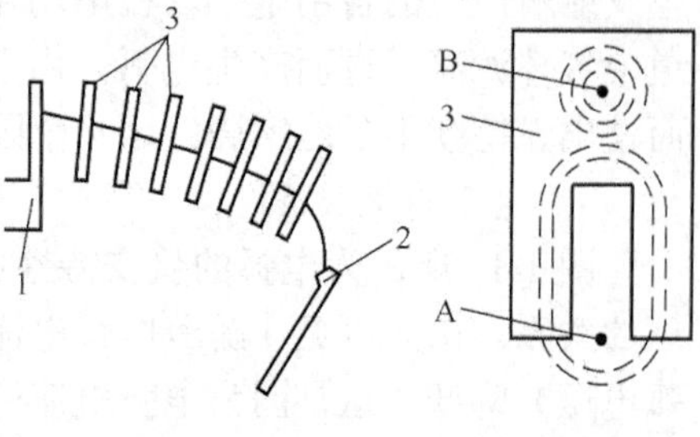

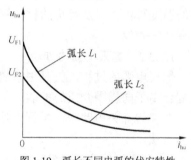

（a）金属灭弧栅　　　（b）缺口钢片

1—静触头　2—动触头　3—钢片

图 1-18　将长电弧分成几个短电弧

4．利用多断开点灭弧

这种方法是在开关电器的同一相内，可制成两个或更多断开点。当开关断开时，则在一相内便形成几个串联的电弧，所有电弧的全长为一个断开点电弧长的几倍，相当于把长电弧分成几个短电弧串联。

5．拉长电弧

拉长电弧，则电弧的伏安特性向上移，发弧电压 U_F 增高，要维持电弧燃烧所需的电压增大。图 1-19 表示两个不同弧长所需的发弧电压及伏安特性。从图看出 L_1、L_2 表示弧长，其 $L_1 > L_2$，则 $U_{F1} > U_{F2}$。如果在 U_{F2} 的条件下，把电弧拉到 L_1 长度，则小于维持电弧燃烧的电压而灭弧。

图 1-19　弧长不同电弧的伏安特性

6．强冷灭弧

直流电弧稳定燃烧时，电弧功率几乎全部转为热功率，可以通过传导、辐射和对流（气吹）将热功率扩散到周围介质中，使去游离速度大于游离速度而灭弧。

1.2.4　高低压配电维护规程

（1）配电屏四周的维护走道净宽应保持规定的距离，各走道均应铺上绝缘胶垫。

（2）高压室禁止无关人员进入，在危险处应设防护栏，并设明显的告警牌"高压危险，不得靠近"字样。

（3）高压室各门窗、地槽、线管、孔洞应做到无孔隙，严防水及小动物进入。

（4）为安全供电、专用高压输电线和电力变压器不得让外单位搭接负荷。

（5）高压防护用具（绝缘鞋、手套等）必须专用。高压验电器、高压拉杆应符合规定要求。

（6）高压维护人员必须持有高压操作证，无证者不准进行操作。

（7）变配电室停电检修时，应报主管部门同意并通知用户后再进行。

（8）继电保护和告警信号应保持正常，严禁切断警铃和信号灯。

（9）自动断路器跳闸或熔断器烧断时，应查明原因再恢复使用，必要时允许试送电一次。

（10）熔断器应有备用，不应使用额定电流不明或不合规定的熔断器。直流熔断器的额定电流值应不大于最大负载电流的 2 倍。各专业机房熔断器的额定电流值应不大于最大负载电流的 1.5 倍。交流熔断器的额定电流值：照明回路按实际负荷配置，其他回路不大于最大负荷电流的 2 倍。

（11）引入通信局（站）的交流高压电力线应采取高、低压多级避雷装置。

（12）交流供电应采用三相五线制，零线禁止安装熔断器，在零线上除电力变压器近端接地外，用电设备和机房近端不许接地。

（13）交流用电设备采用三相四线制引入时，零线不准安装熔断器，在零线上除电力变压器近端接地外，用电设备和机房近端应重复接地。

（14）电力变压器、调压器安装在室外的其绝缘油每年检测一次，安装在室内的其绝缘油每两年检测一次。

（15）每年检测一次接地引线和接地电阻，其电阻值应不大于规定值。

（16）停电检修时，应先停低压、后停高压；先断负荷开关，后断隔离开关。送电顺序则相反。切断电源后，三相线上均应接地线。

（17）对高压变配电设备进行维修工作，必须遵守下列规定。

① 应实行两人值班制，一人操作、一人监护，实行操作唱票制度。不准一人进行高压操作。

② 切断电源前，任何人不准进入防护栏。

③ 在切断电源、检查有无电压、安装移动地线装置、更换熔断器等工作时，均应使用防护工具。

④ 在距离 10~35kV 导电部位 1m 以内工作时，应切断电源，并将变压器高低压两侧断开，凡有电容的器件（如电缆、电容器、变压器等）应先放电。

⑤ 核实负荷开关确实断开，设备不带电后，再悬挂"有人工作，切勿合闸"警告牌方可进行维护和检修工作。警告牌只许原挂牌人或监视人撤去。

⑥ 严禁用手或金属工具触动带电母线，检查通电部位时应用符合相应等级的试电笔或验电器。

⑦ 雨天不准露天作业，高处作业时应系好安全带，严禁使用金属梯子。

（18）定期检测干式变压器的温升。

（19）与电力部门有调度协议的应按协议执行。对于自维的高压线路，每一年要全线路检查一次避雷线及其接地状况，供电线路情况，发现问题及时处理。低压配电设备包括交流 380V/220V 配电设备和直流配电设备。

（20）人工倒换备用电源设备时，必须遵守有关技术规定，严防人为差错。

（21）要定期试验信号继电器的动作和指示灯是否正常。

（22）加强对配电设备的巡视、检查，主要内容如下。

① 继电器开关的动作是否正常，接触是否良好。

② 熔断器的温升应低于 80℃。

③ 螺丝有无松动。

④ 电表指示是否正常。

1.2.5　高低压配电设备周期维护保养方法实例

周期性维护检测作业是对通信动力、空调系统进行全面设备维护、安全运行检查和性能检测，并对检查出的隐患做出及时地整改，是保障通信电源系统正常运行的主要手段。现给出常见的高低压配电设备周期维护检测保养的项目。

1.2.5.1　高压开关设备的周期性维护检测

（1）10kV 供电线路及变压器倒换试验，结合油机带载试验检查系统倒换动作是否良好；

4 次/年（建议在重大节假日前）。

（2）检查高压系统主回路接头、螺丝有无氧化；1 次/年。

（3）送电力部门定期检查高压防护工具，确保安全；1 次/年。

（4）检查 10kV 避雷器是否在规定使用年限内，接地引线是否可靠、紧固；1 次/年。

（5）请当地电力部门进行高压开关柜主要元件的耐压测试、二次回路检查、仪表校正绝缘测试、综保测试；1 次/2 年。

1.2.5.2 变压器的维护检测

（1）检查变压器的负载率是否过高；1 次/月。

（2）用红外测温仪测量变压器线圈温度，检查变压器的运行温度（上、中、下部）是否异常；1 次/月。

（3）用红外测温仪测量各电缆连接点温度，检查连接点温升是否异常；1 次/月。

（4）结合油机带载试验，在变压器停机并使用接地线短接放电后，用吸尘器清洁变压器内外部灰尘；4 次/年（建议在重大节假日前）。

（5）结合油机带载试验，空载手动升降变压器有载调压系统挡位，观察调压装置动作是否正常，有无卡滞或松动；4 次/年（建议在重大节假日前）。

1.2.5.3 工作名称：电力直流屏的维护检测

（1）检查电力直流屏内部接线的连接状况和熔丝状态；1 次/月。

（2）检查开关电源模块的工作状况，倒换主备用模块；1 次/月。

（3）检查蓄电池运行状态，测试蓄电池单体端电压，查看有无漏液和外壳变形开裂现象等；1 次/月。

1.2.5.4 工作名称：低压配电设备的维护检测

（1）用灰刷、干抹布和吸尘器清洁低压配电设备内部积灰；1 次/月。

（2）检查设备和模拟屏告警指示是否正常；1 次/月。

（3）用红外测温仪测量或 4 位半万用表检查接触器、空气开关接触是否良好，熔断器、补偿电容的温升是否超标；1 次/月。

（4）手动加减补偿电容组，检查电容补偿屏的工作是否正常，查看电容补偿柜每组电容的补偿电流；1 次/月。

（5）用红外测温仪测量屏内各输出线缆的接头温升是否异常，检查各线缆连接有无松动；1 次/月。

（6）用钳形电流表检查进线回路和各输出回路的零线电流是否异常；1 次/月。

（7）用电力质量分析仪（F43B）检查各进线回路的正弦畸变率是否合格；1 次/月。

（8）检查避雷器是否良好；1 次/年。

（9）测量接地电阻（干季）是否合格；1 次/年。

（10）校正仪表；1 次/年。

小　　结

1. 市电从生产到引入通信局（站），通常要经历生产、输送、变换和分配 4 个环节。

2．随着大型发电厂的建成投产及输电距离的增加，为了减少线路能耗、压降，以及节约有色金属和降低线路工程造价，必须经发电厂中的升压变电所升压至 35～500kV，再由高压输电线传送到受电区域变电所，降压至 6kV 或 10kV，经高压配电线送到用户配电变电所降压至 380V 低压，供用电设备使用。

3．为了在用电设备受电端电压得到 380/220V 交流电，对于电信局（站）中的配电变压器，考虑补偿变压器内部电压降，其空载额定电压为 400/230V。

4．配电网的基本接线方式有 3 种：放射式、树干式及环状式。

5．常用的高压电器有：高压熔断器、高压断路器、高压隔离开关、高压负荷开关和避雷器等。

6．所谓一次线路，表示的是变电所电能输送和分配的电路，通常也称主电路。根据通信局（站）市电引入的情况以及对电源可靠性要求的不同，可以有不同的一次线路方案。

7．根据所在地区的供电条件、线路引入方式及运行状态，可将市电分为一类市电、二类市电和三类市电。

8．根据各地市电供应条件的不同，各通信企业容量大小不同，以及地理位置的差异等因素，可采用各种不同的交流供电方案，但都必须遵循基本原则。

9．低压配电房中安装的电气设备包括低压配电屏、油机发电机组控制屏和市电油机电转换屏等。

10．低压配电设备中常用的低压电器有：低压断路器、低压刀开关、熔断器和接触器等。

11．电路的全功率因数为相移功率因数 $\cos\varphi$ 与失真功率因数 γ 两项的乘积。

12．对于感性线性负载电路，采用移相电容器来补偿无功功率，便可提高 $\cos\varphi$。

13．移相电容器在局（站）变电所供电系统可装设在高压开关柜或低压配电屏或用电设备端，分别称为高压集中补偿、低压成组补偿或低压分散补偿。目前，在通信企业中绝大多数采用了低压成组补偿方式，即在低压配电屏中专门设置配套的功率因数补偿柜。

思考题与练习题

1-1 （1）请简单描述市电输配电的过程。

（2）为什么输电电压要比发电机输出电压升高了很多？

1-2 为什么电信局（站）中的配电变压器，二次线圈额定电压为 400/230V，而用电设备受电端电压为 380/220V。

1-3 画一个一路市电引入时通常采用的一次线路。

1-4 某局负荷为 100kW，功率因数为 0.6，若要将功率因数提高到 0.9，问需电容器的容量为多少？

1-5 说明熔断器的熔管参数断流能力的含义。

1-6 简述用电设备功率因数低下的危害。提高功率因数的方法有哪些？

1-7 移相电容器通常采用△形接线的原因是什么？

1-8 高低压配电系统的周期保养有哪些内容？

第 2 章　　　　　　　　　　　　油机发电系统

本章典型工作任务

- 典型工作任务一：大型柴油机手动启动操作。
- 典型工作任务二：小型汽油机操作。
- 典型工作任务三：油机的日常维护操作和周期检测。
- 典型工作任务四：自动化油机工作参数查看和设置。

本章内容

- 油机发电机组的作用。
- 油机发电机组的工作原理。
- 油机的总体构造。
- 便携式油机发电机。
- 油机发电机的使用与维护。

本章重点

- 柴油发电机组的工作原理。
- 柴油发电机组的使用与维护。

本章难点

- 油机发电机组的原理。
- 油机发电机组简单故障的分析和处理。

本章学时数　6 课时。

学习本章目的和要求

- 掌握油机发电机组的基本理论。
- 掌握柴油发电机组的原理和运用技术。
- 掌握汽油及便携油机发电机组的原理和运用技术。
- 学会油机发电机组的日常养护和一般故障的排除方法，提高具体分析问题和解决问题的能力。

2.1　典型工作任务

2.1.1　典型工作任务一：大型油机手动启动操作

2.1.1.1　所需知识

（1）油机总体构造：两大机构四大系统：机体曲轴活塞连杆机构、配气机构、燃油系统、润滑系统、冷却系统、启动系统。

（2）油机发电机组的工作原理：油工作原理、发电机工作原理。

2.1.1.2　所需能力

（1）对油机发电机组做启动之前的全面的检查。

（2）正确地开机启动。

（3）水温、油压、转速、电压、频率等各种参数的检查判断。

（4）电源的输出、配电屏上的电源、负荷开关切换操作。

2.1.1.3　参考行动计划

（1）分组：以 5 人左右为一个小组，明确人员职责，按照项目要求各自独立开展工作。

（2）讨论：明确分组以后各组围绕主题、重点和工作步骤开展讨论。根据讨论结果拿出各组的方案、具体步骤、注意事项。

（3）教师的审核：教师根据各组提出的方案审核方案是否完整及具体可操作性、是否存在安全隐患。

（4）各小组的实际训练操作：各小组按照审核通过的方案组织实际训练操作。

（5）检查评估：实际操作结束后，由检查组开展评估和小结。

2.1.1.4　参考操作步骤

1. 开机前的准备

（1）机油、冷却水的液位是否符合规定要求；进风、排风风道是否通畅。

（2）检查日用燃油箱里的燃油量，进油、回油管路是否通畅。

（3）检查电启动系统连接是否正确，有无松动，启动电池电压、液位是否正常。

（4）清理机组及其附近放置的工具、零件及其他物品，以免机组运转时发生意外。

（5）环境温度低于 5℃时应及时给机组加热。

2. 启动、运行检查

（1）机油压力、机油温度、水温是否符合说明书规定要求。

（2）各种仪表指示是否稳定并在规定范围内；各种信号灯指示是否正常。

（3）气缸工作及排烟是否正常；油机运转时是否有剧烈振动和异常声响。

（4）电压、频率（转速）达到规定要求并稳定运行后方可供电输出。

（5）供电后系统有否低频振荡现象。

3. 配电屏开关操作

停电时：

（1）关闭所有负载开关。

（2）将市电闸刀关断，合闸刀到油机电位置，检查油机电的电压（400V±10%）、频率（49～51Hz）。

（3）逐步合上负载开关；检查油机电的电压（400V±10%）、频率（49～51Hz）。

来电时：

（1）检查市电的电压（380V－15%～10%）、频率（48～52Hz）；

（2）关闭所有负载开关。

（3）将油机电闸刀关断，合闸刀到市电位置。

（4）逐步合上负载开关。

4．关机、故障停机检查及记录

（1）正常关机：当市电恢复供电或试机结束后，应先切断负荷，空载运行 3～5min 后再关闭油门停机。

（2）故障停机：当出现油压低、水温高、转速过高、电压异常等故障时，应能自动或手动停机。

（3）紧急停机：当出现转速过高（飞车）或其他有发生人身事故或设备危险情况时，应立即切断油路和进气路紧急停机。

（4）故障或紧急停机后应做好检查和记录，在机组未排除故障和恢复正常时不得重新开机运行。

5．注意事项

（1）油机必须在电压频率稳定运转 3～5min 后，方可供电输出。

（2）禁止在机组运行中手工补充燃油。

2.1.1.5　检查评估

（1）步骤实施的合理性：看工作步骤是否符合计划方案，是否顺畅、合理。

（2）安全性考虑：操作是否规范，是否存在安全隐患。

（3）团队分工合作效率：团队配合是否默契、工作效果如何。

（4）创新：工作思路和方法是否有所创新。

（5）拓展性：是否有助于相近学科的学习和研究。

（6）职业素养的提高：学习态度、操作能力、可持续发展能力、创新能力均有较大提高。

（7）成果的自我总结评价：各小组的工作总结是否恰如其分，对存在问题的分析是否透彻，整改措施是否得当。

2.1.2　典型工作任务二：小型汽油机操作

2.1.2.1　所需知识

（1）汽油机总体构造：机械动力系统、配气机构、点火系统、燃油系统。

（2）小型汽油发电机组的工作原理：汽油机工作原理、发电机工作原理。

（3）三相电相关知识。

（4）接地技术。

2.1.2.2　所需能力

（1）对小型汽油发电机组做启动之前的全面的检查。

（2）小型汽油发电机组工作场所的选择。

（3）发电机组地线及电源线的连接。

（4）正确地开机启动。

（5）转速、电压频率等各种参数的检查判断。

（6）电源的输出、负荷开关切换操作。

2.1.2.3　参考行动计划

（1）分组：以 5 人左右为一个小组，明确人员职责，按照项目要求各自独立开展工作。

（2）讨论：明确分组以后各组围绕主题、重点和工作步骤开展讨论。根据讨论结果拿出各组的方案、具体步骤和注意事项。

（3）教师的审核：教师根据各组提出的方案审核方案是否完整及具体可操作性，是否存在安全隐患。

（4）各小组的实际训练操作：各小组按照审核通过的方案组织实际训练操作。

（5）检查评估：实际操作结束后，由检查组开展评估和小结。

2.1.2.4　参考操作步骤

1．发电前的检查和准备

（1）对油机发电机组做全面检查（水位、燃油位、机油位、启动电池电压以及是否存在漏水、漏电、漏油、漏气），以确保到基站后能够正常发电。

（2）到现场后，应将油机放置在水平位置，避免阳光直射或被雨淋到，严禁将油机放在基站内发电，禁止发电机的进、排气风口对准基站门口方向或对上风方向排放废气。

（3）连接好油机的接地线，打好接地桩，确保接地连接可靠。

（4）将转换开关箱中的闸刀切换到油机电位置，确保切合可靠。

（5）将油机电的输出电缆连接到转换开关箱中的油机电端口，确保连接可靠、绝缘措施可靠。

（6）将油机输出电缆连接到油机输出开关，确保连接可靠、绝缘措施可靠。

（7）检查油机输出电缆的连接相位是否正确、连接是否安全可靠，检查线缆布放路由有无安全隐患、线缆无缠绕。

2．发电后检查

（1）启动油机，空载运行 3～5min，检测油机输出电压、频率是否正常，检查油机有无异常声响、异常气味，排气烟色是否正常，运行是否稳定。

（2）合上油机输出开关，在基站油机电输入端检测电压、相位、相线/零线连接是否正常。

（3）依次合上基站交流输出分路开关，检查基站电源设备、通信设备运行是否正常。

3．发电中的检查

（1）每小时检测油机运行状况，及时记录油机输出电压、输出电流。

（2）检查油机运行是否安全稳定。

（3）定时观察市电情况，以便及时知道来电信息。

4．恢复市电

（1）来电后，用万用表检测基站的市电输入端电压，确认电压无缺相、无过压、无欠压等情况。

（2）依次分断基站交流输出分路开关，分断油机输出开关，并确保在分断位置。

（3）拆除油机端的发电线缆；再将交流配电屏内的发电线缆拆除。

（4）依次将基站内交流配电箱中的总开关、开关电源分路开关合上、检查开关电源和设备工作情况。

5．停机并检查

（1）待油机空载运行 3min 后，停止油机工作，拆除油机接地线。

（2）检查油机各部件情况，有无松动、渗漏之处。

（3）把电缆线收好归位。

2.1.2.5　检查评估

（1）步骤实施的合理性：看工作步骤是否符合计划方案，是否顺畅、合理。

（2）安全性考虑：操作是否规范，是否存在安全隐患。

（3）团队分工合作效率：团队配合是否默契、工作效果如何。

（4）创新：工作思路和方法是否有所创新。

（5）拓展性：是否有助于相近学科的学习和研究。

（6）职业素养的提高：学习态度、操作能力、可持续发展能力、创新能力均有较大提高。

（7）成果的自我总结评价：各小组的工作总结是否恰如其分，对存在问题的分析是否透彻，整改措施是否得当。

2.1.3　典型工作任务三：油机的日常维护操作和周期检测

2.1.3.1　所需知识

（1）油机总体构造：两大机构四大系统：机体曲轴活塞连杆机构、配气机构、燃油系统、润滑系统、冷却系统、启动系统。

（2）油机发电机组的工作原理：油工作原理、发电机工作原理。

2.1.3.2　所需能力

能对内燃机发电机组进行日常维护（包括日、月、半年、年度维护）。

2.1.3.3　参考行动计划

（1）分组：以 5 人左右为一个小组，明确人员职责，按照项目要求各自独立开展工作。

（2）讨论：明确分组以后各组围绕主题、重点和工作步骤开展讨论。根据讨论结果拿出各组的方案、具体步骤和注意事项。

（3）教师的审核：教师根据各组提出的方案审核方案是否完整及具体可操作性，是否存在安全隐患。

（4）各小组的实际训练操作：各小组按照审核通过的方案组织实际训练操作。

（5）检查评估：实际操作结束后，由检查组开展评估和小结。

2.1.3.4　参考操作步骤

详见 2.2.5 油机发电机的使用和维护。

2.1.3.5　检查评估

（1）步骤实施的合理性：看工作步骤是否符合计划方案，是否顺畅、合理、全面。

（2）安全性考虑：操作是否规范，是否存在安全隐患。

（3）团队分工合作效率：团队配合是否默契、工作效果如何。

（4）创新：工作思路和方法是否有所创新。

（5）拓展性：是否有助于相近学科的学习和研究。

（6）职业素养的提高：学习态度、操作能力、可持续发展能力、创新能力均有较大提高。

（7）成果的自我总结评价：各小组的工作总结是否恰如其分，对存在问题的分析是否透彻，整改措施是否得当。

2.1.4　典型工作任务四：自动化油机工作参数查看和设置

2.1.4.1　所需知识

（1）内燃机的燃油系统、润滑系统、冷却系统、启动系统的工作原理。

（2）三相电相关知识。

2.1.4.2　所需能力

（1）能够查看自动化油机工作时的各种运行参数，并判断是否正常。

（2）能够对自动化油机运行参数进行正确设置。

（3）能够对自动化油机告警停机参数进行正确设置。

（4）专业英语知识。

2.1.4.3　参考行动计划

（1）分组：以 5 人左右为一个小组，明确人员职责，按照项目要求各自独立开展工作。

（2）讨论：明确分组以后各组围绕主题、重点和工作步骤开展讨论。根据讨论结果拿出各组的方案、具体步骤和注意事项。

（3）教师的审核：教师根据各组提出的方案审核方案是否完整及具体可操作性，是否存在安全隐患。

（4）各小组的实际训练操作：各小组按照审核通过的方案组织实际训练操作。

（5）检查评估：实际操作结束后，由检查组开展评估和小结。

2.1.4.4　参考操作步骤

（1）进入相应的菜单，读取、记录油机工作参数并判断是否正常。

（2）进入相应的菜单，设置油机运行参数，如启动时间、转数、超速等。

（3）进入相应的菜单，设置油机告警停机参数，如过电压、过频率、高水温等。

2.1.4.5　检查评估

（1）步骤实施的合理性：看工作步骤是否符合计划方案，是否顺畅、合理、全面。

（2）安全性考虑：操作是否规范，是否存在安全隐患。

（3）团队分工合作效率：团队配合是否默契、工作效果如何。

（4）创新：工作思路和方法是否有所创新。

（5）拓展性：是否有助于相近学科的学习和研究。

（6）职业素养的提高：学习态度、操作能力、可持续发展能力、创新能力均有较大提高。

（7）成果的自我总结评价：各小组的工作总结是否恰如其分，对存在问题的分析是否透彻，整改措施是否得当。

2.2　相关配套知识

2.2.1　油机发电机的作用

如图 2-1 所示，在通信系统中，交换机及其他直流负载、交流负载是靠市电供给电源的。

（直流负载依靠市电整流后提供）。一旦市电发生中断，交流负载同步断电，立即停止工作；蓄电池组提供直流负载工作的时间是有限的，随着蓄电池容量的逐渐下降，直流负载停止工作的情况也很快就会出现。所以，在市电停电时，发电和及时开启供电是非常重要的。

内燃机就是利用燃料燃烧后产生的热能来做功的。柴油发动机是一种内燃机，它是柴油在发动机气缸内燃烧，产生高温、高压气体，经过活塞连杆和和曲轴机构转化为机械动力。

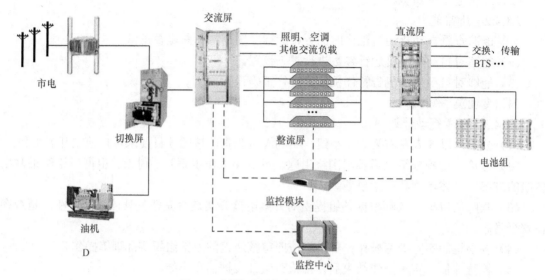

图 2-1　内燃机在通信电源系统中的地位

2.2.2　油机的总体构造

油机发电机组是由柴油（汽油）机和发电机两大部分组成的。由于目前局站用油机发电机组都采用柴油发电机组承担备用发电功能，因此本节重点介绍柴油发电机组构造。

柴油机主要由两大机构四大系统组成，包括：曲轴连杆机构，配气机构，燃油系统，润滑系统，冷却系统和启动系统。

1．曲轴连杆机构

曲轴连杆机构是油机的主要组成部分。它由气缸、活塞、连杆、曲轴等部件组成。它的作用是将燃料燃烧时产生的化学能转变为机械能，并将活塞在气缸内的上下往返直线运动变为曲轴的圆周运动，以带动其他机械做功。

（1）气缸：气缸是燃料燃烧的地方，根据油机的功率不同，气缸的直径和数目也不相同。在备用供电系统中，都采用多缸柴油机，在这种柴油机中，许多气缸铸成一个整体，如图 2-2 所示。油机在工作过程中，活塞在气缸内上下往返运动，为了保证气缸与活塞之间保持良好的密封性能，并且减小摩擦损失，气缸的内壁（简称气缸壁）必须非常光滑。

燃料在气缸中燃烧时，温度可高达 1 500～2 000℃，因此，油机中必须采用冷却水散热，为此，气缸壁都做成中空的夹层，两层之间的空间称为水套。

（2）活塞：油机在工作时，活塞既承受很高的温度，又承受很大的压力，而且运动速度极快，惯性很大。因此，活塞必须具有良好的机械强度和导热性能，并且应当用质量较轻的铝合金铸造，以减小惯性。为了使活塞与气缸之间紧密接触，活塞的上部还装有活塞环，如图 2-3 所示，活塞环有压缩环（气环）和油环两种，气环的作用是防止气缸漏气，油环的作用是防止机油窜入燃烧室。

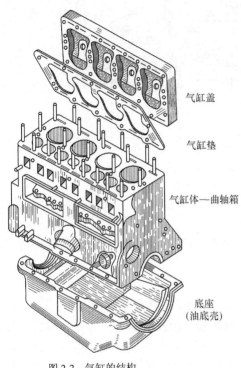

图 2-2　气缸的结构

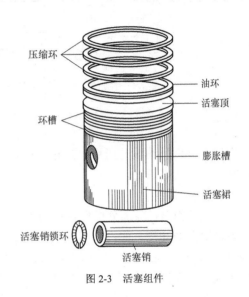

图 2-3　活塞组件

（3）连杆与曲轴：连杆将活塞与曲轴连接起来，从而将活塞承受的压力传给曲轴，并通过曲轴把活塞的往返直线运动变为圆周运动。

2．配气机构

配气机构的作用是适时打开和关闭进气门和排气门，将可燃的气体送入气缸，并及时将燃烧后的废气排出。配气机构由进气门、排气门、凸轮轴、推杆、挺杆和摇臂等部件组成，如图 2-4 所示。

3．燃油系统

柴油机的燃油系统一般由油箱、柴油滤清器、低压油泵、高压油泵、喷油嘴等部分组成，如图 2-5 所示。柴油机工作时，柴油从机箱中流出，经粗滤器过滤，低压油泵升压，又经细滤器（也称精滤器）进

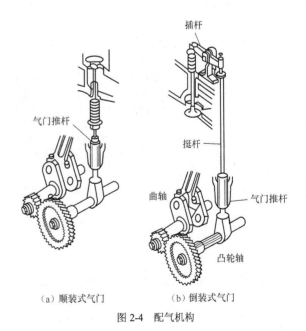

（a）顺装式气门　　　（b）倒装式气门

图 2-4　配气机构

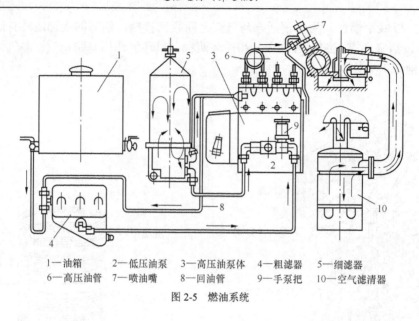

1—油箱　　　 2—低压油泵　　 3—高压油泵体　　4—粗滤器　　 5—细滤器
6—高压油管　 7—喷油嘴　　　 8—回油管　　　　9—手泵把　　 10—空气滤清器

图 2-5　燃油系统

一步过滤，高压油泵升压后，通过高压油管送到喷油嘴，并在适当的时机通过喷油嘴将柴油以雾状喷入气缸压燃。

4. 润滑系统

油机工作时，各部分机件在运动中将产生摩擦阻力。为了减轻机件磨损，延长使用寿命，必须采用机油润滑。润滑系统通常由机油泵，机油滤清器（粗滤和细滤）等部分组成，如图2-6 所示。机油泵通常装在底部的机油盘内，它的作用是提高机油压力，从而将机油源源不断地送到需要润滑的机件上。机油滤清器的作用是滤除机油中的杂质，以减轻机件磨损并延长机油的使用期限。同时机油还具有对摩擦表面进行清洗和冷却，提高活塞环与气缸的密封性能，防锈等作用。

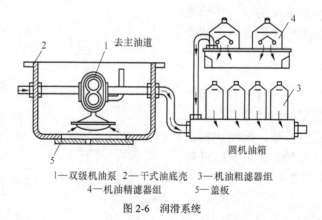

去主油道　　　　　　　　　　　　　圆机油箱

1—双级机油泵　2—干式油底壳　3—机油粗滤器组
4—机油精滤器组　　5—盖板

图 2-6　润滑系统

5. 冷却系统

油机工作时，温度很高（燃烧时最高温度可达 2 000℃），这样将使机件膨胀变形，摩擦力增大。此外，机油也可能因温度过高而变稀，从而降低润滑效果。为了避免温度过高，油机中通常都装有水冷却系统，以保证油机在适宜的温度（80～90℃）下正常工作。

冷却系统包括水套、散热器、水管和水泵等，如图 2-7 所示。冷却水通过水泵加压后在冷却系统中循环。循环途径为：水箱→下水管→水泵→气缸水套→气缸盖水套→节温器→上水管→水箱。节温器可以自动调节进入散热器的水量，以便油机始终在最适宜的温度下工作。

6. 启动系统

油机启动系统大致有蓄电池、启动电动机、交流发电机、辅助启动系统等组成。如图 2-8 所示。

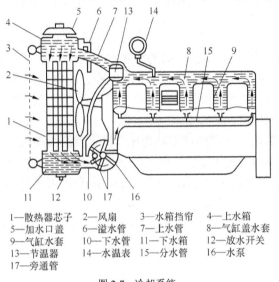

1—散热器芯子　　2—风扇　　　　3—水箱挡帘　　4—上水箱
5—加水口盖　　　6—溢水管　　　7—上水管　　　8—气缸盖水套
9—气缸水套　　　10—下水管　　　11—下水箱　　12—放水开关
13—节温器　　　14—水温表　　　15—分水管　　16—水泵
17—旁通管

图 2-7　冷却系统

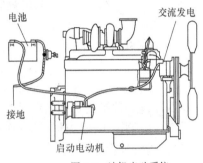

图 2-8　油机启动系统

当按下启动开关，接通蓄电池电路的时候，蓄电池给启动电动机供电带动内燃机启动，同时一个小的交流发电机通过整流后给蓄电池充电。

辅助启动系统为了保证发动机在任何温度条件下都能可靠地启动，特别是柴油机，我们可以借助一些恰当的方法和手段，尤其是在环境温度较低的情况下都能顺利启动。

（1）减压机构

减压机构的作用是在柴油机启动时，人为地将配气机构推杆顶起，使气门处于开启状态，减小启动时的压缩阻力，使启动转速迅速提高。当柴油机曲轴达到足够高的转速时，恢复气门正常工作，并利用飞轮惯性帮助柴油机启动。

（2）润滑油预热装置

环境温度较低时，润滑油黏度大、阻力大，造成启动困难。因此，低温环境使用的柴油机的油低壳内常设有机油加热装置。在启动柴油机时可先给润滑油加热，以减小启动阻力。

（3）进气预热装置

电启动柴油机常用装在进气管中的进气预热器加热进气，改善启动条件。这种方法有利于混合气的形成和燃烧，效果比较明显，在低温下，利用它往往能迅速启动柴油机。

（4）冷却水预热装置

专门设置预热冷却水的装置，提高水温，水温达到 40℃时，即可启动。有的柴油机则采用综合启动加热器，同时加热进气、冷却水和油底壳机油等。

2.2.3 油机发电机的工作原理

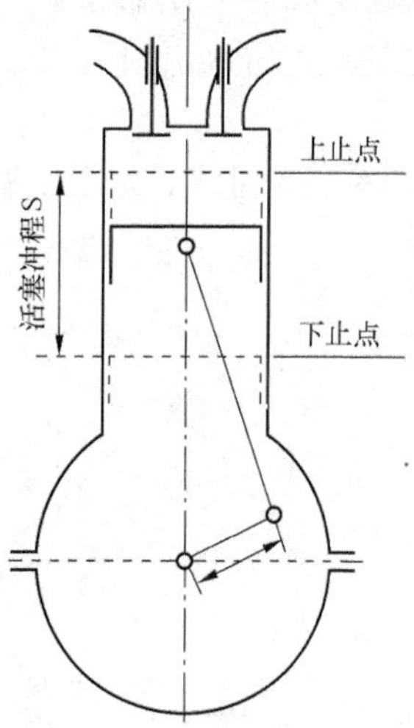

2.2.3.1 油机工作原理

油机是将燃料的化学能转化为机械能的一种机器，它是通过气缸内连续进行进气、压缩、工作、排气4个过程来完成能量转换的。图2-9是四冲程油机简图，活塞的上下运动借连杆同曲轴相连接，把活塞的直线运动变为曲轴的圆周运动。气缸顶部有两个气门，一个是进气门，另一个是排气门。

活塞在气缸中运动时有两个极端位置：上止点和下止点（又称上死点和下死点）。上止点和下止点间的距离称为活塞冲程（又称为活塞行程）当活塞由上止点移到下止点时，所经过的容积称为气缸工作容积，又称活塞排量，通常以升或立方厘米计算。工作容积与燃烧室容积之和叫气缸总容积。

气缸总容积与燃烧室容积的比值称为压缩比。压缩比表示活塞自下止点移到上止点时，气体在气缸内被压缩了多少倍。压缩比越大，说明气体被压缩得越厉害，压缩过程终了的温度和压力就越高，燃烧后产生的压力也越高，油机的效率也越高。

图2-9 四冲程油机简图

四冲程柴油机的工作循环是在曲轴旋转两周（720°），即活塞往复运动4个冲程中完成了进气、压缩、工作、排气这4个过程。

1．进气冲程

活塞由上止点移动至下止点，这时进气门打开，排气门关闭，由于活塞向下运动，气缸内的压力低于外部大气压力，气缸外面的空气就经过进气门被吸入气缸内，如图2-10(a)所示。活塞到达下止点时，活塞上方充满了空气。

因为空气经过滤清器（空滤），进气管、进气门等要遇到阻力，所以进到气缸内的压强在进气门终了时，只有 $0.75\sim0.9\text{kg/cm}^2$，温度为 $30\sim50℃$。

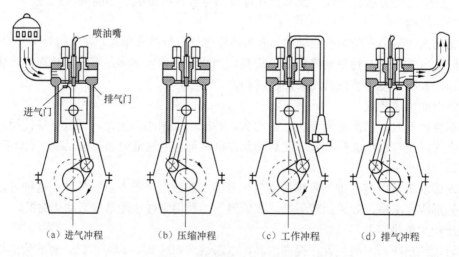

（a）进气冲程　　　（b）压缩冲程　　　（c）工作冲程　　　（d）排气冲程

图2-10 四冲程柴油机的工作循环

2．压缩冲程

活塞由下止点移到上止点，进气门和排气门均关闭，气缸里吸进的空气就被压缩，如图 2-10（b）所示。柴油机压缩比可达 12～20，压缩冲程完毕，缸内空气压强可达 30～50kg/cm²，温度可达 600～700℃。

3．工作冲程

压缩冲程完毕，活塞快到上止点时，进、排气门仍然关闭着，气缸顶部的喷油器开始向气缸内喷射柴油，并被高温、高压空气引燃点火。气缸内的气体压力和温度迅速上升，这种高温、高压的燃烧气体在气缸内膨胀，推动活塞移向下止点，通过连杆转动曲轴，发出动力，如图 2-10（c）所示。燃烧时，最高压强达 60～120kg/cm²，温度 600～700℃。

4．排气冲程

活塞由下止点移动至上止点，进气门仍然关闭，排气门这时已打开，把膨胀燃烧后的废气从气缸中经排气门排出，如图 2-10(d)所示。经过 4 个冲程，完成了一个工作循环。当活塞再重复向下移动时，又开始第二个工作循环的进气冲程。如此周而复始，使柴油机不断地转动，产生动力。

同理，四冲程汽油机的工作循环过程如图 2-11 所示，也是通过进气、压缩、工作、排气 4 个冲程完成一个循环。只是由于所用燃料的性质不同，它的工作方式与柴油机有所不同。其不同点如下。

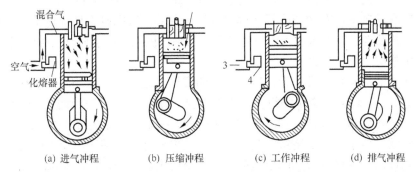

图 2-11　四冲程汽油机的工作循环

（1）汽油机进气过程中，被吸进的是汽油和空气的混合物，而不是纯净的空气。

（2）汽油机的压缩比低（一般为 5～9），压缩终了时，可燃混合气的压强只有 5～10kg/cm²，温度只有 250～400℃。

（3）汽油机气缸内的可燃混合气，是用火花塞产生的电火花点燃的。

上述单缸四冲程油机的工作循环中，曲轴旋转两周，活塞上下运行两次，只有第三冲程是产生动力动作的，而其他 3 个冲程要由曲轴带动活塞运动，实际上是要消耗小部分功能的。因此，对单缸油机而言，为使曲轴在三个辅助冲程中能继续转动，需要在曲轴的功率端装上一个沉重的飞轮，利用飞轮的惯性带动活塞完成其余 3 个冲程。但曲轴转速仍不均匀，故功率较大的油机都采用多个气缸。

图 2-12 为四缸四冲程柴油机工作示意图。4 个单缸柴油机用一根共用的曲轴连在一起，其中第一缸和第四缸的曲柄处在同一方向，第二缸和第三缸的曲柄处在同一方向，两个方向

间互相错开 180°，每个气缸按顺序完成各自的工作循环过程，在同一行程都有固定的顺序，一般为 1-3-4-2，就是第一缸做功后，第三缸做功，然后为第四缸做功，最后为第二缸做功。以后各个过程顺序重复进行。

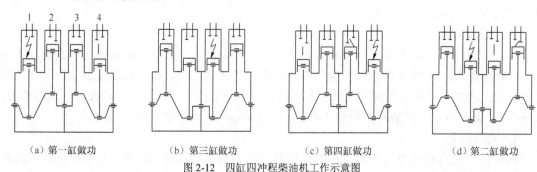

（a）第一缸做功　　　　　（b）第三缸做功　　　　　（c）第四缸做功　　　　　（d）第二缸做功

图 2-12　四缸四冲程柴油机工作示意图

四缸四冲程柴油机在曲轴每转两圈时，各缸内都进行燃烧和做功一次，也就是曲轴每转半圈就有一个气缸工作，所以它的工作比单缸平稳得多。

2.2.3.2　交流发电机工作原理与励磁系统

1. 交流发电机的组成

油机发电机按照供电电压等级分为高压、低压两种，目前我国通信局站的发电机组都选用低压交流发电机组。主要由定子、交流励磁机、转子、旋转整流器等组成。

转子安装在转轴上，有转子磁极和励磁绕组，主要为发电机工作提供励磁磁场。定子由机座、定子铁芯及定子绕组组成，机座是发电机的整体机架，转子通过支撑轴安装在机座上，使整个发电机构成一个位体。

发电机在柴油机旋转的带动下，转子产生的磁场随之转动，磁场的磁力线垂直切割定子电枢绕组，交变的磁场的在定子绕组中感应出电势，通过机座上的接线盒将电能引出。同时，在定子和转子上还分别装有交流励磁机定子和转子，交流励磁机定子为励磁绕组，其铁芯中埋设有永久磁铁，转子为电枢绕组。柴油机带动发电机开始旋转时，交流励磁机定子励磁绕组产生旋转磁场，使励磁机转子的电枢绕组产生交流电流，经过旋转整流器变成直流电流，为发电机转子上的励磁绕组提供励磁电流。

2. 同步发电机的工作原理

目前通信企业中使用的交流发电机基本上都是同步发电机。同步发电机所谓"同步"，就是指发电机转子由柴油机（或称发动机）拖动旋转后，在定子（电枢）和转子（磁极）之间的气隙里产生一个旋转磁场，这个旋转的磁场是发电机主磁场又称为转子磁场，当主磁场切割定子三相绕组的线圈时，就会产生三相感应电势，接通负载后，负载电流流过电枢绕组后又在发电机的气隙里产一个旋转的磁场，此磁场称为电枢磁场。电枢磁场和主磁场以同一转速旋转，二者之间保持同步，称为同步发电机。且满足

$$f = \frac{p \cdot n}{60}$$

上式中 P 为发电机磁极对数，n 为发电机转数。

3. 同步发电机的励磁系统

向同步发电机励磁绕组供给直流励磁电流的整个线路和整套装置，叫同步发电机励磁系

统。这是同步发电机必不可少的重要组成部分。

其主要作用有以下几个方面。

（1）在正常运行条件下为同步发电机提供励磁电流，对发电机进行强行励磁中以提高运行的稳定性。

（2）当外部线路发生短路故障、发电机端电压严重下降时，对发电机进行强行励磁，以提高运行的稳定性。

（3）当发电机突然甩负荷时，实行强行减磁以限制发电机端电压过度增高。

获得直流励磁电流的方法称为同步发电机的励磁方式。同步发电机按其励磁方式分有他励和自励两种类型。他励式同步发电机的励磁电流，由单独电源供电。自励式同步发电机的励磁电流，是同步发电机本身的定子交流电，通过整流元件供给。

下面以某一自励式发电机说明励磁系统的工作原理，如图 2-13 所示。

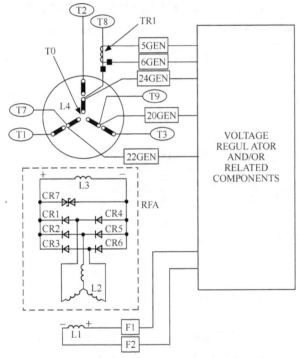

CR1～CR6—整流二极管

CR7—双向稳压二极管

L1—励磁机磁场线圈（定子）

L2—励磁机电枢（转子）

L3—主磁场（转子）

L4—主电枢（定子）

RFA—旋转磁场总成

TR1—可选用电压降变压器

T0，T1，T2，T3，T7，T8，T9—发电机接线端

图 2-13　励磁系统的工作原理

自励式发电机，其主发电机转子铁芯在出厂时已充磁，具备剩磁，即主磁场 L3 具备剩磁。当发动机带动发电机转子转动时，产生旋转的剩余主磁场。主电枢 L4 定子线圈被旋转磁场切割，就会产生三相感应电势，感应电势通过 20GEN/22GEN/24GEN 给 AVR 以励磁电源。当机组达到额定值转速时，AVR 将根据主电枢的输出电压，通过 F1/F2 端子，调整励磁机的励磁电流。

当 20GEN/22GEN/24GEN 端子的电压过小时，F1/F2 端子给励磁机磁场线圈 L1 的电流加大，L1 产生的固定磁场变强，励磁机旋转电枢 L2 以额定转速切割固定磁场，两端的感应电势就升高，整流二极管 CR1～CR6 整流以后，给主磁场 L3 的电流加大，L3 产生的旋转磁场变强，主电枢 L4 以额定转速被旋转磁场切割，感应电势就升高。这是调升主电枢电压的过程。反之亦然。

2.2.4 便携式油机发电系统

便携式油机发电机组一般由汽油机和发电机组成，如图2-14所示，发电机的结构、工作原理和上述柴油发电机的类似，不再重复，这里主要介绍汽油机的组成和工作原理，而汽油机的组成大致也和柴油机类似，有区别的是燃油系统及汽油机特有的点火系统，下面主要介绍这两个系统。

图2-14 便携式油机发电机

1. 燃油系统

燃油系统由油箱、汽油滤清器、化油器等组成，如图2-15所示。发动机工作时，油箱内的汽油经开关、汽油滤清器过滤后，再经油管流入化油器；空气则经空气滤清器过滤进入化油器。化油器将汽油与空气混合成可燃的混合气，由进气管进入气缸。

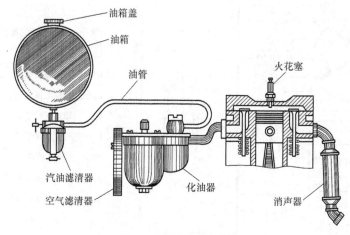

图2-15 汽油机燃油系统

化油器是汽油发动机燃油供给系统中的一个关键部件，其工作状况直接影响到发动机的工作平稳性及动力、经济指标。其作用是将汽油根据一定的量雾化成细小的油滴喷撒到空气中，并与适量的空气均匀混合，根据发动机不同工况的需要，形成浓稀程度不同的雾状可燃混和气，及时提供给发动机，从而保证发动机连续正常的运转。

化油器按结构特征可分为转阀式节气门和柱塞式节气门两大类。发动机启动前，轻按验油杆，使浮子下降，待汽油从浮子室盖的通气孔溢出为止。这时浮子室的油平面高于正常工作时的油平面，于是一小部分汽油自主喷油管溢出后储存在化油器进气管道里。启动时，关小阻风门（大约开启1/4的角度），当活塞下行时，气缸产生吸力，因进入进气管道的空气量少，化油器管道内形成较高的真空吸力，于是低速喷油孔喷油并和储存在进气管道里的汽油一起进入混合室的少量空气混合，形成浓的混合气进入气缸，使发动机易于启动。启动后，应将阻风门逐渐开大，如图2-16所示。

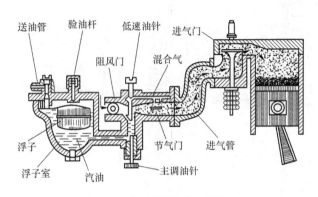

图 2-16　化油器结构和工作原理

2. 点火系统

与柴油机不同，汽油机的混合气进入气缸被压缩后，还必须经过点火然烧，才能使发动机产生动力。点火系统的作用就是适时地使火花塞产生一个较强烈的电火花，其温度在 2 000～3 000℃，足以点燃混合气。火花塞有两个相互绝缘的电极，两个电极之间有 0.5～0.7mm 的间隙。当两个电极之间加有足够高的电压时，电极间隙内的介质（在气缸内这个介质是混合气）被击穿而形成电火花（以下简称火花）。实验证明，火花塞两电极之间形成火花所必须的电压数值，主要和两电极的间隙大小及间隙中气体压力的大小成正比。在一定的气体压力下，两电极的间隙越大，形成火花所需要的电压就越高，电极间隙一定时，间隙中的气体压力越高，形成火花所需要的电压就越高。

在适当时机能够形成电火花的装置叫电点火装置。通常分为两大类型：一类是有触点式点火系统，也叫"白金点火"，国外部分产品及我国早期产品都采用这种点火系统。有触点式点火系统又分为蓄电池式和磁电机式两种；另一类是无触点式点火系统，主要为"电容放电磁电机点火"装置（capacitor discharge ignition）简称 CDI 点火系统或电子点火系统。

火花塞是点火系最重要的部件之一。火花塞的作用是将点火系统产生的高压电引进燃烧室并产生电火花，适时地点燃气缸内被压缩的可燃混合气。点火系统的功能最终体现在火花塞的工作上。

火花塞在工作中直接与高温、高压气体相接触，其本身又通有高电压，所以它必须有耐高温、高压的机械强度，也要具有耐高电压的良好绝缘性能。下图 2-17 为火花塞结构：

（1）中心电极和侧电极

中心电极和侧电极采用耐高温氧化、抗化学腐蚀、导电性能和传热性能良好的金属材料制作。点火系统的高压电经接线螺母、接线螺杆及导电的密封剂输向中心电极，侧电极焊在壳体下端面上。在工作时侧电极是搭铁的，又称搭铁电极。

中心电极与侧电极之间的间隙称为电极间隙，又称火花间隙，适宜的电极间隙是点火系统正常工作的重要条件。点火系统所要求的电极间隙根据机型不同而稍有差异。老式发动机一般为 0.5～0.6mm，新式发动机一般为 0.6～0.8mm。

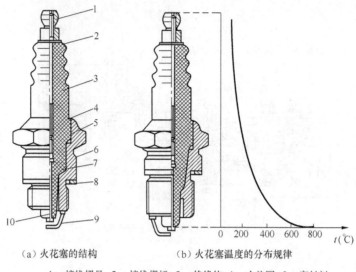

（a）火花塞的结构　　　　　（b）火花塞温度的分布规律

1—接线螺母　2—接线螺杆　3—绝缘体　4—上垫圈　5—密封剂
6—壳体　7—下垫圈　8—密封垫圈　9—侧电极　10—中心电极

图 2-17　火花塞的结构及温度分布规律

（2）绝缘体

绝缘体用以使中心电极与侧电极保持良好的绝缘性能，此外还用以固定中心电极并传导中心电极的热量。

绝缘体应具有良好的绝缘性、耐热性、导热性和机械强度。通常用氧化铝陶瓷制作。绝缘体上部通常制成多棱状，以加大外表面的绝缘距离和增加散热面积。绝缘体下部与气缸内燃气相接触的部位称为裙部。裙部的尺寸和形状对火花塞的受热和传热有重要的影响。

（3）壳体

壳体与绝缘体封固为一体。上下垫圈用以使壳体与绝缘体之间保持良好的密封性能。钢壳上部是便于用扳手拆装的六角面。下部是旋入气缸盖的螺纹，在火花塞与气缸盖的接触面之间有一片紫铜密封垫圈，用以防止气缸内的高温、高压气体泄漏。

2.2.5　油机发电机的使用和维护

2.2.5.1　局站内固定式油机发电机组的维护

1．基本要求

（1）机组应保持清洁，无漏油、漏水、漏气、漏电现象。机组各部件应完好无损，接线牢固，仪表齐全、指示准确，无螺丝松动。

（2）根据各地区气候及季节情况的变化，应选用适当标号的燃油和机油，所选柴油的凝点一般应比最低气温低 2～3℃。日用油箱柴油要经过充分沉淀（≥48 小时）方可使用，机组运行中不宜添加柴油。

（3）保持机油、燃油及其容器的清洁，按说明书要求定期清洗和更换机油、燃油、冷却液和空气滤清器。油机外部运转件要定期补加润滑油。

（4）启动电池应长期处于稳压浮充状态，每月检查浮充电压（单节电池浮充电压为 2.18～

2.24V 或按说明书要求）及电解液液位。

（5）应避免长时间怠速运行，燃油液面与输油泵高度差不宜过大。

（6）市电停电后应能在 15min 内正常启动并供电，需延时启动供电应报上级主管部门审批。

（7）新装或大修后的机组应先试运行，性能指标测试合格后才能投入使用。

2．维护项目和周期表（见表 2-1）

表 2-1 　　　　　　　　　　　　维护项目和周期表

序号	项　　　目	周期
1	设备巡视	天
2	空载试机 15～30min	月
3	检查各种仪表、信号指示是否正常	月
4	对启动电池检查电解液液面，并进行全浮充充电	月
5	检查冷却液、润滑油、柴油是否充足	月
6	检查风冷机组的进风、排风风道是否畅通	月
7	检查有无异味、异响和四漏现象	月
8	清洁油机空气过滤器	月
9	检查传动皮带张力	月
10	检查消防器材，照明是否正常	月
11	清洁设备	季
12	检查启动、冷动、润滑、燃油系统是否正常	季
13	加载试机 15～30min	半年
14	校正仪表	年
15	检查机壳接地及绝缘	年
16	更换机油、三滤	年

2.2.5.2　小型汽油机的保养维护

1．日常保养

（1）检查空气滤清器。

（2）在启动发动之前，检查机油液位并另注机油至高位线位置。

（3）检查"操作前的检查"中所述的所有部位。

2．50 小时保养（每星期)

（1）清洁和清洗空气滤清器滤芯，如在多尘的环境中使用，应增加保养次数。

（2）更换发动机油，在运转了第一个 25 小时后，必须进行初次机油更换。

（3）检查火花塞，必要时应予清洁和调整。

（4）检查和清洁燃油断油阀。

3．100 小时保养

（1）更换火花塞。

（2）更换空气滤清器滤芯。

（3）清除气缸盖、气门和活塞上的积碳。

（4）检查和更换碳刷。

4．三年保养

（1）检查控制板各部分。

（2）检查转子和定子。

（3）更换发动机安装橡胶垫。

（4）大修发动机。

（5）更换燃油管路。

5．如何进行保养

（1）机油的更换

每 50 小时更换一次机油（对于新发动机，在第一个 25 小时后应更换机油）。

① 在发动机尚热时拆下放油螺塞和注油口盖来排出机油。

② 重新装上放油螺塞，向发动机加注机油直至达到注油口盖的高位处。

用新的及高质量的润滑油加至规定的数量。如果使用污秽和已变质的机油或机油数量不足，则会引起发动机损伤而大大缩短它的使用寿命。

（2）空气滤清器的维护

使空气滤清器保持正常的工作条件是极为重要的。因安装不正确，维护不正确或不良的滤芯会使灰尘进入而导致发动机损伤和磨损。务必始终保持滤芯清洁。

① 取下空气滤清器，用煤油清洗并晾干。

② 用清洁的机油润湿滤芯后，用手用力挤压它。

③ 最后，将滤芯放入壳体内并装好。

（3）清洁和调整火花塞

① 如果火花塞被积碳沾污，请用火花塞清洁器和钢丝刷将积碳清除。

② 将电极间隙调整到 0.7～0.8mm。

③ 清洗燃油粗滤器。

燃油粗滤器用于滤去燃油中的灰尘和水。

① 拆下粗滤器盖，倒掉水和灰尘。

② 用汽油清洗滤网和粗滤器盖。

③ 将盖拧到本体上并予拧紧，应确保不漏燃油。

2.2.5.3 常见故障处理

油机的故障是由多方面原因造成的，在实际操作过程中，充分发挥操作人员的主观能动性，通过看、听、摸、嗅等感觉，来发现油机的异常表现，从而发现问题、解决问题、消除故障。判断油机故障的一般原则是：结合结构、联系原理、弄清现象、结合实际、从简到繁、由表及里、按系分段、查找原因。下面列举几个常见的故障和排除方法。

1．柴油机

（1）油机启动失败（见表 2-2）

表 2-2　　　　　　　　　　　　　油机启动失败的原因和排除方法

故障原因	排除方法
启动转速太低	适当延长启动按钮时间
燃油滤清器脏污	安装新的燃油滤清器
输油管破裂或堵塞	清洗输油管，或必要时安装新的输油管
输油泵问题	在启动转速时，来自输油泵的最小燃油压力必须是 35kPa（5 磅/平方英寸，如果燃油压力小于此值，更换燃油滤清器滤芯，检查燃油系统中的空气。如果燃油压力还低，则安装一个新的输油泵
不往气缸供油	往燃油箱中加注燃油。向燃油系统充油（排除空气或劣质燃油）
燃油质量不好	放掉油箱中的燃油，安装一个新的燃油滤清器滤芯，往燃油箱中加注清洁的优质燃油
喷油角度不正确	调整喷油角度

（2）油机功率不足（见表 2-3）

表 2-3　　　　　　　　　　　　　油机功率不足的故障原因和排除方法

故障原因	排除方法
油质量不好	放掉油箱中的燃油，安装一个新的燃油滤清器滤芯，往燃油箱中加注清洁的优质燃油
燃油压力低	查明燃油箱中确有燃油，在油箱和输油管之间，查找燃油管漏油和损坏的弯头。查找燃油系统里的空气，发生的阻塞、黏结或旁通阀的故障。检查燃油压力。在全负荷的转速时，输油泵的出口是 230±35 kPa（33±5 磅/平方英寸。如果燃油压力低于 140 kPa（20 磅/平方英寸，安装一个新的燃油滤清器滤芯。如果燃油压力还低，则安装一个新的输油泵
进气系统漏气	检查进气歧管的压力。查找空气滤清器发生阻塞的部位
调速器连接杆问题	调整调速器连接杆使其能达到全行程。安装新的零件，以替换损坏或有故障的零件
气门间隙不正确	根据标题为"气门间隙"一节，进行调整
喷油阀或喷油泵有故障	以着火最不好，运转最不平稳的转速运动转发动机，然后松开每个气缸上喷油阀上的高压油管螺母，每次拧松一个。找到松开高压油管螺母而不改变发动机运转情况的气缸。检验那个气抽缸的喷油泵和喷油阀。在需要部位安装新的零件
喷油角度不正确	调整喷油角度
齿条调整的油量太少	参阅"燃油调整有关资料卡片"
涡轮增压器积碳或者其他	检查涡轮增压器，如有必要，进行修理

（3）油机冷却液温度过高（见表2-4）

表2-4　　　　　　　　　油机冷却液温度过高的故障原因及排除方法

故障原因	排除方法
冷却液流过散热器芯时受到阻塞	清洗并冲洗散热器
气流通过散热器受到阻塞	清除所有的影响气流的堵塞物
风扇转速低	检查风扇皮带的磨损或松动
冷却系统冷却液不足	向冷却系统添加冷却液
压力安全阀有故障	检查压力安全阀的工作情况，如有必要，装上一个新的压力安全阀
冷却液中有可燃气体	找到可燃气体进入冷却系统的部位，如有需要，进行修理
节温器或水温表有故障	检查节温器工作是否正常。检查水温表工作情况，如有必要安装新的零件
水泵发生故障	如有必要，修理水泵
发动机负荷太大	降低发动机的负荷
喷油角度不正确	调整喷油角度
变矩器或变速器工作不正常，引起冷却液温度升高。	纠正变矩器或变速器运转温度过高

（4）油机机油压力过低（见表2-5）

表2-5　　　　　　　　　油机机油压力过低的故障原因及排除方法

故障原因	排除方法
机油滤清器或机油冷却器脏污	检查滤清器旁通阀的工作，如果需要，安装新的机油滤清器滤芯。洗净或安装新的机油冷却器芯子。从发动机内放掉机油，往发动机加注清洁的机油
气门摇臂轴和摇臂之间的间隙太大	检查气门室润滑油，如有必要，安装新的零件
机油泵吸入管发生故障	需要更换油管
压力调节阀发生故障	清洗阀和阀体，如有必要，安装新的零件
机油泵发生故障	修理或更换机油泵
曲轴与轴瓦之间的间隙太大	如有必要安装新的曲轴轴瓦
凸轮轴和凸轮轴轴承之间的间隙太大	如有必要安装新的凸轮轴轴承
机油压力表失灵	安装新的压力表
中间齿轮轴间隙太大	检查轴承，如有必要更换轴承

2. 小型汽油机
（1）油机不能启动（见表 2-6）

表 2-6　　　　　　　　　　　油机不能启动的故障原因及排除方法

故障原因	排除方法
检查阻风门杆是否位于它的正确位置	将阻风门杆置于"CLOSE"位置
检查燃油开关是否已打开	如关闭着，请打开燃油开关
检查发动机是否没有被连接到用电设备	如已连接，请关断被连接设备上的电源开关并拔出电源插头
检查火花塞盖是否松出	如松出，请将火花塞盖推回到规定位置
检查火花塞盖是否污垢	拆下火花塞，擦干净电极

（2）电源插座无电输出（见表 2-7）

表 2-7　　　　　　　　　　电源插座无电输出的故障原因及排除方法

故障原因	排除方法
检查电路断路器或无保险丝断路是否在 ON 位置	在确认电气设备的总功率在容许的极限范围内及用电设备无故障后，将电路断路器置于"ON"位置，如果断路器仍动作，请就近与维修店联系
检查交流和直流端子的连接是否松动	必要时紧固连接部分
检查是否在用电设备已连接到发电机的状态下试图进行发动机的启动	关断用电设备上的开关并从电源插座脱开电缆，在发电机正常启动后再连接

2.2.6　高压柴油发电机组

随着现代通信的发展，特别是大型 IDC 数据机房的建设，机房内设备越来越多，同时通信设备对环境条件要求也越来越苛刻，机房内都配置了大量的空调设备，使得局内交流负荷越来越大，局内备用柴油发电机组的容量随之增大。如果仍使用传统的 400V 发电机组进行供电，需要耗费大量的电力电缆以及占用大量的电缆通道空间。而且往往无法在枢纽楼内解决多台发电机组安装位置和进排风、排烟、消噪等问题，需要在间隔一定距离的配套机房内安装，耗费的电缆量和电缆通道更为庞大。故近年来业界提出使用 10kV 高压发电机组作为备用电源。

2.2.6.1　高压柴油发电机组结构

高压柴油发电机组在构造上与低压柴油发电机组一样，也是由发动机、发电机、控制系统、底盘和配电系统等组成。其发动机与低压发动机是一样的，控制系统也没有什么不同，只是其电压采样信号须经过 PT 变成低压输入给发电机组的控制器。主要差异是发电机的电压差别。由于高压发电机电压高，其绝缘的要求也要高，与 0.4kV 的同功率发电机相比，体积更大，重量更重。因此，高压发电机一般来说功率和质量均较大，考虑到强度问题发电机多采用双支撑的结构。为了提高发电机的性能水平和可靠性，发电机的励磁多采用 PMG 方式，并装有定子绕组和前后轴承温度传感器，便于对绕组和轴承温度的监测。发电机和发动机与底盘采用刚性连接，并且与底盘的安装面需经过刨床一次加工以达到更高的平面度和平行度的要求，并且在完成此加工前，整个底盘也必须经过消除应力的处理，以保证底盘不变形。

2.2.6.2　高压柴油发电机组配电系统的组成

高压柴油发电机组配电系统比普通发电机组要复杂很多。高压配电系统一般由进线柜、PT 柜、馈线柜和接地电阻柜等组成。进线柜由真空断路器、CT、PT、避雷器、绝缘监视和电流、电压等表计及后备保护和差动保护装置或继电器组成。PT 柜则主要由 PT 和电压表等组成。馈线柜则由真空断路器、避雷器、CT、PT、绝缘监视装置和电压、电流等表计及后备保护装置等组成。接地电阻柜由接地电阻、CT 和真空接触器及电流继电器组成。

2.2.6.3　高压机组与低压机组优势比较

1. 负载分配模式

低压机组输出电流大，目前输出开关最大容量只能达到 6 300A，故低压机组总容量最大只能做到 3 150kW，无法做到大功率输出，负载分配不够灵活。而高压机组输出电流小，10MW/10.5kV 的机组输出电流仅 687A，可实现大功率多台并机。并可实现对高、低压负载供电，分配模式灵活。

2. 节能环保效应

（1）高压机组可使大容量多台机组并联运行，机房可集中建设，比同功率的多台低压机组基础占地面积要小，节约占地成本。

（2）机房可远离负载，降低对人群集中地段的噪声及烟气污染。

（3）燃油集中供给，尾气集中排放，低碳环保作用增强。

（4）烟气热能可集中回收，用于二次利用。

（5）输出电流小，长距离输送电，可减少电缆投入。相同功率，相同距离的高压机组比低压机组在电缆成本上要降低 10 倍左右。配置高压机组，可降低能源消耗，节约能源开发。

（6）配置较为完善，安全可靠性高，运行维护人员减少。

低压柴油发电机组和高压柴油发电机组比较，见表 2-8。

表 2-8　　　　　　　　　　**低压柴油发电机组和高压柴油发电机组比较**

	特点	低压柴油发电机组	高压柴油发电机组
1	容量	可多台机组并联运行，但总容量不能过高，如 2000kW/400V 机组	可多台机组并联运行，总容量远远大于低压柴油发电机组，机房可集中建设
2	输电距离	可短距离输电	可长距离输电
3	损耗	在输配电过程中线路损耗较大	在输配电过程中线路损耗较小
4	成本	用于设备上初期投资较少，维护成本较低，对于低容量、短距离具有较大优势，对于高容量、长距离使用时成本将远远高于高压机组	用于设备上初期投资较大，维护成本较高，但对于大容量、长距离输配电具有明显优势，配套投资费用较低
5	操作维护	操作使用较为简单，对操作人员要求较低	操作使用较为复杂，对操作使用人员要求较高，必须具有相应高压操作证才能操作
6	配置	配置较为简单	配置较为复杂，尤其在发电机及输出配电柜方面
7	安全	安全性能较高，技术较为成熟，技术门槛较低	安全性能较高，技术较为成熟，技术门槛较高

小　　结

1．典型工作任务一：大型柴油机手动启动操作；典型工作任务二：小型汽油机操作；典型工作任务三：油机的日常维护操作和周期检测；典型工作任务四：自动化油机工作参数查看和设置。

2．内燃机就是利用燃料燃烧后产生的热能来做功的。柴油发动机是一种内燃机，它是柴油在发动机气缸内燃烧，产生高温、高压气体，经过活塞连杆和曲轴机构转化为机械动力。

3．掌握柴油机、汽油机的工作原理、整体结构、交流发电机的构造和原理，就能为我们在工作中更好地使用它们打好基础。

4．通过掌握油机发电机组的日常养护和一般故障的排除，使理论和实际更加紧密结合。

5．高压柴油发电机组相比较传统的低压发电机组具有功率大、输电距离长，损耗小等优势。

思考题与练习题

2-1　油机总体构造？

2-2　四冲程油机有哪几个冲程？

2-3　发电机励磁系统的作用。

2-4　油机维护的基本要求。局站油机启动的正确步骤。

2-5　油机输出功率不足的原因可能有哪些？

2-6　高压柴油发电机组有什么优势？

第3章 交流配电

本章典型工作任务

- 典型工作任务一：交流配电屏的日常检查。
- 典型工作任务二：交流参数的设置。
- 典型工作任务三：交流参数的周期检测和交流屏内负荷开关的判断。

本章知识内容

- 交流配电作用。
- 交流配电主要性能。
- 典型交流配电屏原理。
- 高低压配电操作安全规程。
- 维护保养方法周期。

本章知识重点

- 交流配电作用。
- 交流配电主要性能。
- 高低压配电操作安全规程。
- 维护保养方法周期。

本章知识难点

- 典型交流配电屏原理。
- 功率因数概念以及电容补偿方法。

本章学时数 2课时。

学习本章目的和要求

- 掌握交流配电作用。
- 掌握交流配电主要性能。
- 通过学习典型交流配电屏，从而理解一般交流配电屏的工作原理。
- 能进行交流配电屏的日常检查和参数设置操作。
- 能进行交流参数的周期检测和交流屏内负荷开关的判断。

3.1 典型工作任务

3.1.1 典型工作任务一：交流配电屏的日常检查

3.1.1.1 所需知识

（1）交流配电屏的作用，详见 3.2.1 节。

（2）交流配电屏的工作原理。

① 掌握交流配电屏的一般结构。

② 熟悉典型交流配电屏的工作原理，详见 3.2.2 节。

3.1.1.2 所需能力

（1）万用表的使用。

（2）钳形电流表的使用。

（3）电力谐波分析仪的使用。

（4）日常数据是否合格的判断。

3.1.1.3 参考行动计划

（1）分组：以 5 人左右为一个小组，明确人员职责，按照项目要求各自独立开展工作。

（2）讨论：明确分组以后各组围绕主题、重点和工作步骤开展讨论。根据讨论结果拿出各组的方案、具体步骤和注意事项。

（3）教师的审核：教师根据各组提出的方案审核方案是否完整及具体可操作性、是否存在安全隐患。

（4）各小组的实际训练操作：各小组按照审核通过的方案组织实际训练操作。

（5）检查评估：实际操作结束后，由检查组开展评估和小结。

3.1.1.4 参考操作步骤

（1）继电器开关的动作是否正常，接触是否良好。

（2）螺丝有无松动。

（3）电表指示是否正常。

（4）读取数据。

（5）判断数据是否合格。

（6）分析原因并给出意见。

3.1.1.5 检查评估

（1）步骤实施的合理性：看工作步骤是否符合计划方案，是否顺畅、合理。

（2）安全性考虑：可靠性如何，是否存在安全隐患。

（3）团队分工合作效率：团队配合是否默契、工作效果如何。

（4）创新：工作思路和方法是否有所创新。

（5）拓展性：是否有助于相近学科的学习和研究。

（6）职业素养的提高：学习态度、操作能力、可持续发展能力、创新能力均有较大提高。

（7）成果的自我总结评价：各小组的工作总结是否恰如其分，对存在问题的分析是否透彻，整改措施是否得当。

3.1.2 典型工作任务二：交流参数的设置

3.1.2.1 所需知识

（1）交流配电屏的作用。

（2）交流配电屏的工作原理。

① 掌握交流配电屏的一般结构。

② 熟悉典型交流配电屏的工作原理。

（3）交流参数的意义，详见第 12 章 12.2 节。

3.1.2.2 所需能力

（1）交流配电屏菜单的操作。

（2）日常数据是否合格的标准判断。

3.1.2.3 参考行动计划

（1）分组：以 5 人左右为一个小组，明确人员职责，按照项目要求各自独立开展工作。

（2）讨论：明确分组以后各组围绕主题、重点和工作步骤开展讨论。根据讨论结果拿出各组的方案、具体步骤和注意事项。

（3）教师的审核：教师根据各组提出的方案审核方案是否完整及具体可操作性、是否存在安全隐患。

（4）各小组的实际训练操作：各小组按照审核通过的方案组织实际训练操作。

（5）检查评估：实际操作结束后，由检查组开展评估和小结。

3.1.2.4 参考操作步骤

（1）进入菜单。

（2）根据要求，找到相应的菜单项参数数据。

（3）判断所设置参数数据是否符合实际情况。

（4）更改参数。

3.1.2.5 检查评估

（1）步骤实施的合理性：看工作步骤是否符合计划方案，是否顺畅、合理。

（2）安全性考虑：可靠性如何，是否存在安全隐患。

（3）团队分工合作效率：团队配合是否默契、工作效果如何。

（4）创新：工作思路和方法是否有所创新。

（5）拓展性：是否有助于相近学科的学习和研究。

（6）职业素养的提高：学习态度、操作能力、可持续发展能力、创新能力均有较大提高。

（7）成果的自我总结评价：各小组的工作总结是否恰如其分，对存在问题的分析是否透彻，整改措施是否得当。

3.1.3 典型工作任务三：交流参数的周期检测和交流屏内负荷开关的判断

3.1.3.1 所需知识

（1）交流配电屏的作用。

（2）交流配电屏的工作原理。

① 掌握交流配电屏的一般结构。

② 熟悉典型交流配电屏的工作原理。

（3）交流参数的意义。

（4）负荷开关的结构、工作原理，详见 1.2.2.3 节。

3.1.3.2　所需能力

（1）万用表的使用。

（2）钳形电流表的使用。

（3）电力谐波分析仪的使用。

（4）交流参数是否合格的判断。

3.1.3.3　参考行动计划

（1）分组：以 5 人左右为一个小组，明确人员职责，按照项目要求各自独立开展工作。

（2）讨论：明确分组以后各组围绕主题、重点和工作步骤开展讨论。根据讨论结果拿出各组的方案、具体步骤和注意事项。

（3）教师的审核：教师根据各组提出的方案审核方案是否完整及具体可操作性、是否存在安全隐患。

（4）各小组的实际训练操作：各小组按照审核通过的方案组织实际训练操作。

（5）检查评估：实际操作结束后，由检查组开展评估和小结。

3.1.3.4　参考操作步骤

（1）用 F41B 测量交流参数（以 A 相为例：测量 A 相交流参数）。

① 正确连接测试线。

将红表笔夹在 A 相相线上，黑表笔夹在零线排上，电流钳接正确的电流方向套在相线上，供电方向与电流钳指示的电流方向一致。

② 按绿键开机。通过按动 V/A/W 功能键、波形/谐波/数值功能键测得所有交流参数。

开机，V/A/W 功能键处在电压挡，波形/谐波/数值功能键处在波形挡，可直接读出 A 相频率。

V/A/W 功能键处在电压挡，连续按两下波形/谐波/数值功能键，使其处在数值位置。在这一屏幕中可读出 A 相的以下数据：电压有效值 RMS，电压失真系数%THD—R。

V/A/W 功能键按一下，使其处在电流挡，波形/谐波/数值功能键不动即处在数值位置。在这一屏幕中可读出 A 相的以下数据：电流有效值 RMS。

V/A/W 功能键按一下，使其处在功率档，波形/谐波/数值功能键不动即处在数值位置。在这一屏幕中可读出 A 相的以下数据：有功功率 KW（W），视在功率 KVA（VA），功率因数 PF，无功功率 KVAR（VAR）。

③ 正确读出所需全部数据。

（2）负荷开关的判断。

（3）判断数据是否合格。

（4）分析原因并给出意见。

3.1.3.5　检查评估

（1）步骤实施的合理性：看工作步骤是否符合计划方案，是否顺畅、合理。

（2）安全性考虑：可靠性如何，是否存在安全隐患。

（3）团队分工合作效率：团队配合是否默契、工作效果如何。

（4）创新：工作思路和方法是否有所创新。

（5）拓展性：是否有助于相近学科的学习和研究。

（6）职业素养的提高：学习态度、操作能力、可持续发展能力、创新能力均有较大提高。

（7）成果的自我总结评价：各小组的工作总结是否恰如其分，对存在问题的分析是否透彻，整改措施是否得当。

3.2　相关配套知识

3.2.1　交流配电的作用

低压交流配电的作用：集中有效地控制和监视低压交流电源对用电设备的供电。对应小容量的供电系统，比如分散供电系统，通常将交流配电、直流配电和整流以及监控等组成一个完整、独立的供电系统，集成安装在一个机柜内。

相对大容量的供电系统，一般单独设置交流配电屏，以满足各种负载供电的需要，位置通常在低压配电之后，传统集中供电方式的电力室输入端。

交流配电屏（模块）的主要性能通常有以下几项。

① 要求输入两路交流电源，并可进行人工或自动倒换。如果能够实现自动倒换，必须有可靠的电气或机械联锁。

② 具有监测交流输出电压和电流的仪表，并能通过仪表和转换开关测量出各相相电压、线电压、相电流和频率。

③ 具有欠压、缺相和过压告警功能。为便于集中监控，同时提供遥信、遥测等接口。

④ 提供各种容量的负载分路，各负载分路主熔断器熔断或负载开关保护后，能发出声光告警信号。

⑤ 当交流电源停电后，能提供直流电源作为事故照明。

⑥ 交流配电屏的输入端应提供可靠的雷击、浪涌保护装置。

3.2.2　典型交流配电屏原理

交流配电屏通常和整流器电源配套，如相控整流器 DZ-603 配套的 DP-114，程控电源配套的相控整流器 DZ-Y02 的 DP-J12。目前，与开关电源系统配套的交流配电屏型号较多，以下就以常见的 DP-J19 系列为例介绍交流配电屏的工作原理。

1. 主要技术性能

DP-J19 系列交流配电屏有 380V/400A 和 380V/630A 两种规格，可接入两路市电（或一路市电、一路油机电）自动切换，也有人工切换功能，可从配电屏机架的上或下进线。其技术性能分别如下。

输入：两路交流市电，三相五线制（三相+零线+地线），50Hz，容量分别为 380V/400A 和 380V/630A。

输出（400A）：　　　　三相 160A　　　　三路

　　　　　　　　　　　三相 63A　　　　　三路

	三相 32A	三路
	单相 32A	三路
输出（630A）：	三相 160A	五路
	三相 63A	三路
	三相 32A	一路
	单相 32A	二路

两路市电输入端接有压敏电阻避雷器。

两路市电输入（或一路市电、一路油机），Ⅰ路市电为主用（优先），Ⅱ路市电为备用。当Ⅰ路市电停电时，自动倒换到Ⅱ路市电（或油机）；当Ⅰ路市电来电时，自动由Ⅱ路市电（或油机）倒换到Ⅰ路市电。

12 个分路输出，由断路器 $QF_1(1)$、$QF_2(2)$ 输出。两路市电倒换均有可靠的电气与机械联锁。

当两路交流电停电时，有直流事故照明输出，容量为 48V/60A。

有电压表和电流表分别对三相电压及 W 相电流进行测量。

2. 工作原理

如图 3-1 所示，市电Ⅰ、市电Ⅱ分别经空气断路器 $QF_1(1)$、$QF_2(2)$ 输入。当市电Ⅰ有电时，继电器 $K_1(17)$ 吸合而切断接触器 $KM_2(16)$ 的线圈回路，同时接通接触器 $KM_1(15)$ 的线圈回路，使 $KM_1(15)$ 吸合，市电Ⅰ经接触器 $KM_1(15)$ 至负载分路断路器 $QF_3(3) \sim QF_{14}(14)$ 输出。同理，当市电Ⅰ停电时，继电器 $K_1(17)$ 失电释放，接通接触器 $KM_2(16)$ 的线圈回路。当市电Ⅱ有电时，接触器 $KM_2(16)$ 吸合，由市电Ⅱ供电。

负载端 W 相装有电流互感器，用于测量 W 相总电流，电流信号送至印制板 AP(25)；经其变换后，送至电流表 PA(31) 显示。同时由接线端子 $XT_1(18)$ 的 18-2 输出作为外电路检测电流之用。

另在负载端装有测量三相线电压的转换开关，转换后的电压信号送至印制板 AP(25)，经变换后送至电压表 PV(30) 显示。

印制板 AP(25) 为测量交流电压和电流的传感器板 AP671，如图 3-2 所示。在 AP671 上装有电流传感器 U_1、电压传感器 U_2 及其辅助电源。交流电压传感器的变比为 $500A_{AC}/5V_{DC}$，用户可用外接仪表进行校对。交流配电屏采用的交流电流互感器的变比因按交流屏的型号而异：DP-J19—380V/400A 为 $400A_{AC}/5V_{DC}$；DP-J19—380V/630A 为 $630A_{AC}/5V_{DC}$；当接入负载后，可用外接仪表进行校对。

交流电压经三线电压转换开关 $SA_1(27)$ 取样输入，交流电流经互感器 TA(26) 取样输入。印制板 AP671、电压表 PV(30) 和电流表 PA(31) 的辅助电源由变压器 TC(24) 的四组次级电压输入。

AP(25) 的端子 4、16 输出的是经交流电流传感器隔离变换为 $0 \sim 5V$ 的直流信号，端子 18 为信号公共端。端子 16、4、18 分别与端子 $XT_1(18)$ 的 2、4、1 端相连，作为信号输出端。监控模块用户接口板端子 X_{52} 接收上述信号后，将在显示屏上显示交流电压值和电流值。

AP(25) 的端子 22、24 输出数字电压表的 +5V 工作电源，端子 20、2 输出数字电流表的 +5V 工作电源。

DP-J19 系列交流配电屏装有事故照明装置。$XT_6(43)$ 是直流事故照明接线端子，43-3 接 48V 的正极，43-1 接 48V 的负极。当两路市电都停电时，$KM_3(42)$ 直流接触器线圈接通，其接点 1、接点 3 闭合；当市电来电时，$KM_3(42)$ 释放，自动切断事故照明电源。电阻 $R_1(33)$、$R_2(34)$、$R_3(35)$ 和 $R_4(36)$ 分别是直流接触器 $KM_3(42)$ 和信号灯 $HL_1(28)$、$HL_2(29)$ 的降压电阻。

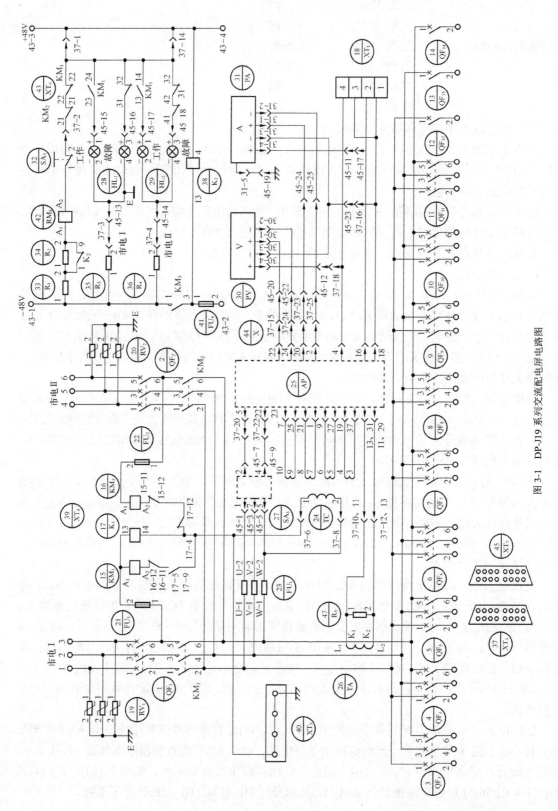

图 3-1　DP-J19 系列交流配电屏电路图

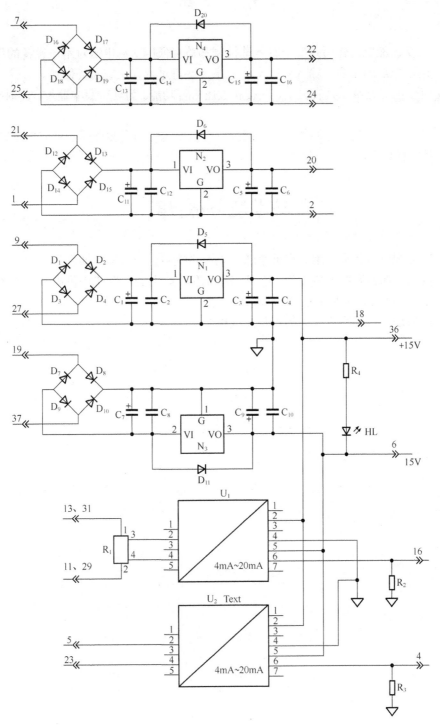

图 3-2　AP671 印制板电路图

小 结

1. 低压交流配电的作用是集中有效地控制和监视低压交流电源对用电设备的供电。

2. 交流配电屏通常要求输入两路交流电源，并可进行人工或自动倒换。

3. 交流配电屏通常还具有欠压、缺相和过压告警功能。为便于集中监控，同时提供遥信、遥测等接口。

4. 交流配电屏当交流电源停电后，能提供直流电源作为事故照明。目前也有采用独立应急灯作为事故照明的。

思考题与练习题

3-1 交流配电有什么作用？在整个通信电源系统中处于怎样的地位？

3-2 利用接触器和继电器设计一个两路市电供电，且第一路优先供电的电路图。

3-3 描述 DP-J19 事故照明工作原理。

3-4 如何进行自动空气开关的日常在线检查。

第 4 章　空调设备

本章典型工作任务

- 典型工作任务一：空调设备的日常检查。
- 典型工作任务二；机房空调参数的设置。
- 典型工作任务三：空调的周期检测。
- 典型工作任务四：机房空调高压告警分析。

本章知识内容

- 空气调节基础知识。
- 空调器结构和工作原理。
- 机房专用空调。
- 空调设备的故障处理与维护。
- 水冷冷冻水空调的工作原理。

本章知识重点

- 通信机房专用空调的结构组成及原理。
- 空调设备的维护和检测。

本章知识难点

- 确切领会制冷的工作原理。
- 正确诊断故障原因及排除方法。

本章学时数　4 课时。

学习本章目的和要求

- 了解温度、湿度和压力等概念以及各种单位换算。
- 掌握制冷及空调的组成和工作原理。
- 了解水冷冷冻水空调机组的组成和工作原理
- 能进行机房空调的日常检测维护。
- 学会一般故障类别的排除方法。

4.1 典型工作任务

4.1.1 典型工作任务一：空调设备的日常检查

4.1.1.1 所需知识

（1）了解制冷系统的主要组成和工作原理，详见 4.2.2.1 节。

（2）熟悉房间空调器的类型和特点，详见 4.2.1.10 节。

（3）掌握机房专用空调机的组成及型式，详见 4.2.3.3 节。

（4）日常维护的意义，参考 4.2.1.11 和 4.2.3.2 节。

4.1.1.2 所需能力

（1）空调日常检查维护的主要内容。

（2）空调日常检查维护的操作规范。

4.1.1.3 参考行动计划

（1）分组：以 5 人左右为一个小组，明确人员职责，按照项目要求各自独立开展工作。

（2）讨论：明确分组以后各组围绕主题、重点和工作步骤开展讨论。根据讨论结果拿出各组的方案、具体步骤和注意事项。

（3）教师的审核：教师根据各组提出的方案审核方案是否完整及具体可操作性、是否存在问题。

（4）各小组的实际训练操作：各小组按照审核通过的方案组织实际训练操作。

（5）检查评估：实际操作结束后，由检查组开展评估和小结。

4.1.1.4 参考操作步骤

（1）拆卸空调面板。

（2）查看空调设备制冷系统的各部件并画出示意图。

（3）查看过滤网、冷凝器等清洁度，有无明显积灰现象，若有积灰，按操作规程清除。

4.1.1.5 检查评估

（1）步骤实施的合理性：看工作步骤是否符合计划方案，是否顺畅、合理，包括制冷系统示意图是否标准。

（2）操作是否规范，是否存在带电操作等安全隐患。

（3）团队分工合作效率：团队配合是否默契、工作效果如何。

（4）创新：工作思路和方法是否有所创新。

（5）拓展性：是否有助于相近学科的学习和研究。

（6）职业素养的提高：学习态度、操作能力、可持续发展能力、创新能力均有较大提高。

（7）成果的自我总结评价：各小组的工作总结是否恰如其分，对存在问题的分析是否透彻，整改措施是否得当。

4.1.2 典型工作任务二：机房空调参数的设置

4.1.2.1 所需知识

（1）机房空调的设置步骤，详见具体操作机型说明书。

（2）设置各项参数的含义。

（3）各项参数设定值范围，详见各通信公司维护规程要求。

（4）设置注意事项，详见操作机型说明书。

4.1.2.2　所需能力

（1）机房空调面板中参数查看。

（2）面板页面的操作，参数的设置。

（3）温湿度告警的含义与处理。

4.1.2.3　参考行动计划

（1）分组：以 5 人左右为一个小组，明确人员职责，按照项目要求各自独立开展工作。

（2）讨论：明确分组以后各组围绕主题、重点和工作步骤开展讨论。根据讨论结果拿出各组的方案、具体步骤和注意事项。

（3）教师的审核：教师根据各组提出的方案审核方案是否完整及具体可操作性、是否存在问题。

（4）各小组的实际训练操作：各小组按照审核通过的方案组织实际训练操作。

（5）检查评估：实际操作结束后，由检查组开展评估和小结。

4.1.2.4　参考操作步骤

（1）设置温度工作点和湿度工作点。

（2）设置高温告警点和低温告警点。

（3）设置高湿告警点和低湿告警点。

4.1.2.5　检查评估

（1）步骤实施的合理性：看工作步骤是否符合计划方案，是否顺畅、合理。包括：准确进入菜单项、正确读取和设置各项参数和操作熟练、正确。

（2）操作是否规范。

（3）团队分工合作效率：团队配合是否默契、工作效果如何。

（4）创新：工作思路和方法是否有所创新。

（5）拓展性：是否有助于相近学科的学习和研究。

（6）职业素养的提高：学习态度、操作能力、可持续发展能力、创新能力均有较大提高。

（7）成果的自我总结评价：各小组的工作总结是否恰如其分，对存在问题的分析是否透彻，整改措施是否得当。

4.1.3　典型工作任务三：空调的周期检测

4.1.3.1　所需知识

（1）理解各项周期检测项目的种类及测试的意义，详见 4.2.3.6 节。

（2）掌握各项参数测试方法详见 4.2.3.6 节。

（3）熟悉各项安全操作规程及注意事项，详见本章 4.2.3.6 节及操作机型说明书、通信公司维护规程。

（4）能判断测试值是否符合标准，详见 4.2.3.6 节及操作机型说明书。

4.1.3.2　所需能力

（1）特别注意安全操作。

（2）机房空调各项功能正常运转的要求。

（3）对一般故障能进行分析排查和处理。

4.1.3.3　参考行动计划

（1）分组：以5人左右为一个小组，明确人员职责，按照项目要求各自独立开展工作。

（2）讨论：明确分组以后各组围绕主题、重点和工作步骤开展讨论。根据检测结果拿出各组的方案、具体步骤和注意事项。

（3）教师的审核：教师根据各组提出的方案审核方案是否完整及具体可操作性、是否存在安全隐患。

（4）各小组的实际训练操作：各小组按照审核通过的方案组织实际训练操作。

（5）检查评估：实际操作结束后，由检查组开展评估和小结。

4.1.3.4　参考操作步骤

（1）高压和低压压力测试：正确接入压力表，打开阀门，根据要求（环境温度或湿度）设定温度或湿度点。正常开机，读出高低压力值，判断压力是否正常，正确拆表，正常关机。

（2）加热功能测试：开机运行，根据环境温度值设置温度工作点，用钳形电流表测电流，判断加热功能是否正常。

（3）加湿功能测试：开机运行，根据环境湿度值设置湿度工作点，用钳形电流表测加湿器三相电流，判断加湿功能是否正常。

（4）除湿功能测试：开机运行，根据环境温湿度，设置温湿度工作点，用钳形电流表测三相电流，判断除湿功能是否正常。

（5）制冷功能测试：开机运行，根据环境温湿度，设置温湿度工作点，用钳形电流表测三相电流，判断制冷功能是否正常。

4.1.3.5　检查评估

（1）步骤实施的合理性：看工作步骤是否符合计划方案，是否顺畅、合理，包括正确使用各类仪器仪表、能正确判断各系统工作情况、正确的测试方法和故障排查与处理方法。

（2）安全性考虑：操作是否规范，是否存在安全隐患。

（3）团队分工合作效率：团队配合是否默契、工作效果如何。

（4）创新：工作思路和方法是否有所创新。

（5）拓展性：是否有助于相近学科的学习和研究。

（6）职业素养的提高：学习态度、操作能力、可持续发展能力、创新能力均有较大提高。

（7）成果的自我总结评价：各小组的工作总结是否恰如其分，对存在问题的分析是否透彻，整改措施是否得当。

4.1.4　典型工作任务四：机房空调高压告警分析

4.1.4.1　所需知识

（1）空调设备工作原理及正常工作时压力范围，详见4.2.2.1和4.2.3.4节。

（2）高压压力的测试方法，详见4.1.3.4节。

4.1.4.2　所需能力

（1）安全操作。

（2）测试仪表的使用。

（3）现场问题分析解决。

4.1.4.3　参考行动计划

（1）分组：以 5 人左右为一个小组，明确人员职责，按照项目要求各自独立开展工作。

（2）讨论：明确分组以后各组围绕主题、重点和工作步骤开展讨论。根据讨论结果拿出各组的方案、具体步骤和注意事项。

（3）教师的审核：教师根据各组提出的方案审核方案是否完整及具体可操作性、思路是否正确。

（4）各小组的实际训练操作：各小组按照审核通过的方案组织实际训练操作。

（5）检查评估：实际操作结束后，由检查组开展评估和小结。

4.1.4.4　参考操作步骤

（1）设置能产生高压告警的故障。

（2）正常开机等待告警。

（3）分析告警原因；详见 4.2.3.5 节。

4.1.4.5　检查评估

（1）步骤实施的合理性：看分析步骤是否科学、合理，包括正确开机和使用仪表。

（2）安全性考虑：操作是否规范，是否存在安全隐患。

（3）团队分工合作效率：团队配合是否默契、工作效果如何。

（4）创新：工作思路和方法是否有所创新。

（5）拓展性：是否有助于相近学科的学习和研究。

（6）职业素养的提高：学习态度、操作能力、可持续发展能力、创新能力均有较大提高。

（7）成果的自我总结评价：各小组的工作总结是否恰如其分，对存在问题的分析是否透彻，整改措施是否得当。

4.2　相关配套知识

4.2.1　空调基础知识

空气调节简称"空调"，即用控制技术使室内空气的温度、湿度、清洁度、气流速度和噪声达到所需的要求，目的为改善环境条件以满足生活舒适和工艺设备的要求。空调的功能主要有制冷、制热、加湿、除湿和温湿度控制等。

1. 温度和湿度

（1）温度

制冷技术中需要测量温度的地方很多，测量温度的标尺称为温标。常用的温标有两种，即华氏（℉）和摄氏（℃）。华氏与摄氏的换算关系为：（℃）=5/9（℉-32）；（℉）=9/5℃+32。除上述两种温标之外，在热学上还采用绝对温度的表示法，以绝对零度为起点划分的温标称为绝对温标（K）。温标的冰融点和水沸点见表 4-1。

表 4-1 温标的冰融点和水沸点

	冰 融 点	水 沸 点
华氏温度	32℉	212℉
摄氏温度	0℃	100℃
绝对温度	273K	373K

绝对温度（T）=273＋摄氏温度（t）

在温度计的温包上所扎湿纱布后的读数为湿球温度，而未包湿纱布处于干球状态时的读数称为干球温度。饱和空气时湿球温度等于干球温度。非饱和空气时湿球温度（t_s）总是低于干球温度（t），两者之间的差值称为干湿球温差，其差值的大小反映空气湿度的大小，即差值越大空气越干燥，反之亦然。

物体表面是否会结露，取决于两个因素，即物体表面温度和空气露点温度。当物体表面温度低于空气露点温度时，物体表面才会结露。

露点温度是指湿空气开始结露的温度。亦即在含湿量不变的条件下，所含水蒸气量达到饱和时的温度。

例如，设空气温度为 30℃，它的含湿量为 10.6g/kg（干空气），若将这部分空气降到 15℃，此时该空气就达到饱和状态。若温度再继续下降，空气中的水蒸气就要凝结成水滴。那么 15℃就是空气开始结露的临界点，这个温度就叫露点温度。

空气露点温度与空气相对湿度有密切的关系，若相对温度ϕ大，它的露点温度就高，物体表面就容易结露。对于饱和空气，干球温度、湿球温度和露点温度三者是相等的。

对于非饱和空气，干球温度最大，湿球温度次之，露点温度最小。

在空调系统中，习惯上将接近饱和状态、相对湿度ϕ达到 90％～95％的空气的温度称为机器露点温度。

（2）湿度

空气中水蒸气的含量通常用含湿量、相对湿度和绝对湿度来表示。

含湿量是湿空气中水蒸气质量（g）与干空气质量（kg）之比值，单位：g/kg。它较确切地表达了空气中实际含有的水蒸气量。

相对湿度是指在一定温度下，空气中水蒸气的实际含量接近饱和的程度，也可称饱和度。

绝对湿度是每立方米的空气中水蒸气的实际含量，单位：kg/m³。

2．热量

热量是能量的一种形式，是表示物体吸热或放热多少的物理量。热量的单位通常用卡（cal）或千卡也叫大卡（kcal）表示。1kcal 即 1kg 纯水升高或降低 1℃所吸收或放出的热量。在国际单位制（SI）中，热量经常用焦耳（J）表示。

$$1J=0.2389cal$$

单位量的物体温度升高或降低 1℃所吸收或放出的热量，通常用符号℃表示，单位是 kcal/kg·℃。

在一定压力下，1kg 水升温 1℃所吸收的热量是 1kcal，而空气则为 0.24kcal。

计算公式： $Q=G \cdot C\,(t_2-t_1)$

式中，Q——热量（kcal）；

G——物体的质量（kg）；

C——物体的比热（kcal/kg·℃）；

t_1——初始温度（℃）；

t_2——终了温度（℃）。

热力学中规定，当物体吸热时热量取正号；放热时热量取负号。

3. 压力

单位面积上所受的垂直作用力称为压力。压力单位 kgf/cm^2 $\left(P=\dfrac{F}{S}\right)$。一个工程大气

压 $=10^4$mm 水柱 $=735.6$mm 汞柱 $=10^4$kgf/m^2 $=10$m 水柱。

1mm 汞柱 $=13.6$mm 水柱

1 个大气压 $=760$mm 汞柱 $=1.033$ 工程大气压

压力单位的换算见表 4-2。

表 4-2　　　　　　　　　　　　　　　压力单位的换算

Pa	bar	kgf/cm^2	Psi	atm
10^5	1	1.0197	14.5	0.9869
98.07×10^3	0.98	1	14.223	0.9678
1.013×10^5	1.0133	1.0333	14.7	1

（1）绝对压力：绝对压力是指设备内部或某处的真实压力，它等于表压力与当地大气压力之和，即

$$P_绝 = P_表 + B$$

式中，$P_绝$——绝对压力；

$P_表$——表压力；

B——当地大气压力。

（2）表压力：表压力是指设备内部或某处绝对压力与当地大气压之差，即

$$P_表 = P_绝 - B$$

（3）真空度：真空度是指设备内部或某处绝对压力小于当地大气压力的数值，即

$$P_真 = B - P_绝$$

式中，$P_真$——真空度。

4. 物质的三相点

固相、液相和气相处于平衡共存在的状态点，即为三相点。各种物质具有一定的三相点参数，这是由其物质性质所决定的。

5. 潜热与显热

（1）潜热：当温度不变时，物质产生相变过程中所吸收或放出的热量，称潜热。气化过程中，1kg 液体气化成同一温度蒸气时所吸收的热量称为气体潜热。

（2）显热：使物质温度发生变化但不改变其相态的热量，称为显热。

6. 蒸发、沸腾、冷凝和气化

物质分子可以聚集成固、液、气三种状态，简称物质的三相态。在一定条件下，物质可

相互转化，称为物态变化。

从液态转变成气态的相变过程，是一个吸热过程。液态制冷剂在蒸发器中不断地定压气化，吸收热量，产生制冷效应。根据气化过程的机理不同，气化可分为蒸发和沸腾两种形式。

在任何温度下，液体自然表面都会发生气化的过程。例如，水的自然蒸发、衣服的晾干过程。在相同的环境下，液体温度越高，表面越大，蒸发得就越快。

液体表面和内部同时进行的剧烈气化的现象叫做沸腾。当对液体加热，并使该液体达到一定温度时（例如水烧开时），液体内部便产生大量气泡、气泡上升到液面破裂而放出大量蒸气，即沸腾，此时的温度就叫沸点。在沸腾过程中，液体吸收的热量全部用于自身的容积膨胀而相变，故气液两相温度不变，制冷剂在蒸发器内吸收了被冷却物体的热量后，由液态气化为蒸气，这个过程是沸腾。但在制冷技术中，习惯上称为蒸发温度。

物质从气态变成液态的过程叫做冷凝（或凝结），也称液化。例如，水蒸气遇到较冷的物体就会凝结成水滴。如在制冷系统中，压缩机排出高温、高压的气体，在冷凝器中通过空气或水冷凝成液体。冷凝时制冷气体放出来的热量由空气或水带走，这就是冷凝过程。冷凝是气化的相反过程，在一定压力下，蒸气的冷凝温度与液体的沸点相等，蒸气冷凝时要放热，1kg 蒸气冷凝时放出的热量，等于同一温度下液体的气化潜热。

物质从固态直接转变为气态的过程叫做升华，如用二氧化碳加压制成的干冰，在常温下，它很快就变成二氧化碳气体，这就是升华过程。

7. 饱和压力和饱和温度

在密闭容器里，从液体中脱离出来的分子，不可能扩散到其他空间，只能聚集在液体上面的空间。这些分子它们相互间作用以及与容器壁及液体表面碰撞，其中的一部分又回到液体中去。在液体开始气化时，离开液面的分子数大于回到液体里的分子数，这样，液体上部空间内蒸气的密度就逐渐增大，这时回到液体里的分子数也开始增多。最后达到在同一时间内，从液体里脱离出来的分子数与返回到液体里的分子数相等，这时液体就和它的蒸气处于动态平衡状态，蒸气的密度不再改变，达到了饱和。在这种饱和状态下的蒸气叫做饱和蒸气，此饱和蒸气的压力叫做饱和压力。饱和蒸气或饱和液体的温度称为饱和温度。

动态平衡是有条件的，是建立在一定温度或压力条件下，如条件有所改变，则平衡就被破坏，再经过一定的温度、压力条件下，又会出现新条件下的饱和状态。对不同的制冷剂，在相同饱和压力下，其饱和温度各不相同。通常所说的沸点，就是指饱和温度。

8. 过热蒸气与过热度

在一定的压力下，温度高于饱和温度的蒸气，称为过热蒸气。制冷压缩机排气管处甚至压缩机的吸入口的蒸气温度，一般都高于饱和温度，故都属于过热蒸气。

过热蒸气的温度超过饱和温度的数值称为过热度。

9. 过冷液体与过冷度

在一定的压力下，温度低于饱和温度的液体，称为过冷液体。

过冷液体的温度低于饱和温度的数值称为过冷度。

10. 房间空调器的类型和特点

小型整体式（如窗式和移动式）和分体式空调器统称为房间空调器。国家标准规定，房间空调器的制冷量在 9 000W 以下（现最高为 12 000W），使用全封闭式压缩机和风冷式冷凝器，电源可以是单相，也可以是三相。它是局部式空调器的一类，广泛用于家庭、办公室等场所，因此，又把它称为家用空调器。

房间空调器形式多种多样，具体分类和型号含义如图 4-1 和图 4-2 所示。整体式的房间空调器主要是指窗式空调器，也包括移动式空调器。

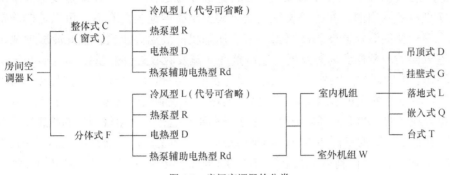

图 4-1 房间空调器的分类

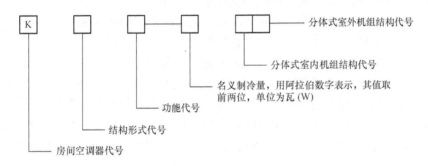

图 4-2 房间空调器型号表示

空调器型号举例：

KC-31：单冷型窗式空调器，制冷量为 3 100W；

KFR-35GW：热泵型分体壁挂式空调器，制冷量为 3 500W；

KFD-70LW：电热型分体落地式空调器，制冷量为 7 000W。

注意　热泵型空调器的制热量略大于制冷量。

如果考虑房间空调器的主要功能，空调器可分为：冷风型（单冷型），省略代号；热泵型，代号为 R；电热型，代号为 D；热泵辅助电热型，代号为 Rd。后三种统称为冷热型空调器。

（1）冷风型空调器

这种空调只吹冷风，用于夏季室内降温，兼有除湿功能，为房间提供适宜的温度和湿度。冷风型空调器又称单冷型空调器。它的结构简单，可靠性好，价格便宜，是空调器中的基本型。它的使用环境为 18℃～43℃。

窗式和分体式空调都有冷风结构。

（2）冷热型空调器

这种空调器在夏季可吹冷风，冬季可吹热风。制热有两种方式：热泵制热和电加热。两种制热方式兼用时称热泵辅助电热型空调器。

① 热泵型空调器：热泵型空调器是在制冷系统中通过两个换热器即蒸发器和冷凝器的功能转换来实现冷热两用的。在冷风型空调器上装上电磁四通换向阀后，可以使制冷剂流向改变，原来在室内侧的蒸发器变为冷凝器，来自压缩机的高温高压气体在此冷凝放热，向室内供热；而室外侧的冷凝器变为蒸发器，制冷剂在此蒸发吸收外界热量。

由于环境温度的影响，室外换热器无自动除霜装置的热泵型空调器，只能用于 5℃以上的室外环境下，否则室外换热器因结霜堵塞空气通路，导致制热效果极差。有自动除霜的热泵型空调器，可以在-5℃～43℃的环境温度下工作，在制热运行中会出现短暂的除霜工况而停止向室内供热。在低于-5℃的室外环境下，热泵型空调器不再适用，而必须用电热型空调器制热。

② 电热型空调器：在制热工况下，空调器靠电加热器对空气加热，加热的元件一般为电加热管、螺旋形电热丝和针状电热丝。后两种结构因安全性差，一般不推广使用。这种空调器可以在寒冷环境下使用，工作的环境温度小于等于43℃。

③ 热泵辅助电热型空调器：这是一种在制热工况下利用热泵和电加热共同制热的空调器，制热功率大，同时又比较节电，但结构比较复杂，价格稍贵。

这种空调器的室外机组中增加一个电加热器，在低温的室环境下，它对吸入的冷风先进行加热，这样室外机换热器不易结霜，提高了机器的制热效果。应注意的问题是冬季使用它的用电总功率，一般比夏天制冷时大一倍，可能会超过电表的容量。例如一台 3 匹（压缩机功率）热泵辅助电加热型空调器，制冷时功率为 2.5kW 左右，但在制热时为 5.5kW 左右，其中 3kW 是电加热功率。但与电热型空调相比，仍属于节能型空调器，因为它的制热量为 8kW 左右，比消耗电功率 5.5kW 大得多。

11．空调器的工作环境与性能指标

房间空调器根据制冷量来划分系列。

窗式空调器制冷量一般为 1 800W～5 000W，分体式空调器一般制冷量为 1 800W～12 000W，在以上范围内又根据制冷量的不同，划分成若干个型号，构成系列。

（1）房间空调器的使用条件

① 环境温度：房间空调器通常工作的环境温度，见表4-3。

表4-3　　　　　　　　　　　　　　　　空调器工作的环境温度

型　　式	代　　号	使用的环境温度（℃）
冷风型	L	18～43
热泵型	R	-5～43
电热型	D	<43
热泵辅助电热型	Rd	-5～43

由表中可知，空调器最高工作温度限制在43℃以下，热泵型空调器的最低工作环境温度为-5℃。这是因为空调器的压缩机和电动机封闭在同一壳体内，电动机的绝缘等级决定了对压缩机最高温度的限制。如果环境温度过高，则压缩机工作时冷凝温度随之提高，使压缩机

排气温度过热，造成压缩机超负荷工作，使过载保护器切断电源而停机。另外，电动机的绝缘因承受不了过高温度而遭破坏，甚至使电动机烧毁。对于热泵型空调器，如果环境温度过低，其蒸发器里的制冷剂得不到充分的蒸发，被吸入压缩机，产生液击事故，并导致机件磨损和老化。对于电热型空调器，冬季工况下压缩机不工作，只有电热器在工作，因此对最低环境温度无严格限制。对于热泵型和热泵辅助电热型空调器，若不带除霜装置，则其使用的最低环境温度为 5℃，如果低于 5℃，则在室外的蒸发器就要结霜，使气流受阻，空调器就不能正常工作。若带除霜装置，则使用的最低环境温度可以为-5℃。

当外界气温高于 43℃时，大多数空调器就不能工作，压缩机上的热保护器自动将电源切断，使压缩机停止工作。

空调器的温度调节依靠温控器自动调节，温控器一般把房间温度控制在 16℃～28℃，并能在调定值 2℃的范围内自动工作。

② 电源：国家标准规定：电源额定频率为 50Hz，单相交流额定电压为 220V 或三相交流电额定电压为 380V。使用电源电压值允许差为±10%。

世界各地的电源各不相同，空调器制造厂商可提供多种电源供用户选用。

一些工作电源为 60Hz 的空调器，可以运行于 50Hz 相应电压的地区。在 60Hz 下运行的二极电动机同步转速为 3 500r/min，在 50Hz 下运行转速降为 2 900r/min。故随着电源频率下降，空调器的制冷量也同时减少，噪声也随之降低。

工作电源为 60Hz 的空调器，可在 60Hz，197～253V 电压下运行，也可在 50Hz，180～220V 电压下运行。

工作电源为 50Hz 的空调器，不能用于电源为 60Hz 的地区，否则电动机要烧坏。

（2）空调器的性能指标

空调器的主要性能参数有以下 10 项。

① 名义制冷量——在名义工况下的制冷量，W。

② 名义制热量——冷热型空调在名义工况下的制热量，W。

③ 室内送风量——即室内循环风量，m^3/h。

④ 输入功率，W。

⑤ 额定电流——名义工况下的总电流，A。

⑥ 风机功率——电动机配用功率，W。

⑦ 噪声——在名义工况下机组噪声，dB。

⑧ 制冷剂种类及充注量——例如 R22，kg。

⑨ 使用电源——单相 220V，50Hz 或三相 380V，50Hz。

⑩ 外形尺寸——长×宽×高，mm。

注意

制冷量——单位时间所吸收的热量。

空调器铭牌上的制冷量叫名义制冷量，单位为瓦（W），还可以使用的单位为千卡/小时（kcal/h），两者的关系为：

$$1kW=860kcal/h$$

或 $$1\ 000\text{kcal/h}=1.16\text{kW}$$

国家标准规定名义制冷量的测试条件为：室内干球温度为 27℃，湿球温度为 19.5℃；室外干球温度为 35℃，湿球温度为 24℃。标准还规定，允许空调的实际制冷量可比名义值低 8%。

（3）空调器的性能系数

性能系数又叫能效比或制冷系数，用 EER 表示，EER 是 "Energy and Efficiency Rate" 的缩写，即能量与制冷效率的比率。有些书刊和资料上，把制冷量与总耗能量的比率，称作制冷系数。其含义是指空调器在规定工况下制冷量与总的输入功率之比。其单位为 W/W，即性能系数 EER=实测制冷量/实际消耗总功率（W/W）。

性能系数的物理意义就是每消耗 1W 电能产生的冷量数，所以制冷系数高的空调器，产生同等冷量就比较省电。如制冷量为 3 000W 的空调器，当 EER=2 时，其耗功功率为 1 500W。当 EER=3 时，其耗电功率为 1 000W。所以能效比（制冷系数）是空调的一个重要性能指标，反映空调的经济性能。

一般工厂产品样本上没有性能系数这项数据，但可用下式计算：

$$性能系数=铭牌制冷量/铭牌输入功率（W/W）$$

这样计算出来的性能系数比实际运行的性能系数要大，因为实际的制冷量比名义值要小 8%。实际上国内外实测的性能系数一般也只有铭牌值的 92% 左右。

（4）空调器的噪声指标

空调器的噪声一般要求低于 60dB（A），这样噪声的干扰较小。不同空调器的噪声指标见表 4-4。有时由于安装空调器的支承轴不牢固，整机振动大，发出较大噪声，这时必须对其进行调整。

表 4-4　　　　　　　　　　　　　　　空调器噪声指标

名义制冷量（W） （kcal/h）	噪声<dB（A）>			
	整 体 式		分 体 式	
	室 内 侧	室 外 侧	室 内 侧	室 外 侧
2 500/2 200 以下	≤54	≤60	≤42	≤60
2 800～4 000/2 500～3 500	≤57	≤64	≤45	≤62
4 000/3 500 以上	≤62	≤68	≤48	≤65

（5）空调器的名义工况

空调器的性能指标是按名义工况条件下测量得到的。房间空调器名义工况按国标 GB7725-87 规定，见表 4-5。

表 4-5　　　　　　　　　　　　　　　空调器名义工况参数

工 况 名 称	室内空气状态		室外空气状态	
	干球温度（℃）	湿球温度（℃）	干球温度（℃）	湿球温度（℃）
名义制冷工况	27	19.5	35	24
名义热泵制热工况	21	—	7	6
名义电热制热工况	21	—	—	—

（6）空调器的输入功率

国产空调器的输入功率一般以瓦（W）或千瓦（kW）为单位，标在铭牌上或说明书中。

进口空调器往往以匹表示空调器的规格，它是指压缩机的输入功率，以匹（马力）为单位，一匹空调器即压缩机输入功率为一匹马力（一匹马力=735W）。

4.2.2 空调器结构和工作原理

空调器的结构，一般由以下 4 部分组成。

制冷系统：是空调器制冷降温部分，由制冷压缩机、冷凝器、毛细管、蒸发器、电磁换向阀、过滤器和制冷剂等组成一个密封的制冷循环。

风路系统：是空调器内促使房间空气加快热交换部分，由离心风机、轴流风机等设备组成。

电气系统：是空调器内促使压缩机、风机安全运行和温度控制部分，由电动机、温控器、继电器、电容器和加热器等组成。

箱体与面板：是空调器的框架、各组成部件的支承座和气流的导向部分，由箱体、面板和百叶栅等组成。

4.2.2.1 制冷系统的主要组成和工作原理

制冷系统是一个完整的密封循环系统，组成这个系统的主要部件包括压缩机、冷凝器、节流装置（膨胀阀或毛细管）和蒸发器，各个部件之间用管道连接起来，形成一个封闭的循环系统，在系统中加入一定量的氟利昂制冷剂来实现制冷降温。

空调器制冷降温，是把一个完整的制冷系统装在空调器中，再配上风机和一些控制器来实现的。

制冷的基本原理按照制冷循环系统的组成部件及其作用，分别由 4 个过程来实现，如图 4-3 所示。

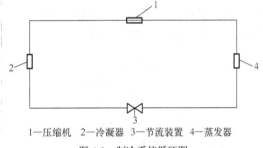

1—压缩机 2—冷凝器 3—节流装置 4—蒸发器

图 4-3 制冷系统循环图

压缩过程：从压缩机开始，制冷剂气体在低温、低压状态下进入压缩机，在压缩机中被压缩，提高气体的压力和温度后，排入冷凝器中。

冷凝过程：从压缩机中排出来的高温、高压气体，进入冷凝器中，将热量传递给外界空气或冷却水后，凝结成液体制冷剂，流向节流装置。

节流过程：又称膨胀过程，冷凝器中流出来的制冷剂液体在高压下流向节流装置，进行节流减压。

蒸发过程：从节流装置流出来的低压制冷剂液体流向蒸发器中，吸收外界（空气或水）的热量而蒸发成为气体，从而使外界（空气或水）的温度降低，蒸发后的低温、低压气体又被压缩机吸回，进行再压缩、冷凝、节流、蒸发，依次不断地循环和制冷。

1. 冷风型（单冷型）空调器

冷风型空调器制冷系统如图 4-4 所示。蒸发器在室内侧吸收热量，冷凝器在室外将热量散发出去。

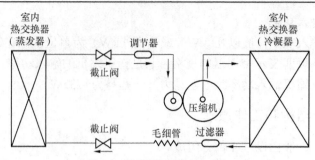

图 4-4　单冷型空调器制冷系统

单冷型空调器结构简单，主要由压缩机、冷凝器、干燥过滤器、毛细管以及蒸发器等组成。单冷型空调器环境温度适用范围为 18℃～43℃。

2．冷热两用型空调器

冷热两用型空调器又可以分为电热型、热泵型和热泵辅助电热型 3 种。

（1）电热型空调器

电热型空调器在室内蒸发器与离心风扇之间安装有电热器，夏季使用时，可将冷热转换开关拨向冷风位置，其工作状态与单冷型空调器相同。冬季使用时，可将冷热转换开关置于热风位置，此时，只有电风扇和电热器工作，压缩机不工作。

（2）热泵型空调器

热泵型空调器的室内制冷或制热，是通过电磁四通换向阀改变制冷剂的流向来实现的，如图 4-5 所示。在压缩机吸、排气管和冷凝器、蒸发器之间增设了电磁四通换向阀，夏季提供冷风时室内热交换器为蒸发器，室外热交换器为冷凝器。冬季制热时，通过电磁四通换向阀换向，室内热交换器为冷凝器，而室外热交换器转为蒸发器，使室内得到热风。

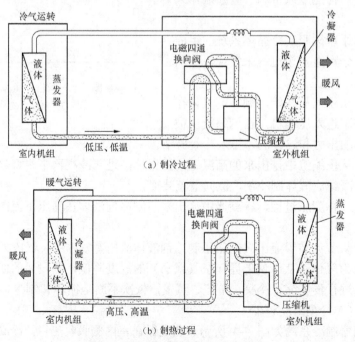

图 4-5　热泵型空调制冷和制热运行状态

热泵型空调器的不足之处是，当环境温度低于 5℃时不能使用。

（3）热泵辅助电热型空调器

热泵辅助电热型空调器是在热泵型空调器的基础上增设了电加热器，从而扩展了空调器的工作环境温度，它是电热型与热泵型相结合的产品，环境温度适用范围为-5℃～43℃。

4.2.2.2　制冷系统主要部件

1. 制冷压缩机

（1）开启式压缩机

压缩机曲轴的功率输入端伸出曲轴箱外，通过联轴器或皮带轮和电动轮相联接，因此在曲轴伸出上必须装置轴封，以免制冷剂向外泄漏，这种型式的压缩机称为开启式压缩机。

（2）半封闭式压缩机

由于开启式压缩机轴封的密封面磨损后会造成泄漏，增加了操作维护的困难，人们在实践的基础上，将压缩机的机体和电动机的外壳连成一体，构成一个密封机壳，这种型式的压缩机称为半封闭式压缩机。这种机器的主要特点是不需要轴封，密封性好，对氟利昂压缩机很适宜。

（3）全封闭式压缩机

压缩机与电动机一起装在一个密闭的铁壳内，形成一个整体，从外表上看，只有压缩机的吸、排气管的管接头和电动机的导线，这种型式的压缩机称为全封闭式压缩机。压缩机的铁壳分成上、下两部分，压缩机和电动机装入后，上下铁壳用电焊丝焊接成一体，平时不能拆卸，因此，要求机器使用可靠。

（4）旋转式压缩机

旋转式压缩机的结构如图 4-6 所示，图中，0 为气缸中心，在与气缸中心保持偏心 r 的 P 处，有以 P 为中心的转轴（曲轴），在轴上装有转子。随着曲轴的旋转，制冷剂气体从吸气口被连续送往排气口。滑片靠弹簧与转子保持经常接触，把吸气侧与排气侧分开，使被压缩的气体不能返回吸气侧。在气缸内的气体与排气达到相同的压力之前，排气阀保持闭合状态，以防止排气倒流。

旋转式压缩机同过去的往复式压缩机的不同点在于，电动机的旋转运动不转换为往复运动，除了进行旋转压缩外，它没有吸气阀。根据上述道理，旋转式压缩机具有如下特征。

① 由于连续进行压缩，故比往复式的压缩性能优越，且因往复质量小或没有往复质量，所以几乎能完全消除平衡方面的问题，振动小。

② 由于没有像往复式压缩机那样的把旋转运动变为往复运动的机构，故零件个数少，加上由旋转轴位中心的圆形零件构成，因而体积小，重量轻。

③ 在结构上，可把余隙容积做得非常小，无再膨胀气体的干扰。由于没有吸气阀，流动阻力小，故容积效率、制冷系数高。

旋转式压缩机的缺点如下。

① 由于各部分间隙非常均匀，如果间隙不是很小

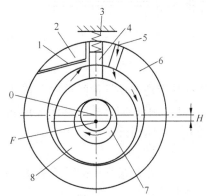

1—排气阀　2—排气口　3—弹簧　4—滑片
5—吸气口　6—气缸　7—曲轴　8—转子

图 4-6　旋转式压缩机

时，则压缩气体漏入低压侧，使性能降低，因此，在加工精度差，材质又不好而出现磨损时，可能引起性能的急剧降低。

② 由于要靠运动部件间隙中的润滑油进行密封，因此，为从排气中分离出油，机壳内（内装压缩机和电动机的密闭容器）需做成高压，因此，电动机、压缩机容易过热，如果不采取特殊的措施，在大型压缩机和低温用压缩机中是不能使用的。

③ 需要非常高的加工精度。

2．热力膨胀阀及其工作原理

热力膨胀阀，又称感温调节阀或自动膨胀阀，它是目前氟利昂制冷中使用最广泛的节流机构。它能根据流动蒸发器的制冷剂温度和压力信号自动调节进入蒸发器的氟利昂流量，因此这是以发信器、调节器和执行器三位组成一体的自动调节机构。热力膨胀阀根据结构的不同，可分为内平衡和外平衡两种形式。

热力膨胀阀的工作原理：通过感温包感受蒸发器出口端过热度的变化，导致感温系统内充注物质产生压力变化，并作用于传动膜片上，促使膜片形成上、下位移，再通过传动片将此力传递给传动杆从而推动阀针上下移动，使阀门关小或开大，起到降压节流作用，以及自动调节蒸发器的制冷剂供给量并保持蒸发器出口端具有一定的过热度，得以保证蒸发器传热面积的充分利用，减少液击冲缸现象的发生。

感温包从蒸发器出口端感受温度而产生压力，引压力通过毛细管传递作用于传动膜片上，使传动膜片向下位移的压力用 P 表示。传动膜片下部受到两个力的作用，一个是蒸发压力 P_0，另一个是弹簧压力 P_D。当三力平衡时，$P=（P_0+P_D）$，热力膨胀阀保持一定的开启度。

图 4-7 所示为一只使用 R22 的平衡热力膨胀阀，制冷剂的蒸发温度为 5℃（P_0=5.839bar），

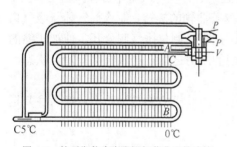

当制冷剂在蒸发器中由 A 点流至 B 点时，液态制冷剂全部蒸发为气态，如果忽略蒸发器中阻力，制冷剂在 AB 两点之间的蒸发压力仍为 P_0，蒸发温度保持不变，均在 5℃，当制冷剂蒸气由 B 点流至 C 点时，由于继续吸热，其温度将升至 10℃，因此 C 点的过热度为 5℃。感温包内压为 P 等于 R22 在 10℃时饱和压力，即 P=6.803（bar）。弹簧等效压缩 P_D 为 5℃过热度的压力，即 P_D=0.964（bar）。显然，此时膨胀阀膜片上、下部压力相等，且保持一定开度，制冷和系统运行稳定。当 $P<（P_0+P_D）$ 时，传动膜片向上移动，通过

图 4-7 外平衡热力膨胀阀与蒸发器的连接

传动片带动传动杆使阀针向上移动，使节流孔的有效流通面积减小，阀门关小。当 $P>（P_0+P_D）$ 时，传动膜片向下移动，通过传动片推动传动杆使阀针向下移动，将节流孔的有效流通面积增大，使阀门开大。

3．毛细管

毛细管是最简单的节流机构，通常用一根直径为 0.5～2.5mm，长度为 1～3m 的紫铜管就能使制冷剂节流、降温。

制冷剂在管内的节流过程极其复杂。在毛细管中，节流过程是经毛细管总长的流动过程中完成的。在正常情况下，毛细管通过的制冷剂量主要取决于它的内径、长度与冷凝压力。

如长度过短或直径太大，则使阻力过小，液体流量过大，冷凝器不能供给足够的制冷剂

液体，降低了压缩机的制冷能力；相反如毛细管过长或直径太细，则阻力又过大，阻止足够的制冷剂液体通过，使制冷剂液体过多地积存在冷凝器内，造成高压过高，同时也使蒸发器缺少制冷剂，造成低压过低。因此，毛细管的尺寸必须选择合适，才能保证制冷系统的正常运行。流入毛细管的液体制冷剂，受到冷凝压力影响，当冷凝压力增高时，液体制冷剂流量增大，反之就减小。

4. 四通电磁换向阀

热泵空调器是通过电磁换向阀改变制冷剂的流动方向的。当低压制冷剂进入室内侧换热器，空调器向室内供冷气；当高温、高压制冷剂进入室内侧换热器时，空调器向室内供暖气。

电磁换向阀主要由控制阀与换向阀两部分组成，如图 4-8 所示。通过控制阀上电磁线圈及弹簧的作用力来打开和关闭其上毛细管的通道，以使换向阀进行换向。

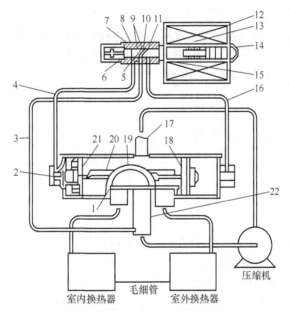

1—换向阀体　2—活塞顶针　3—公共毛细管　4—左毛细管　5—控制阀体

6—右弹簧　7—左阀塞　8—左通气口　9—不锈钢针　10—右通气口

11—右阀塞　12—电磁线圈　13—柱塞弹簧　14—锁紧螺母　15—柱塞

16—右毛细管　17—排气管　18—聚四氟乙烯活塞　19—滑块

20—托架　21—泄气孔　22—吸气管

图 4-8　电磁换向阀结构

空调器制冷时，电磁线圈不通电，控制阀内的阀塞将右毛细管与中间公共毛细管的通道关闭，使左毛细管与中间公共毛细管沟通，中间公共毛细管与换向阀低压吸气管相连，所以换向阀左端为低压腔。在压缩机排气压力的作用下，活塞向左移动，直至活塞上的顶针将换向阀上的针座堵死。在托架移动过程中，滑块将室内换热器与换向阀中间低压管沟通；高压排气管与室外侧换热器相沟通。这时，空调器作制冷循环。

空调器制热时，电磁线圈通电，控制阀塞在电磁力的作用下向右移动，这样关闭了左侧毛细管与公共毛细管的通路，打开了右侧毛细管与公共毛细管的通道，使换向阀右端为低压腔，活塞就向右移动，直至活塞上的顶针将换向阀上的针座堵死。这时高压排气管与室内侧换热器沟通，空调器作制热循环。

5. 干燥过滤器

（1）过滤器的功能

过滤器装在冷凝器与毛细管之间，用来清除从冷凝器中排出的液体制冷剂中的杂质，避免毛细管中被阻塞，造成制冷剂的流通被中断，从而使制冷工作停顿。

（2）过滤器的结构

窗式空调器的过滤器，其结构比较简单，即在铜管中间设置两层铜丝网，用来阻挡液体制冷剂中的杂物流过；对设有干燥的过滤器，在器体中还装有分子筛（4A 分子筛），用来吸附水分。如果这些水分不吸走，有可能在毛细管出口或蒸发器进口的管壁内结成冰，使制冷剂的流动困难，甚至发生阻塞，使空调器无法实现制冷降温。

制冷系统中水分的来源，主要是空调器使用一段时间后，由于安装不妥等原因产生振动，从而使系统中的管道产生一些微小的泄漏，使外界空气渗入的结果。

4.2.2.3 制冷剂、冷媒、冷冻油

1. 制冷剂

制冷剂又称"制冷工质"，制冷循环中工作的介质。在蒸气压缩机制冷循环中，利用制冷剂的相变传递热量，即制冷剂蒸发时吸热，凝结时放热。因此，制冷剂应具备下列特征：易凝结，冷凝压力不要太高，蒸发压力不要太低，单位容积制冷量大，蒸发潜热大，比容小。此外，还要求制冷剂不爆炸、无毒、不燃烧、无腐蚀、价格低廉等。常见的有 R12、R22、R134a 等。

2. 冷媒

冷媒又称"载冷剂"，制冷系统中间接传递热量的液体介质。它在蒸发器中被制冷剂冷却后，送至冷却设备中，吸收被冷却物体的热量，再返回蒸发器将吸收的热量释放给制冷剂，重新被冷却，如此循环来达到连续制冷的目的。常用的载冷剂有水、盐水及有机溶液，对载冷剂的要求是比热大、导热系数大、黏度小、凝固点低、腐蚀性小、不易燃烧、无毒、化学稳定性好且价格低，容易购买。

3. 冷冻油

冷冻油即冷冻机使用的润滑油。其基本性能如下。

① 将润滑部分的摩擦降到最小，防止机构部件磨损。

② 维持制冷循环内高低压部分给定的气体压差，即油的密封性。

③ 通过机壳或散热片将热量放出。

在选择冷冻机油时，还必须注意压缩机内部冷冻机油所处的状态（排气温度、压力、电动机温度等），概括起来，要注意以下几点。

① 即使溶于制冷剂时，也要有能保持一定油膜的黏度。

② 与制冷剂、有机材料和金属等高温或低温下接触不应起反应，其热力及化学性能稳定。

③ 在制冷循环的最低温度部分不应有结晶状的石蜡分离、析出或凝固，从而保持较低的流动点。

④ 含水量极少。

⑤ 在压缩机排气阀附近的高温部分不产生积炭、氧化，具有较高的热稳定性。

⑥ 不使电动机线圈、接线柱等绝缘性能降低，而且有较高的耐绝缘性。

4.2.3 机房专用空调

电子计算机机房及通信设备的程控交换机机房与一般空调房间相比，不仅在温度、湿度、空气洁净度及控制的精度等要求上有所不同，而且就设备本身而言区别也是非常明显的，我们把这种用于电子计算机及程控交换机机房的空调设备称为专用空调。

4.2.3.1 专用空调的特点

（1）设备热量大，散湿量小

机房内显热量占全部发热量的 90% 以上，它包括设备运行中自身的发热量、照明发热量，通过墙、顶、窗、地板的导热量，以及辐射热、新风热负荷等。

计算机设备在机房中每平方米的散热量平均在 15W 左右，万门的程控交换机散热量随话务量的增减而变化，但其变化量不太大，程空交换机在机房中每平方米的散热量平均在 162～220W。

设备运行时，只产生显热而不产生湿量，机房内湿度变化一般是由工作人员散湿量和新风带入的一定的湿量所造成的。

（2）设备送风量大、焓差小，换气次数多

由于机房环境里散热量中占 90% 左右是交换机散发的显热，因此，向计算机及程控交换机这些电子设备直接送风是最有效的，但送风的相对湿度不宜过高，一般控制在 50%～60%，送风温度也不宜过低，一般控制在 17℃ 以上，所以，在焓差小的工况下，要消除余热就必须要大风量，专用空调的换气次数，计算机房 20～40 次/h，程控交换机房 30～60 次/h。

（3）一般多采用下送风方式

大中型计算机及大容量的程控交换机散热量大，且集中，所以不但要对机房进行空调，而且要对程控设备进行直接送风冷却，程控交换机设备的进风口一般设在其机架下侧或底部，排风口设在机架的顶部。空气通过架空活动地板由进风口进入沿机架自下而上迅速有效地使设备得到冷却。

（4）全天候运行

在冬季，由于计算机设备及程控交换机设备在机房内的散热不减，余热尚存，故专用空调必须进行制冷工作，不论何种季节，机房所需温度、湿度不变，专用空调就要全天候对其进行调节，达到规定要求。为保证全年长期运行的可靠性，一般要考虑 15%～25% 的冷负载备用设备，进行多台组合。

4.2.3.2 机房环境条件的变化对电子计算机和程控交换机设备的影响

电子计算机机房和程控交换机机房内的气候条件，直接关系到电子计算机和程控交换机设备工作的可靠性和使用寿命。而机房内微气候的变化，直接或间接地也会对电子计算机和程控交换机设备产生不良影响。

1. 机房温度变化

（1）温度偏高的影响

① 会导致电子元器件的性能劣化，降低使用寿命。

② 能改变材料的膨胀系数，如磁盘机、磁带机等精密机械由于受热胀的影响，往往会出

现故障。

③ 会加速绝缘材料老化、变形、脱裂，从而降低绝缘性能，并促使热塑性绝缘材料和润滑油脂软化而引起故障。

④ 当温度偏高超过电机变压器绕组温升允许值时，会导致电机烧毁。

例如，某研究所装设的 013 计算机机房，当室内温度超过 26℃时，计算机的工作就出现不正常现象。某大楼的计算机机柜，在排风出口温度为 25℃时，机柜内硅管、锗管的表面温度升高达 40℃，计算机就不能正常工作（有的资料计算机采用最高允许极限温度为 60℃）。

据美国 IBM 公司试验资料表明，当计算机机柜内温度升高 10℃，设备的可靠性约下降 25％。法国 SOLAR 型计算机工作的可靠性与机房温度的关系见表 4-6。

表 4-6　　　　　法国 SOLAR 型计算机工作的可靠性与机房温度的关系

机 房 温 度	10℃	15℃	25℃	35℃	40℃
可靠性变化	1	1.22	1.17	0.87	0.85

（2）温度偏低的影响

低温能使电容器、电感器和电阻器的参数改变，直接影响到计算机的稳定工作。低温还可能使润滑脂和润滑油凝固冻结。低温会引起金属和塑料绝缘部分因收缩系数不同而接触不良，材料变脆，个别密封处理的电子部件开裂等。

（3）温度变化率

在单位时间内空气的温度变化较大，会使管件产生内应力，加速电子元器件及某些材料的机械损伤和电气参数的变化。温度变化较快会促使某些结合部位开裂、层离、密封件漏气、灌封材料从电子元器件或包装表面剥落等，从而产生空隙并使某些支撑件变形。

2．湿度变化

（1）湿度偏高的影响

在空气中含湿量不变的情况下，相对湿度随着空气温度的降低而增大，相对温度接近 70％时，某些部位可能出现微薄的凝水，水汽如果被管件吸入，即会改变它内部的电性能参数，引起漏泄、通路漏电，以致击穿损坏电子元器件。

湿度偏高会使金属材料氧化腐蚀，促使非金属材料的元件或绝缘材料的绝缘强度减弱，材料的老化、变形，引起结构的损坏。

湿度偏高会造成磁带运转时打滑，影响磁带机工作的稳定性，给磁盘及磁带的读写数据带来瞬时的差错。

（2）湿度偏低的影响

机房内的空气干燥，相对湿度偏低容易产生静电。据试验测试发现，当相对温度为 30％时，静电电压为 5kV。当相对湿度为 20％时，静电电压为 10kV。机房内当静电电压超过 2kV 时会引起磁盘机出现故障，也会引起磁带变形翘曲和断裂。静电容易吸附灰尘，如被粘在磁盘、磁带的读、写头上，轻则出现数据误差，严重的会划伤盘片，损坏磁头。

机房内的静电对人也有明显的感觉，在静电电压超过 1kV 时，放电过程对人的安全造成威胁。

3．尘埃的影响

空气中的尘埃粒径不等，形状各异，微粒尘埃受外界大气的作用在空气中浮游飘移。

对机房影响较大的有矿物性的和尘土纤维性的两类尘埃。矿物性的固体粉料进入机房，会划伤电子设备和整机的表面保护层，还会加速精密机械活动部位的磨损，造成故障。尘土纤维性的尘埃具有吸湿性，如附着在电子元器件上，能导致金属材料氧化腐蚀，改变电气参数，还会使电子元器件散热不良，绝缘性能下降。

以往盒式磁盘对机房内空气的含尘量有比较严格的要求，目前几乎均用温盘替代了盒式磁盘。因为温盘是把磁头和盘面均装配有一个密封的盒子里，因而降低了对机房空气净化的洁净等级要求。

4．有害气体的影响

机房内的有害气体来源于室外大气。例如，在机房场地不远有冶炼、化工等企业的气体排放，如二氧化硫（SO_2）、硫化氢（H_2S）、二氧化氮（NO_2）等有害气体以及地处沿海地区的盐雾空气，随着机房空调的补充新风或机房门窗缝隙的渗透进入机房，将对机房设备产生不同程度的腐蚀作用，严重降低计算机和程控交换机设备工作的可靠性和使用寿命。

5．噪声的影响

机房内有空调系统的通风机及压缩机运转的空气动力噪声，电子计算机设备运转产生的击打声及机械噪声，还有些电子器件产生的噪声，短时间内机房噪声一般在 80dB 左右，如果长时间地在 71～80dB 噪声的环境下工作，能使机房工作人员分散注意力，精神不容易集中，并产生厌烦心理的疲倦感。噪声不但影响人的身心健康和工作效率，还往往会造成人为的操作事故。

4.2.3.3　专用空调机的组成及型式

专用空调机由制冷系统、通风系统、水系统和温度、湿度自动控制系统以及加湿器、加热器、过滤器等部件组成。

专用空调由风冷冷凝式机组、水冷冷凝式机组、冷冻水机组、乙二醇溶液冷凝式机组和乙二醇溶液制冷机组等型式。

专用空调制冷系统中的四大部件可集中组成一体机组，也可将压缩机与冷凝器分别组成空调机组的室内机和室外机，有的空调机组自身不带制冷压缩机，而设有空气冷却器。它是由中央空调的冷冻水来提供冷源的。有的空调机组自身带有制冷压缩机，另外还配有经济盘管，三通控制阀利用室外环境温度来提供资源。

4.2.3.4　专用空调安装调试的技术要求

1．计算机机房位置的选择

计算机机房位置的选择应考虑诸多因素，其中包括：计算机机房应尽量靠近计算机的用户；确保计算机机房的安全；将计算机机房设置在建筑物的中心区而不是周边区，空调机组与室外的风冷冷凝器，冷却塔或干式冷却器应尽量靠近。一般计算机房应设在建筑物中不受室外温度及相对湿度影响的区域。如果选择的位置有一面外墙，玻璃窗的面积则应保持最小，并且应采用双层或三层玻璃。

设计计算机机房时，应考虑空调设备和计算机设备本身的尺寸以及必要的操作维修距离。还应考虑开门所占的空间、电梯容量以及能支持所有设备的地板结构，也要考虑计算机机房的配电及控制系统。

初步规划时，要为计算机机房的发展以及空调系统的扩大留出足够面积。

计算机机房应有完善的隔热环境，并且必须具有密封的隔气层。如吊顶设施的质量不好时，则不能隔气，所以要注意将吊顶或吊顶静压室做成密封式。为了隔潮，还应将橡胶或塑料底漆刷在砖墙或地板下，门下不要留缝，也不要安装格栅。不密封的吊顶不能作为通风系统的一部分。

应尽量保持室外新风量流入减至最少，因为新风增加了空调系统的加热、制冷、加湿和除湿负荷。由于计算机机房内工作人员很少，所以建议新风量应低于总循环风量的 5%。

2．空调系统的安装

室内机组可安装在可调的活动地板上。在机组下面必须安装额外的支座，以保证承受机组最大荷载能力。或者机组使用一个单独的地板支架，这支架与活动地板结构无关，并于地板安装之前装置。

若使用地板支架，可进行空调机组的安装、接管、接线和验收等工作，然后才装置活动地板，可使地板下的接管、接线工作更为容易，并且能在最短时间内安装好。地板支架与附近的活动地板应隔振，还应避免在机组下面的地板开专门的通风孔。如可能的话，应在机组的左侧、右侧及前方留有约 864mm 的操作空间。机组安装操作的最小空间如下：在压缩机一端为 500mm，在右端为 500mm（对下送风或通冷冻水的机组为 500mm），在机组的前方为 600mm。以上空间是为更换过滤器、调整风机电动机转速和清洗加湿器等常规维修所需要的。

3．空调机组的电力要求

电压为 230V、380V 或 415V，50Hz 的电源。

应在机组 1.5m 范围内安装一个手动电器断路开关，这个开关应事先安装在机组内。在外面安装一个锁紧型或非锁紧型操作手柄来控制此开关。

4．空气分布

空调机组可分为垂直式（上送式）或下送式。机组具有一定的设计送风量，因而在空气回路中应避免不正常的阻力。垂直式机组由工厂提供出风箱或出风接管。

关于地板下气流分布，请注意如下原则。

① 避免将机组安置在凹室或长形房间的终端，这样会影响气流流动而不能达到满意的效果。

② 要避免各机组过于靠近，否则会降低各机组的送风效果。

③ 为保证空气回路中压力损失最小，应适当选定风格栅及带风孔的活动地板。格栅上可调百叶风门伸至活动地板之下数寸长时，不利于空气流动，所以要同时考虑地板高度和百叶风门高度以确定格栅的选型。

④ 用于活动地板的格栅尺寸有很多种，最大的约 457mm×152mm。大的格栅尺寸将会降低活动地板的结构承载力。一个 457mm×152mm 的重型防笔型格栅通常具有 0.036m² 的通风面积。

⑤ 很多活动地板生产厂家均供应穿孔板。这些板通常为 610mm×610mm，其标准的通风面积为 0.07m²～0.09m²。选择穿孔板时应谨慎小心，因为有些厂家的穿孔板通风面积仅为 0.023m²～0.026m²。若选用该种，则需要用 4 倍之多的穿孔板。

⑥ 在确定送风所需穿孔板和格栅的总数之前，应校验地板供应厂商的产品规格。格栅和穿孔板的产品规格应标明送风所需的总通风面积，而不是穿孔板和格栅的数目。

⑦ 采用格栅和穿孔板取决于几个因素。穿孔板通常用于计算机房靠近硬件处。带有可调百叶风门的格栅应设于工作人员舒适的地方，诸如资料输入、打印或其他工作区。这允许工作人员为了舒适而调整风量而不是因为设备负荷变化而去调整。在高发热区使用带风门的格

栅和穿孔板要特别小心谨慎，以免因为电缆乱堆或操作者的不舒适或不小心而关闭了风门。

⑧ 地板高度不要小于 190.5mm；活动地板间安装得稳固、紧密；地板下面应尽量避免太多电缆沟，避免计算机用过长的电缆以及管道障碍等。

5．风冷式空调机组

风冷式空调机组同时带有一个单独的风冷冷凝器。制冷剂管道必须在场地连接，进行干燥过程，然后充装制冷剂。做好如下工作，机组即可运行。

① 对室内机组供电。

② 对风冷冷凝器供电。

③ 接好凝结水及加湿器的泄水管。

④ 接上加湿器水源。

（1）风冷冷凝器的安装

风冷冷凝器应放置于最安全且易于维修的地方。应避免放在公共通道或积雪、积冰的地方。如果冷凝器必须放在建筑物内，则需使用离心式风机。

为确保有足够的风量，建议将冷凝器安装在清洁空气区，远离可能阻塞盘管的尘埃及污物区。另外，冷凝器一定不要放置在蒸气、热空气或烟气排出处附近。冷凝器与墙、障碍物或附近机组的距离要多于 1m。

冷凝器应水平安装，以保证制冷剂有正常的流动及油的回流。冷凝器支脚有安装孔，可稳固地将冷凝器安装在钢支座或坚固底座上。为了使声音和振动的传播达到最小，钢支架就要横跨在承重墙上。对于在地面上安装的冷凝器，坚固底座有足够的支承力。

所有风冷式冷凝器都需要供电设备。其电源电压不必与室内机组的电压相同。这个单独的电源可为 220/240V 或 380/415V，50Hz。

（2）管道安装注意事项

所有制冷管路应用高温铜焊连接。将目前通用的、良好的管道安装技术应用在制冷管道支架、漏泄试验、干燥以及充灌制冷剂等方面。制冷剂管道采用隔振支座以防止振动传向建筑物。

当垂直立管高度超过厂家要求的高度时，应在排气管线中安装一些存油弯。

当停机时这个存油弯将冷凝器的制冷剂和制冷剂油汇集一起，并且保证运行时制冷剂油的流动。反向存油弯也应装在风冷冷凝器上以防停机时制冷剂倒流。

当制冷剂管道长度超过 30m 或冷凝器安装低于制冷盘管 9m 以上时，均需获得厂方同意。

活动地板之下所有管道必须布置好，使机组送出的气流阻力至最小。要精心地安排活动地板下面的管道以防止计算机机房内任何地方气流的阻塞。在活动地板下安装管道时，建议管道水平地安装在同一高度，而不是依靠支架把一根管叠放在另一根管之上。如可能的话，管道应平行气流方向。所有冷凝水泄水管和机组泄水管都应设有存水弯及顺向坡度接至下水管。

6．水冷式空调机组

水冷式空调机组是一个预先集装好的完整设备。它的制冷系统已完全安装好，并在工厂充灌了制冷剂，为运行做好了准备。做好如下工作，机组即可运行。

① 对室内机组供电。

② 接冷却水于冷凝器。

③ 接好凝结水及加湿器的泄水管。

④ 接上加湿器的水源。

（1）管道安装注意事项

空调机组中每个制冷回路均有一个水冷式冷凝器。将两个水冷式冷凝器的供水管及回水管分别连在一起，用户只需接上一个供水和回水管口。建议在每个空调机组的供水和回水管上安装手动关闭阀，这可保证机组的常规检修或是紧急关断。

当冷凝器水源水质不好时，宜在供水管上加装净化过滤器。它将水源杂质颗粒滤除，并延长了水冷式冷凝器的使用寿命。必要时，可卸下冷凝器端盖用管道通条清刷冷凝管道。冷凝器也可用酸清洗，但酸清洗通常不允许用在计算机机房内。

根据冷却塔或其他水源的最低供水温度，考虑是否需要对冷凝器供水管和回水管进行保温。保温可防止水管路上的结露现象。

为保证紧急泄水以及地板下的溢流，泄水管应装有存水弯，地板下应装有"自由水面"水位探测器，诸如液体探测警报器。

安装于活动地板之下的所有管道必须布置好，使机组送出的气流阻力达到最小。精心安排活动地板下的管道，以防止计算机房内任何地方气流阻塞。在活动地板下安装管道时，建议将管道水平地安装在同一高度上，而不是依靠支架把一根管叠放在另一根管之上。如可能的话，管道应平行气流方向。所有冷凝水泄水管和机组泄水管都应设有存水弯及顺向坡度接至下水管。

（2）干式冷却器的安装

干式冷却器应放置在最安全且易于进行维修的地方。应避免放在公共通道或积雪、积冰的地方。

为保证足够的风量，建议将干式冷却器安装在清洁空气区，远离可能阻塞盘管的尘埃及污物区。另外，干式冷却器一定不能放于蒸气、热空气或烟气排出区的附近。干式冷却器与墙、障碍物或邻近机组的距离要超过 1m。

泵应靠近干式冷却器，膨胀水箱应装在系统的最高点。为稳固地安装干式冷却器，其支脚上设有安装孔。若安装在屋顶上，干式冷却器的钢支座应按照规范横跨在承重墙上。若于地面上安装，坚固底座已具有足够的支承力。

所有室外装置的干式冷却器均需要供电。其电源、电压不必与室内机组的电压相同。这个单独的电源可用 200V、230V 或 400V 电压，50Hz。室内机组和干式冷却器之间唯一的电气能路是一个现场安装的双线控制的联锁装置。

7. 冷冻水空调机组

冷冻水空调机组，出厂时就已安装好全部控制器及阀门。做好如下工作，机组即可运行。

① 为机组供电。

② 接冷冻水源。

③ 接好凝结水及加湿器的排水管。

④ 接上加湿器水源。

管道安装注意事项：建议在每个机组的供水管和回水管上安装手动关闭阀。

根据冷水机组的最低供水温度考虑是否需要对供水管和回水管进行保温。保温可防止冷冻水管上的结露现象。

为了保证紧急泄水以及地板下的溢流，泄水管应装有存水弯或地板下应装有诸如液体探测器的"自由水面"水位探测器。

安装于活动地板之下的所有管道必须布置好，使机组送出的气流阻力为最小。应精心安排活动地板下的管道，以防止计算机机房内任何地方气流阻塞。在活动地板下安装管道时，建议将管道水平地安装在同一高度上，而不是依靠支架把一根管放在另一根管之上。如可能的话，管道应平行气流方向。所有冷凝水泄水管和机组泄水管都应设有存水弯及坡度接至排水管。

4.2.3.5 专用空调的报警、故障分析及检修

1. 更换过滤器

机组的回风过滤器应该是定期更换的，这个报警是提醒用户现在必须更换过滤器，当过滤器太脏时，空气经过过滤器的压力损耗就大，机组上的一个压力开关就会闭合而触发报警，开关压力可根据开关掣上的贴纸指示来调节。

2. 压缩机过载保护

当压缩机过载时装在压缩机内的安全开关会断开，使压缩机停止工作。每台压缩机都装有三相过载保护器。压缩机过载报警后，视不同类型而定，可以手动复位或自动复位。过载保护装置都被安装在压缩机的接线盒里。

3. 用户报警

用户报警文本可通过程序在液晶显示屏上设置，这种用户报警可以在订货时由用户指定，而附加装置和导线等需要预先安装，报警文本可以被编入按英文字母顺序排列的报警清单中，或由用户自己设定。如果由用户自动设定，那么必须告诉用户的维修人员有关的报警功能和正确的操作方法。

4. 高压报警

机组的每台压缩机上均装有一个压力开关，用来监察压缩机的排气压力，当排气压力大于高压设定值时，压力开关会使压缩机的继电接触器离开，并发出一个输入信号给控制系统。当报警发生后，可以按面板上的键来消除报警声，但必须手动复位该压力开关去消除报警。

高压报警发生后，对于风冷式系统，应检查冷凝器的电源是否关掉，冷凝器的风机有否故障，压缩机的高压控制压力开关是否有故障，维修用的手动阀是否关闭，冷凝器盘管是否脏堵，制冷剂管路是否堵塞，制冷剂是否过多等。同时，还必须弄清当压缩机接触器吸合时，与其联动的冷凝器控制电动辅助触点是否有接合。

5. 高低湿报警

高低湿报警说明回风湿度已超过高低湿报警设定点。检查所有设定点是否合适，检查制冷系统运作是否正常（制冷系统当除湿工作的）。

6. 高低温报警

该报警说明回风温度已超过了高低温报警设定点，这时应检查所有设定点是否合适，房间的热负荷是否超过了机组的能力（即配备的机组冷量是否太小），检查所有制冷部件的运行情况，包括压缩机和各种阀门等。

7. 加湿器故障

红外线加湿器：该报警是由安装在加湿水盘上的高水位浮球开关触发的，这个浮球开关是经常关闭的，打开后即报警。应检查水盘的溢水管是否堵塞，检查浮球是否被卡在高位，

加水电磁阀功能是否正常。

蒸气加湿器：该报警应检查加湿器、接触器、工作电流和上下水阀工作是否正常，如加湿器电检结垢需清洗或更换。

8. 高压保护

高压保护报警说明压缩机运行时的吸气压力已低于设定点。机组通过一个压力开关来监察压缩机吸气压力，当压力降至设定点时，报警即被触发。

这时应检查系统的制冷剂是否有泄漏而造成制冷剂不足，制冷管路是否有堵塞，制冷回路的元件是否有故障，如液体管路电磁阀、低压开关、膨胀阀和压力调节阀等，还应检查冷凝管路或冷凝器上的手动阀是否关闭。

9. 烟雾报警

烟雾检测器探测到回风中的烟雾而触发的报警。应查明烟雾或火警的来源，并采取相应的应急措施。

10. 地板下漏水

它表示任选的漏水检测系统探测到漏水的情况。这时应检查架空地板下及其他漏水原因。

4.2.3.6 空调的测试

1. 制冷系统的测试

机房专用空调系统主要由制冷、除湿、加热、加湿和送风等组成，如图4-9所示。

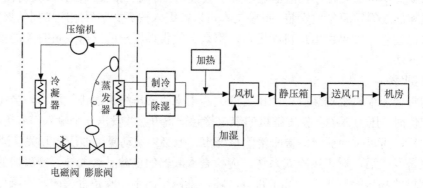

图4-9　机房专用空调系统组成

（1）制冷系统高低压的测试

高压是指压缩机排出口至节流装置入口前，正常值为1 500～2 000kPa。低压是指节流装置出口至压缩机吸入口处，正常值为400～580kPa。低压告警设定值为137～210kPa；高压告警设定值为2 200～2 400kPa。

测量用仪表包括多头组合压力表、钳形电流表、点温度计和红外线测温仪。

测试制冷系统压力是否正常，可用压力表直接测量制冷系统高低压压力；用钳形电流表测压缩机工作电流，将测得电流与厂家提供的标准工作电流进行比较；用点温计或红外线测温仪测蒸发器出口端和冷凝器出液口端温度再换算成压力。

①压力表测试法。把压力表直接接到压缩机吸排气三通阀处，直接读数即可。测试部位如图4-10所示。

② 钳形电流表测量法。用钳形电流表测压缩机空气开关输出端电流,将测得电流与厂家提供的标准工作电流进行比较。

③ 点温计、红外线测温仪测量法。用点温计测蒸发器出口端温度并将温度换算出压力,即为低压;点温计测冷凝器出液口端温度并将温度换算成压力,即为高压,温度测量图如图4-11 所示。

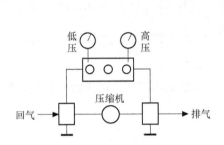

图 4-10　压缩机高低压力测试图

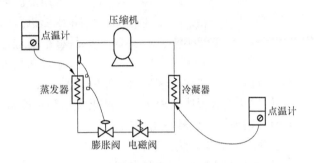

图 4-11　温度测量图

例如:测得蒸发器出口端温度为 6℃,冷凝器出液口端温度为 50℃。查 R22 在饱和状态下的热力性质表,6℃时对应的绝对压力为 602 kPa,50℃时,对应的绝对压力为 1 942 kPa。

表压和绝对压力的关系为

$$表压 = 绝对压力-大气压力$$
$$大气压力 = 98 \text{ kPa}$$

所以

$$低压 = 602-98 = 504 \text{ kPa}$$
$$高压 = 1\ 942-98 = 1\ 844 \text{ kPa}$$

冷凝压力过高的原因如下。

① 气温或水温升高。

② 风量或水量减少。

③ 冷凝器结垢或结灰。

④ 制冷剂加入过多。

⑤ 制冷系统有空气存在。

⑥ 系统有局部堵塞等。

蒸发压力过低的原因如下。

① 冷凝压力过低。

② 蒸发器翅片结灰。

③ 室内机空气过滤器堵塞严重。

④ 制冷系统制冷剂少。

⑤ 供液系统局部堵或膨胀阀供液小。

⑥ 室内机温度设定值过低等。

(2)过热度测量与调整

过热度是指制冷剂气体的实际温度高于它的压力所对应的饱和温度。我们这里指的过热度是指蒸发器出口至压缩机入口两点的温差。

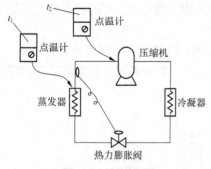

图 4-12 过热度测量

空调机组出厂时都有一个标准的过热度，如力博特空调过热度为 5.6℃～8.3℃，海洛斯空调过热度为 8℃左右。

测量过热度使用的仪表为点温计或红外线测温仪。测量部位和方法如图 4-12 所示。

用点温计或红外线测温仪测蒸发器出口温度（t_1）和压缩机入口温度（t_2），即过热度=t_2-t_1，将结果与出厂标准值进行比较。

过热度大小对制冷系统的危害如下。

① 过热度小说明供液量大，压缩机易产生液击，损坏压缩机。

② 过热度大说明供液量小，结果使压缩机冷量下降，室温降不下来，运转时间延长，部件使用年限缩短，运转费用增加。

过热度的调整方法如下。

① 调整热力膨胀阀的开启度。

② 移动热力膨胀阀感温包位置。

2．室内机空气循环系统技术指标和测量

（1）送回风温度设定、控制与测量

① 温度设定依据：程控机房温度应保持在 15℃～25℃；空调机出厂时的运行工况，室内机回风温度为 24℃，相对湿度为 50%，室外温度为 35℃。因此，机房回风温度设定在 22℃±2℃比较合理。

② 温度设定过高、过低的危害：如温度设定值过低，那么空调实际运行工况的制冷量要小于出厂时的制冷量，其结果是空调运行时间延长，费用增加，设备使用年限缩短。如温度设定值过高，结果满足不了机房温度要求。

③ 测量用仪表：温湿度仪。

④ 测量方法：目测空调室内机显示屏或用温湿度仪测空调室内机的回风口和送风口温度。

（2）回风湿度设定、控制与测量

① 湿度设定依据：程控机房相对湿度应保持在30%～70%范围之内；在满足机房要求的情况下，使空调机组不除湿，不加湿。因此，机房相对湿度的设定要根据当时机房环境相对湿度而定（目前空调机组相对湿度设定值一般都设在 50%＋5%～10%范围）。

例如：机房环境相对湿度为 65%时，那么设定值应设在 55%±10%，如机房环境相对湿度在 40%时，那么设定值应设在 50%±10%。

② 机房环境相对湿度过高过低的危害：高湿使电器元件表面结露，影响电器元件的绝缘性能以及设备的正常使用；低湿会产生不同电位元件之间放静电，元器件吸灰、变形。

当相对湿度等于30%时，静电电压等于 5kV；

当相对湿度等于20%时，静电电压等于 10kV。

③ 测量用仪表：温湿度仪。

④ 测量方法：目测空调室内机显示屏或用温湿度仪测空调室内机回风口相对湿度。

3．压缩机、室内风机、室外风机、加热器和加湿器电流的测量

① 测量使用的仪表：交流钳形电流表。

② 测量方法：测量各负载空气开关输出端电流，将测得读数记录与厂家提供的标准进行比较。

4.2.4　水冷冷冻水空调机组

数据中心传统的制冷解决方案是使用风冷精密空调，单机制冷能力一般都在 50～200kW 之间，一个数据机房一般都是安装多台才能满足需要。

风冷精密空调一般采用涡旋压缩机制冷（一般安装在精密空调内），能效比相对比较低，在北京地区一般在 1.5～3 之间（夏天低，冬天高）。风冷精密空调在大型数据中心中使用存在以下不足。

（1）安装困难。大量的室外冷凝器安装需要非常大的场地，铜管过长不仅影响制冷效率，成本高，安装难度大，而且影响建筑物外观。室外冷凝器的安装位置受空间限制，极可能出现热岛效应，大大降低制冷效率。

（2）在夏天室外温度很高时，制冷能力严重下降甚至保护停机。目前国内的数据中心一般采用对室外冷凝器喷水雾或增加凉棚来改善其在夏天的制冷效果。因此数据中心在设计时不能按其额定的制冷量计算，需要留有足够的冗余。

（3）对于传统多层电信机房，一般把室外冷凝器安装在每层的四周，下层冷凝器的热量将不断向上散发，上层的冷凝器效率将大大降低，热量散不出去，形成严重的热岛效应。

（4）精密空调内部风机盘管的工作温度大大低于露点温度，大量产生冷凝水，为了维持数据中心的湿度，需要启动加湿功能。除湿和加湿都要消耗大量的能源。为了加湿，需要将自来水进行软化，即便如此，还需要经常清洗加湿罐中的水垢。

针对以上问题，水冷冷冻水空调系统近几年开始在通信机房应用。其实水冷冷冻水空调系统在民用建筑中已经应用很久，它使用集中冷源，制冷效率较高；采用冷却塔蒸发冷却，不需设置风冷冷凝器，降低环境噪声，对建筑立面影响小，在冬季还可以采用冷却塔供冷系统运行，通信机房采用冷冻水空调系统具有一定水平的节电降耗价值，特别是一些中、大型项目上不但节能效益显着，而且可以减少空调设备的投资，在大型数据中心机房采用水冷冷冻水空调系统已经成为一种趋势。

大型数据中心的水冷空调系统一般由以下五部分组成：离心式冷冻机组、冷却塔、环形冷冻水管道、水冷精密空调机、水泵，示意图如图 4-13 所示。

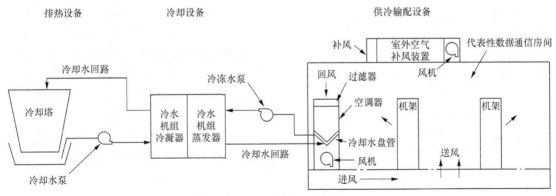

图 4-13　水冷空调系统图

1. 离心式冷冻机组

离心式冷冻机组的主要部件为离心式制冷压缩机，如图 4-14 所示。离心式制冷压缩机的构造和工作原理与离心式鼓风机极为相似。离心式压缩机具有带叶片的工作轮，当工作轮转动时，叶片就带动气体运动或者使气体得到动能，然后使部分动能转化为压力能从而提高气体的压力。这种压缩机由于它工作时不断地将制冷剂蒸气吸入，又不断地沿半径方向被甩出去，所以称这种型式的压缩机为离心式压缩机。压缩机工作时制冷剂蒸气由吸气口轴向进入吸汽室，并在吸汽室的导流作用引导由蒸发器（或中间冷却器）来的制冷剂蒸气均匀地进入高速旋转的工作轮（工作轮也称叶轮，它是离心式制冷压缩机的重要部件，因为只有通过工作轮才能将能量传给气体）。气体在叶片作用下，一边跟着工作轮作高速旋转，一边由于受离心力的作用，在叶片槽道中做扩压流动，从而使气体的压力和速度都得到提高。由工作轮出来的气体再进入截面积逐渐扩大的扩压器（因为气体从工作轮流出时具有较高的流速，扩压器便把动能部分地转化为压力能，从而提高气体的压力）。气体流过扩压器时速度减小，而压力则进一步提高。经扩压器后气体汇集到蜗壳中，再经排气口引导至中间冷却器或冷凝器中。

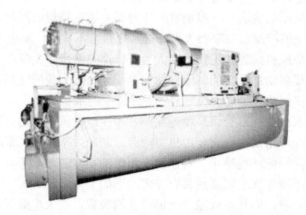

图 4-14 离心式制冷压缩机

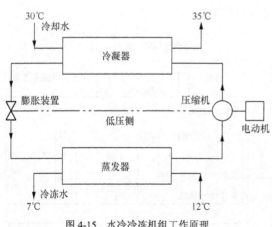

图 4-15 水冷冷冻机组工作原理

水冷冷冻机组的工作原理如图 4-15 所示。

（1）冷冻水侧：一般冷冻水回水温度为 12℃，进入冷冻器与冷媒做热交换后，出水温度为 7℃。冷冻水一般通过风机盘管、组合式空调机组或水冷精密空调机向 IT 设备提供冷气。由于数据中心的制冷量大，要求温差小风量大且湿度需要控制，一般采用水冷精密空调机。

（2）冷却水侧：一般冷却水进水温度为 30℃，进入冷凝器与冷媒做热交换后，出水温度为 35℃。冷却水一般使用蒸发式冷却塔通过水蒸发来散热降温。

（3）冷媒侧：冷媒以低温、低压、过热状态进入压缩机，经压缩后成为高温、高压、过热状态冷媒。高温、高压、过热状态冷媒进入冷凝器后，将热传给冷却水而凝结成高压中温液态冷媒。高压中温液态冷媒经膨胀装置，成为低压、低温液气混合状态冷媒。低温、低压液气混合状态冷媒进入蒸发器后，与冷冻水进行热交换，冷冻水在此处被冷却，而冷媒则因吸收热量而蒸发，之后以低温、低压过热蒸气状态进入压缩机。

2．冷却塔

冷却塔是将循环冷却水在其中喷淋，使之与空气直接接触，通过蒸发和对流把携带的热量散发到大气中去的冷却装置，如图 4-16 所示。冷却塔有各种形状、规格、配置与冷却容量。由于冷却塔需要有环境空气进出的通路，所以通常设置于室外，一般在屋面或架高平台上。对设有冷却塔的通信机房空调系统，应有补水储存，以避免在市政停水时冷却塔失水。在大型空调系统中，冷却塔通常选用横流塔，每个塔由若干相同模块组成，根据空调负荷和室外温度灵活台数控制，并配置风机变频调速，能起到很好的节能效果。

图 4-16　冷却塔

3．环形冷冻水管道

由于数据中心需要连续运行，因此冷冻水的进水和回水管道都要设计成环路，大型数据中心可能设计成二级或三级环路，这样在局部冷冻水管道或阀门发生故障时可以关闭相邻的阀门进行在线维护和维修。为了便于日后的维护、维修、更换和扩展，需要安装设计相当多的阀门。为了防止漏水和提高使用寿命，需要选择优质的阀门，有些工程使用优质无缝钢管，甚至不锈钢管。冷冻水管和冷却水管不允许经过机房区域。在水管经过的区域需要设置下水道和漏水报警设备。为了节能和防止冷凝水，冷冻水管和冷却水管都要采取严格的保温措施。典型的冷冻水循环管道回路如图 4-17 所示。

4．水冷精密空调机

水冷精密空调机主要结构分为两部分：风机段、制冷盘管，其他选配件包括电加热器、电极式加湿器等。冷冻水管接管位置设置在机组的背面或侧面；通常该机组的送风方式采用下送风，风机段安装于高架地板之下，空气从机组顶部吸入，从机组底部送出；采用大风量小焓差设计原则，显热比大；送风机配置 EC 调速外转子式电机将有良好的节能效果。

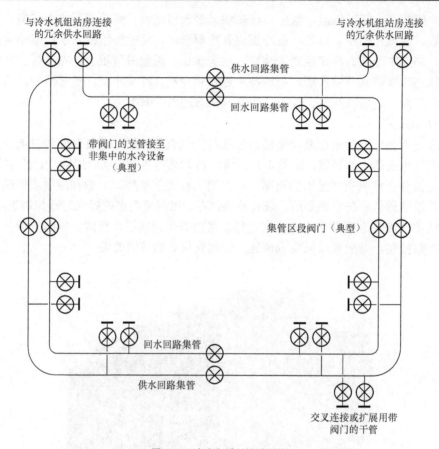

图 4-17　冷冻水循环管道回路

5．水泵

冷冻水和冷却水的循环都是通过水泵进行的。水泵的节能除采用变频装置外，应采用较大直径的管道、尽量减少管道长度和弯头、采用大半径弯头、减少换热器的压降等。冷冻机房、水泵、冷却塔、板式换热器和精密空调尽量设计安装在相近的高度以减少水泵扬程。泵系统设计应考虑节能、可靠性与冗余度，在满足安全的情况下，水泵配置设计时通常可配变频调速装置，并采用高效电机，这样，对于每周 7 天，24 小时运行的泵来说，节能效果很显著。

由上述可以看出，水冷空调系统比较复杂，成本也比较高，维护也有难度，但是能满足大型数据中心的冷却和节能要求。

小　　结

1．空调的目的是为了改善人的生活和工作的质量和满足机器设备的要求，其主要功能有制冷、制热、加湿和除湿等对温湿度进行控制。

2．温度是表明物体冷热程度的物理量，测量温度的标尺称为温标，常用的温标有华氏

（℉）和摄氏（℃）两种。空气中水蒸气的含量通常用含湿量、相对湿度和绝对湿度来表示。

3．单位面积上所受的垂直作用力称为压力；绝对压力、表压力、真空度的换算关系为 $P_表 = P_绝 - B$，$P_真 = B - P_绝$

4．空调器可分为：冷风型（单冷型），省略代号；热泵型，代号为 R；电热型，代号为 D；热泵辅助电热型，代号为 Rd。后三种统称为冷热型空调器。

5．把制冷量与总耗能量的比率，称作制冷系数。所以说能效比是一项重要的技术性能指标，或者说是衡量空调的经济性能指标。其含义是指空调器在规定工况下制冷量与总的输入功率之比。其单位为 W/W，即性能系数 EER＝实测制冷量/实际消耗总功率（W/W）。

6．制冷系统是一个完整的密封循环系统，组成这个系统的主要部件是制冷压缩机、冷凝器、节流装置（膨胀阀或毛细管）和蒸发器。

7．机房专用空调由制冷系统、通风系统、水系统、温湿度自动控制系统以及加湿器、加热器和过滤器等部件组成。

8．专用空调的故障告警主要有压缩机过载保护、高压保护、低压保护、加湿器故障和烟雾报警等。

9．空调的测试内容主要包括制冷系统的高低压力测试，出风口的温度、室内外风机电流、压缩机、加热器、加湿器电流及总负载工作电流等。

10．冷冻水空调系统相比较于传统的风冷型精密空调，使用集中冷源，制冷效率较高；采用冷却塔蒸发冷却，不需设置风冷冷凝器，降低环境噪声，对建筑立面影响小，但是系统比较复杂，成本也比较高，维护也有难度。

11．水冷空调系统一般由以下五部分组成：离心式冷冻机组、冷却塔、环形冷冻水管道、水冷精密空调机、水泵。

思考题与练习题

4-1　空调的目的及手段是什么？

4-2　什么叫压力？表压力和绝对压力及大气压的关系如何？

4-3　冰变成水，水变成水蒸气过程需什么条件，其物质变化状态有哪些？

4-4　房间的热、湿负荷主要来源有哪些？

4-5　制冷系统中，冷凝压力表为 18kgf/cm^2，蒸发压力表为 4.5kgf/cm^2 读数时，试问绝对压力各为多少？

4-6　为什么说热泵制热量要比制冷量大。

4-7　什么是空调的过热度？过大和过小的原因是什么？对空调工作有何影响？

4-8　制冷剂与冷煤是不是一回事？为什么？

4-9　试述冷凝压力过高的原因。

4-10　空调中制冷剂不足的常见的现象特征有哪些？

4-11　画简图说明制冷系统的工作原理。

4-12　你可以用哪些方法来判断空调工作是否正常？

第二篇

直流篇

第 5 章

本章典型工作任务

- 典型工作任务一：UPS 日常检查。
- 典型工作任务二：UPS 周期检测。
- 典型工作任务三：UPS 进网测试。

本章知识内容

- UPS 发展概述。
- UPS 分类、各种 UPS 方框图以及主要性能和技术指标。
- UPS 逆变工作原理及主要电路技术。
- UPS 操作。
- UPS 电源供电系统的配置形式。
- UPS 日常维护。

本章知识重点

- UPS 分类、各种 UPS 方框图以及主要性能和技术指标。
- UPS 电源供电系统的配置形式。

本章知识难点

- UPS 逆变工作原理及主要电路技术。

本章学时数　6 课时。

学习本章目的和要求

- 掌握 UPS 分类、各种 UPS 方框图，理解 UPS 主要性能和技术指标。
- 掌握 UPS 电源供电系统的配置形式。
- 理解 UPS 操作和 UPS 日常维护。
- 了解 UPS 的发展历史及趋势。
- 能进行 UPS 日常检查、周期检测和进网测试操作。

5.1 典型工作任务

5.1.1 典型工作任务一：UPS 日常检查

5.1.1.1 所需知识

（1）掌握通信中大型 UPS 的分类、结构以及功能，详见 5.2.2 节

（2）理解 UPS 逆变工作原理及主要电路技术，详见 5.2.3 节

（3）了解 UPS 日常维护项目，详见 5.2.6 节

5.1.1.2 所需能力

（1）UPS 日常操作维护。

（2）判断 UPS 的运行方式。

5.1.1.3 参考行动计划

（1）分组：以 5 人左右为一个小组，明确人员职责，按照项目要求各自独立开展工作。

（2）讨论：明确分组以后各组围绕主题、重点和工作步骤开展讨论。根据讨论结果拿出各组的方案、具体步骤和注意事项。

（3）教师的审核：教师根据各组提出的方案审核方案是否完整及具体可操作性、是否存在安全隐患。

（4）各小组的实际训练操作：各小组按照审核通过的方案组织实际训练操作。

（5）检查评估：实际操作结束后，由检查组开展评估和小结。

5.1.1.4 参考操作步骤

（1）告警监视与处理：值机人员在 UPS 设备安装现场观察 UPS 的控制面板上是否存在告警信息，防止监控告警没有及时上传到动力监控系统而造成事故隐患。一旦发现告警，立即根据告警的内容做出相应的处理，并在值班日记上记录详细故障事件和相应的处理措施、处理结果。

（2）交流停电倒换：如果出现交流输入停电，值机人员需及时启动应急电源并严格按照操作规程，将 UPS 的交流输入切换到应急电源上或第二路市电电源。

（3）运行参数记录与分析：按照省公司下发的机房电源巡检记录表中关于 UPS 的相关内容要求，按实抄写 UPS 的输入/输出电压、输出电流、负载比率等内容。并将本次抄写的数据与历史数据进行对比分析，如果出现负载突变现象，需要仔细追查负载突变的原因。

（4）运行状况检查：UPS 设备运行状态查询可以在操作显示面板上完成，可以查询的状态参数包括主路输入电压/电流，输出电压/电流，频率，电池状态，电池电压/电流，告警历史记录等。查询方法请参看 UPS 产品用户手册。

（5）检查 UPS 的出风口温度、检查 UPS 室的空调是否正常、室内温度是否满足要求。检查整流模块、逆变模块、风扇、变压器、滤波器有无异常声音。

（6）对日常巡检中发现的问题和故障隐患进行归类分析，并制定相应的改进措施。

5.1.1.5 检查评估

（1）步骤实施的合理性：看工作步骤是否符合计划方案，是否顺畅、合理。

（2）安全性考虑：可靠性如何，是否存在安全隐患。

（3）团队分工合作效率：团队配合是否默契、工作效果如何。

（4）创新：工作思路和方法是否有所创新。

（5）拓展性：是否有助于相近学科的学习和研究。

（6）职业素养的提高：学习态度、操作能力、可持续发展能力、创新能力均有较大提高。

（7）成果的自我总结评价：各小组的工作总结是否恰如其分，对存在问题的分析是否透彻，整改措施是否得当。

5.1.2　典型工作任务二：UPS 周期检测

5.1.2.1　所需知识

（1）UPS 主要性能和技术指标，详见 5.2.2.3 节

（2）理解 UPS 逆变工作原理及主要电路技术，详见 5.2.3 节

（3）了解 UPS 周期检测项目，详见本节。

5.1.2.2　所需能力

（1）熟练操作 UPS：UPS 开机加载、UPS 关机、UPS 的复位。

（2）UPS 运行方式之间互相切换操作。

（3）UPS 并机方案的判断及可靠性分析。

5.1.2.3　参考行动计划

（1）分组：以 5 人左右为一个小组，明确人员职责，按照项目要求各自独立开展工作。

（2）讨论：明确分组以后各组围绕主题、重点和工作步骤开展讨论。根据讨论结果拿出各组的方案、具体步骤和注意事项。

（3）教师的审核：教师根据各组提出的方案审核方案是否完整及具体可操作性、是否存在安全隐患。

（4）各小组的实际训练操作：各小组按照审核通过的方案组织实际训练操作。

（5）检查评估：实际操作结束后，由检查组开展评估和小结。

5.1.2.4　参考操作步骤

1．月度检测

项　　　　目	要　　　　求
检查系统告警功能	模拟系统简单故障，系统应发出相应告警
检查系统显示功能	将系统主机显示的电压、电流值与仪表的实际测量值进行比对，显示误差应分别小于 0.2V 和 0.5A
检查系统参数设置	系统所有参数设置正常，无漂移现象
检查系统接地保护	工作接地、保护接地的全部连接端连接紧密、无松动
检查熔丝、开关和结点温升	用红外点温仪测量表面温度，要求温升<50℃
检查散热风扇是否正常	风扇运转正常、无卡滞，滤网无积灰
清洁/更换系统滤网	按需进行
检查电池连接条和交流电缆连接情况	连接紧固，无松动、老化、腐蚀现象，电池充放电时连接条无明显的发热现象
检测单体电池端电压和极柱温度	单体电池端电压差<100mV×n 节
检查电池外观	壳体无变形、开裂，无漏液痕迹
清洁系统内外部卫生	系统内外部清洁，无明显积灰

2．季度检测

项　　目	要　　求
检查设备内部连接和布线	插件和电缆连接、固定良好，无挤压变形、发热和老化
检查系统电容运行状况	有无温升过高、漏液、膨胀变形等现象
检查系统变压器运行状况（温升）	红外测温仪测量变压器铁芯温升
清除设备内部积灰	变压器、开关、接触器内部无积灰
检测设备内部开关、接触器、线缆连接点温升	红外点温仪测量温升，分析判断接触是否良好，要求温升 <40℃

3．年度检测

在 UPS 系统竣工验收时需要对蓄电池进行全容量的放电测试。UPS 投运后，在前两年进行 30%的核对性容量试验，从第 3 年开始每年一次进行全容量的放电试验。

4．巡检

① 春季巡检：为了保障设备在潮湿的雨季和雷季中的运行安全，对设备接地系统状况、耐压参数与防雷部件等做检查。

② 秋季巡检：为了保证设备在干燥的冬季特别是春节期间保持良好的运行状态，对设备的性能指标、负荷能力、电池容量、供电安全、机房安全等做检查。不论是春季还是秋季巡检都需要检查的项目包括：机房温度、湿度、设备防尘、电线电缆状况、连接点状态等。

5．问题分析

对检测中发现的问题和故障隐患进行归类分析，完成巡检报告。巡检报告应该包括：数据统计、数据分析、问题说明、对策建议等。

5.1.2.5　检查评估

（1）步骤实施的合理性：看工作步骤是否符合计划方案，是否顺畅、合理。

（2）安全性考虑：可靠性如何，是否存在安全隐患。

（3）团队分工合作效率：团队配合是否默契、工作效果如何。

（4）创新：工作思路和方法是否有所创新。

（5）拓展性：是否有助于相近学科的学习和研究。

（6）职业素养的提高：学习态度、操作能力、可持续发展能力、创新能力均有较大提高。

（7）成果的自我总结评价：各小组的工作总结是否恰如其分，对存在问题的分析是否透彻，整改措施是否得当。

5.1.3　典型工作任务三：UPS 进网测试

5.1.3.1　所需知识

（1）理解 UPS 逆变工作原理及主要电路技术。

（2）UPS 电源供电系统的配置形式，详见 5.2.5 节。

（3）UPS 进网测试项目的含义。

5.1.3.2　所需能力

（1）UPS 的各种运行方式的操作。

（2）通过现象综合分析，调整参数。

5.1.3.3　参考行动计划

（1）分组：以 5 人左右为一个小组，明确人员职责，按照项目要求各自独立开展工作。

（2）讨论：明确分组以后各组围绕主题、重点和工作步骤开展讨论。根据讨论结果拿出各组的方案、具体步骤和注意事项。

（3）教师的审核：教师根据各组提出的方案审核方案是否完整及具体可操作性、是否存在安全隐患。

（4）各小组的实际训练操作：各小组按照审核通过的方案组织实际训练操作。

（5）检查评估：实际操作结束后，由检查组开展评估和小结。

5.1.3.4　参考操作步骤

1．输入电流谐波和输入功率因数

测试条件		输入电压 THD（％）	输入功率因数	输入电流 THD（％）
输入电压	负载			
单机，输入为市电，输入电压为 394V	25%			
	50%			
	75%			
	100%			
单机，输入为市电，输入电压为 377V	12%	/	/	
	25%	/		/
	100%	/		/
并机，输入为市电，输入电压为 391V	10%/台	/	/	

2．输出电压谐波和输出功率因数

负载	输出电压谐波 THDu	输出功率因数
0%		/
100%		

3．输出电压电流

测试条件：市电输入 391V，输出负载 100%。

输出参数		测量值	显示值
输出电压	PhaseA（V）		
	PhaseB（V）		
	PhaseC（V）		
输出电流	PhaseA（A）		
	PhaseB（A）		
	PhaseC（A）		

4．母线电压纹波

输入电压（V）	负载（%）	母线电压纹波（V）
市电输入 391V	0	
市电输入 391V	100%	

5．整机效率

测试条件		输入功率 （kW）	输出功率 （kW）	效率
输入电压	负载			
输入为市电，输入电 压为 394V	25%			
	50%			
	80%			
	100%			

6．单机输出切换时间

测试条件：输出带 40％的负载，由厂方仪表测试

逆变转旁路	旁路转逆变
切换时间为 0.6ms，波形如下：	切换时间为 0ms，波形如下：
展开波形如下：	展开波形如下：

要求小于 4ms。

7．并机环流

输入电压	负载	并机环流		
		PhaseA（A）	PhaseB（A）	PhaseC（A）
市电 391V	0			

8．并机输出切换时间

测试条件：每台 UPS 输出带 10％的负载，由厂方仪表测试

逆变转旁路	旁路转逆变
切换时间为 0.9ms，波形如下：	切换时间为 1.4ms，波形如下：

要求小于 4ms。

 进网测试有些项目需要厂家提供仪表，包括电力质量分析仪和 100MHz 数字存储示波器等。

5.1.3.5　检查评估

（1）步骤实施的合理性：看工作步骤是否符合计划方案，是否顺畅、合理。

（2）安全性考虑：可靠性如何，是否存在安全隐患。

（3）团队分工合作效率：团队配合是否默契、工作效果如何。

（4）创新：工作思路和方法是否有所创新。

（5）拓展性：是否有助于相近学科的学习和研究。

（6）职业素养的提高：学习态度、操作能力、可持续发展能力、创新能力均有较大提高。

（7）成果的自我总结评价：各小组的工作总结是否恰如其分，对存在问题的分析是否透彻，整改措施是否得当。

5.2　相关配套知识

5.2.1　UPS 发展概述

UPS 是 Uninterruptible Power System 的缩写。初期的不间断电源装置是旋转型的，它是由整流器、蓄电池、直流电动机、柴（汽）油机、飞轮和发电机组成的。在市电正常情况下，市电供给电动机，电动机带动飞轮和发电机给负载供电；当断电后，由于飞轮的惯性作用，会继续带动发电机的转子旋转，从而使发电机能持续给负载提供电源（电能—动能—电能），起到缓冲的作用，同时启动柴（汽）油机。当油机转速与发电机转速相同时，油机离合器与发电机相连，完成从市电到油机的转换。这是 UPS 的较早的形式，尽管其维护简单，也比较稳定，但系统庞大，操作控制不灵活，而且效率低、噪声大、电力品质不高。技术条件的限制迫使人们不得不采用这种最简单的解决方案。

随着计算机网络、医疗器械和精密仪器的不断涌现和大量应用，旋转式 UPS 已难以满足人们的实际需求。同时也随着电力半导体器件的发展，特别是可控硅制造工艺的不断改进，价格逐步降低，于是便开展了对静止型不间断电源装置的研制。

在 20 世纪 60 年代初出现了用可控硅制成的静止型不间断电源装置。它用可控硅组成电能变换电路，用蓄电池作为储能元件。当市电发生断电时，由蓄电池代替整流器向逆变器供电，从而使负载不断电。它与旋转型电源装置相比，没有电动机、发电机和飞轮之类的旋转体，因此具有重量轻、效率高、噪声小、操作控制灵活等优点，但它过载能力差、系统结构也比较复杂、维护技术要求高。从 20 世纪 60 年代到 20 世纪 70 年代，这种不间断电源装置发展得很快，使用也很广泛。它采用了小型叠加技术，主电路采用可控硅。由于可控硅换向电路和交流滤波电路都是由电感和电容所组成，它们的出现不但增大了体积，而且惯性大，使电源装置输出的动态性能变差。同时，由于大电流可控硅频繁地工作，使电网波形变差，干扰其他用户。

到了 20 世纪 80 年代，利用自关断的巨型功率晶体管（UR）来制作实用的静止型不间断电源装置，这样既省去了换向电路，简化了主回路，减小了体积，提高了效率，改善了动态性能，也提高了可靠性。但由于功率晶体管是一种少数载流子工作的半导体器件，它要求的驱动电流较大，对器件各参数的选择也要求严格。随后又发展到利用自关断的功率场效应管（MOSFET）来制作成实用的静止型不间断电源装置。功率场效应晶体管是多数载流子工作的器件，它采用电压驱动，因此没有存储时间，从关断到开通的速度很快，所需的驱动功率也小，所以用功率晶体管和功率场效应晶体管制作成的静止型不间断电源装置，目前使用得很广泛。

到了 20 世纪 90 年代，利用绝缘栅双极晶体管（IGBT）来制成实用的静止型不间断电源装置。绝缘栅双极晶体管是一种由双极晶体管和功率场效应晶体管的组合器件，既具有功率场效应晶体管的栅极电压可控的特性和快速开关的特性，又具有双极晶体管的大电流处理能力和低饱和压降的特点，因此，用它制成的不间断电源装置具有广泛的发展前途。

随着通信的发展和通信各专业的计算机化，通信用 UPS 的规模也在扩大，其重要性逐步提高，现在已经成为通信电源日常维护的一个重点。

5.2.2 UPS 组成

我们在这一节里分析 UPS 的分类、框图和主要技术指标。

5.2.2.1 UPS 分类

UPS 按输入输出相数分为单进单出、三进单出和三进三出 UPS。UPS 按功率等级分类，把 UPS 分成微型（<3kVA）、小型（3～10kVA）、中型（10～100kVA）和大型（>100kVA）。按电路结构形式分类，有后备式、在线互动式、三端口式（单变换式）和在线式等。UPS 按输出波形的不同，又可分为方波和正弦波两种。

UPS 在市电供电时，系统输出无干扰工频交流电。当市电掉电时，UPS 系统由蓄电池通过逆变供电，输出工频交流电。

UPS 由整流模块、逆变器、蓄电池和静态开关等部件组成，此外，还有间接向负载提供市电（备用电源）的旁路装置。

5.2.2.2 UPS 方框图

现在的 UPS 电源工业，可向用户提供如下几种类型的 UPS 电源品种。

1. 后备式 UPS

其单机输出容量在 3kVA 以下，一般为 0.25～1kVA，当市电电压在 165～270V 的范围内，

向用户提供经变压器抽头调压处理过的一般市电，当市电电压超过此范围时，才向用户提供
具有稳压输出特性的 50Hz 方波电源，这是一种只能满足一般用户要求的普及型 UPS 电源。
其基本工作原理框图如图 5-1 所示。

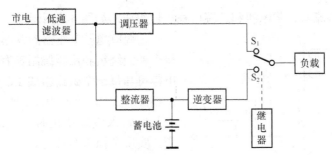

图 5-1　后备式 UPS 原理方框图

当市电供电正常时，经低通滤波器抑制高频干扰，经调压器对电压变化起伏较大的市电
进行稳压处理，再经转换开关 S_1 向负载供电，而整流器对蓄电池组充电，使电池始终处于充
足状态，以备一旦市电不正常时，改由蓄电池通过逆变器，经由转换开关 S_2 向负载供电。综
上所述，这种 UPS 最大特点是结构简单、价格便宜、噪声低，但绝大部分时间，负载得到的
是稍加稳压处理过的"低质量"正弦波电源。

2. 在线互动式 UPS

其基本原理框图如图 5-2 所示。

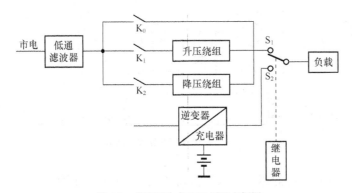

图 5-2　在线互动式 UPS 原理方框图

当市电供电正常时（150～276V），经对串入的射频干扰及传导型电磁进行衰减抑制后，
经如下调控通道控制 UPS 的正常运行。

（1）当市电处于 175～264V 之间时，在逻辑电路控制下，经 K_0、S_1 向负载供电。

（2）当市电处于 150～175V 时，鉴于市电较低，在逻辑电路控制下，经 K_1、S_1 向负载供
电（升压供电输出为市电的 1.1～1.15 倍）。

（3）当市电处于 264～276V 时，UPS 在选择电路控制下，经 K_2、S_1 输出（降压供电输出
为市电的 0.9 倍）。

综上所述，当市电供电正常时，负载得到的是一路稳压精度很差的市电电源。

当市电不正常时，逆变器/充电器模块将从原来的充电工作方式转入逆变工作方式。这时由蓄电池提供直流能量，经逆变、正弦波脉宽调制向负载送出稳定的正弦波交变电源。

3．三端式 UPS

这种 UPS 由整流器、蓄电池和三端口稳压器组成，如图 5-3 所示。

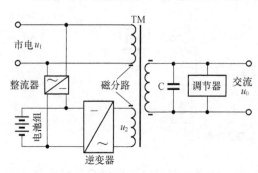

图 5-3　三端式 UPS 原理方框图

三端口稳压变压器的铁芯为双磁分路结构，每个初级绕组和次级绕组都有一个磁分路，并接电容可与每一个磁路组成 LC 谐振回路，当达到谐振点时，构成饱和电感，使次级工作于饱和区，若初级输入电压变化时，次级输出电压恒定不变，实现了稳压的目的。

4．双变换在线式 UPS

在线式 UPS 原理方框图如图 5-4 所示。此类 UPS 将供电质量较差的市电首先经 UPS 内部滤波器、整流器变为直流稳压电源，然后再利用 PWM 方式经逆变器重新将直流电源变成纯正的高质量的正弦波交流电源，通过这样的变换，市电中的所有干扰几乎都被过滤掉，这就避免了由市电带来的任何电压或频率波动及干扰等影响。当市电供电出故障或完全停电时，利用蓄电池组继续向逆变器提供直流电源，保证了 UPS 向用户提供高质量的正弦交流电源。

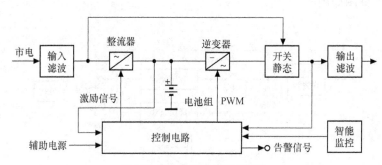

图 5-4　在线式 UPS 原理方框图

一旦 UPS 发生故障时，静态开关接通旁路系统，由市电直接经过静态开关向负载供电。双变换在线式 UPS 克服了市电质量差对其性能的影响，市电中断时，负载不会发生电源瞬时中断。它有如下的优越电气特性。

（1）由于逆变器控制电路中，具有闭环负反馈控制电路，使其输出电压具有高精度。

（2）锁相同步电路确保电源在 UPS 的锁相同步电路所允许的同步窗口与市电电源保持锁定的同步关系。

（3）由于采用了高频正弦脉宽调制技术，因此，从逆变器输出的电源具有非常标准的正弦波形。

（4）由于采用了双变换在线设计方案，完全消除了市电电网的电压波动、波形畸变、频率波动及干扰所产生的影响。

（5）永远处于不间断向用户的负载供电的状态。

5．Delta 变换型 UPS

Delta 变换型 UPS 原理方框图如图 5-5 所示。

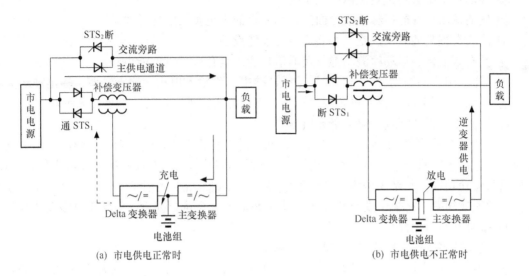

图 5-5　Delta 变换型 UPS 原理方框图

这是一种成功地将串联交流稳压控制技术与脉宽调制技术相结合所制备的所谓 Delta 变换型的 UPS。它是利用小功率的 Delta 变换器（设计容量为 20%UPS 的标称输出功率）经位于主供电通道上的补偿变压器对不稳定的市电电源的电压执行 Delta 数量级电压调整的电压补偿型的交流稳压电源（最大的输出电压调节量小于±15%UPS 的标称输出电压）。如图 5-5所示，它主要由分别位于主供电通道和交流旁路供电通道上的静态开关 STS_1 和 STS_2，补偿变压器和两个具有四象限控制特性的 Delta 变换器和主变换器、电池组等部件组成。

Delta 变换型 UPS 共有四条供电通道向用户的负载供电。

（1）主供电通道：市电电源→静态开关 1（STS_1）→补偿变压器→负载。（Delta 变换型UPS 实际上就相当于一台串联调控型的交流稳压电源。它的主要调控职责是：对市电电压进行稳压处理，将原来不稳压的普通市电电源变成电压稳压精度为 380V±1% 的交流稳压电源。但对于来自市电电网的频率波动、电压谐波失真和各种传导性电磁干扰等电源问题无实质性的改善。）

（2）逆变器供电通道：电池→主变换器→负载。

（3）交流旁路供电通道：市电电源→静态开关 2（STS_2）→负载。

（4）维修旁路供电通道（选件）→市电电源→维修旁路开关→负载。

5.2.2.3　主要性能和技术指标

依据 2001 年信息产业部发布的 YD/T1095-2000，应用性能指标把 UPS 分三类。在这三类指标中，III类指标是指能满足负载要求的最低性能指标，对一般性负载设备来说，在这类指标下是可以正常运行的，I 类指标是当前 UPS 技术所能运行或经改进后能达到的最高水平。对于各种电路结构形式的 UPS，它的各种指标有属于 I 类，也有属于 II、III类的，因此选用

UPS 时，电路形式不应该是确定电性能指标的依据，在配置 UPS 供电系统时应考虑不同的电网环境和负载设备的要求，它应包括以下几方面。

① 对电网的适应能力，能在各种复杂的电网环境下投入运行。

② 在运行中不会对供电电网产生干扰。

③ 它的输出电性能指标应能全面的、高质量的满足负载的各种要求。

④ 应具有很高的效率，是一种高可靠的节能设备。

⑤ 具有智能化的自动检测功能以及通信功能，具有远程管理能力。

在"通信用不间断电源——UPS"行业标准中，除输入电压、输入频率、输出波形失真度、输出电压不平衡度以及并机负载电流不均衡度等指标外，还有一些重要的参数。

1．输入功率因数和输入电流谐波成分

UPS 作为供电系统的一个重要环节，它同时是电网的负载，输入功率因数高低是衡量是否对电网存在污染的一个重要电性能指标，输入功率因数低时，不仅在吸取有功功率的同时，还要吸收无功功率，其结果增大了系统配电容量，影响系统供电质量。输入电流谐波成分形成输入的无功功率，它是造成 UPS 输入功率因数低的一个重要因素，因此在电路设计时，有的 UPS 加入了 PFC 电路。

2．电源效率、输出电流峰值系数、过载能力

输出能力和可靠性是一切设备最重要的性能指标。可靠性通常用平均无故障时间（MTBF）来衡量，但评价难度大。因此，若设备效率高，意味着本身损耗小，主要功率器件可靠性高；过载能力强，意味着同样的环境和负载条件下可靠性高。

3．输出电压稳压精度

输出电压稳压精度是 UPS 常规指标之一，指市电—逆变供电时，当输入电压在设计范围内，以及负载在满负荷内 100%变化时，输出电压的变化量与额定值的百分比。

4．输出功率因数

负载运行时不但要吸收有功功率，还要吸收无功功率。负载功率因数低时，所吸收的无功功率就大，将增加 UPS 的工作难度，增大损耗，影响可靠性。因此，当负载功率因数低时，UPS 应降低它的有功功率输出能力。UPS 的输出功率因数，表示带非线性负载能力的强弱。

5．输出频率、频率跟踪范围、频率跟踪时间

在电池逆变工作方式，输出频率为（50±0.5）Hz。在正常工作方式，UPS 工作频率跟踪市电频率时容许市电频率变化±4%，而频率跟踪时间指两者存在偏差时，UPS 跟踪市电频率的速度。

5.2.3　UPS 逆变工作原理及主要电路技术

5.2.3.1　逆变电路

逆变器（逆变电路）是开关电源和 UPS 的核心装置，首先讨论逆变电路的工作原理。在本章前面章节已经讨论了 UPS 的分类，按输入输出相数分为单进单出、三进单出和三进三出 UPS 等，其相应的逆变电路从结构和原理上也有差别。在此只讨论逆变电路普通的原理结构以期大家能从中对逆变电路有大致的认识。

1．单相逆变电路

单相逆变电路有推挽式、半桥式和全桥式等，均用于中小型 UPS 系统。下面介绍脉宽调

制型全桥逆变器。

如图 5-6 所示,功率晶体管由基极驱动电路提供激励信号,VT_1、VT_4 和 VT_2、VT_3 在分别获得激励信号后,进入轮流导通或截止状态。从而在变压器初级和次级分别产生交流电压 u_1 和 u_2。经过 LC 滤波电路的作用使负载取得正弦电压。

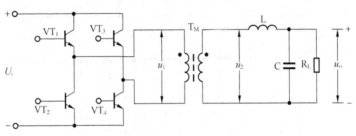

图 5-6 全桥式逆变电路

逆变电路输出电压中除了基波外还含有一定的谐波成分,若要得到正弦输出电压,在次级输出电路中,必须设置滤波器。

UPS 交流滤波器应具有下列性能:一是使输出电压中单次谐波含量和总谐波含量降到指标允许的范围内;二是在三相条件下使输出电压不平衡度符合规定范围;三是使负载变化引起的输出电压波动小,且满足动态指标,同时要重量轻,体积小。

2．正弦波逆变电路

大多数情况,我们希望 UPS 输出 50Hz 正弦交流电,所以要求其逆变电路为正弦波逆变电路。逆变电路实现输出为正弦的方法很多,主要有以下 3 种。

（1）阶梯波逆变器

由于逆变电路得到矩形波相对容易,我们可以利用不同相位的矩形波叠加的方式得到一个近似正弦波的阶梯波,如图 5-7 所示。阶梯越多,其所含正弦分量就越多。

（2）多脉冲调制逆变器

多脉冲调制法的基本原理是用一组等高不等宽的矩形脉冲等效正弦波。具体方法是将正弦波沿横轴分割为若干等分,每一个等分包含的正弦面积用一个相同面积的矩形波来代替,这些矩形波组成的半个周期波形便与半个周期正弦波等效。

例如,将 $u=U_m\sin\omega t$ 的正半周波形分 10 段,每段宽度即为 18°,每个矩形波的面积与正弦波对应的面积如图 5-8 所示。

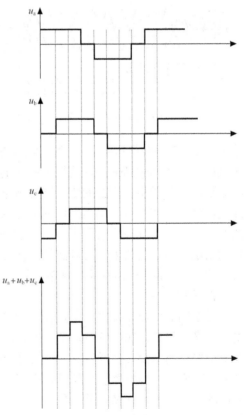

图 5-7 矩形波叠加组成阶梯波示意图

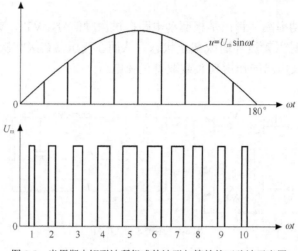

图 5-8　半周期内矩形波所组成的波形与等效的正弦波示意图

（3）正弦脉宽调制（SPWM）逆变器

这种方法是通过频率较高的等幅三角波（载波）与可调幅度的 50Hz 的正弦波组合，产生与正弦波等效的而脉冲宽度不等的矩形波，称为正弦调制。

设三角波电压 U_Δ 的幅度为 A_Δ，正弦波调制电压 U_T 的幅度为 A_m，两者合成波形如图 5-9 所示。

由图可见合成波正负半周期都具有 7 个（或 5 个、9 个等）等高不等宽的矩形脉冲。在正半周，只有在正弦波电压幅

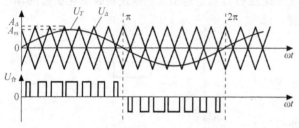

图 5-9　正弦调制法与三角波的合成波

值 U_T 大于三角波电压幅值 U_Δ 的区域内方可产生矩形波脉冲；而在负半周，则只有 $|U_T| > |U_\Delta|$ 区域内产生矩形波脉冲。这些矩形脉冲的宽度按一定规律设计，中间的矩形波最宽而与邻近的矩形波间隔最小，两旁的矩形脉冲宽度变小而间隔增大。需调整时，只要将所有的矩形脉冲按比例加宽或调窄，但矩形脉冲个数保持不变。需要减少更多的谐波成分时，只要按一定的要求增加矩形脉冲个数即可。所以这种对称的脉宽调节矩形波共同的特点是既可满足逆变器输出电压调节的要求，又可满足谐波含量少的要求。

5.2.3.2　静态开关和锁相电路

1．静态开关

在不间断供电系统中，由于单台 UPS 的功率容量有限，往往采用多台 UPS 并联在一起供电，并采用冗余方式向负载供电，除此还有一路交流旁路作为备用电源。小功率 UPS 采用快速继电器作为切换元件,但由于继电器的切换时间为 2～3ms 会造成瞬间供电中断并随着 UPS 功率提高而产生继电器触点拉弧打火等现象，因此，在大功率 UPS 供电系统及切换过程中，采用静态开关作为切换元件。但若不设置静态开关，在两电源间会产生均衡电流，从而影响供电的可靠性。即使 UPS 中设置了静态开关，若由于静态开关中切换性能不良，亦可对系统造成供电中断。因此，静态开关是 UPS 的重要组件。

UPS 中依据组合方式的不同有两种类型，即转换型和并机型，目前单机型的 UPS 静态开关一般采用转换型，而可并机 UPS 的静态开关有的采用并机型。它实际上是一对反相并联的快速晶闸管。

图 5-10 所示是 UPS 供电系统中常用的两种连接方式。在图 5-10（a）中，继电器作为逆变的切换开关，交流旁路用静态开关作为切换器件。在由交流旁路供电切换为逆变器供电时，先吸合继电器然后封锁晶闸管的触发信号，此时由交流旁路和逆变器并联向负载供电。当晶闸管支路电流为 0 时，晶闸管关断而断开市电供电电路；当由逆变器供电切换为交流旁路供电时，在发出继电器关断信号的同时，触发晶闸管导通，由于晶闸管导通时间为 μs 级，而继电器释放时间较长，因此也存在同时供电的情况。在图 5-10（b）中，交流旁路与逆变器都采用静态开关作为切换开关。当执行切换时，封锁脉冲并检测流过静态开关的电流，当电流为零时触发另一静态开关的晶闸管，实行二者的转换。在采用并联供电的系统中，当电压处于正半周或负半周时，同时触发处于正向阳极电压的两个晶闸管使之导通，由于晶闸管电流为零时关断使反向并联的两只晶闸管切换导通，使之并联负载供电。

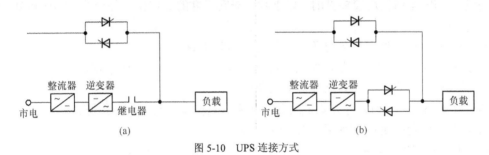

图 5-10 UPS 连接方式

当主备用电源产生切换时，两电源应保持同步，若频率或相位存在差异，或两者电压不一样，会造成负载波形异常，实质上由于主备用电源存在的输出电压差，还会造成环流，严重时会损坏静态开关及主电路中的逆变器件。因此，在 UPS 电源中需具有锁相同步电路，当市电电源频率超过 UPS 锁相同步电路所允许的同步窗口时，逆变器电源将不再跟踪市电电源，而回到 UPS 电源的本机振荡频率 50Hz，事实上，配置了静态开关的 UPS 当发生逆变频率不跟踪市电电网频率时，当输出过载或 UPS 逆变器故障时将会拒绝执行旁路动作，使输出中断。因此，UPS 电源在频率指标中提出了频率跟踪范围、频率跟踪速度等指标。

保证同步切换有以下方法。

① 直接检测两电源电压的相位，以此作为切换时的一个控制信号。

② 检测两电源的电压差，以此间接反映出相位差，产生切换控制信号。

③ 为防止切换时感性负载中出现浪涌而损坏元件，可通过检测主用电源在稳态电流过零时接通旁路电源，以实现安全切换。

除此之外，还有其他切换条件，如主用电源的电压过高、过低，使旁路电源投入工作，但必须也对旁路电源电压进行检测，若旁路电压不正常，则发生禁止切换信号；又如负载电流超过允许值时，电流检测电路发出切断静态开关信号，中断对负载供电，以防设备损坏。

2. 锁相电路

锁相电路最基本的原理图如图 5-11 所示，它由 3 个基本部件组成，即鉴相器、低通滤波

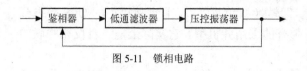

图 5-11　锁相电路

器和压控振荡器。用于检测两个交流电源的相位差并将它变成一个电压信号去控制逆变的输出电压相位与频率，从而保持逆变器与交流电源的同步运行。

压控振荡器是一个振荡频率受某个控制电压控制的振荡器；鉴相器是一个相位比较器，它把输入信号相位与压控振荡器输出信号相位进行比较，输出一个反映两个信号相位差大小的误差电压，这个电压经低通滤波器，将误差电压中的高频成分和噪声滤除后，加到压控振荡器，使压控振荡器的频率向输入信号靠近，直至最后频率相等而相位同步实现锁定。

在阶梯波逆变器中，每台逆变器上的晶闸管触发脉冲由锁相环路提供。通过加入锁相电路，使脉发脉冲跟踪电网频率作相应变化，从而使逆变电路与电网电压同步。

5.2.4　UPS 操作

在线式 UPS 是通信用较多见的，以下我们对它日常的操作做一些介绍。UPS 可处于下列 3 种运行方式之一。

- 正常运行——所有相关电源开关闭合，UPS 带载。
- 维护旁路——UPS 关断，负载通过维护旁路开关，连接到旁路电源。
- 关断——所有电源开关断开，负载断电。

本节介绍在上述三种运行方式之间互相切换、复位及关断逆变器的操作。

图 5-12 所示是在线式 UPS 各操作开关示意图。

1．UPS 开机加载步骤

此步骤用于 UPS 开机加载，假设 UPS 安装调试完毕，市电已输入 UPS。

（1）合静态旁路开关 Q2。

（2）合整流器输入开关 Q1。

（3）合 UPS 输出电源开关 Q4。

（4）手动合电池开关。

在合电池开关前，检查直流母线电压，若电压符合要求（380V 交流系统为 432Vdc，400V 交流系统为 446Vdc，415V 交流系统为 459Vdc）。

2．UPS 从正常运行到维护旁路的步骤

负载从 UPS 逆变器切换到维修旁路，这在 UPS 需要维护时有用。

负载由逆变器切换到静态旁路的操作过程如下。

（1）关断 UPS 逆变器，负载切换到静态旁路。通常在主菜单上可以操作关断 UPS 逆变器。

（2）取下 Q3 手柄上的锁，并振动 Q3 内的锁定杆，然后闭合维护旁路开关 Q3。断开整流器电源输入开头 Q1，UPS 电源输出开关 Q4，静态旁路开关 Q2 和电池开关，UPS 已关闭，但市电通过维护旁路向负载供电。

3．UPS 在维护旁路下的开机步骤

包括如何启动 UPS，并把负载从维护旁路切换到逆变器。

（1）闭合 UPS 输出开关 Q4 和静态旁路开关 Q2。

（2）闭合整流器输入电源开关 Q1，整流器启动并稳定在浮充电压，可查看浮充电压是否正常。

（3）闭合电池开关。

（4）断开维护旁路开关 Q3，并上锁。

4．UPS 关机步骤

（1）断开电池开关和整流器输入电源开关 Q1。

（2）断开 UPS 输出开关 Q4 和旁路电源开关 Q2。

（3）若要 UPS 与市电隔离，则应断开市电向 UPS 的配电开关，使直流母线电压放电。

5．UPS 的复位

当因某种故障使用了 EPO（紧急关机），待故障清除后，要使 UPS 恢复正常工作状态，需要复位操作，或在系统调试时，选择手动方式从旁路切换到逆变器，UPS 由于逆变器过温、过载、直流母线过压而关闭，当故障清除后，需要采用复位操作，才能把 UPS 从旁路切换到逆变器带载。

操作复位按钮使得整流器、逆变器和静态开关重新正常运行。若是 EPO 后的复位，则还需用手动合电池开关。

5.2.5　UPS 电源供电系统的配置形式

并机包含两层含义：冗余和增容。并机不一定是冗余的，并联的概念才是增容，而冗余的概念则是可靠性。如两台 30kVA UPS 并联给 40kVA 负载供电，只能说是这两台实现了并联，但若其中一台因故障而关机，则余下的另一台也会因过载而切换到旁路上去，若负载为 15kVA 则一台因故停机时，不会切换到旁路上而由另一台 UPS 继续供电，这就实现了冗余，在实际工作中，应根据实际情况确定并机的目的是冗余还是增加可靠性。

现在大型 UPS 电源 MTBF 可达 20 万小时以上，但并不能确保故障率为零，在 UPS 电源中可采用具有容错功能的冗余配置方案来解决这个问题。因此如何解决很多台 UPS 电源以同频、同相、同幅运行是实现多台 UPS 冗余供电的关键。从冗余式配置方案来看，有这样几种方式：主机—从机型"热备份"UPS 供电方式；直接并机冗余 UPS 供电方式；双总线冗余供电方式。

1．主机—从机型"热备份"UPS 供电方式

这是缘于 UPS 电源的锁相同步控制技术还未完善到足以保证多台 UPS 的逆变器电源总是处于同相、同频的跟踪技术下常采用的方案。主机—从机型"热备份"UPS 供电方式如图 5-12 所示。图 5-12（a）中，UPS-2 中的逆变器电源 2 一直处于空载状态，只有当 UPS-1 故障时，UPS-2 才承担供电业务。

此方式的缺陷在于 UPS-2 长期处于空载状态，其电池寿命会缩短、容量会下降，且 UPS-2 得具有阶跃性负载承载能力，无扩容能力。为提高性价比，可采用图 5-12（b）形式。UPS-1、UPS-2 作主机使用，而 UPS-3 作为二者的从机。

2．直接并机冗余供电方式

为克服主机—从机型热备份供电系统的弱点，随着 UPS 控制技术的进步，具有相同额定输出功率的 UPS 可直接并联形成冗余供电系统。为保证高质量的并机系统，各电源间必须保持同频、同相，且各机均流。

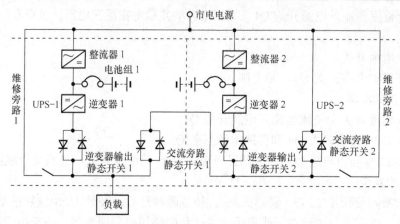

(a) 由两台 UPS 电源所构成的"热备份"冗余供电系统

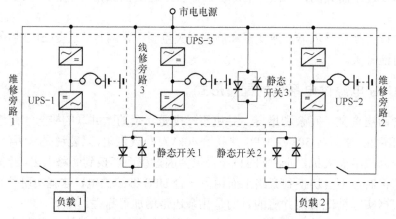

(b) 由三台 UPS 电源所构成的"热备份"冗余供电系统

图 5-12　主机—从机型"热备份"UPS 供电方式

一套设计完善的 $n+1$ 型并联冗余供电系统应完成以下的控制功能。

（1）锁相同步调节功能

为安全、可靠执行供电的切换，要求逆变输出频率及相位与旁路市电处于严格的锁定状态而且对多台间的相位差进行微调，使相位差尽可能趋于零，从而实现冗余系统锁相同步的完善调节，以防止并联系统出现环流。

（2）均流调节

应保证并机系统均衡承担总电流，因此 UPS 并机控制电路应对每台 UPS 的输出电压进行微调，以保持多台 UPS 电流输出的均衡度。

（3）选择性脱机跳闸功能

并机控制电路应正确判断出哪台 UPS 单机出现故障，并进行自动操作，向值机人员发出告警信号，以便及时检修。

（4）非冗余工作状况报警

若系统处于非冗余状况，并机控制电路应发出告警，提醒值机人员及时排除故障，恢复冗余供电状态，防止由于负载的变化切换到交流旁路供电系统。

（5）环流监控

环流的出现，会导致 UPS 并机系统运行效率下降，加速单机老化，严重时造成向交流旁路系统切换或停止供电。

因 UPS 设计不同，直接并机方案有简单的直接并机方案、主动式的并机方案以及输出端带"总线输出开关"冗余供电设计的直接并机方案。

（1）简单的直接并机方案

各台 UPS 只实行与市电的跟踪同步，相互间对相位、电压不进行调节，因此易发生故障。

（2）主动式直接并机方案

各台 UPS 只实行与市电的跟踪同步，相互间对相位、电压不进行调整。

① "1+1" 型直接并机方案

"1+1" 型直接并机方案如图 5-13 所示，"1+1" 并机板完成调节单机间的相位差，对输出电压进行微调，达到对负载的均衡供电并实行环流管理。

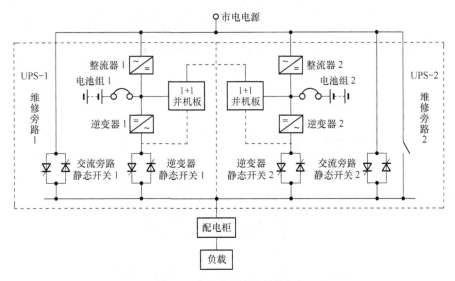

图 5-13　"1+1" 型直接并机方案

② "导航型" UPS 直接并机方案

"导航型" UPS 直接并机方案如图 5-14 所示，它与 "1+1" 型直接并机方案的区别在于将其中一台 UPS 单机作为具有优先同步跟踪市电的 "导航 UPS"，其余 UPS 则去同步跟踪 "导航机"，不直接同步跟踪市电电源。相对来讲此系统不需要并机控制柜，但可能出现各机的相位差较大，环流偏大。

（3）"热同步" 并机技术

"热同步" 并机技术方案如图 5-15 所示，当两台 UPS 在执行并机操作时，在强大的微处理器的直接数字合成技术和自适应调控功能支持下，无需捕捉相互的实时参数，而达到互锁及均流的目的。如爱克塞公司的 Powerware9315 系列 UPS 就采用了该技术。

（4）采用 "并机柜" 的并机方案

图 5-16 所示为采用 "并机柜" 的并机方案，它是用一个专门的 "并机柜" 来代替原分散

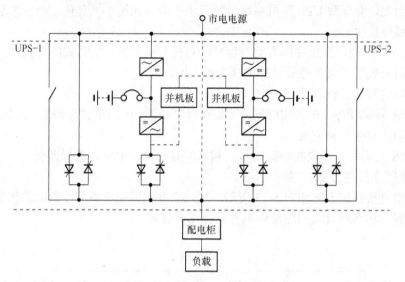

图 5-14 "导航型" UPS 直接并机方案

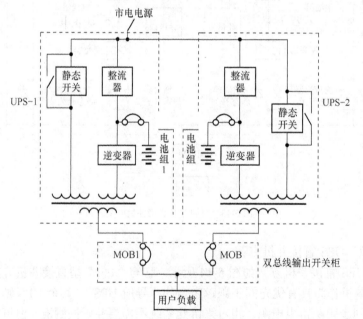

图 5-15 "热同步"并机技术方案

交流旁路供电通道，解决了各个分散的交流旁路上的"静态开关"的不均流带载问题。

3. 双总线冗余供电方式

由于在 UPS 供电系统中，输出端与负载间配有配电柜和断路器等，若碰到检修或产生故障，以上介绍的几种配置形式将引起负载停电，也即系统的故障率虽然降低了，但可维护性问题并没有彻底解决。因此，可采用图 5-17 所示的双总线冗余配置方案。其中，配有两套静态开关 STS_1、STS_2 构成的是一套能自动执行安全可靠的具有零切换时间的系统。

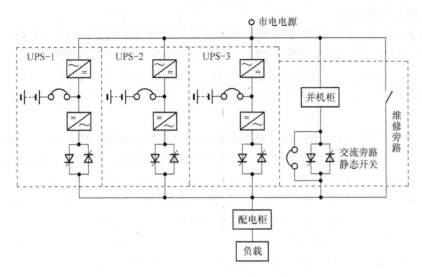

图 5-16 采用"并机柜"的并机方案

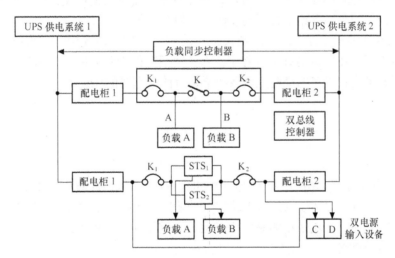

图 5-17 双总线冗余供电方式

5.2.6 UPS 日常维护

UPS 周期维护内容较少,只需要保证环境条件和清洁。但是周期记录还是必须的,用于检查和预防的目的是使机器保持最佳的性能并预防将小问题转变成大故障。

按维护的周期可分为:日检、周检、年检。

日检的主要内容有:检查控制面板,确认所有指示正常,所有指示参数正常,面板上没有报警;检查有无明显的高温、有无异常噪声;确信通风栅无阻塞;调出测量的参数,观察有无与正常值不符等。

周检的主要内容有:测量并记录电池充电电压、电池充电电流、UPS 三相输出电压、UPS 输出线电流。如果测量值与以前明显不同,应记录下新增负荷的大小、种类和位置等,有利于今后发生故障时的分析。

在日常的维护中，有一些需要引起重视的地方，如 UPS 的复位。有些 UPS 带有 EPO（紧急关机），当因某种故障 UPS 使用了 EPO，待故障清除后，要使 UPS 恢复正常工作状态，需要复位操作。比如 UPS 由于逆变器过温、过载、直流母线过压等原因而关闭时，当故障清除后，需要采用复位操作，才能把 UPS 从旁路切换到逆变器带载工作，可能还需要手动合电池开关。

另外，设备的选位及对环境的要求也很重要。UPS 应安装在一个凉爽、干燥、清洁的环境中，应装排气扇，加速环境空气流通，在尘埃较多的环境中，应加空气过滤装置。

电池的环境将直接影响电池的容量和寿命。电池的标准工作温度为 20℃，高于 20℃的环境温度，将缩短电池的寿命，低于 20℃将减低电池的容量。通常情况下，电池容许的环境温度为 15℃～20℃之间，电池所在的环境温度应保持恒定，远离热源和风口。

要实现逆变器与旁路电源间无中断切换，应先开静态旁路开关，由旁路电源向负载供电，再断开 UPS 交流输入接触器。当负载从旁路切换回逆变器，首先要闭合 UPS 交流输入接触器，再断开静态旁路开关。在正常运行状态下，上述操作的实现必须是逆变器输出与旁路电源完全同步。当旁路电源频率在同步窗口时，逆变器控制电路总是使逆变器频率跟踪旁路电源频率。当逆变器输出频率与旁路电源不同步时，一般会显示告警信息。

大中型 UPS 在通信企业中的应用越来越广泛，其作用也越来越明显。理解 UPS 的基本原理就显得尤为重要。在日常的维护过程中，对一些故障的判断分析，特别是对一些紧急情况的处理，清晰的思路和丰富的经验是设备可靠运行的最重要的保证。

小　　结

1. UPS 的发展经历了初期的旋转型、20 世纪 60 年代可控硅静止型和 20 世纪 80 年代巨型功率晶体管（UR）静止型，到了 20 世纪 90 年代绝缘栅双极晶体管（IGBT）制成的 UPS，其技术性能不断提高，在通信电源系统中的地位和重要性也在逐步提高，现在已经成为通信电源日常维护的一个重点。

2. UPS 由整流模块、逆变器、蓄电池、静态开关和向负载提供市电（备用电源）的旁路装置等部件组成。按电路结构形式分类，有后备式、在线互动式、三端口式（单变换式）、双变换在线式和 Delta 变换型等。

3. 在"通信用不间断电源——UPS"行业标准中，一些主要的参数指标有：输入电压、输入频率、输出波形失真度、输出电压不平衡度、并机负载电流不均衡度；输入功率因数和输入电流谐波成分；电源效率、输出电流峰值系数、过载能力；输出电压稳压精度；输出功率因数；输出频率、频率跟踪范围、频率跟踪时间等。

4. 单相逆变电路有推挽式、半桥式、全桥式等。正弦波逆变电路有阶梯波逆变器、多脉冲调制逆变器和正弦脉宽调制（SPWM）逆变器。

5. UPS 交流滤波器应具有下列性能：一是使输出电压中单次谐波含量和总谐波含量降到指标允许的范围内；二是在三相条件下使输出电压不平衡度符合规定范围；三是使负载变化引起的输出电压波动小，且满足动态指标，同时要重量轻，体积小。

6.为防止切换时间造成瞬间供电中断并产生继电器触点拉弧打火等现象,在大功率 UPS 供电系统及切换过程中,采用静态开关作为切换元件。

7.锁相电路由鉴相器、低通滤波器和压控振荡器组成,用于检测两个交流电源的相位差并将它变成一个电压信号去控制逆变的输出电压相位与频率,从而保持逆变器与交流电源的同步运行。

8.UPS 的运行方式有:正常运行、维护旁路和关断。

9.并机包含两层含义:冗余和增容。并机不一定是冗余的,并联的概念才是增容,而冗余的概念则是可靠性。从冗余式配置方案来看,有这样几种方式:主机—从机型"热备份" UPS 供电方式;直接并机冗余 UPS 供电方式;双总线冗余供电方式。

10.UPS 正确使用和合理的维护使 UPS 保持最佳的性能并预防将小问题转变成大故障。 UPS 按维护的周期可分为日检、周检、年检。

思考题与练习题

5-1　为什么通信电源系统中 UPS 的作用和地位越来越重要,结合实际谈谈你对这个观点的看法。

5-2　比较后备式、在线互动式和在线式 UPS 在工作方式上有何不同,说明各自的优缺点。

5-3　Delta 变换型 UPS 共有哪四条供电通道向负载供电?

5-4　为什么说 UPS 的输出功率因数表示其带非线性负载能力的强弱?

5-5　说明正弦脉宽调制(SPWM)逆变器的工作原理。

5-6　锁相电路的作用是什么?

5-7　静态开关的作用是什么?

5-8　请描述 UPS 开机加载步骤以及 UPS 从正常运行到维护旁路的步骤。

5-9　UPS 并机工作的目的是什么?

5-10　画一个"1+1"型直接并机方案图。

5-11　UPS 设备工作时对环境有哪些要求?为什么?

第6章　　整流与变换设备

本章典型工作任务

- 典型工作任务一：高频开关整流器日常检查。
- 典型工作任务二：高频开关整流器参数查看与设置。
- 典型工作任务三：高频开关整流器模块更换。
- 典型工作任务四：高频开关电源系统的日常检测。
- 典型工作任务五：高频开关整流器的进网测试。

本章知识内容

- 通信整流技术的发展。
- 通信高频开关整流器的组成。
- 高频开关整流器主要技术。
- 开关电源系统简述。
- 开关电源系统监控单元日常操作介绍。
- 开关电源系统的故障处理与维护。
- 开关电源系统节能技术。

本章知识重点

- 通信高频开关整流器的组成及原理。
- 开关电源系统组成及原理。

本章知识难点

- 高频开关整流器主要技术中功率因数校正电路和高频开关整流器滤波电路和电磁兼容性问题。
- 开关电源系统的故障处理与维护。

本章学时数　6课时。

学习本章目的和要求

- 掌握通信高频开关整流器的组成框图和各部分的作用，理解高频开关整流器的优点。
- 掌握开关电源系统各模块的组成结构及各模块的作用，理解监控单元各功能单元的具体作用。

- 掌握高频开关整流器主要技术在整流器中的作用与地位，掌握主要功率开关器件MOSFET、IGBT 特点，理解功率转换电路原理、PFC 电路基本思想，理解电磁兼容性概念以及高频整流器中滤波电路的主要形式。
- 理解监控单元日常操作方法，了解开关电源系统的故障处理与维护的步骤方法。
- 了解通信用整流器发展历史及趋势。
- 能进行高频开关整流器日常检查。
- 能进行高频开关整流器参数查看与设置。
- 能进行高频开关整流器模块更换。
- 能进行高频开关电源系统的日常检测。
- 能进行高频开关整流器的进网测试。
- 了解常见的开关电源节能技术。

如果说通信电源是通信的"心脏"，那么，整流设备就是通信电源的"心脏"，其重要地位在通信电源中是不可或缺的，它的发展历史，见证了通信电源的发展史，它的技术含量的不断提高，在一定程度上也反映了当代通信电源的不断进步。

6.1 典型工作任务

6.1.1 典型工作任务一：高频开关整流器日常检查

6.1.1.1 所需知识
（1）高频开关电源的工作原理，详见 6.2.2 节。
（2）了解高频开关电源的组成，包括整流器型号、容量等信息，详见 6.2.4 小节。
（3）日常检查项目内容、方法，详见 6.2.7 小节。

6.1.1.2 所需能力
（1）安全操作。
（2）高频开关整流器面板的查看。
（3）钳形电流表的使用。

6.1.1.3 参考行动计划
（1）分组：以 5 人左右为一个小组，明确人员职责，按照项目要求各自独立开展工作。
（2）讨论：明确分组以后各组围绕主题、重点和工作步骤开展讨论。根据讨论结果拿出各组的方案、具体步骤和注意事项。
（3）教师的审核：教师根据各组提出的方案审核方案是否完整及具体可操作性、是否存在安全隐患。
（4）各小组的实际训练操作：各小组按照审核通过的方案组织实际训练操作。
（5）检查评估：实际操作结束后，由检查组开展评估和小结。

6.1.1.4 参考操作步骤
（1）检查整流器各项功能是否完好。

（2）查看整流器模块各项示数，并判断是否在允许的范围内。

（3）查看设备清洁度，有无明显积灰现象，若有积灰，应用毛刷清除，对外壳和面板，必要时可用温和性清洁剂或清水擦拭。

（4）检查系统均流性能是否正常。

（5）检查接线端子接触点，接触器件是否接触良好。

6.1.1.5　检查评估

（1）步骤实施的合理性：看工作步骤是否符合计划方案，是否顺畅、合理，包括能正确读取整流器相关参数示值和判断示值是否符合标准。

（2）安全性考虑：操作是否规范，是否存在安全隐患。

（3）团队分工合作效率：团队配合是否默契、工作效果如何。

（4）创新：工作思路和方法是否有所创新。

（5）拓展性：是否有助于相近学科的学习和研究。

（6）职业素养的提高：学习态度、操作能力、可持续发展能力、创新能力均有较大提高。

（7）成果的自我总结评价：各小组的工作总结是否恰如其分，对存在问题的分析是否透彻，整改措施是否得当。

6.1.2　典型工作任务二：高频开关整流器参数查看与设置

6.1.2.1　所需知识

（1）高频开关整流器输入输出电压的要求，详见具体操作机型说明书。

（2）高频开关整流器需设置各项参数的含义，现场查看以及详见本章 6.2.5 小节。

（3）各项参数设定值范围，详见本章 6.2.5 小节及具体操作机型说明书。

（4）熟悉各项维护操作规程，详见本章 6.2.7 小节。

6.1.2.2　所需能力

（1）高频开关整流柜面板中参数查看。

（2）面板页面的操作，参数的设置。

（3）各项告警的处理。

（4）安全操作。

6.1.2.3　参考行动计划

（1）分组：以 5 人左右为一个小组，明确人员职责，按照项目要求各自独立开展工作。

（2）讨论：明确分组以后各组围绕主题、重点和工作步骤开展讨论。根据讨论结果拿出各组的方案、具体步骤和注意事项。

（3）教师的审核：教师根据各组提出的方案审核方案是否完整及具体可操作性、是否存在安全隐患。

（4）各小组的实际训练操作：各小组按照审核通过的方案组织实际训练操作。

（5）检查评估：实际操作结束后，由检查组开展评估和小结。

6.1.2.4　参考操作步骤

（1）设置高频开关电源浮充电压。

（2）设置输出过压、欠压告警电压。

（3）设置均充电压、时间。

6.1.2.5　检查评估

（1）步骤实施的合理性：看工作步骤是否符合计划方案，是否顺畅、合理。包括：准确进入菜单项、正确读取和设置各项参数和操作熟练、正确。

（2）安全性考虑：操作是否规范，是否存在安全隐患。

（3）团队分工合作效率：团队配合是否默契、工作效果如何。

（4）创新：工作思路和方法是否有所创新。

（5）拓展性：是否有助于相近学科的学习和研究。

（6）职业素养的提高：学习态度、操作能力、可持续发展能力、创新能力均有较大提高。

（7）成果的自我总结评价：各小组的工作总结是否恰如其分，对存在问题的分析是否透彻，整改措施是否得当。

6.1.3　典型工作任务三：高频开关整流器模块更换

6.1.3.1　所需知识

（1）了解整流模块需更换的场合。

（2）整流模块更换的步骤与方法，详见本节参考操作步骤。

（3）熟悉各项安全操作规程及注意事项。

6.1.3.2　所需能力

安全操作

6.1.3.3　参考行动计划

（1）分组：以 5 人左右为一个小组，明确人员职责，按照项目要求各自独立开展工作。

（2）讨论：明确分组以后各组围绕主题、重点和工作步骤开展讨论。根据讨论结果拿出各组的方案、具体步骤和注意事项。

（3）教师的审核：教师根据各组提出的方案审核方案是否完整及具体可操作性、是否存在安全隐患。

（4）各小组的实际训练操作：各小组按照审核通过的方案组织实际训练操作。

（5）检查评估：实际操作结束后，由检查组开展评估和小结。

6.1.3.4　参考操作步骤

（1）关闭需要更换的整流模块直流输出开关。

（2）观察该整流模块情况，查看监控系统中该整流模块是否退出系统。

（3）关闭该整流模块的交流输入开关。

（4）拔出该整流模块。

（5）检查将要更换上的整流模块，输入输出开关应处于打开状态。

（6）插入整流模块，合上整流模块交流输入开关。

（7）合上整流模块直流输出开关。

（8）查看整流模块工作情况是否正常，查看监控系统中对该模块的配置是否正确。

6.1.3.5　检查评估

（1）步骤实施的合理性：看工作步骤是否符合计划方案，是否顺畅、合理，包括操作流程正确、操作动作熟练。

（2）安全性考虑：操作是否规范，是否存在安全隐患。

（3）团队分工合作效率：团队配合是否默契、工作效果如何。

（4）创新：工作思路和方法是否有所创新。

（5）拓展性：是否有助于相近学科的学习和研究。

（6）职业素养的提高：学习态度、操作能力、可持续发展能力、创新能力均有较大提高。

（7）成果的自我总结评价：各小组的工作总结是否恰如其分，对存在问题的分析是否透彻，整改措施是否得当。

6.1.4 典型工作任务四：高频开关电源系统的日常检测

6.1.4.1 所需知识

（1）理解各项日常检测项目的种类及测试的意义。

（2）掌握各项参数测试方法。

（3）熟悉各项安全操作规程及注意事项。

（4）能判断测试值是否符合标准，参见 12.2～12.6 节。

6.1.4.2 所需能力

（1）安全操作。

（2）开关电源的各类设备功能及正常运转状态的洞察。

（3）对故障能进行排查和处理。

6.1.4.3 参考行动计划

（1）分组：以 5 人左右为一个小组，明确人员职责，按照项目要求各自独立开展工作。

（2）讨论：明确分组以后各组围绕主题、重点和工作步骤开展讨论。根据讨论结果拿出各组的方案、具体步骤和注意事项。

（3）教师的审核：教师根据各组提出的方案审核方案是否完整及具体可操作性、是否存在安全隐患。

（4）各小组的实际训练操作：各小组按照审核通过的方案组织实际训练操作。

（5）检查评估：实际操作结束后，由检查组开展评估和小结。

6.1.4.4 参考操作步骤

（1）接地保护检查：查看直流工作接地、保护接地连接有无松动，有无异常情况发生。

（2）直流熔丝检测：

① 检查熔丝的熔断指示。

② 用红外点温仪测熔丝温升情况，大于 80℃时需更换。

③ 用万用表测量熔丝两端对地电压，若相等，则未熔断，若不相等，用钳形电流表测量熔丝上下线路电流，若相等，则未熔断。

（3）继电器、断路器检查：器件工作是否稳定可靠，并判断是否需要更换。

（4）防雷保护检查：避雷器工作是否正常，连接线有无异常情况。

（5）散热风扇检查：风扇工作是否正常、有无卡滞现象，滤网无积灰。

6.1.4.5 检查评估

（1）步骤实施的合理性：看工作步骤是否符合计划方案，是否顺畅、合理，包括正确使用各类仪器仪表、能正确判断器件工作情况、正确的测试方法和故障排查与处理方法。

（2）安全性考虑：操作是否规范，是否存在安全隐患。

（3）团队分工合作效率：团队配合是否默契、工作效果如何。

（4）创新：工作思路和方法是否有所创新。

（5）拓展性：是否有助于相近学科的学习和研究。

（6）职业素养的提高：学习态度、操作能力、可持续发展能力、创新能力均有较大提高。

（7）成果的自我总结评价：各小组的工作总结是否恰如其分，对存在问题的分析是否透彻，整改措施是否得当。

6.1.5　典型工作任务五：高频开关整流器的进网测试

6.1.5.1　所需知识

（1）进网电能质量要求。

（2）整流器输出电能各项指标及测试方法，详见具体测试机型参数说明以及本节参考操作步骤。

6.1.5.2　所需能力

（1）安全操作。

（2）测试仪器、仪表的使用。

（3）现场问题分析解决。

6.1.5.3　参考行动计划

（1）分组：以 5 人左右为一个小组，明确人员职责，按照项目要求各自独立开展工作。

（2）讨论：明确分组以后各组围绕主题、重点和工作步骤开展讨论。根据讨论结果拿出各组的方案、具体步骤和注意事项。

（3）教师的审核：教师根据各组提出的方案审核方案是否完整及具体可操作性、是否存在安全隐患。

（4）各小组的实际训练操作：各小组按照审核通过的方案组织实际训练操作。

（5）检查评估：实际操作结束后，由检查组开展评估和小结。

6.1.5.4　参考操作步骤

（1）测量整流器输出电压调节范围，判断是否合格。

（2）测量整流器输出电压的稳压精度，调节变压器，改变交流输入电压，当负载电流分别在 5%额定值、50%额定值、100%额定值时，测量直流输出电压。

（3）使用宽频杂音测试仪测试电话衡重噪声电压。

步骤：

① 检查机壳是否悬浮；

② 冷调零、热调零；

③ 校准；

④ 接线，读数；

⑤ 判断测得的衡重杂音是否符合标准（小于 2mV 为合格）。

（4）使用宽频杂音测试仪测试 II 频宽频杂音。

① 检查机壳是否悬浮；

② 冷调零、热调零；

③ 校准；

④ 接线，读数；

⑤ 判断测得的 II 频宽频杂音是否符合标准（小于 100mV 为合格）。

（5）使用宽频杂音测试仪测试 III 频宽频噪声电压。

① 检查机壳是否悬浮；

② 冷调零、热调零；

③ 校准；

④ 接线，读数；

⑤ 判断测得的 III 频宽频杂音是否符合标准（小于 30mV 为合格）。

（6）整流器功率因数及效率的测量。

① 用万用表的直流电压挡测量直流输出电压 U；用钳形电流表的直流电流挡测量负载电流 I；

② 用 F41B 测量 P_A、P_B、P_C。

③ 计算：效率 $= \dfrac{\text{直流输出有功功率}}{\text{交流输入有功功率}} = \dfrac{UI}{P_i}$

$$P_i = P_A + P_B + P_C$$

④ 判断：$\eta > 0.9$ 为合格；否则为不合格。

⑤ 条件：直流输出电压：稳压上限点（设置成均充）。

负载电流：额定电流。

6.1.5.5　检查评估

（1）步骤实施的合理性：看工作步骤是否符合计划方案，是否顺畅、合理，包括正确使用测试仪器、仪表；正确的测试各项指标方法；正确判断指标测试值是否符合进网标准。

（2）安全性考虑：操作是否规范，是否存在安全隐患。

（3）团队分工合作效率：团队配合是否默契、工作效果如何。

（4）创新：工作思路和方法是否有所创新。

（5）拓展性：是否有助于相近学科的学习和研究。

（6）职业素养的提高：学习态度、操作能力、可持续发展能力、创新能力均有较大提高。

（7）成果的自我总结评价：各小组的工作总结是否恰如其分，对存在问题的分析是否透彻，整改措施是否得当。

6.2　相关配套知识

6.2.1　通信整流技术的发展概述

我国从 1963 年起开始研制可控硅整流器，到 1967 年开始逐步普及，从而取代了电动机发电机组、硒整流器。到了 20 世纪 80 年代，为程控交换机供电的 48V 稳压整流器已经是可控硅整流器技术非常成熟的代表，比如 DZ-Y02 稳压整流器，F-150 程控交换机配套整流器。

20 世纪 80 年代以后，随着功率器件的发展和集成电路技术的逐步成熟，使得开关电源的发展成为可能。高频开关电源取代传统的相控可控硅稳压电源也是历史发展的必然趋势，也顺应了通信对电源提出的要求。

可靠性是电源系统一个永恒的课题，随着集成技术的发展成熟，结构设计的趋于合理，高频开关电源采用的元器件的数量大大减少，电解电容、光耦合器及风扇等决定电源寿命的器件质量也得到提高，以及增加了各种保护功能，使高频开关整流器的 MTBF（平均无故障时间）延长，从而提高了可靠性。

稳定高质量的直流电输出是衡量整流器的一个重要的指标。高频化以及高性能、高增益控制电路的采用，使高频开关整流器的稳压精度大大提高，各种滤波电路的应用使得输出杂音减小，其供电质量较相控整流器有了明显的提高。

小型化是高频开关整流器相比传统相控整流器的一大优势。由于变压器工作频率的提高以及集成电路的大量使用，使得高频开关整流器的体积大大缩小。有些高频开关整流器内部有 CPU，有些没有。但对于整个开关电源系统而言，都设有监控模块，采用智能化管理，可与计算机通信，实现集中监控。

高效率也是高频开关整流器发展的趋势。功率器件生产技术的进步，其功耗减小；计算机辅助设计使得开关整流器设计拓扑和参数趋于合理，即所谓的最简结构和最佳工况；功率因数校正技术的采用等，使得高频开关整流器的效率大大提高。

高频开关整流器的特点可归纳为以下几点。

① 重量轻、体积小。与相控电源相比较，在输出相同功率的情况下，体积及重量减小很多。适合于分散供电方式。

② 节能高效。一般效率在 90%左右。

③ 功率因数高。当配有有源功率因数校正电路时，其功率因数近似为 1，且基本不受负载变化的影响。

④ 稳压精度高、可闻噪声低。在常温满载情况下，其稳压精度都在 5%以下。

⑤ 维护简单、扩容方便。因结构为模块式，可在运行中更换模块，将损坏的模块离机修理，不影响通信。在初建时，可预计终期容量机架，整流模块可根据扩容计划逐步增加。

⑥ 智能化程度较高。配有 CPU 和计算机通信接口，组成智能化电源设备，便于集中监控，无人值守。

高频开关整流器也在不断改进和完善之中，目前国内外在这个领域的研究方向和有待解决的问题主要如下。

① 解决高频化与噪声的矛盾问题。提高工作频率能使动态响应更快，这对于配合高速微处理器工作是必须的，也是减小体积的重要途径。但是过高的工作频率不但使得损耗增加，同时增加了更多的高频噪声，这些噪声既会给整流器自身工作带来影响，也会使得其他电子设备受到干扰。

② 如何进一步提高效率，提高功率密度。当整流器工作频率提高到一定程度以后，就会出现过多的损耗和噪声。一方面，损耗的增加制约了整机效率的提高；另一方面，额外的噪声也必须增加更多的噪声抑止电路，也就加大了整流器的复杂性和体积，使得整流器的可靠性和功率密度下降。

③ 开发高性能的功率器件、电感、电容和变压器，提高整机的可靠性。新型高速半导体

器件的研究开发一直是开关电源技术发展进步的先锋，目前正在研究的高性能碳化硅半导体器件，一旦普及应用，将使开关电源技术发生革命性的变化。此外，新型高频变压器、高频磁性元件和大容量高寿命的电容器的开发，将大大提升整流器的可靠性和使用寿命。

6.2.2　通信高频开关整流器的组成

一般所指的高频开关电源，是指由交流配电模块、直流配电模块、监控模块和整流模块等组成的直流供电电源系统，它的关键技术和名称的由来就是其中的高频开关整流器，由于目前大都是模块化结构，所以有时也称高频开关整流器为高频开关整流模块。

6.2.2.1　高频开关整流器方框图

高频开关整流器的结构框图如图 6-1 所示。

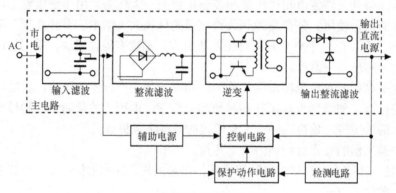

图 6-1　高频开关整流器方框图

1. 主电路

完成交流电输入到直流输出的全过程，是高频开关整流器的主要部分，包括以下几种。

① 交流输入滤波：处于整流模块的输入端，包括低通滤波器、浪涌抑制等电路。其作用是将电网存在的杂波过滤，同时也阻碍本机产生的杂音反馈到公共电网。

② 整流滤波：将电网交流电源直接整流为较平滑的直流电，并向功率因数校正电路提供稳定的直流电源。

③ 功率因数校正：位于整流滤波和逆变之间，为了消除由整流电路引起的谐波电流污染电网和减小无功损耗来提升功率因数。

④ 逆变：将直流电变为高频交流电，这是高频开关的核心部分，在一定范围内，频率越高，体积重量与输出功率之比越小。

⑤ 输出整流滤波：由高频整流滤波及抗电磁干扰等电路组成，提供稳定可靠的直流电源。

2. 控制电路

一方面从输出端取样，经与设定标准进行比较，然后去控制逆变电路，改变其频率或脉宽，达到输出稳定，另一方面，根据测试电路提供的数据，经保护电路鉴别，提供控制电路对整机进行各种保护措施。

3. 检测电路

除了提供保护电路中正在运行的各种参数外，还提供各种显示仪表数据供值班人员观察、记录。

4．辅助电源

提供开关整流器本身所有电路工作所需的各种不同要求的电源（交直流各种等级的电压电源）。

6.2.2.2　高频变换减小变压器体积原理

由高频开关整流器方框图可知，高频开关整流器将 50Hz 工频交流首先转换成直流，再将直流转换为高频交流，这样，降压用的变压器工作频率大大提高，从而缩小了变压器的体积。采用高频变换技术减小变压器体积可以认为是高频开关整流器的核心技术。我们用式（6-1）来说明变压器电压与其他参量之间的关系。

$$U = 4BSfN \tag{6-1}$$

式中，U——变压器电压，单位为 V；

B——磁通，单位为 Gs；

S——变压器铁芯截面积，单位为 cm^2；

f——变压器工作频率，单位为 Hz；

N——变压器绕组匝数。

从式（6-1）可以看出，在变压器电压和磁通（与电流有关）一定的情况下，即变压器功率一定的情况下，工作频率越高，变压器的铁芯截面积可以做得越小，绕组匝数也可以越少。

6.2.2.3　高频开关整流器分类

DC/AC 逆变电路是高频开关整流器的主要组成部分。根据其工作原理的不同，高频开关整流器可分为 PWM 型和谐振型两类。

PWM 型高频开关整流器具有控制简单，稳态直流增益与负载无关等优点，整流器中的功率开关器件工作在强迫关断和强迫导通方式下，在开关截止和导通期间有一定的开关损耗，而且开关损耗随开关频率的提高而增加，故限制了整流器开关工作频率进一步提高。

谐振型高频开关整流器则可以使其在更高的频率下工作而开关损耗很小，它又可分为串联谐振型、并联谐振型和准谐振型几种，目前应用较为普通的是准谐振型高频开关整流器。

6.2.3　高频开关整流器主要技术

如果要对高频开关整流器有一个较深入的了解，就必须首先了解其主要元器件和电路以及主要的有代表性的技术特点。

6.2.3.1　功率转换电路

在高频开关整流器中，将大功率的高压直流（几百伏）转换成低压直流（几十伏），是由功率转换电路完成的。这个过程显而易见是整流器最根本的任务，完成的是否好，主要有两点，一是功率转换过程中效率是否高；二是大功率电路其体积是否小（至于其他一些问题比如电磁兼容性等留在以后讨论）。要使效率提高，我们容易想到利用变压器，功率转换电路就是一个：高压直流→高压交流→降压变压器→低压交流→低压直流的过程；要使功率转换电路体积减小，除了组成电路的元器件性能好、功耗小以外，减小变压器的体积是最主要的。由上面 6.2.2 小节已知，变压器体积与工作频率成反比，提高变压器的工作频率就能有效地减小变压器体积。所以功率转换电路又可以描述成：高压直流→高压高频交流→高频降压变压器→低压高频交流→低压直流的过程。

功率转换电路具体电路类型很多，我们主要以理解上述过程为主。

1．PWM 型功率转换电路

PWM 型功率转换电路是在开关整流器发展初期较普遍采用的电路形式，以后的谐振型功率转换电路是在其基础上发展起来的。PWM 型功率转换电路有推挽、全桥、半桥以及单端反激、单端正激等形式，我们以理解为目的，所以只介绍推挽式功率转换电路。

推挽式功率转换电路如图 6-2（a）所示。高压开关管 BG_1、BG_2 工作在饱和导通和截止关断两种状态下，由基极驱动电路控制，对称交替通断（所以称为推挽式），输入直流电压被转换成高频矩形波交变电压，再由高频变压器降压后，由全波整流电路将高频交流转换成直流电，如图 6-2（b）所示。

当 BG_1 导通时，变压器初级导电回路为：$E(+) \rightarrow N_1 \rightarrow BG_1 \rightarrow E(-)$，变压器次级导电回路为：$N_2(5) \rightarrow VD_2 \rightarrow R_L \rightarrow N_2(3)$。

当 BG_2 导通时，变压器初级导电回路为：$E(+) \rightarrow N_1 \rightarrow BG_2 \rightarrow E(-)$，变压器次级导电回路为：$N_2(4) \rightarrow VD_1 \rightarrow R_L \rightarrow N_2(3)$。

PWM 型功率转换电路控制简单，由基极驱动电路控制开关管交替导通，将直流转换成高频交流，开关管交替导通的频率越快，则转换成的交流频率越高。但事实上我们发现开关在导通和关断时都具有一定的损耗，而且这种损耗会随着开关交替导通频率的提高而增加，也就是说，开关管的通断损耗的增加大大限制了开关频率的进一步提高。

PWM 型功率转换电路开关管在导通和关断时损耗大的原因，主要是由于开关管的通断都是强制的（有时称为硬开关），而开关管的通和断都需要时间，因此，在开关过程中，开关管的电压、电流波形存在交叠的现象，从而产生了开关损耗（$p=u*i$），如图 6-3 所示。并且随着频率的提高，这部分损耗在全部功率损耗中所占的比例也增加。当频率高到某一数值时，功率转换电路的效率将降低到不能允许的程度。

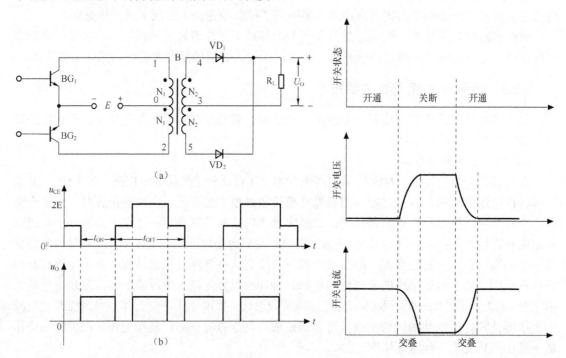

图 6-2　推挽式功率转换电路及其波形　　图 6-3　开关管强制通断时其电压和电流的交叠示意图

2．谐振型功率转换电路

谐振型功率转换电路是利用谐振现象，通过适当地改变开关管的电压、电流波形关系来达到减小开关损耗的目的。

谐振型功率转换电路有串联、并联和准谐振几种。

准谐振型功率转换电路是在 PWM 型功率转换电路的基础上适当地加上谐振电感和谐振电容而形成的。谐振电感、电容与 PWM 功率转换电路中的开关组成了所谓的"谐振开关"（对应 PWM 型的硬开关，这种谐振开关有时称为软开关）。在这种功率转换电路的运行中将周期性地出现谐振状态，从而可以改善开关的电压、电流波形，减小开关损失，又由于工作在谐振状态的时间只占开关周期的一部分，其余时间都运行在非谐振状态，故称为"准谐振"型功率转换电路。

准谐振功率转换电路又分为两种，一种是零电流谐振开关式，一种是零电压谐振开关式。前者的特点是保证开关管在零电流条件下断开，从而大大地减小了开关管的关断损耗（$p_{关断}=u*0$），同时也能大大地减小断开电感性负载时可能出现的电压尖峰，后者的特点是保证开关管在零电压条件下开通，从而大大地减小了开关器件的开通损耗（$p_{开通}=0*i$）。

由于谐振型功率转换电路是在 PWM 型功率转换电路结构的基础上，用软开关代替硬开关，从而减小开关管导通和关断时的损耗，使工作频率大大提高。其电路形式不再赘述。

3．时间比例控制稳压原理

引入时间比例控制概念的目的，是因为整流器的一个重要的性能是输出电压要稳定，也就是称为稳压整流器的原因。高频开关整流器稳压的原理就是：时间比例控制。

（1）时间比例控制原理

开关型稳压电源示意图如图 6-4 所示。开关以一定的时间间隔重复地接通和断开，输入电流断续地向负载端提供能量。经过储能元件（电感 L 和电容 C_2）的平滑作用，使负载得到连续而稳定的能量。为了简单地说明问题，图中将开关管简化成 SA，表明开关管工作在通和断两种状态下，省略了变压器，实际上其原理仍然是将直流（E）变成交流（U_{AB}）再变成直流（U_o）的过程。

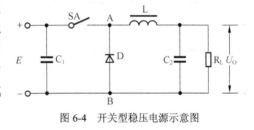

图 6-4　开关型稳压电源示意图

在负载端得到的平均电压用下式表示：

$$U_o = U_{AB} = \frac{1}{T}\int_0^T U_{AB}\mathrm{d}t = \frac{t_{on}}{T}\cdot E = \delta E \qquad (6\text{-}2)$$

式中，t_{on}——开关每次接通的时间；

　　　T——开关通断的工作周期；

　　　$\delta = \dfrac{t_{on}}{T}$——脉冲占空比。

由式（6-2）可知，改变开关接通时间 t_{on} 和工作周期 T 的比例，即可改变输出直流电压 U_o。这种通过改变开关接通时间 t_{on} 和工作周期 T 的比例，亦即改变脉冲的占空比，来调整输出电压的方法，称为"时间比例控制"（Time Ratio Control，TRC）。

（2）TRC 控制方式

TRC 有 3 种实现方式，即脉冲宽度调制方式，脉冲频率调制方式和混合调制方式。

① 脉冲宽度调制（Pulse Width Modulation，PWM）：PWM 方式指开关工作周期恒定，通过改变脉冲宽度来改变占空比的方式。本节以上提到的 PWM 型功率转换电路就是指其稳压方式是让开关管工作频率固定（即周期不变），通过改变开关管在一个固定周期内的导通时间（即宽度）来改变直流输出电压最终达到输出电压稳定的目的。

② 脉冲频率调制（Pulse Frequency Modulation，PFM）：PFM 是指导通脉冲宽度恒定，通过改变开关工作频率（即工作周期）来改变占空比的方式。

③ 混合调制：是指导通脉冲宽度和开关工作频率均不固定，彼此都能改变的方式，它是以上两种方式的混合。

6.2.3.2 高频开关元器件

高频开关整流器中，功率转换电路是其主要组成部分，高频开关整流器的工作频率实际上就是功率转换电路的工作频率，它取决于开关管的工作频率。所以功率转换电路中高频开关管性能的高低（比如开关管导通和关断速度、开关压降损耗等）在整流器中起着至关重要的作用。

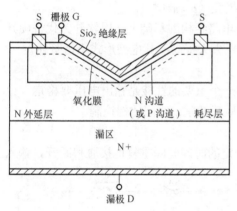

图 6-5　功率 VVMOSFET 结构

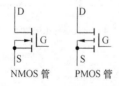

图 6-6　功率 MOSFET 符号

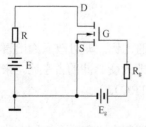

图 6-7　NMOS 管电路原理

目前高频开关整流器采用的高频功率开关器件通常有功率 MOSFET、IGBT 管以及两者混合管、功率集成器件等。

下面介绍常见的功率 MOSFET 与 IGBT 两种开关管。

1. 功率场控晶体管（功率 MOSFET）

（1）功率 MOSFET 结构

功率 MOSFET 是一种单极型电压控制器件，具有驱动功率小、工作速度高、无二次击穿和安全区宽等优点。功率 MOSFET 采用垂直导电沟道，并将许多小单元功率 MOSFET 管芯并联集成，故可增大漏极电流和功率。用大规模集成电路工艺将管芯并联构成的可称为 VVMOSFET，将 VVMOSFET 的 V 型槽尖顶削去的称为 VUMOSFET，采用双重扩期工艺制成的具有垂直导电双扩散 VDMOSFET（导电沟道很短，在微米以下），VVMOSFET 结构如图 6-5 所示。

（2）工作原理

功率 MOSFET 依据导电沟道可分为 P 沟道增强型 MOS 管（即 PMOS 管）和 N 沟道增强型 MOS 管（即 NMOS 管）。其符号如图 6-6 所示。

以 NMOS 管为例，当在 NMOS 管栅极施加正压，则氧化膜下 P 型层两边表面感应出负电荷，而形成 N 型导电沟道，同时在漏源两极间加上正电压，电子从源极通过两个沟道，N–外延层，N+基片到达漏极，NMOS 管电路原理如图 6-7 所示。

（3）功率 MOSFET 的特性

其主要性能指标用电压、电流和工作频率来衡量。

① 电流与电压

功率 MOSFET 电流以最大漏极电流为指标（ID_{max}）。它表示功率 MOSFET 工作在饱和状态的漏极电流量，或某 V_{GS} 输出特性曲线平坦区域的电流值，决定 ID_{max} 的主要因素为单位管芯面积的沟道宽度，沟道宽度大则 ID_{max} 值大。

功率 MOSFET 电压以漏极击穿电压（BV_{DS}）为指标，它表示漏区沟道体区 PN 结所允许的最高反偏电压，影响 BV_{DS} 的因素是漏极 PN 结的雪崩击穿机构和表面电场效应。

市场上功率 MOSFET 大多为 N 沟道器件，如国际整流器公司推出的 IRF150 系列 V_{DS} 在 100V 以上，ID_{max} 为近百安，美国 IXYS 公司推出的高性能 HDMOS 管，其 BV_{DS} 达 1 200V，ID_{max} 超过 160A。

② 工作频率

功率开关器件最理想的控制电压波形是前后沿陡直的矩形波，而实际上在开通时从截止状态到线性工作区再过渡到饱和区需要一段时间，反之亦然。

显然所需延时越小，开关时间越短，开关速度越快。

由于功率 MOSFET 为少子导电器件，在开关过程中载流子的存储时间不需要考虑，因而开关时间很短，故功率 MOSFET 的工作频率通常为 30kHz～100kHz。

由于功率 MOSFET 开关速度受输入电容及输入内阻影响较大，从而限制工作频率的提高。功率 MOS 管栅极与导电沟道间为 SiO_2 绝缘层的缘故，其具有很大的输入电阻，故在工作频率较低时导通损耗大，但其功率损耗随频率增加而增加不大，说明在高频率工作区域（高于 30kHz）开关损耗较小。

（4）功率 MOSFET 的特点

① 驱动功率小，驱动电路简单，功率增益高，是一种电压控制器件。开关速度快，不需要加反向偏置。

② 多个管子可并联工作，导通电阻具正温度系数，具有自动均流能力。

例如，并联组合管中某管芯电流增加时，其温度上升使其电阻增大，从而限制了电流的增长。

③ 开关速度受温度影响非常小，在高温运行时，不存在温度失控现象。其允许工作温度可达 200℃。

④ 功率 MOSFET 无二次击穿问题。普通功率晶体管在高压大电流条件下进行切换时，易发生二次击穿。所谓二次击穿指器件在一次击穿后电流进一步增加，并高速向低阻区移动。

（5）功率 MOSFET 使用注意事项

① 栅极电路的阻抗非常高，易受静电损坏，存放时应短路三极，放在静电仓袋中，取出使用时，不能触摸引线。

② 器件进行功能测试时应采用专用仪表，而不能用常规电流电压表（包括万用表）。

③ 在进行引线焊接时，操作者应佩戴接地的专用腕带，且工作台与焊接工具均应接地，地面也应接地。

④ 导通时电流冲击大，易产生过电流。并联工作时，易产生高频振荡。

2. 绝缘门极晶体管（IGBT 或 IGT）

IGBT 管结构如图 6-8 所示。

由图 6-8 中可见，其等效结构是一种混合器件，集 MOSFET 与 GTR 于一身（GTR 为功率晶体管）。

IGBT 管符号如图 6-9 所示。

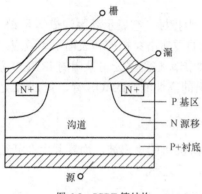

图 6-8　IGBT 管结构

图 6-9　IGBT 管符号

IGBT 的驱动由栅极电压来控制开通与关断。当栅极的正向电压驱动时，MOSFET 内形成沟道，且为 PNP 晶体管提供基极电流，使 IGBT 导通。此时基区扩展电阻减小，具有低通态压降。当栅极以负压驱动时，MOSFET 内沟道消失，PNP 晶体管基极电流被切断，IGBT 即被关断。

IGBT 管的特点综合如下。

① IGBT 管为混合器件，驱动功率容量小，也是一种电压型器件。

② 导通过程压降小，元件电流密度大，其电流等级为 10A～400A，最高研究水平为 1 000A，电压等级为 500V～1 400V。

③ 不足之处是 IGBT 关断时会出现约 1μs 的电流拖尾现象，所以关断时间长，使工作频率受到限制。克服拖尾现象的措施有研制高速 IGBT 管、应用软开关技术等。

图 6-10 所示为一个将 MOSFET 和 IGBT 相结合工作的例子，其目的是结合了 MOSFET 工作频率快（无拖尾）和 IGBT 导通压降小的优点，便于我们更好地理解两种功率开关管各自的优缺点。

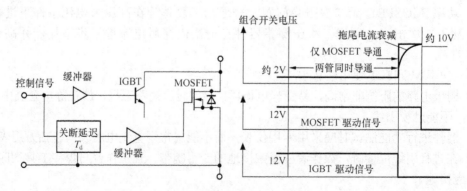

图 6-10　MOSFET 和 IGBT 结合实例

从图 6-10 可知，MOSFET 和 IGBT 同时导通，而在关断时，由于 MOSFET 栅极接有关断延时电路，延时时间为 T_d。也就是说，当关断控制信号到来时，IGBT 关断，而 MOSFET 继续导通，经过 T_d 时间后，IGBT 完全关断，电流全部流过 MOSFET，这时再关断 MOSFET。在导通期间，由于 IGBT 的导通压降小，因此主要由 IGBT 起作用，关断时，则完全由 MOSFET 起作用，避免了 IGBT 关断时的拖尾现象。

6.2.3.3　功率因数校正电路

1. 功率因数的定义

功率因数（Power Factor，PF）是指交流输入有功功率 P 与视在功率 S 的比值。对于高频开关整流器这种交流用电负载，由于它含有很多非线性元件，使得输入的正弦交流电流发生一定程度的畸变，也就是输入的交流电流中除了含有基波（一次谐波）外，还含有了二次、三次等高次谐波。我们认为只有基波才做有用功，再考虑感性（或容性）负载做的无用功影响，功率因数 PF 应定义为

$$PF = \frac{P}{S} = \frac{U_L I_1 \cos\varphi}{U_L I_R} = \frac{I_1}{I_R}\cos\varphi = \gamma\cos\varphi \qquad (6\text{-}3)$$

式中，γ——基波因数，即基波电流有效值 I_1 与电网电流有效值 I_R 之比；

　　　I_R——电网电流有效值；

　　　I_1——基波电流有效值；

　　　U_L——电网电压有效值；

　　　$\cos\varphi$——基波电流与基波电压的位移因数。

在线性电路中，无谐波电流，电网电流有效值 I_R 与基波电流有效值 I_1 相等，基波因数 $\gamma=1$，所以 $PF = \gamma\cdot\cos\varphi = 1\cdot\cos\varphi = \cos\varphi$。

当线性电路且为纯电阻性负载时，$PF = \gamma\cdot\cos\varphi = 1\cdot 1 = 1$。

2. 无功率因数校正的开关电源存在的问题

在传统没有功率因数校正的开关整流器中，交流输入电压，经整流后，紧跟着大电容滤波，由于电容的充放电使输入电流呈脉冲波形。这种电流谐波分量很大（即 γ 小），功率因数很低，一般为 0.6～0.7。功率因数低的开关整流器存在许多问题，归纳为 4 点。

① 谐波严重污染公共电网，干扰其他用电设备。

② 在输出功率一定的条件下，输入电流有效值较大，增大了传输线衰耗。

③ 增加了前级设备的功率容量，如 UPS、发电机组、电源线和断路器规格等，增加了基建投资。

④ 当采用三相四线制供电时，三及三的倍数的谐波在中线中同相位，合成后中线电流大，有可能超过中线配制的线径，会造成中线严重过载，而且按安全规定，中线无保护装置，这将造成中线过热，引起火灾。

国际标准 IEEE-159、IEC-555-2 等都规定了公共电网中负载谐波失真的极限值，我国电力部门也制定了相应的标准。因此，设计制造功率因数接近 1 的开关电源已成为开关电源发展的必然趋势。

3. 功率因数校正工作原理

在开关整流器中，功率因数校正的基本方法有两种：无源功率因数校正和有源功率因数

校正。

其中无源功率因数校正法是在开关整流器的输入端加入电感量很大的低频电感，以减小滤波电容充电电流尖峰。此方法简单，但效果不很理想，一般校正后 *PF* 可达 0.85，并且加入的电感体积大，增加了开关整流器的体积。因此，目前用得较多的是有源功率因数校正。

有源功率因数校正技术目的在于减小输入电流谐波，而且使输入电流与输入电网电压几乎同相为正弦波，从而大大提高功率因数。具体实现方式很多，在通信用大功率开关整流器中主要采用的方法是在主电路输入整流和功率转换电路之间串入一个校正的环节（Boost PFC 电路），用于提高功率因数和实现功率转换电路输入直流的预稳压，因此也简化了后级功率转换电路结构，提高了可靠性。如图 6-1 高频开关整流器组成框图所示。

目前大功率场合应用较广泛的 PFC 电路有：恒频峰值电流控制技术和平均电流控制技术等。为了更直观地认识 PFC 电路，下面介绍一种利用平均电流控制技术的 Boost PFC 电路。基本原理如图 6-11 所示。

它具有双环控制技术的优点。电流环使输入电流波形更接近正谐波，电压环使升压型 DC/DC 输出电压 U_o 恒定。

由 S 获得电感 L 中的电流取样，并由 R_1、R_2 分压以取得整流后的电压取样信号。K_1 正向输入端信号来自乘法器 Z，作为 K_1 的基准信号。K_1 反向输入端信号来自电感电流取样信号。若电感电流偏小时，K_1 输出增大，与锯齿波比较后的 PWM 信号占空比增加，使 Q 管导通时间变长而截止时间减少。

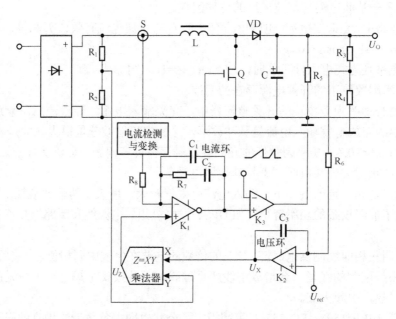

图 6-11　平均电流控制方式 PFC 框图

在 Boost PFC 电路中，Q 管导通，L 储能，通过电感的电流 I_L 增加，而 Q 管截止时，二极管 VD 导通，电容 C 充电，流过电感电流 I_L 减小。这样使电感电路中电流 I_L 可跟踪基准信号波形。即 I_L 的平均值 I 与整流后的电压波形接近同相，如图 6-12 所示。

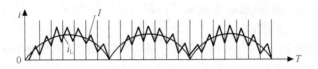

图 6-12 平均电流控制方式 PFC 电路的各种电流波形图

在 Boost PFC 电路中，设 PWM 信号周期为 T，Q 管截止时间为 T_{OH}，则 $U_o = T/T_{OH} \cdot U_I$（证明略）。

当 Boost PFC 电路中 U_o 上升时，取样与标准电压 U_{ref} 比较后使 K_2 输出下降，从而使 U_Z 下降；使 K_1 输出下降，即 T_{OH} 增加，U_o 下降，以保持输出电压稳定。

6.2.3.4 高频开关整流器滤波电路和电磁兼容性

1. 高频开关整流器滤波电路

高频开关整流器中主要的滤波电路的大致位置如图 6-13 所示，分别为输入滤波、工频滤波和输出滤波。

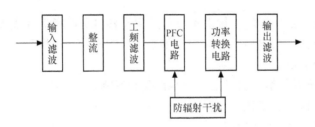

图 6-13 高频开关整流器各滤波电路示意图

输入滤波是接在交流电网和开关整流器输入之间的滤波装置，其作用是抑制交流电网中的高频干扰串入整流器，同时也抑制整流器对交流电网的反干扰。图 6-14 所示为一个输入滤波电路的例子。一般封装在磁屏蔽盒内，采用可靠接地，以衰减或消除外来的干扰。干扰可分为差模干扰和共模干扰。图中，C_1 和 C_4 为高频旁路电容，L_3 为常态电感，它们用来消除线路的差模干扰；C_2、C_3、C_5、C_6 和共模扼流线圈 L_1、L_2 用来消除共模干扰。

图 6-15 所示为共模扼流线圈原理图。由于多种原因，在电网输入端和开关整流器中会产生两输入端大小相等、方向相同的共模干扰信号，电感线圈 L_1、L_2 电感量相等，所以产生的磁通相互叠加呈高阻抗，扼制共模干扰进入整流器；当差模信号，在扼流线圈两输入端一进

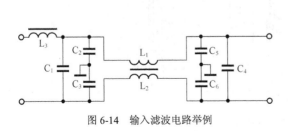

图 6-14 输入滤波电路举例

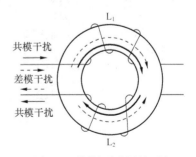

图 6-15 共模扼流线圈原理图

一出，电感线圈 L_1、L_2 产生的磁通相互抵消，相当于没接电感（对高频的差模干扰如前所述有高频旁路电容和常态电感消除）。

工频滤波将工频整流后的脉动（以低次分量居多）消除，同时还能抑制一些高频干扰。其电路形式与输入滤波相类似，只是滤波元件的取值和体积较大。

输出滤波由于工作在低压大电流场合，其滤波元件体积较大，当然由于工作在高频区，体积又可减小很多。

2．高频开关整流器的电磁兼容性

随着当今各种电子设备的射频干扰功率越来越大，同时电子设备本身的灵敏度越来越高，相互之间的影响也越来越大。我们不得不考虑电子设备的电磁兼容问题。所谓电磁兼容是指各种设备在共同的电磁环境中能正常工作的共存状态。其英文缩写为 EMC（Electromagnetic Compatibility）。

EMC 的内容很多，简单地分为骚扰（disturbance）和抗扰（immunity）。

骚扰：电子设备自身产生的噪声等干扰对外界的影响。根据噪声向外界传播的途径，骚扰又可分为通过导线向外界产生的传导（conducted）骚扰和通过空间发射向外界产生的辐射（radiated）骚扰。

抗扰：能够承受一定外界的干扰而不至于发生设备自身性能下降或故障的能力。

高频开关整流器处于市电电网和通信设备之间，它与市电电网和通信设备都有着双向的电磁干扰，归纳起来有以下一些影响。

① 通信设备由于开关整流器发出的噪声而受到影响。

② 开关整流器对市电电网的反灌污染。

③ 开关整流器向空间传播噪声。

④ 外来噪声（包括空间和输入市电线路）使开关整流器的控制电路产生误动作。

⑤ 开关整流器产生的噪声对自身的影响。

对于高频开关整流器内部电路而言，为了抑制噪声影响自身和外界，一般采用滤波、屏蔽、接地、合理布局、选择电磁兼容性能更好的元件和电路等。另外，在安装开关电源时，注意输入线路和输出线路的隔离、输出线绞合或平行配线、机架地线和信号地线分开、配置必要的输入浪涌抑制等。

下面举一个功率开关管散热器屏蔽抑制电源噪声的例子，如图 6-16 所示。

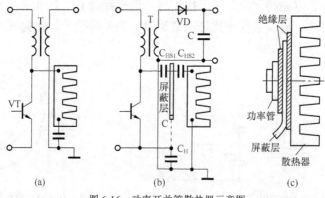

图 6-16　功率开关管散热器示意图

通常在功率开关管上安装具有一定面积的散热器，图 6-16（a）所示为一般散热器的安装方法。由于管子噪声会通过散热器对机壳和电源引线的分布电容传递输出形成干扰，为了减小这种干扰，我们将散热器接成图 6-16（b）、图 6-16（c）所示。将散热器与输出直流接地相连，但需要加装绝缘材料。考虑到绝缘材料与散热片之间的分布电容会形成另一条噪声传播途径，所以在散热器屏蔽层中间插入屏蔽层，将分布电容减小（电容串联容值减小）。为了减小散热器加入屏蔽层而增加的热阻，在安装时可在功率开关管和散热屏蔽层之间绝缘层涂上硅脂，并用 C_H 接地来耦合隔离干扰，一般选择高频小电容。同时，应注意屏蔽层必须接至输入接地端。

6.2.4 开关电源系统简述

目前通信用高频开关整流器一般做成模块的形式，由交流配电单元、直流配电单元、整流模块和监控模块组成开关电源系统。图 6-17 所示为一个开关电源系统示意图，它包括若干整流模块、交流配电单元、直流配电单元和监控模块。

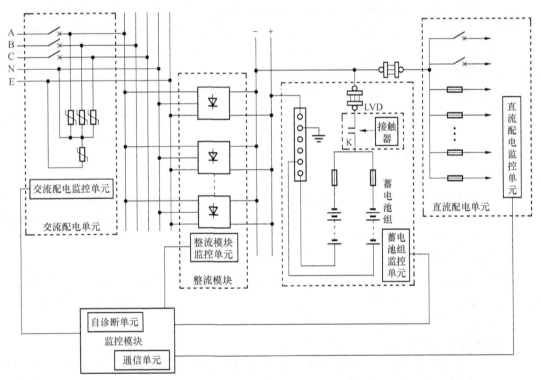

图 6-17 开关电源系统示意图

图中，交流配电单元负责将输入三相交流电分配给多个整流模块（一般用单相交流电居多）。交流输入采用三相五线制，即 a、b、c 三根相线和一根零线 N、一根地线 E。首先接有 MOA 避雷器（其原理将在以后章节中讲解），保护后面的电器遭受高电压的冲击，再接有 3 个空气开关控制三相交流电的输入与否。

整流模块完成将交流转换成符合通信要求的直流电。这里所指的符合通信要求的内容有：

输出的直流电压要稳定、输出的直流电压所含交流杂音小、输出电压应在一定范围内可以调节，以满足其后并接的蓄电池充电电压的要求。同时，由于一个开关电源系统具有多个整流模块，所以多个整流模块工作时有一个相互协调的问题，包括多个整流模块工作时合理分配负载电流（即均流功能），其中某个整流模块出现输出高压时该模块能正常退出而不影响其他模块的工作（即选择性过电压停机功能）等。

　　一个开关电源系统根据情况配有一组或两组蓄电池，其接入系统的位置如图 6-17 所示，在整流模块输出后，属于直流配电单元。除了串有相应的保护熔丝以外，我们注意到还串有接触器的常开触点 K，称之为蓄电池组的低压脱离（Low Voltage Disconnectted，LVD）装置。当系统输出电压在正常范围内时，该常开触点 K 是动作闭合的，也就是说蓄电池组是并入开关电源系统参与工作的；当整流模块停机，由蓄电池组单独对外界负载放电时，随着放电时间的延长，电池的输出电压会越来越低，当电池电压达到一个事先设定的保护电压值时，为了保护电池组不至于过放电而损坏，常开触点 K 释放打开，从而断开了电池组与系统的连线，此时系统供电中断（事实上如此低的输出电压对其后的通信负载也会产生不良的影响）。这种情况将造成重大的通信事故，所以我们应加强日常维护工作，避免蓄电池组长时间放电。

　　直流配电单元负责将蓄电池组接入系统与整流模块输出并联，再将一路不间断的直流电分成多路分配给各种容量的直流通信负载。其中在相应线路中接有熔丝保护和测量线路电流的分流器。

　　监控单元是整个开关电源系统的"总指挥"，起着监控各个模块的工作情况，协调各模块正常工作的作用。监控单元主电路以 CPU 为核心，采用 EPRAM、RAM、EEPRAM 等以实现分别存储各种数据的目的。为实现多个下级设备的连接，具有串口电路。为实现人机对话，具有 I/O 接口电路，以连接键盘、LCD 模块和输出告警的干接点。此外，为了保证监控单元的高可靠性工作，具有看门狗电路。监控单元软件设计采用面向对象的编程方法。监控单元主要实现对开关电源系统的信息查询、参数设置、系统控制、告警处理、电池管理和后台通信等功能。

　　从监控对象的角度我们将监控模块分为交流配电单元监控单元、整流模块监控单元、蓄电池组监控单元、直流配电单元监控单元、自诊断单元和通信单元 6 个功能单元。下面简单分析各功能单元分别完成哪些具体功能。

　　1．交流配电单元监控单元

　　监测三相交流输入电压值（是否过高、过低，有无缺相、停电），频率值，电流值以及 MOA 避雷器是否保护损坏等情况。能显示它们的值以及状态，当不符合事先设定的值时，发出声光告警，记录相关事件发生的详细情况，以备维护人员查询。

　　2．整流模块监控单元

　　监测整流模块的输出直流电压、各模块电流及总输出电流，各模块开关机状态、故障与否、浮充或均充状态以及限流与否。控制整流模块的开关机、浮充或均充。显示相关信息以及记录事件发生的详细情况。

　　蓄电池组日常充电一般有两种电压：浮充电压和均充电压，一般以浮充为主，当浮充较长时间或电池放电后转入更高电压的均充，在以后的章节我们会作详细的讲解。

整流模块一般工作在稳压状态，当负载电流太大时，整流模块自动进入"稳流状态"，直到负载电流减小到正常范围以内后重新进入正常的稳压状态。这种"稳流状态"使得整流模块的输出电流一直稳定在我们事先设定的一个极限值，不会随负载的增加而增加，我们称之为限流。我们将在以后的章节中作详细分析。

3．蓄电池组监控单元

监测蓄电池组总电压、充电电流或放电电流，记录放电时间以及放电容量、电池温度等。

控制蓄电池组 LVD 脱离保护和复位恢复（根据事先设定的脱离保护电压和恢复电压）；蓄电池组均充周期的控制、均充时间的控制和蓄电池温度补偿的控制等。

① 蓄电池组周期均充指根据蓄电池厂家的建议，一般在"一定时间"浮充之后，要进行数小时的均充，这个"一定时间"即均充的周期。

② 蓄电池温度补偿是指蓄电池充电的最佳电压会随着温度的变化而改变，监控单元能根据温度的变化控制整流模块动态地调整输出电压以满足电池最佳充电电压的要求。

4．直流配电单元监控单元

监测系统总输出电压、总输出电流、各负载分路电流以及各负载分路熔丝和开关情况。

5．自诊断单元

监测监控单元本身各部件和功能单元工作情况。

6．通信单元

设置与远端计算机连接的通信参数（包括通信速率、通信端口地址），负责与远端计算机的实时通信。

6.2.5　监控单元日常操作

监控单元在开关电源系统中负责协调系统其他模块单元的正常工作，日常对开关电源系统的操作一般也集中在对监控单元的操作上。对监控单元的日常操作也就是对其菜单的操作。下面对监控单元典型的监控单元菜单的形式加以介绍（其中列举的具体数据以输出直流 48V 系统为例）。

1．监控单元的首页

一般在监控单元的首页会显示：系统输出电压、系统输出电流、交流输入电压、环境温度和系统状态等常规内容。例如，某开关电源系统监控单元正常时显示屏显示：

系统输出电压：　53.5V

系统输出电流：　400A

交流输入电压：　220V

环境温度：　　　25℃

系统状态：　　　浮充

同时，首页一般还会提示有无告警信息以及进入下级子菜单的途径。常见的子菜单有：

资料：包括蓄电池容量情况、下次均充时间等；系统输入交流情况、输出直流电情况等；各整流模块状态（告警、限流、关机、正常等）、地址配置（与监控单元通信所分配的地址）等；系统时间以及该监控单元软件版本信息等。

参数：包括告警参数的设定、整流模块功能的设定、电池功能的设定、系统时间和语言选择的设定等。

记录：记录系统工作时发生的事件，并有几十条甚至上百条的历史事件记录以备查询。

告警：记录显示历史及当前告警事件的内容、时间和告警级别等。

2. 参数子菜单的设定内容

监控单元操作中，参数子菜单的设定内容是最多的，而且要求有足够的开关电源系统专业知识才能够准确地操作设定相关参数（有些开关电源系统要进入参数的设定必须要具有一定权限的密码以保证系统的安全性）。下面较详细地介绍常见参数的设定内容。

（1）告警参数的设定

① 直流高压告警电压设定

事先设定直流高压告警电压为 58V，则当系统输出直流电压上升至 58V 时，系统将会发出声光告警，显示系统输出高压告警。

② 直流过压停机电压设定

事先设定直流过压停机电压为 59V，则当系统输出直流电压上升至 59V 时，整流模块停机并发出声光告警，显示系统输出过压停机告警。

③ 直流低压告警电压设定

事先设定直流低压告警电压为 47V，则当系统输出直流电压下降至 47V 时，系统将会发出声光告警，显示系统输出低压告警（一般是在电池单独放电的情况下发生）。

④ 交流高压告警电压设定

事先设定交流高压告警电压为 242V，则当系统输入交流电压上升至 242V 时，系统将会发出声光告警，显示系统输入交流高压告警。

⑤ 交流低压告警电压设定

事先设定交流低压告警电压为 187V，则当系统输入交流电压下降至 187V 时，系统将会发出声光告警，显示系统输入交流低压告警。

⑥ 蓄电池组温度过高告警设定

事先设定蓄电池组温度过高告警为 40℃，则当系统检测到电池表面温度上升至 40℃时，发出声光告警，显示电池高温告警，同时如果电池处于均充状态则自动转回浮充状态。

（2）整流模块功能的设定

① 均充功能设定

设定均充功能：开启/关闭

如果设为开启，则应进一步设定周期均充参数，包括开启/关闭、周期和均充持续时间。例如典型值：周期均充开启、周期 1 个月、均充持续时间 10 小时。

蓄电池均充周期以及均充持续时间的设定应根据实际使用的电池特性（厂家提供）和使用年限状况来定，具体情况在以后章节中会详细介绍。

② 限流模式设定

• 整流模块输出限流值设定：比如设为 110%整流模块输出额定电流，表示当整流模块输出电流到达该值后，将不再增加电流（进入稳流状态），起到保护整流模块的作用。

- 蓄电池组充电限流值设定：比如设为额定容量/10(A)，表示当对电池的充电电流到达该值后，电流将不再上升，起到保护蓄电池组的作用。

③ 市电中断均充参数设定

当发生交流输入中断后，由蓄电池组向负载供电，监控单元同时开始累计蓄电池放电容量，以决定交流复电后是否向蓄电池实行较高电压的均充（快速补充电池能量）。如果累计蓄电池放电容量大于设定值，则在交流复电后转入均充，均充结束条件是：均充充电电流小于事先设定值；均充时间达到事先设定值；蓄电池组表面温度过高。只要满足条件之一，结束均充返回浮充状态。

比如放电容量衡量系数：15%；均充返回电流：$10\%I_{10}$；均充持续时间：10 小时。表示当交流输入中断后，如果累计放电容量超过电池额定容量的 15%，则交流复电后转入均充，当均充电流小于 $10\%I_{10}$ 或均充时间达到 10 小时，返回浮充。（I_{10} 指电池 10 小时率放电电流，一般为额定容量/10，在本书蓄电池章节将作详细讲解。）

根据不同开关电源系统对蓄电池组的维护策略，有些开关电源系统交流复电均充结束条件有所不同，如累计均充容量达到电池放出容量乘以回充百分数后，返回浮充。又如，回充百分数设为 120%，表示当均充容量达到 120%放出容量后，返回浮充。

④ 设定充电状态

当均充功能设为开启时，可根据实际情况设定当前充电状态为均充或浮充。

⑤ 浮充、均充电压设定

设定浮充电压：比如 53.5V。

设定均充电压：比如 56.4V。

（3）电池功能的设定

① 电池容量设定

根据系统配置的蓄电池组容量，写入监控单元，作为监控单元对电池组管理的依据。

② 温度补偿功能设定

设定温度补偿功能：开启/关闭。

如果温度补偿功能设为开启，则应进一步设定温度补偿参数：温度补偿斜率。

比如设为−3mV/℃/只，表示当电池温度每升高 1℃，对电池充电电压应降低 3mV/只；反之，当电池温度每下降 1℃，对电池充电电压应提高 3mV/只，以达到保护电池的目的。

③ 电池测试功能设定

当设定电池测试功能为开启时，系统整流模块自动停机，蓄电池组进入放电状态，以测试蓄电池组容量情况。为保护蓄电池组不至于过多放电而影响系统和电池本身安全性，事先应对电池测试功能的一些参数进行设定：最长测试时间和测试结束电压，比如分别为 5 小时和 47V，表示在进行电池放电测试时，当放电测试时间达到 5 小时或蓄电池组电压下降到 47V 时，系统自动结束放电测试，整流模块自动开机，以保证系统和电池组的安全。

④ 低压脱离参数设定

设定低压脱离参数：低压脱离动作电压、低压脱离复位电压。

比如分别设 44V、47V，表示当系统电压下降到 44V 时，蓄电池组自动与系统脱离，当系统电压回升到 47V 时，蓄电池组自动与系统连接（即低压脱离复位）。之所以复位电压高于脱离动作电压的原因主要是防止低压脱离装置频繁动作（大家可以自己思考）。

（4）系统时间和语言选择的设定

设定系统时间，为监控单元记录事件提供时间依据。同时，系统一般可提供多种操作语言可供选择（如简体中文、繁体中文和英文等）。

6.2.6　开关电源系统的故障处理与维护

由于高频开关电源系统在通信电源系统中所处的重要地位，对它的运行管理和维护工作是非常重要的。由于开关电源系统本身平均无故障运行时间（Mean Time Between Failure，MTBF）的长短、日常维护质量的优劣、外界干扰强度和工作环境等因素的影响，设备发生故障是难免的，对故障的迅速、正确排除，减少故障所造成的损失是项重要的基本任务。目前的高频开关电源系统具有一定的智能化，不但体现在具有智能接口能与计算机相连实现集中监控，而且当系统发生故障时，系统监控单元能显示故障事件发生的具体部位、时间等。维护人员利用监控单元的这些信息能初步判断故障的性质。但由于目前高频开关电源系统智能化程度还远远没有达到真正能代替人的所谓"人工智能"的程度，很多实际故障发生后的判断处理仍然需要有经验的电源维护人员根据故障现象，进行缜密分析，作出正确的检查、判断及处理。

当设备发生故障后，需进行维修。系统检查维修的基本步骤如下。

（1）首先查看系统有无声光告警指示。

由于开关电源系统各模块均有相应的告警提示，如整流模块故障后其红色告警指示灯点亮，同时系统蜂鸣器发出声告警。

（2）再看具体故障现象或告警信息提示。

例如观察具体故障现象与监控单元告警单元提示是否一致，有无历史告警信息等，有时可能会出现无告警但系统功能不正常的现象。

图6-18　故障现象分类示意图

（3）根据故障现象或告警信息，对本开关电源作出正确的分析及形成处理故障的检修方法，即可完成故障检修。

开关电源的故障多种多样，应根据系统的配置情况作出判断。故障现象的分类如图6-18所示。

正常告警类故障：这一类故障发生时，系统配电模块、整流模块会有相应的故障指示，查看监控单元有相应的告警信息，各监控单元提示的故障信息与实际情况一致。

非正常告警类故障：这一类故障发生时，虽然系统有故障灯亮、告警声响等现象，但情况与监控单元告警信息不一致或监控单元无相应告警信息。

功能丧失类不告警故障：这一类故障发生时，系统的功能发生异常或丧失，但系统没有任何告警提示。

性能不良不告警故障：这一类故障发生时，系统检测的参数不符合系统性能指标，发生检测不准或参数不对等情况。

在实际检修过程中，可以根据故障现象归入上述一种或多种情况。

1．正常告警与非正常告警

系统告警类的典型特征是系统对应部位声光告警，例如，交流配电发生故障会发生配电故障灯亮，或有蜂鸣器告警；模块发生故障会出现模块灯亮；监控有当前告警时监控单元灯亮，或有蜂鸣器告警。在处理系统告警类故障时，一般先按正常告警方法检修，查不出故障时按非正常告警检修方法检修。

在配电故障中，可依据监控告警信息，找出可能发生的故障部位。交流配电故障中，可分为交流电故障及交流输入回路（及后续电路引起交流输入回路）故障；直流配电故障中，可分为输出电压故障、电池支路及输出支路故障。

监控通信故障中（监控单元告警，其他部位无告警），可依据交、直流屏通信中断，模块通信中断等方面去梳理。

模块故障依据告警性质不同（红、黄灯不同）去分析属模块故障还是风扇故障。

2. 功能丧失或性能不良类故障

在交流配电中的故障现象如指示灯损坏、电路板损坏以及当交流过压、欠压时的保护等。下面，以各整流模块之间均流不正常为例来说明。

故障现象：模块与模块之间输出电流不均衡，不均流度大于 5%，或某一模块总是偏大或偏小。

检修流程图如图 6-19 所示。

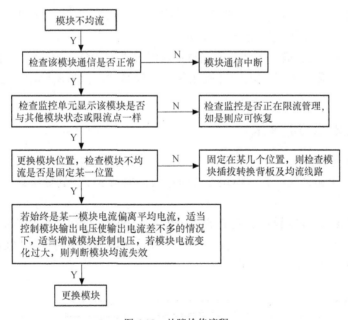

图 6-19　故障检修流程

在进行分析时，可以根据不同的故障，作出不同的检修流程图，加以分析判断。

6.2.7　开关电源系统日常检查项目内容、方法及意义

（1）用灰刷、干抹布和吸尘器清洁设备内部积灰；1 次/月。

（2）检查设备的系统告警功能：采用模拟交流停电、直流熔断等故障，系统应准确告警；1 次/月。

（3）检查设备的系统显示功能：监控和整流模块的电压、电流显示误差应分别小于 0.2V 和 0.5A；1 次/月。

（4）检查系统内部通信功能：各模块间通信正常，同一模块无多次通信中断告警；1 次/月。

（5）检查系统参数设置：系统所有参数设置正常，无漂移现象；1 次/月。

（6）检查系统接地保护：直流工作接地、保护接地连接无松动；1 次/月。

（7）用红外测温仪测量直流熔丝和熔丝接点温升，要求温升<50℃；1 次/月。

（8）检查继电器、断路器动作是否可靠、稳定，其接触点要求温升<55℃；1 次/月。

（9）检查散热风扇运转是否正常、无卡滞，滤网无积灰；1 次/月。

（10）检查系统内部插件和电缆连接、固定是否良好，要求无挤压变形、发热和老化；1 次/月。

（11）检查系统防雷保护，避雷器工作是否正常、接线连接紧固；1 次/月。

（12）检查开关电源系统的均流性能：观察并记录开关电源各模块输出电流，计算系统均流特性，要求优于±5%；1 次/季。

（13）检查接线端子的接触是否良好、连接无松动；1 次/季。

（14）用红外测温仪和或 4 位半万用表检查空气开关、接触器件，分析判断接触是否良好，1 次/季。

（15）试验系统软启动性能：关闭开关电源模块 5 分钟再开机（输出电流不进入限流），观察系统直流输出电压是否缓慢上升；1 次/季。

（16）开关电源系统的输入谐波对比测试：使用电力谐波分析仪表检测开关电源交流输入电压、电流谐波，关闭所有开关电源交流输入，重复测试，前后所测数据之差为测试结果，要求小于 5%；1 次/季。

6.2.8　开关电源节能技术

6.2.8.1　高效整流模块

目前普通开关电源系统的整流模块在负荷率较低的情况下，其效率只有 81%~84%，损耗较大，不利于节能。

高频开关电源经过多年设计、制造的经验积累，高能源效率的创新产品不断出现。新一代通信用高效整流模块具有高效率、高可靠性及绿色节能等显著特性。普通模块和高效模块在不同系统负荷率下的效率比较如图 6-20 所示。

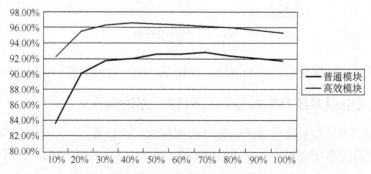

图 6-20　普通模块和高效模块在不同系统负荷率下的效率

高效整流模块的特点如下。

（1）功率因数校正采用无整流桥技术，效率得到提高，功率因数大于 0.99，交流输入电流谐波失真小于 5%。

（2）DC/DC 转换电路采用先进的拓扑电路，宽负载范围内实现软开关技术，转换效率高。

（3）直流输出整流采用同步整流技术，降低损耗，提高效率。

（4）在 20%～80%负载率范围模块效率高达 96%以上。

（5）功率因数 0.99THDi≤5%。

6.2.8.2 开关电源休眠技术

模块休眠技术就是根据负载电流和功率的大小，和系统配置的模块数量和容量相比较，通过智能开关技术，自动调整整流模块的数量，使部分模块处于休眠状态把整流模块调整到最佳负载率的状态下工作，从而降低系统的带载功耗和空载耗，达到节能的目的。这种技术多用于通信电源。

开关电源整流模块的功耗分为输出功耗、带载功耗和空载功耗 3 个部分。其输出功耗是由负载电流大小决定的，无法通过模块休眠技术降低。带载功耗取决于模块的工作效率，在比较合理的负载率范围内，工作效率较高，可通过提高模块工作效率来降低带载功耗。空载功耗是负载未达到额定量造成的，可通过减少模数量来降低。

整流模块的休眠与运行可以通过软件来控制。控制整流模块的休眠和运行，需要找到一个最佳工作点。图 6-21 所示为通信开关电源在不同负载率下的效率曲线。

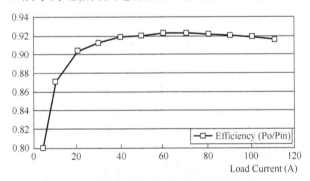

图 6-21 开关电源在不同负载率下的效率曲线

从图中可以看出，开关电源在负载率低于 40%的情况下效率下降非常明显，高于 40%效率趋于稳定，在负载率达到 80%左右效率最高。因此，可以将整流模块的休眠控制点定在整流模块额定输出功率的 40%。将恢复控制点定在整流模块额定输出功率的 60%。当检测到整流模块的输出功率低于其额定功率的 40%时，依次关闭一只或多只整流模块，令其"休眠"，直到运行的整流模块的输出功率大于等于其额定功率的 50%，停止关闭模块。当检测到整流模块的输出功率大于等于其额定功率的 60%时，依次开启一只或多只整流模块，使其运行。直到运行的整流模块的输出功率小于等于其额定功率的 50%，停止开启模块。使用此方法可以减少开关电源电能损耗的 5%～10%。此外，降低整流模块的功耗可以减少发热量，降低了冷却系统的能耗。

休眠节能模式不同于模块的冷备份模式。在休眠节能模式下，模块的主电路完全停止工作，控制电路仍在工作，整个系统处于待机状态。一旦有告警等异常情况，休眠模块可以立即进入工作状态。这与模块的冷备份是完全不同的。

休眠节能技术也不同于传统的遥控关机技术，传统的遥控关机功能只关闭模块的输出部分，模块输入及其他辅助电路仍处于工作状态。因此，模块在遥控关机状态下仍有一定的损耗。在模块休眠模式下，模块的输入输出完全处于关闭状态，整个模块的待机损耗明显降低，如图 6-22 所示。

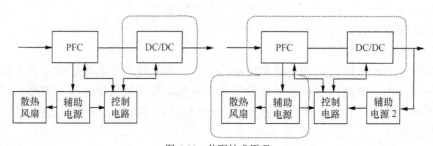

图 6-22　休眠技术原理

系统工作在休眠节能状态下，一旦负载增大到一定程度或系统异常，系统会立即根据需要唤醒部分休眠模块，使整个系统始终处于安全可靠的工作状态之下。

此外，系统可根据设置的工作时间使模块轮流休眠，从而使每个模块的累计工作时间基本一致，从而使所有模块均匀老化，避免个别模块过度老化的现象。

小　　结

1．高频开关整流器作为通信电源系统的核心，其优点可归纳为重量轻、体积小；节能高效；功率因数高；稳压精度高、可闻噪声低；维护简单、扩容方便；智能化程度较高。

2．高频开关整流器由主电路和控制电路、检测电路、辅助电源组成，其中主电路是功率输送的主要电路，分为交流输入滤波、整流与滤波、功率因数校正、逆变、输出整流与滤波等电路。

3．功率转换电路是高频开关整流器中最核心的电路，其工作频率的提高可以使得功率变压器的体积大大减小，但功率开关元件的开通和关断损耗制约了工作频率的进一步提高，为此，出现了谐振型功率转换电路。常见的准谐振功率转换电路又分为两种，一种是零电流谐振开关式，一种是零电压谐振开关式。

4．开关整流器稳压原理是时间比例控制的原理，即通过改变开关接通时间和工作周期的比例，来调整输出电压。具体方式有：脉冲宽度调制方式，脉冲频率调制方式和混合调制方式。

5．常见的功率开关元件有 MOSFET 和 IGBT，两者相比，功率 MOSFET 管导通压降较大，而 IGBT 关断时有拖尾现象，制约了开关速度的提高。

6．在高频开关整流器中，功率因数校正的基本方法有两种：无源功率因数校正和有源功率因数校正。无源功率因数校正法简单，但效果不很理想，因此，目前用得较多的是有源功率因数校正。有源功率因数校正技术目的在于减小输入电流谐波，而且使输入电流与输入电网电压几乎同相为正弦波，从而大大提高功率因数。

7．高频开关整流器中主要的滤波电路有：输入滤波、工频滤波和输出滤波。

8．高频开关整流器处于市电电网和通信设备之间，它与市电电网和通信设备都有着双向的电磁干扰，为了抑制这些噪声对自身和外界的影响，一般采用滤波、屏蔽、接地、合理布局、选择电磁兼容性能更好的元件和电路等来达到电磁兼容性的要求。

9．通信用高频开关电源系统由交流配电单元、直流配电单元、整流模块和监控模块组成，其中监控模块起着协调管理其他单元模块和对外通信的作用，日常对开关电源系统的维护操作主要集中在对监控模块菜单的操作。

10．开关电源的故障多种多样，可分为正常告警类故障、非正常告警类故障、功能丧失类不告警故障、性能不良不告警故障，应根据系统的实际情况，作出不同的检修流程图，加以分析判断。

11．开关电源安全系统操作规程及注意事项。

12．开关电源系统日常检查项目内容、方法及意义。

13．高效整流模块相比较于普通模块具有：在 20%~80%负载率范围模块效率高达 96%以上，功率因数大于 0.99，交流输入电流谐波失真小于 5%等特点，降低损耗，提高效率，带来了节能效果。

14．模块休眠技术根据负载电流和功率的大小，通过智能开关技术，自动调整整流模块的数量，使部分模块处于休眠状态把整流模块调整到最佳负载率的状态下工作，从而降低系统的带载功耗和空载耗，达到节能的目的。

思考题与练习题

6-1　高频开关整流器的特点有哪些？

6-2　高频开关整流器的各种技术在不断改进和完善之中，你所了解的目前国内外在这个领域的研究动态是怎样的？

6-3　请画出高频开关整流器方框图，并说明主电路各部分的作用。

6-4　高频开关整流器变压器体积较小的原理是什么？

6-5　什么是软开关技术？采用软开关技术的目的是什么？

6-6　时间比例控制的含义是什么？具体方式有哪几种？

6-7　比较功率 MOSFET 和 IGBT 管各自优缺点。

6-8　写出全功率因数 PF 应定义公式，说明高频开关整流器采用功率因数校准电路的原因和功率因数校准电路的基本思想。

6-9　高频开关整流器中主要的滤波电路有哪些？它们的作用和大致位置在哪里？

6-10　什么是电磁兼容性？开关整流器的电磁兼容性内容主要可归纳为哪些？

6-11　开关电源系统由哪几种模块单元组成？

6-12　监控单元操作菜单中告警参数的设定常见的内容有哪些？

6-13　描述市电中断之后开关电源系统对蓄电池均充的策略。

6-14　蓄电池低压脱离功能有什么作用？

6-15　什么是开关电源系统的功能丧失类不告警故障？请举例说明。

6-16　请说明模块休眠技术的工作原理。

第 7 章　蓄电池

本章典型工作任务

- 典型工作任务一：阀控式铅酸蓄电池（VRLA）的日常检查。
- 典型工作任务二：充电设备有关 VRLA 蓄电池的参数检查及设置。
- 典型工作任务三：VRLA 蓄电池的周期检测。
- 典型工作任务四：VRLA 蓄电池一般故障的处理。

本章知识内容

- 通信蓄电池发展。
- 阀控蓄电池构成、分类。
- 阀控蓄电池工作原理。
- 阀控蓄电池技术指标。
- 阀控蓄电池的维护使用与注意事项。
- 磷酸铁锂电池。

本章知识重点

- 阀控蓄电池的组成与工作原理 。
- 阀控蓄电池的维护与使用。

本章知识难点

- 阀控蓄电池的使用容量因素。
- 阀控蓄电池维护中的失效原因分析。

本章学时数　4 课时。

学习本章目的和要求

- 掌握阀控蓄电池的工作原理，理解阀控蓄电池的特点。
- 掌握阀控铅蓄电池的基本结构及各组成部分的作用，了解阀控蓄电池的分类。
- 掌握阀控铅蓄电池容量的概念，理解使用因素对实际容量的影响。
- 理解阀控铅蓄电池的失效原因，了解阀控铅蓄电池故障判断与维护时的注意事项。
- 了解阀控蓄电池的发展历史及趋势。
- 能进行阀控式铅酸蓄电池（VRLA）的日常检查。

- 能进行充电设备有关 VRLA 蓄电池的参数检查及设置。
- 能进行 VRLA 蓄电池的周期检测。
- 能进行 VRLA 蓄电池一般故障的处理。

蓄电池是通信电源系统中,直流供电系统的重要组成部分。在市电正常时,虽然蓄电池不担负向通信设备供电的主要任务,但它与供电主要设备——整流器并联运行,能改善整流器的供电质量,起平滑滤波作用;当市电异常或在整流器不工作的情况下,则由蓄电池单独供电,担负起对全部负载供电的任务,起到备用作用。由于它是一种电压稳定、安全方便、不受市电突然中断影响、安全可靠的直流电源,因此,一直在通信系统得到了十分广泛的应用。

7.1 典型工作任务

7.1.1 典型工作任务一: 阀控式铅酸蓄电池(VRLA)的日常检查

7.1.1.1 所需知识
(1)阀控蓄电池的工作原理。
(2)了解 VRLA 蓄电池的结构组成。
(3)VRLA 蓄电池的电性能。
(4)熟悉各项安全操作规程及注意事项。
(5)日常检查项目内容、方法及意义。

7.1.1.2 所需能力
(1)对蓄电池各组成部分的结构的熟悉。
(2)对开关电源系统结构的熟悉与对作用的理解。
(3)能对蓄电池进行日常维护(包括日、月、半年、年度维护)。
(4)正确使用仪表进行测量,并会鉴别数据是否符合设计指标要求。
① 四位半数字万用表。
② 钳形电流表。
(5)熟练使用工具,操作中不能影响原系统运行。

7.1.1.3 参考行动计划
(1)分组:以 5 人左右为一个小组,明确人员职责,按照项目要求各自独立开展工作。
(2)讨论:明确分组以后各组围绕主题、重点和工作步骤开展讨论。根据讨论结果拿出各组的方案、具体步骤和注意事项。
(3)教师的审核:教师根据各组提出的方案审核方案是否完整及具体可操作性、是否存在安全隐患。
(4)各小组的实际训练操作:各小组按照审核通过的方案组织实际训练操作。
(5)检查评估:实际操作结束后,由检查组开展评估和小结。

7.1.1.4 参考操作步骤
(1)用万用表测量电池组的总电压及各电池的浮充电压,用电流表测量电池充电电流,并判断其好坏。

（2）用红外点温仪测量电池的外壳和极柱温度。

（3）观察电池连接条有无松动、腐蚀现象。

（4）观察电池壳体有无渗漏和变形。

（5）观察电池的极柱、安全阀周围是否有酸雾溢出。

7.1.1.5　检查评估

（1）步骤实施的合理性：看工作步骤是否符合计划方案，是否顺畅、合理，包括能正确读取整流器相关参数示值和判断示值是否符合标准。

（2）安全性考虑：操作是否规范，是否存在安全隐患。

（3）团队分工合作效率：团队配合是否默契、工作效果如何。

（4）创新：工作思路和方法是否有所创新。

（5）拓展性：是否有助于相近学科的学习和研究。

（6）职业素养的提高：学习态度、操作能力、可持续发展能力、创新能力均有较大提高。

（7）成果的自我总结评价：各小组的工作总结是否恰如其分，对存在问题的分析是否透彻，整改措施是否得当。

7.1.2　典型工作任务二：充电设备有关 VRLA 蓄电池的参数检查及设置

7.1.2.1　所需知识

（1）VRLA 蓄电池的工作原理。

（2）VRLA 蓄电池的充放电特性。

（3）VRLA 蓄电池对充电设备（整流器）的技术要求。

（4）熟悉各项安全操作规程及注意事项。

7.1.2.2　所需能力

（1）对开关电源系统结构的熟悉与对作用的理解。

（2）能够查看高频开关整流柜面板中有关 VRLA 蓄电池的参数。

（3）能够对 VRLA 蓄电池的参数进行正确的设置。

（4）操作熟练，无不安全因素。

7.1.2.3　参考行动计划

（1）分组：以 5 人左右为一个小组，明确人员职责，按照项目要求各自独立开展工作。

（2）讨论：明确分组以后各组围绕主题、重点和工作步骤开展讨论。根据讨论结果拿出各组的方案、具体步骤和注意事项。

（3）教师的审核：教师根据各组提出的方案审核方案是否完整及具体可操作性、是否存在安全隐患。

（4）各小组的实际训练操作：各小组按照审核通过的方案组织实际训练操作。

（5）检查评估：实际操作结束后，由检查组开展评估和小结。

7.1.2.4　参考操作步骤

（1）测量整流器输出电压的稳压精度，见第 5 章典型工作任务五。

（2）进入相应的菜单，对整流模块中 VRLA 蓄电池的参数进行设定。

①　均充功能设定。

　　熟悉均充功能启用条件，自动均充启动条件可以根据 VRLA 蓄电池的新旧程度和不同生产厂家的技术要求进行人工设置，了解自动均充的持续时间。

　　② 市电中断均充参数设定。

　　③ 设定充电状态。

　　④ 浮充、均充电压设定。

　　（3）进入相应的菜单，对相关电池功能进行设定。

　　① 电池容量设定。

　　② 温度补偿功能设定。

　　③ 电池测试功能设定。

　　④ 低压脱离参数设定。

　　（4）限流功能的使用。

　　① 整流模块输出限流值设定。

　　② 蓄电池组充电限流值设定。

　　（5）智能化管理功能理解和使用。

7.1.2.5　检查评估

　　（1）步骤实施的合理性：看工作步骤是否符合计划方案，是否顺畅、合理，包括：准确进入菜单项、正确读取和设置各项参数和操作熟练、正确。

　　（2）安全性考虑：操作是否规范，是否存在安全隐患。

　　（3）团队分工合作效率：团队配合是否默契、工作效果如何。

　　（4）创新：工作思路和方法是否有所创新。

　　（5）拓展性：是否有助于相近学科的学习和研究。

　　（6）职业素养的提高：学习态度、操作能力、可持续发展能力、创新能力均有较大提高。

　　（7）成果的自我总结评价：各小组的工作总结是否恰如其分，对存在问题的分析是否透彻，整改措施是否得当。

7.1.3　典型工作任务三：VRLA 蓄电池的周期检测

7.1.3.1　所需知识

　　（1）理解 VRLA 蓄电池的工作原理及充放电特性。

　　（2）蓄电池的容量的定义及使用因素对容量的影响，如放电率、温度和终止电压影响因素等。

　　（3）开关电源系统结构、组成与功能。

　　（4）蓄电池各项指标及测试方法，能判断测试值是否符合标准。

　　（5）熟悉各项安全操作规程及注意事项。

7.1.3.2　所需能力

　　（1）对开关电源系统结构的熟悉与使用。

　　（2）整流柜面板页面的操作，能合理设置蓄电池的工作参数。

　　（3）掌握电池充放电方法。

　　（4）熟悉电池检测项目，鉴别数据是否符合设计指标要求。

　　（5）测试仪器、仪表的正确使用。

（6）操作熟练，不能影响原系统运行。

7.1.3.3　参考行动计划

（1）分组：以 5 人左右为一个小组，明确人员职责，按照项目要求各自独立开展工作。

（2）讨论：明确分组以后各组围绕主题、重点和工作步骤开展讨论。根据讨论结果拿出各组的方案、具体步骤和注意事项。

（3）教师的审核：教师根据各组提出的方案审核方案是否完整及具体可操作性、是否存在安全隐患。

（4）各小组的实际训练操作：各小组按照审核通过的方案组织实际训练操作。

（5）检查评估：实际操作结束后，由检查组开展评估和小结。

7.1.3.4　参考操作步骤

（1）电池外观的检查，用目测法检查蓄电池的外观有无漏液、变形、裂纹、污迹、极柱和连接条有无腐蚀及螺母是否松动等现象。

（2）电池端电压的均匀性判别，电池组在浮充状态下，用 4 位半数字万用表的电压挡在单体电池正负极柱的根部测得其端电压，各单体电池电压之差在浮充状态下应＜100mV；在静止（开路）状态下应＜20mV。

（3）标示电池的选定，在电池放电的终了时刻查找单体端电压最低的电池 1～2 只为代表，标示电池不一定是固定不变的，相隔一定时间后应重新确认。

（4）电池极柱压降的测量。

① 电池向负载放电。

② 用钳形电流表的直流电流挡测量放电电流，用万用表的直流电压 mV 挡测量每两只电池间的极柱压降。

③ 计算 $\dfrac{测得压降值}{负载电流} = \dfrac{所求极柱压降}{1h放电率电流值}$

④ 判断：极柱压降＜10mV 为合格；否则为不合格。

（5）蓄电池单组离线操作。

① 做方案。

② 确认需离线的电池处于浮充状态，电流小。

③ 操作前检查有无安全因素，如导体裸露等。

④ 浮充电流小负荷最小时开始操作。

⑤ 工具要用做好绝缘处理的呆扳手。

⑥ 在电池馈线与电池组第一电池连接处将螺丝拆开，先拆负极，将拆开的电线临时绝缘处理，再拆正极，电池馈线也作绝缘处理。

⑦ 安装时确认电池端电压与系统电压相差不超过 0.5V，先接正极，再接负极。

（6）注意事项。

① 为使得测量蓄电池组端压的准确性，一般要求对所测量蓄电池组浮充 24h 以后进行。

② 进行蓄电池单组离线操作时，检查蓄电池输入端无短路，并处于浮充状态。

③ 进行蓄电池单组离线操作时，所使用工具手柄处应作绝缘处理，并对拆除的电池连接线端子作绝缘处理。

7.1.3.5 检查评估

（1）步骤实施的合理性：看工作步骤是否符合计划方案，是否顺畅、合理，包括操作流程正确、操作动作熟练。

（2）安全性考虑：操作是否规范，是否存在安全隐患。

（3）团队分工合作效率：团队配合是否默契、工作效果如何。

（4）创新：工作思路和方法是否有所创新。

（5）拓展性：是否有助于相近学科的学习和研究。

（6）职业素养的提高：学习态度、操作能力、可持续发展能力、创新能力均有较大提高。

（7）成果的自我总结评价：各小组的工作总结是否恰如其分，对存在问题的分析是否透彻，整改措施是否得当。

7.1.4 典型工作任务四： VRLA 蓄电池一般故障的处理

7.1.4.1 所需知识

（1）VRLA 蓄电池的结构、组成。

（2）VRLA 蓄电池的工作原理及充放电特性。

（3）熟悉各项安全操作规程及注意事项。

（4）日常检查项目内容、方法及意义。

（5）蓄电池各项指标及测试方法，能判断测试值是否符合标准。

（6）熟悉各项安全操作规程及注意事项。

7.1.4.2 所需能力

（1）能够查看并合理设置蓄电池的工作参数，并判断是否正常。

（2）正确掌握蓄电池充放电方法。

（3）熟悉电池检测项目，鉴别数据是否符合设计指标要求。

（4）测试仪器、仪表的正确使用。

（5）故障现象的分析与解决。

（6）操作熟练，不能影响原系统运行。

7.1.4.3 参考行动计划

（1）分组：以 5 人左右为一个小组，明确人员职责，按照项目要求各自独立开展工作。

（2）讨论：明确分组以后各组围绕主题、重点和工作步骤开展讨论。根据讨论结果拿出各组的方案、具体步骤和注意事项。

（3）教师的审核：教师根据各组提出的方案审核方案是否完整及具体可操作性、是否存在安全隐患。

（4）各小组的实际训练操作：各小组按照审核通过的方案组织实际训练操作。

（5）检查评估：实际操作结束后，由检查组开展评估和小结。

7.1.4.4 参考操作步骤

（1）浮充电压不均匀。

① 电池内阻不均匀。

处理方法：对该电池组进行均衡充电 12～24h。

② 电池连接条电蚀及连接螺栓锈蚀。

处理方法：对电蚀的连接条进行电蚀清除，对锈蚀的连接螺栓进行更新。

（2）VRLA 蓄电池容量不足。

① 电池欠充。

处理方法：均衡充电 12～24h。

② 浮充电压偏低。

处理方法：提高整流器浮充电压设置值。

③ 失水严重，内部干涸。

处理方法：补加活化液后均衡充电 12h。

（3）单体电池外壳膨胀。

引起外壳膨胀的可能原因如下。

① 浮充电压太高。

处理方法：检查整理开关电源输出电压，重新调整浮充电压设置值。

② 均充电压太高或者均充时间太长。

处理方法：检查整流开关电源的均充设置，并重新调整。

③ 电池充电的初始电流过大。

处理方法：检查整流开关电源的限流设置值，并重新调整。

④ VRLA 蓄电池的阀门堵塞。

处理方法：检查阀门，更换橡皮圈并清洗滤帽。

（4）充电设备良好，VRLA 蓄电池均充时，发现充不上电，查找故障电池。

① 均充充不上电，说明电池组有电池开路或连接条开路。

② 对电池组均充电（即使均充电流为 0），在均充零电流状态下进行检测。

③ 用万用表依次测量电池端电压或连接条，异常偏高的即为故障处。

7.2　相关配套知识

7.2.1　通信蓄电池发展概述

铅酸蓄电池是通信电源系统关键设备，一旦市电发生故障全靠蓄电池及时供电，倘若电池不能满足供电容量和质量的要求，就会造成通信瘫痪或通信质量差。

铅酸蓄电池的发明距今已有 140 余年的历史，以往的铅酸蓄电池均为开口式或防酸隔爆式，充放电时析出的酸雾污染及腐蚀环境，又需经常维护既补加酸和水。自 20 世纪 50 年代起，科学技术发达的国家先后解决了防酸式铅酸电池的致命缺点，而可以把铅蓄电池密封起来。进入 20 世纪 80 年代，随着分散式供电方案启用，需求基础电源设备与通信设备同装一室，激励了密封固定型铅酸电池的生产。

进入 20 世纪 90 年代后，阀控密封铅酸蓄电池生产技术有了很大进展，进入了成熟期。阀控式密封铅酸蓄电池的发展之所以如此迅速，是因为它具有以下特点。

（1）电池荷电出厂，安装时不需要辅助设备，安装后即可使用。

（2）在电池整个使用寿命期间，无需添加水，调整酸比重等维护工作，具有"免维护"

功能。

（3）不漏液、无酸雾、不腐蚀设备，可以和通信设备安装在同一房间，节省了建筑面积和人力。

（4）采用具有高吸附电解液能力的隔板，化学稳定性好，加上密封阀的配置，可使蓄电池在不同方位安置。

（5）电池寿命长，25℃下浮充状态使用可达 10 年以上。

（6）与同容量防酸式蓄电池相比，阀控式密封蓄电池体积小、重量轻、自放电低。

国内外的阀控密封铅酸电池，目前大多参照美国、日本、德国等国技术而制作。

由于目前大量使用的阀控式密封铅酸蓄电池属贫液型，存在着对环境温度变化适应性差的缺点，所以已经出现了富液式阀控密封铅酸电池。例德国"HOPPECKE"电池公司的 OSP系列电池，它由于采用外部氧循环方式，不必考虑在电池内部建立循环通道，所以可在电池内部加入足够多的电解液，因此不怕失水、不怕热，另外由于电池外壳为半透明材料，便于观察其内部情况，掌握电池状态。国际上也正在发展其他蓄电池如新型锂蓄电池。

7.2.1.1　阀控式密封铅酸蓄电池在通信电源系统中的作用

1．与整流设备组合为直流浮充供电系统（见图 7-1）

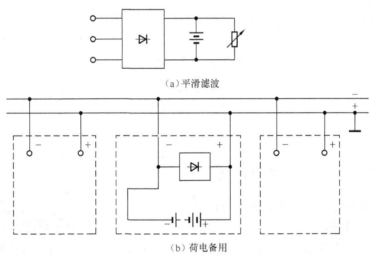

（a）平滑滤波

（b）荷电备用

图 7-1　蓄电池在通信电源系统中的作用

（1）荷电备用（包括直流供电系统和 UPS 系统）：当市电异常或在整流器不工作的情况下，由蓄电池单独供电，担负起对全部负载供电的任务，起到备用作用。

（2）平滑滤波：在市电正常时，虽然蓄电池不担负向通信设备供电的主要任务，但它与供电主要设备整流器并联运行，能改善整流器的供电质量。因为蓄电池内阻只有数十毫欧姆，远小于通信负荷电阻，对低次谐波电流呈现极小阻抗。

2．蓄电池在邮电企业的其他用途

（1）在 UPS 系统中作后备电源：在正常情况下，负载由市电供应，同时将市电整流并对蓄电池补足电量。当市电中断时，逆变器利用蓄电池的储能，不间断地将直流点变为与市电同相位的交流电源。

（2）在动力设备中作启动电源：是汽油或柴油发电机组的操作电源，启动过程具有极短的时间以大功率输出的特点，并在低温环境下也能确保大电流放电。

7.2.1.2　蓄电池的分类

阀控式铅酸蓄电池的英文名称为 Valve Regulated Lead Battery（简称 VRLA），它的优良性能，来源于其针对普通铅酸蓄电池的特点，从组成物质的性质、结构、工艺等方面，采用一系列新材料、新技术及可行措施而达到。

蓄电池的类别可按用途、极板结构等来分。

（1）按不同用途和外形结构分有固定式和移动式两大类。固定型铅蓄电池按电池槽结构又分为半密封式及密封式。

（2）按极板结构分为涂膏式（或涂浆式）、化成式（又称形成式）、半化成式（或半形成式）、玻璃丝管式（或叫管式）等。

（3）按电解液的不同分为：

酸性蓄电池：以酸性水溶液作电解质。

碱性蓄电池：以碱性水溶液作电解质。

（4）按电解液数量可将铅酸电池分为贫液式和富液式。密封式电池均为贫液式，半密封电池均为富液式。

阀控式铅酸蓄电池的型号识别举例如下：

| G F M —1000型电池的含义为： |
| 额定容量为1000Ah |
| 密封型 |
| 阀控式 |
| 固定型 |

7.2.2　阀控蓄电池的结构与原理

7.2.2.1　阀控式铅酸蓄电池的基本结构

其结构如图 7-2 所示。

其主要组成：正负极板组、隔板、电解液、安全阀及壳体，此外还有一些零件如端子、连接条、极柱等。

1. 正负极板组

正极板上的活性物质是二氧化铅（PbO_2），负极板上的活性物质为海绵状纯铅（Pb）。

参加电池反应的活性物质铅和二氧化铅是疏松的多孔体，需要固定在载体上。通常，用铅或铅钙合金制成的栅栏片状物为载体，使活性物质固定在其中，这种物体称之为板栅。它的作用是支撑活性物质并传输电流。

VRLA 的极板大多为涂膏式，这种极板是在板栅上敷涂由活性物质和添加剂制成的铅膏，经过固化、化成等工艺过程而制成。

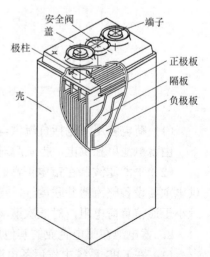

图 7-2　阀控式铅酸蓄电池结构框图

2．隔板

阀控式铅酸蓄电池中的隔板材料普遍采用超细玻璃纤维。隔板在蓄电池中是一个酸液储存器，电解液大部分被吸附在其中，并被均匀地、迅速地分布，而且可以压缩，并在湿态和干态条件下都保持着弹性，以保持导电和适当支撑活性物质的作用。为了使电池有良好的工作特性，隔板还必须与极板紧密保持接触。它的主要作用如下。

（1）吸收电解液。

（2）提供正极析出的氧气向负极扩散的通道。

（3）防止正、负极短路。

3．电解液

铅蓄电池的电解液是用纯净的浓硫酸与纯水配置而成。它与正极和负极上活性物质进行反应，实现化学能和电能之间的转换。

4．安全阀

一种自动开启和关闭的排气阀，具有单向性，内有防酸雾垫。只允许电池内气压超过一定值时，释放出多余气体后自动关闭，保持电池内部压力在最佳范围内，同时不允许空气中的气体进入电池内，以免造成自放电。

5．壳体

蓄电池的外壳是盛装极板群、隔板和电解液的容器。它的材料应满足耐酸腐蚀，抗氧化，机械强度好，硬度大，水气蒸发泄漏小，氧气扩散渗透小等要求。一般采用改良型塑料：如PP、PVC、ABS 等材料。

7.2.2.2　阀控蓄电池的工作原理

阀控蓄电池正极板上的活性物质是二氧化铅（PbO_2），负极板上的活性物质为纯铅（Pb），电解液由蒸馏水和纯硫酸按一定的比例配制而成。因为正负极板上的活性物质的性质是不同的，当两种极板放置在同一硫酸溶液中时，各自发生不同的化学反应而产生不同的电极电位。

在电池内部，正极和负极通过电解质构成电池的内电路；在电池外部接通两极导线和负载构成电池的外部电路。

1．阀控蓄电池的化学反应原理

阀控蓄电池的化学反应原理就是充电时将电能转化成化学能在电池内储存起来，放电时将化学能转化成电能供给外系统。其充电和放电过程是通过化学反应完成的。

（1）放电过程的化学反应：

$$PbO_2 + 2H_2SO_4 + Pb \xrightarrow{\text{放电}} PbSO_4 + 2H_2O + PbSO_4$$

正极　硫酸　负极　　　　　正极　水　负极

从上式可以看出，蓄电池在放电过程中，正、负极板上的活性物质都不断转变为硫酸铅（$PbSO_4$）。由于硫酸铅的导电性能比较差，所以放电以后，蓄电池的内阻增加。此外，在放电过程中，由于电解液中的硫酸（H_2SO_4）逐渐变成水（H_2O），所以电解液的比重逐渐下降，电动势逐渐降低。至放电终了时，蓄电池的端电压下降到 1.8V 左右。蓄电池的内部电流是离子流，其方向和正离子（$2H^+$）移动的方向一致。

（2）充电过程的化学反应：

$$PbSO_4 + 2H_2O + PbSO_4 \xrightarrow{\text{充电}} PbO_2 + 2H_2SO_4 + Pb$$

正极　　水　　负极　　　　　正极　　硫酸　　负极

从上式可以看出，充电过程中，正极板上的硫酸铅（$PbSO_4$）逐渐变为二氧化铅（PbO_2）。负极板上的硫酸铅逐渐变为海绵状铅（Pb）。同时，电解液中的硫酸分子逐渐增加，水分子逐渐减少，因此，电解液的比重逐渐增加，蓄电池的电动势也逐渐增加。

充电过程后期，极板上的活性物质大部分已经还原，如果再继续大电流充电，充电电流只能起分解水的作用。这时，负极板上将有大量的氢气（$H_2\uparrow$）逸出，正极板上将有大量氧气（$O_2\uparrow$）逸出，蓄电池产生剧烈的冒气。不仅要消耗大量电能，而且由于冒气过甚，会使极板活性物质受冲击而脱落，所以应避免充电终期电流过大。

铅蓄电池的工作（即充电和放电）原理，可以用"双硫酸化理论"来说明。

双硫酸化理论的含义是：铅蓄电池在放电时，两极活性物质与硫酸溶液发生作用，都变成硫酸化合物——硫酸铅（$PbSO_4$）；而充电时，两个电极上的$PbSO_4$又分别恢复为原来的物质铅（Pb）和二氧化铅（PbO_2），而且这种转化过程是可逆的。

其总的化学化应方程式为：

（正极）（电解液）（负极）　　　　（正极）　（电解液）（负极）

$$PbO_2 + 2H_2SO_4 + Pb \underset{\text{充电}}{\overset{\text{放电}}{\rightleftharpoons}} PbSO_4 + 2H_2O + PbSO_4$$

二氧化铅　硫酸　绒状铅　　　　硫酸铅　　水　　硫酸铅

这样的放电与充电循环进行，可以重复多次，直到铅蓄电池寿命终结为止。

2．阀控蓄电池的氧循环原理

对于早期的传统式铅酸蓄电池，由于充电过程中，氢、氧气体从电池内部逸出，不能进行气体的再复合，需经常加酸加水进行维护；而阀控式铅酸蓄电池，能在电池内部对氧气进行再复合利用，同时抑制了氢气的析出，因此克服了传统式铅酸蓄电池的主要缺点。

阀控式铅酸蓄电池采用负极活性物质过量设计，正极在充电后期产生的氧气通过隔板（超细玻璃纤维）空隙扩散到负极，与负极海绵状铅发生反应变成水，使负极处于去极化状态或充电不足状态，达不到析氢过电位，所以负极不会由于充电而析出氢气，电池失水量很小，故使用期间不需加酸加水维护。

在阀控式铅酸蓄电池中，负极起着双重作用，即在充电末期或过充电时，一方面极板中的海绵状铅与正极产生的氧气（O_2）反应而被氧化成一氧化铅（PbO），另一方面是极板中的硫酸铅（$PbSO_4$）又要接受外电路传输来的电子进行还原反应，由硫酸铅反应成海绵状铅（Pb）。

阀控蓄电池的氧循环原理就是：从正极周围析出的氧气，通过电池内循环，扩散到负极被吸收，变为固体氧化铅之后，又化合为液态的水，经历了一次大循环。

7.2.3　VRLA蓄电池的电特性

7.2.3.1　VRLA蓄电池的电压

1．工作电压

工作电压指电池接通负载后在充放电过程中显示的电压，又称负载电压。在电池放电初始的工作电压称为初始电压。电池放电时电压下降到不宜继续放电时的最低工作电压称为终止电压。一般规定铅酸蓄电池10h率的放电终止电压为1.80V，3h率和1h率为1.75V。

2．浮充电压

在邮电通信局（站）直流电源系统中，蓄电池采用全浮充工作方式。

在市电正常时，蓄电池与整流器并联运行，蓄电池自放电引起的容量损失便在全浮充过程被补足，这时，蓄电池组起平滑滤波作用。因为电池组对交流成分有旁路作用，从而保证了负载设备对电压的要求。在市电中断或整流器发生故障时，由蓄电池单独向负荷供电，以确保通信不中断。一般说电池组平时并不放电，负载的电流全部由整流器供给。

在全浮充工作方式下的蓄电池，充放电循环次数少，自放电和浅放电后的电量能迅速补足，所以正负极活性物质利用率转化次数少，使用寿命长。

浮充使用时蓄电池的充电电压必须保持一个恒定值，在该电压下，充放电量应足以补偿蓄电池由于自放电而损失的电量以及氧循环的需要，保证在相对较短的时间内使放过电的蓄电池充足电，这样就可以使蓄电池长期处于充足电状态，同时，该电压的选择应使蓄电池因过充电而造成损坏达到最低程度，此电压称为浮充电压。

（1）选择浮充电压的原则

各种类型的 VRLA 蓄电池的浮充电压不尽相同，在理论上要求浮充电压产生的电流是以达到补偿自放电量及蓄电池单放电电量和维持氧循环需要。实际上还应考虑下列因素。

① 电池的结构状态。

② 正极板栅的腐蚀速率。

③ 电池内气体的排放。

④ 通信设备对浮充系统基础电压的要求。

根据浮充电压选择原则与各种因素对浮充电压的影响，国外一般选择稍高的浮充电压，范围可为 2.25～2.35V，国内稍低，2.23～2.27V。不同厂家对浮充电压的具体规定不一样。一般对浮充电压的规定为 2.25V/单体（环境温度为 25℃情况下），根据环境温度的变化，对浮充电压应作相应调整。

（2）浮充电流的选择

浮充电流设定的依据如下。

① 浮充电流应足以补偿每昼夜自放电损失的电量。

② 对于 VRLA 电池而言，应确保维护氧循环所需的电流。

③ 当蓄电池单独放电后，能依靠浮充，很快地补足容量，以备下一次放电。

（3）浮充电压的温度补偿

浮充充电与环境温度有密切关系。通常浮充电压是指环境 25℃而言，所以当环境温度变化时，为使浮充电流保持不变，需按温度系数进行补偿，即调整浮充电压。在同一浮充电压下，浮充电流随温度升高而增大。若进行温度换算可得出：环境温度自 25℃升或降 1℃，每个电池端压随之减或增 3～4mV 方可保持浮充电流不变。不同厂家电池的温度补偿系数不一样，在设置充电机电池参数时，应根据说明书上的规定设置温度系数，如说明书没有写明，应向电池生产厂家咨询确定。

在各相同类型结构的阀控式密封铅蓄电池中，浮充电流随浮充电压增大而增加，随温度升高而增加。

（4）通信设备对全浮充制电压的要求

① 标称电压：指正极接地的全浮充供电系统（48V）额定电压。

② 允许电压范围：上限或下限值是指程控交换机上各类电源插板（DC/DC 变换，DC/AC 逆变），所能容忍的最大或最小的输入电压。上限值设定是以蓄电池全放电后，恢复充电的端电压而设定，这个值有的取 2.23～2.35V/只。下限值设定是依据该供电系统不需设置调压设备，仅以选取容量较大的电池，供电至规定的电压值。

综上所述，在通信供电系统中，VRLA 蓄电池浮充电压选择必须考虑上述多种因素。与常规铅酸蓄电池相比，其电压变化或温度变化所引起电流变化的敏感性远为大，所以必须慎重选择 VRLA 蓄电池的浮充电压。

7.2.3.2 VRLA 蓄电池的充放电特性

1. 充电方法

VRLA 蓄电池在使用过程中，按照不同的具体情况，有以下 3 种充电方法。

（1）浮充充电

当整流器在浮充过程中断工作后，VRLA 蓄电池单独向负荷供电。当整流器恢复工作以后以 $0.1C_{10}A$ 的恒压限流对电池组充电，当整流器输出电压升高至浮充电压设定值后，进入浮充状态，使蓄电池内电流按指数规律衰减至浮充电流值时为充足。

（2）快速充电

在某种情况下，要求电池尽快充足电，可采用快速充电，最大充电电流 $\leqslant 0.2C_{10}A$，充电电流过大会使电池鼓胀，并影响电池使用寿命。

（3）均衡充电

蓄电池在使用过程中，有时会产生比重、端电压等不均衡情况，为防止这种不均衡扩展成为故障电池，所以要定期履行均衡充电。合适的均充电压和均充频率是保证电池长寿命的基础，对阀控铅酸蓄电池平时不建议均充，因为均充可能造成电池失水而早期失效。除此之外，凡遇下列情况也需进行均衡充电：一是单独向通信负荷供电 15min 以上，二是电池深放电后容量不足。

均衡充电时时间不宜过长，因为均衡充电电压已属高压，若充电时间过长，不仅使 VRLA 电池内盈余气体增多，影响氧再化合速率，而且使板栅腐蚀速度增加，从而损坏电池。当均衡充电的电流减小至连续 3 小时不变时，必须立即转入浮充电状态，否则，将会严重过充电而影响电池的使用寿命。

通信用蓄电池的充电方式主要是浮充充电和均衡充电两种方式。为了延长阀控电池的使用寿命，必须了解不同充电方式的充电特点和充电要求，严格按照要求对蓄电池进行充电。

2. 铅酸蓄电池的充电特性

VRLA 电池在放电后应及时充电。充电时必须认真选择以下 3 个参数：恒压充电电压、初始电流、充电时间。不同蓄电池的充电电压值由制造厂家规定，充电电压和充电方法随电池用途不同可以不同。电池放电后的充电推荐恒压限流方法，即充电电压取 U（厂家定），限流值取 $0.1C_{10}A$，充入电量为上次放电电量的 1.1～1.2 倍即可。

3. 铅酸蓄电池的放电特性

铅蓄电池投入运行，是对实际负荷的放电，其放电速率随负荷的需要而定。为了分析长期使用后电池的损坏程度或为了估算市电停电期间电池的持续时间，需测试其容量。推断电池容量的放电的方法，应从如下几个方面考虑。

（1）放电量，即全部放电还是部分放电。

（2）放电速率，即以 10h 率还是以高放电率或是低放电率放电。

放电速率不同，放电终止电压也不相同，放电速率越高，放电终止电压越低。

温度对电池放出的容量也有较大影响，通常，环境温度越低，放电速率越大，电池放出的容量就小。

7.2.3.3　VRLA 蓄电池的容量

1. 电池容量的分类

电池容量是电池储存电量多少的标志，有理论容量、额定容量、实际容量之分。

理论容量是假设活性物质全部反应放出的电量。

额定容量是指制造电池时，规定电池在一定放电率条件下，应该放出最低限度的电量。

固定型铅酸蓄电池规定在 25℃环境下，以 10h 率电流放电至终了电压所能达到的容量叫额定容量，用符号 C_{10} 表示。10h 率的电流值为

$$I_{10} = \frac{C_{10}}{10}$$

实际容量是指在特定的放电电流，电解液温度和放电终了电压等条件下，蓄电池实际放出的电量。它不是一个恒定的常数。

阀控铅蓄电池规定的工作条件一般为：10h 率电流放电，电池温度为 25℃，放电终了电压为 1.8V。

2. 影响实际容量的因素

使用过程中影响容量的主要因素有：放电率、放电温度、电解液浓度和终了电压等。

（1）放电率的影响

放电至终了电压的快慢叫做放电率，放电率可用放电电流的大小，或者用放电到终了电压的时间长短来表示，分为时间率和电流率。一般都用时间表示，其中以 10h 率为正常放电率。

对于一给定电池，在不同时率下放电，将有不同容量。表 7-1 为一个 GFM1000 电池在常温下不同放电率放电时的容量。

表 7-1　　　　　　　　某 GFM1000 电池在常温下不同放电率放电时的容量

放电率（Hr）	1	2	3	4	5	8	10	12	20
容量（Ah）	550	656	750	790	850	944	1 000	1 045	1 100

放电率越高，放电电流越大。这时，极板表面迅速形成 $PbSO_4$。而 $PbSO_4$ 的体积比 PbO_2 和 Pb 大，堵塞了多孔电极的孔口，电解液则不能充分供应电极内部反应的需要，电极内部活性物质得不到充分利用，因而高倍率放电时容量降低。

（2）电解液温度的影响

环境温度对电池的容量影响很大。在一定环境温度范围内放电时，使用容量随温度升高而增加，随温度降低而减小。

电解液在温度较高时，其离子运动速度增加，扩散能力加强，电解液内阻减小，放电时电流通过电池内部，压降损耗减小，所以电池容量增大；当电解液温度下降时，则容量降低。但温度不能过高，若在环境温度超过 40℃条件下放电，则电池容量明显减小。因为正极活性物质结构遭到破坏，若放电转变为 $PbSO_4$，其颗粒间就形成了电气绝缘，所以电池容量反而减小。

依据我国标准，阀控式密封铅蓄电池放电时，若温度不是标准温度（25℃），则需将实测电量 C_t 换算成标准温度的实际容量 C_e，即

$$C_e = \frac{C_t}{1 + k(t - 25)}$$

式中，C_t——非标准温度下电池放电量；

　　　t——放电时的环境温度；

　　　k——温度系数；

　　　10 小时率容量试验时　　　　　$k=0.006/℃$；

　　　3 小时率容量试验时　　　　　　$k=0.008/℃$；

　　　1 小时率容量试验时　　　　　　$k=0.01/℃$。

（3）电解液浓度的影响。

电解液浓度，影响电液扩散速度和电池内阻。在实用范围内，电池容量随电解液浓度的增大而提高。但也不可浓度过大，因浓度高则黏度增加，反而影响电液扩散，降低输出容量。

（4）终止电压的影响。

电池的容量与端电压降低的快慢有密切关系。终止电压是按实际需要确定的，小电流放电时，终止电压要定得高些；大电流放电，终止电压要定得低些。因为小电流放电时，硫酸铅结晶易在孔眼内部生成，而且结晶较细。由于孔眼率较高，电解液便于内外循环，因此电池的内阻小，电势下降就慢。如果不提高终了电压值，将会造成电池深度过量放电，使极板硫酸化，故而终止电压规定得高些。大电流放电时，扩散速度跟不上，端电压降低很快，容量发挥不出来，因此终止电压应定得低些。

另外，电池容量还与电池的新旧程度、局部放电等因素有关。

7.2.4　VRLA 蓄电池的运行与维护

VRLA 蓄电池的使用寿命与生产工艺和产品质量有密切关系。除了这一先天因素以外，对于质量合格的 VRLA 蓄电池而言，其运行环境与日常维护都直接决定了 VRLA 蓄电池的使用寿命。可见，正确与合理的运行与维护对 VRLA 蓄电池的运行更显得重要。

7.2.4.1　VRLA 蓄电池维护的技术指标

1. 定义

（1）容量：额定容量是指蓄电池容量的基准值，容量指在规定放电条件下蓄电池所放出的电量，小时率容量指 N 小时率额定容量的数值，用 C_N 表示。

（2）最大放电电流：在电池外观无明显变形，导电部件不熔断条件下，电池所能容忍的最大放电电流。

（3）耐过充电能力：完全充电后的蓄电池能承受过充电的能力。

（4）容量保存率：电池达到完全充电后静置数十天，由保存前后容量计算出的百分数。

（5）密封反应性能：在规定的试验条件下，电池在完全充电状态，每安时放出气体的量（mL）。

（6）安全阀动作：为了防止因蓄电池内压异常升高损坏电池槽而设定了开阀压，为了防止外部气体自安全阀侵入，影响电池循环寿命，而设立了闭阀压。

（7）防爆性能：在规定的试验条件下，遇到蓄电池外部明火时，在电池内部不引爆、不

引燃。

（8）防酸雾性能：在规定的试验条件下，蓄电池在充电过程，内部产生的酸雾被抑制向外部泄放的性能。

2．通信用 VRLA 蓄电池技术要求

YD / T799－1996 的部分主要内容另列如下：

（1）放电率电流和容量：依据 GB / T13337.2 标准，在 25℃环境下，蓄电池额定容量符号标注为：

C_{10}——10h 率额定容量（Ah），数值为 C_{10}

C_3——3h 率额定容量（Ah），　数值为 $0.75C_{10}$

C_1——1h 率额定容量（Ah），　数值为 $0.55C_{10}$

I_{10}——10h 率放电电流（A），数值为 $0.1C_{10}$

I_3——3h 率放电电流（A），　数值为 $2.5I_{10}$

I_1——1h 率放电电流（A），　数值为 $5.5I_{10}$

（2）终止电压 U_f。

10h 率蓄电池放电单体终止电压为 1.8V

3h 率蓄电池放电单体终止电压为 1.8V

1h 率蓄电池放电单体终止电压为 1.75V

（3）充电电压、充电电流、端压偏差。

蓄电池在环境温度为 25℃条件下，浮充工作单体电压为 2.23～2.27V，均衡工作单体电压为 2.30～2.35V。各单体电池开路电压最高与最低差值不大于 20mV。蓄电池处于浮充状态时，各单体电池电压之差应不大于 90mV。最大充电电流不大于 $2.5I_{10}$A。

（4）蓄电池按 1 小时率放电时，两只电池间连接条电压降，在各极柱根部测量值应小于 10mV。

7.2.4.2　VRLA 蓄电池对充电设备的技术要求

1．稳压精度

稳压精度是指在输入交流电压或输出负载电流变化时，充电设备在浮充或均充电压范围内输出电压偏差的百分数。VRLA 蓄电池一般都在浮充状态下运行，每只 VRLA 蓄电池的浮充端电压一般在 2.25V 左右（在 25℃常温下）。

如果充电整流器的稳压精度差，将会导致 VRLA 蓄电池的过充或欠充，故稳压精度应优于 1%。

2．自动均充功能

VRLA 蓄电池需要定期进行均充电，VRLA 蓄电池进行均充的目的就是为了确保电池容量被充足，防止 VRLA 蓄电池的极板钝化，预防落后电池的产生，使极板较深部位的有效活性物质得到充分还原。

（1）均充功能启用条件

凡遇下列情况需进行均衡充电：

① 浮充电压有两只以上低于 2.18V／只；

② 搁置不用时间超过 3 个月。

③ 全浮充运行达 6 个月。

④ 放电深度超过额定容量的 20%。

自动均充启动条件可以根据 VRLA 蓄电池的新旧程度和不同生产厂家的技术要求进行人工设置。

（2）自动均充终止的判据

① 充电量不小于放出电量的 1.2 倍。

② 充电后期充电电流小于 $0.005\,C_{10}$A（$C_{10}=$电池的额定容量）。

③ 充电后期，充电电流连续 3 小时不变化。

达到上述 3 个条件之一，可以终止均充状态自动转入浮充状态。

3．电压—温度补偿功能

VRLA 蓄电池对温度非常敏感，电池电压与环境温度有关，为了能控制 VRLA 蓄电池浮充电流值，要求充电设备在温度变化时能够自动调整浮充电压，也就是应具有输出电压的温度自动补偿功能（即当电池温度上升时，浮充电流上升，充电设备能自动将浮充电压下降，使浮充电流保持不变）。对 VRLA 蓄电池浮充端电压一般（在 25℃）设置在 2.25V，浮充电流一般在 0.45mA / Ah 左右。温度补偿的电压值通常为以环境温度 25℃ 为界，温度每升高或降低 1℃，其浮充电压就相应降低或升高（3～4）mV / 只。

建议电池环境温度控制在 5℃～30℃，因为自放电和电池失水的速率都随温度的升高而加大，会导致电池因失水而早期失效。

4．限流功能

充电设备输出限流和电池充电限流是两个不同的功能。充电设备的输出限流是对充电设备本身的保护，而电池充电限流是对电池的保护。整流设备输出限流是当输出电流超过其额定输出电流的 105% 时，整流设备就要降低其输出电压来控制输出电流的增大，达到保护整流设备不受损坏。而电池的充电限流是根据电池容量来设定的，一般为 $0.15C_{10}$（A）左右。

5．智能化管理功能

VRLA 蓄电池是贫液式的密封铅酸电池，其对浮充电压、均充电压、均充电流和温度补偿电压都要严格控制。因而对 VRLA 蓄电池使用环境的变化，均充的开启和停止、均充的时间、均充周期等智能化管理就显得非常必要。

7.2.4.3　VRLA 蓄电池的日常维护与测量

1．容量的选择

阀控铅酸蓄电池的额定容量是 10 小时率放电容量。电池放电电流过大，则达不到额定容量。因此，应根据设备负载、电压大小、后备时间、电流大小等因素来选择合适容量的电池及满足应用要求的电池。计算如下：

$$Q \geqslant \frac{KIT}{\eta[1+\alpha(t-25)]}$$

式中，Q——蓄电池容量（Ah）；

K——安全系数，取 1.25 左右；

I——负荷电流（A）；

T——放电小时数（h）；

η——放电容量系数；

t——放电时的环境温度（℃）；

α——电池温度系数（1/℃），当放电小时率≥10 时，取 $\alpha=0.006$；

当 10＞放电小时率≥1 时，取 $\alpha=0.008$；

当放电小时率＜1 时，取 $\alpha=0.01$。

2．VRLA 蓄电池的安装

（1）安装方式。

阀控密封铅酸电池不应专设电池室，而应与通信设备同装一室。可叠放组合或安装在机架上。 阀控铅酸蓄电池有高形和矮形两种设计，高形设计的电池体积（高度）、重量大，浓差极化大，影响电池性能，最好卧式放置。矮形电池可立放，也可卧放工作。安装方式要根据工作场地与设施而定。

（2）注意事项。

① 不能将容量、性能和新旧程度不同的电池连在一起使用。

② 连接螺丝必须拧紧，但也不要拧紧力过大而使极柱嵌铜件损坏。脏污和松散的连接会引起电池打火爆炸，因此要仔细检查。

③ 电池均为 100%荷电出厂，必须小心操作，忌短路。因此装卸、连接时应使用绝缘工具，戴绝缘手套，防止电击。

④ 安装末端连接件和整个电源系统导通前，应认真检查正负极性及测量系统电压。

⑤ 电池不要安装在密闭的设备和房间内，应有良好通风，最好安装空调。电池要远离热源和易产生火花的地方，要避免阳光直射。

3．VRLA 蓄电池使用维护工作内容

VRLA 蓄电池不用加酸加水维护，为了保证电池使用良好，需要做一些必要的管理工作和使用维护与保养。

（1）经常检查的项目

一般检查的项目：电池端电压、环境温度（测量电池温度为最好）、连接处有无松动或腐蚀，电池壳体有无渗漏或变形，极柱和安全阀周围是否不断有酸雾逸出。

（2）电池投入运行早期的工作

提倡每半年或一年履行一次核对性容量放电，放出 30%～50%额定容量，以利于容量较小的活性物质—PbO_2 转变为容量较大的活性物质 B—PbO_2，同时可抑制容量早期损失。随着电池运行期的增长，应相应地减少核对性容量放电，在电池接近使用寿命终了，不能再进行核对性容量放电。

（3）清理电池上的尘污

经常做好去电池污秽工作，尤其是极柱和连接条上的尘土，防止电池漏电或接地。同时检查连接条有无松动，观察电池外观有无异常，如有异常应及时处理。

4．VRLA 蓄电池的定期测量

（1）端电压的均匀性

VRLA 蓄电池的端电压均匀性是否一致关系到蓄电池组的可靠运行。如果蓄电池组的均匀性差，就会使单体电压过高或过低，导致由多只电池组成的蓄电池组在运行过程中，产生充电或放电的不均衡，结果造成单只电池间的容量不均衡。

测量电池端电压的均匀性，主要是检查电池组内各单体电池活性物质的质量差异。电池端电压均匀性的测试分为静态和动态两种情况，静态测试是指电池在开路状态下的测量值，动态测试是指电池在浮充状态下的测量值。

VRLA 蓄电池各单体间的最大值与最小值的端压差，称为端电压极差，它是衡量电池均匀性的一个重要技术指标。测量 VRLA 蓄电池的端电压极差需电池组在浮充状态下，用 4 位半数字万用表的电压挡在单体电池正负极柱的根部测得其端电压。

各单体电池开路电压最高与最低的差值应不大于 20mV（2V 电池）、50mV（6V 电池）、100mV（12V 电池）。

蓄电池处于浮充状态时，各单体电池电压之差应不大于 100mV（2V 电池）、240mV（6V 电池）、480mV（12V 电池）。

（2）标示电池的选定

对于蓄电池的检测，主要是测量它的电池电压和容量，而电池容量都是依一组电池中最先到达放电终止电压的那只电池为准。对于这些有代表性的电池称为标示电池。

标示电池的选定应在平时电池放电的终了时刻查找单体端电压最低的电池 1～2 只为代表。标示电池不一定是固定不变的，相隔一定时间后应重新确认。

（3）电池极柱压降的测量

电池间的连接条和极柱的连接处有接触电阻存在，在电池充电和放电过程中连接条上将会产生极柱压降，如图 7-3 所示。接触电阻越大，充放电时产生的压降越大，结果造成受电端电压下降而影响通信，其次造成连接条发热，产生能耗。严重时甚至使连接条发红，电池壳体熔化等严重的安全隐患。

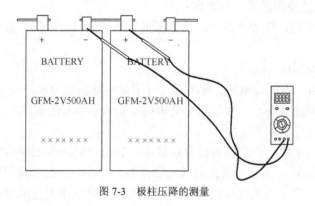

图 7-3　极柱压降的测量

具体测量步骤如下。

① 调低整流器输出电压或关掉整流器交流输入，使电池向负载放电。

② 几分钟后（待电池端电压稳定后）测放电电流及每两只电池间的极柱间连接压降，并选出压降最大的一组。测量时，必须是在两只电池的根部。

③ 由该电池组的额定容量算得 1 小时率放电电流值。

$$I_1 = 5.5\, I_{10} \qquad\qquad I_{10} = \frac{C_{10}}{10}$$

④ 按公式

$$\frac{测得压降值}{负载电流} = \frac{所求极柱压降}{1\text{h}放电率电流值}$$

算得极柱压降。

⑤ 按公式判断：极柱压降 < 10mV 为合格；否则为不合格。

⑥ 注意事项如下。

a．确认测试在电池放电状态。

b．测点要准确，必须在相邻两只电池极柱的根部。

c．正确使用仪表进行测量，并会通过换算鉴别系统内某个压降数据是否符合设计指标。

（4）电池极柱温升的测量

VRLA 蓄电池极柱与连接条一般都由螺栓做紧固连接，其接触电阻的大小同样会直接影响该电池组的放电效果，除了测极柱间的电压降外，还有一种检测手段就是测量极柱连接条螺栓处的温升。

测量方法如下。

① 测量的电池组必须有一定的充放电电流，一般在均充状态下，或者在放电状态下进行（为了确保供电的可靠性，检测时可将整流器或开关电源的输出电压调到下限值，使电池单独放电）。

② 用红外测温仪分别瞄准对应的极柱螺栓连接处，测量该处温度时被测点与测温仪枪口的距离应在 1m 左右，并应垂直于测试点的表面。

③ 测温仪要根据不同的测试材料介质，预先调整好红外线反射率系数 ，一般铜、铁为 0.95，铅为 0.3……

④ 测温仪与测试点之间应无温度干扰环境。

⑤ 从测温仪的显示屏上分别读出各连接点的温度。

⑥ 换算公式： 温升=实测值-环境温度

表 7-2 所示为部分器件温升允许范围。表 7-3 所示为红外点温仪常见物体反射率系数表。

表 7-2 部分器件温升允许范围

测点	温升（℃）	测点	温升（℃）
A 级绝缘线圈	≤60	整流二极管外壳	≤85
E 级绝缘线圈	≤75	晶闸管外壳	≤65
B 级绝缘线圈	≤80	铜螺钉连接处	≤55
F 级绝缘线圈	≤100	熔断器	≤80
H 级绝缘线圈	≤125	珐琅涂面电阻	≤135
变压器铁芯	≤85	电容外壳	≤35
扼流圈	≤80	塑料绝缘导线表面	≤20
铜导线	≤35	铜排	≤35

（5）VRLA 蓄电池全容量测试

蓄电池容量就是指电池在一定放电条件下的荷电量。蓄电池作为后备电源，它是保障供电系统永不间断的生命线，一旦由蓄电池单独供电时，不仅要保证供电的可靠性，而且还要保证供电的时效性。

表 7-3　　　　　　　　　　　红外点温仪常见物体反射率系数表

被测物	反射系数	被测物	反射系数
铝	0.30	塑料	0.95
黄铜	0.50	油漆	0.93
铜	0.95	橡胶	0.95
铁	0.70	石棉	0.95
铅	0.50	陶瓷	0.95
钢	0.80	纸	0.95
木头	0.94	水	0.93
沥青	0.95	油	0.94

　　蓄电池容量检测方式主要有离线式和在线式两种。离线式一般适用于新安装，还未正式投运的蓄电池，可以用恒流（一般采用 10h 率）假负载或者根据实际负荷电流进行放电试验，这样得到的放电曲线和测得的电池容量都比较准确，可以作为原始档案，以便以后进行容量检测时的比照。而在实际投入运行的 VRLA 蓄电池一般都采用在线式测试，这主要是为了确保供电的可靠性。

　　全放电法就是通常所说的电池容量试验，这是检验整组电池的实际放电能力。

　　测试方法如下。

　　① 检查市电、油机发电机和整流器（开关电源）都应正常可靠。

　　② 关闭整流器（开关电源）或调低其输出电压，由电池单独放电。

　　③ 测量电池放电电流，验算放电电流倍数，查表得额定容量的百分数。

　　④ 测室温、测各电池端电压（每小时记录一次，临近放电终了时 10min 左右记录一次）避免过放电。

　　⑤ 整组电池中只要有一只电池端电压到达放电终止电压应立即停止放电，并恢复整流器的正常供电。

　　⑥ 核算电池容量。核算出来的电池容量要大于该电池额定容量的 80％ 为合格。

　　（6）VRLA 蓄电池核对性放电试验法

　　核对性容量试验通常按 3h 率的放电电流进行 1h 放电，即放出电池总容量的 1/3 左右。放电结束时，将各单体电池端电压与厂家给出的 3h 率标准放电曲线（原始曲线）进行对比，若曲线下降斜度与原始曲线基本接近，说明该电池的容量基本不变，反之则说明电池容量变化明显。

　　（7）蓄电池单组离线操作

　　实验步骤如下。

　　① 做方案。

　　② 确认需离线的电池处于浮充状态，电流小。

　　③ 操作前检查有无安全因素如导体裸露等。

　　④ 浮充电流小，负荷最小时开始操作。

⑤ 工具要用做好绝缘处理的呆扳手。

⑥ 在电池馈线与电池组第一电池连接处将螺丝拆开先拆负极，将拆开的部分临时绝缘处理，再拆正极，电池馈线端也作绝缘处理。

⑦ 安装时确认电池端电压与系统电压相差不超过 0.5V，先接正极，再接负极。

7.2.4.4　VRLA 蓄电池在维护过程中的注意事项

阀控蓄电池的使用寿命和机房的环境，整流器的设置参数，以及运行状况很有关系。同一品牌的蓄电池，当其在不同的环境和不同的维护条件下使用时，其实际使用寿命会相差很大。

（1）为保证蓄电池的使用寿命，最好不要使蓄电池有过放电。稳定的市电以及油机配备是蓄电池使用寿命长的良好保证，而且油机最好每月启动一次，检查其是否能正常工作。

（2）一些整流器（开关电源）的参数设置（如浮充电压，均充电压，均充的频率和时间，转均充判据，转浮充判据，环境温度，温度补偿系数，直流输出过压告警，欠压告警，充电限流值等），要跟各蓄电池厂家沟通后再具体确定。

（3）每个机房的蓄电池配置容量最好在 8～10h 率比较合适，频繁的大电流放电会使蓄电池使用寿命缩短。

（4）阀控蓄电池虽称"免维护"蓄电池，但在实际工作中仍需履行维护手续。每月应检查的项目如下。

① 单体和电池组浮充电压。

② 电池的外壳和极柱温度。

③ 电池的壳盖有无变形和渗液。

④ 极柱，安全阀周围是否渗液和酸雾溢出。

（5）如果电池的连接条没有拧紧，会使连接处的接触电阻增大，在大电流充放电过程中，很容易使连接条发热甚至会导致电池盖的熔化，情况严重的可能引发明火。所以维护人员应每半年做一次连接条的拧紧工作，以保证蓄电池安全运行。

（6）为了确保用电设备的安全性，要定期考察电池的储备容量，检验电池实际容量能达到额定容量的百分比，避免因其容量下降而起不到备用电源的作用。对于已运行 3 年以上的电池，最好能每年进行一次核对性放电试验，放出额定容量的 30%～40%。每 3 年进行一次容量放电测试，放出额定容量 80%。

（7）蓄电池放电时注意事项：应先检查整组电池的连接处是否拧紧，再根据放电倍率来确定放电记录的时间间隔，对于已开通的机房一般使用假负载进行单组电池的放电，在另一组电池放电前，应先对已放电的电池进行充电，之后才能对另一组电池进行放电。放电时应紧密注意比较落后的电池，以防某个单体电池的过放电。

7.2.4.5　VRLA 蓄电池一般故障分析与处理

VRLA 电池尽管有许多优点，但和所有电池一样也存在可靠性和寿命问题。VRLA 电池文献报道使用寿命为 15～20 年（25℃浮充使用），但实际在使用中，电池会出现提前失效的现象，容量降为 80% 以下。蓄电池失效系指电池性能逐渐退化，直至不能使用。较短的使用寿命并不是 VRLA 电池的本来属性，造成 VRLA 电池性能下降的原因是多方面的，主要是通过正极板、负极板、隔板等情况的逐渐变质：有板栅的腐蚀与变形，电解液干涸，负极硫酸化，早期容量损失（PCL），热失控等原因。

1．VRLA 蓄电池的失效原因分析

（1）失水

从阀控铅酸蓄电池中排出氢气、氧气、水蒸气、酸雾，都是电池失水的方式和干涸的原因。干涸造成电池失效这一因素是阀控铅酸蓄电池所特有的。失水的原因如下。

① 气体再化合的效率低。

② 从电池壳体中渗出水。

③ 板栅腐蚀消耗水。

④ 自放电损失水。

⑤ 安全阀失效或频繁开启。

（2）早期容量损失（PCL）

VRLA 电池的早期容量损失是指电池初期进行容量循环时，每经过一次充放电循环，容量下降明显，这种现象就是早期容量损失。

在阀控铅酸蓄电池中使用了低锑或无锑的板栅合金，早期容量损失常容易在如下条件发生。

① 不适宜的循环条件，诸如连续高速率放电，深放电，充电开始时低的电流密度。

② 缺乏特殊添加剂如 Sb，Sn 等。

③ 低速率放电时高的活性物质利用率，电解液高度过剩，极板过薄等。

④ 活性物质密度过低，装配压力过低等。

（3）热失控

大多数电池体系都存在发热问题，在阀控铅酸蓄电池中可能性更大，这是由于氧再化合过程使电池内产生更多的热量，排出的气体量小，减少了热的消散。

若阀控铅酸蓄电池工作环境温度过高，或充电设备电压失控，则电池的充电量会增加过快，电池内部温度随之增加，电池散热不佳，从而产生过热，电池内阻下降，充电电流又进一步升高，内阻进一步降低。如此反复形成恶性循环，直到热失控使电池壳体严重变形，胀裂。为杜绝热失控的发生，要采用相应的措施。

① 充电设备应有温度补偿功能或限流。

② 严格控制安全阀质量，以使电池内部气体正常排出。

③ 蓄电池要设置在通风良好的位置，并控制电池温度。

（4）负极不可逆硫酸盐化

在正常条件下，铅蓄电池在放电时形成硫酸铅结晶，在充电时能较容易地还原为铅，如果电池的使用和维护不当，例如经常处于充电不足或过放电，负极就会逐渐形成一种粗大坚硬的硫酸铅，它几乎不溶解，用常规方法充电很难使它转化为活性物质，从而减少了电池容量，甚至成为蓄电池寿命终止的原因，这种现象称为极板的不可逆硫酸盐化。

为了防止负极发生不可逆硫酸盐化，必须对蓄电池及时充电，不可过放电。

（5）板栅腐蚀与伸长

在实际运行过程中，一定要根据环境温度选择合适的浮充电压。浮充电压过高，除引起水损失加速外，也引起正极板栅腐蚀加速。当合金板栅发生腐蚀时，产生应力，致使极板变形，伸长，从而使极板边缘间或极板与汇流排顶部短路。而且阀控铅酸蓄电池的寿命，取决于正极板寿命，其设计寿命是按正极板栅合金的腐蚀速率进行计算的。正极板栅被腐蚀得越多，电池的剩余容量就越少，电池寿命就越短。

（6）隔板质量下降

目前世界通信界选用的阀控式铅酸电池普遍为 AGM（吸附式玻璃纤维棉）型电池。由于 VRLA 电池为紧密装配，电池中的 AGM 使用一定时期之后，产生弹性疲劳，使电池极群失去压缩或压缩减小，结果在 AGM 隔板与极板间产生裂纹，电池内阻增大，电池性能下降。

2．VRLA 蓄电池一般故障的分析及处理

（1）VRLA 蓄电池漏液

引起漏液的可能原因及处理方法如下。

① 电池外壳变形或者破损。

处理方法：与生产厂家联系更换。

② 电池阀控密封圈失效或者极柱密封不严。

处理方法：更换密封圈或者通知厂家更换电池。

③ 浮充电压过高或者电池温度过高。

处理方法：检查浮充电压的设置值并进行重新调整，检查环境温度，如果过高应考虑安装空调器。

（2）浮充电压不均匀

引起浮充端电压不均匀的原因及处理方法如下。

① 电池内阻不均匀。

处理方法：对该电池组进行均衡充电 12～24h。

② 电池连接条电蚀及连接螺栓锈蚀。

处理方法：对电蚀的连接条进行电蚀清除，对锈蚀的连接螺栓进行更新。

（3）单体电池浮充端电压偏低

引起单体电池浮充端电压偏低的可能原因如下。

① 电池内部发生微短路。

处理方法：均衡充电 12～24h，如仍不能排除，就单独对该电池进行活化处理。

② 整流开关电源输出设置偏低。

处理方法：检查整流开关电源输出电压设定值，重新调整其输出电压。

（4）VRLA 蓄电池容量不足

引起电池容量不足的可能原因如下。

① 电池欠充。

处理方法：均衡充电 12～24h。

② 浮充电压偏低。

处理方法：提高整流器浮充电压设置值。

③ 失水严重，内部干涸。

处理方法：补加活化液后均衡充电 12h。

（5）电池极柱或外壳温度过高

电池极柱温度过高的可能原因如下。

① 连接螺栓松动。

处理方法：检查连接螺栓并拧紧。

② 极柱与连接条接触处腐蚀。

处理方法：清除极柱上的腐蚀并更换连接条。

电池外壳温度过高的可能原因如下。

① 浮充电压过高。

处理方法：检查整流开关电源的浮充电压设置值，并重新调整浮充电压。

② 电池自放电大。

处理方法：对该电池进行单独均充电 12～24h，静止 3h 后，如果电池外壳温度仍过高，应考虑更换。

（6）电池充电电压忽高忽低

引起电压忽高忽低的可能原因如下。

① 连接条或者连接螺栓松动。

处理方法：检查连接条及螺栓的接触，并拧紧螺丝。

② 整流开关电源输出电压不稳。

处理方法：检查整理开关电源与蓄电池之间连接，如果连接可靠，就需进一步检查整流电源设备故障。

（7）电池漏电

引起电池漏电的原因一般是电池被灰尘覆盖或电池漏液残留物导致电池漏电，其处理方为清洁电池。

（8）单体电池外壳膨胀

引起外壳膨胀的可能原因如下。

① 浮充电压太高。

处理方法：检查整理开关电源输出电压，重新调整浮充电压设置值。

② 均充电压太高或者均充时间太长。

处理方法：检查整流开关电源的均充设置，并重新调整。

③ 电池充电的初始电流过大。

处理方法：检查整流开关电源的限流设置值，并重新调整。

④ VRLA 蓄电池的阀门堵塞。

处理方法：检查阀门，更换橡皮圈并清洗滤帽。

7.2.5 磷酸铁锂电池

近年来，由于无线通信发展的急速扩张，随着基站的大规模建设，阀控式密封铅酸蓄电池在基站应用中的问题逐渐显露出来。如对基站机房承重的要求高、占地面积大、对基站机房环境温度的要求高（温度变化对于阀控式密封铅酸蓄电池的使用寿命影响很大），以及对环境的污染问题的处理等。因此，对于磷酸铁锂电池在通信行业中的应用也日益发展起来。

1. 磷酸铁锂电池相比较传统的铅酸电池主要优点

（1）寿命长，可循环 2 000～3 000 次，有待验证。

（2）体积小、重量轻：同等规格容量的磷酸铁锂电池的体积是铅酸电池体积的 1/2，重量是铅酸电池的 1/3。

（3）可大电流快速充放电，40 分钟内即可使电池充满，启动电流可达 2C。

（4）耐高温：磷酸铁锂电热峰值可达 350℃～500℃。工作温度范围宽广（−20℃~75℃）。

（5）无记忆效应：可充电池在经常处于充满不放完的条件下工作，容量会迅速低于额定容量值，这种现象叫做记忆效应。镍氢、镍镉电池存在记忆性，而磷酸铁锂电池无此现象，电池无论处于什么状态，可随充随用，无需先放完电再充电。

（6）绿色环保：该电池不含任何重金属与稀有金属（镍氢电池需稀有金属），无毒，无污染，符合欧洲 ROHS 规定，为绝对的绿色环保电池。铅酸电池中却存在着大量的铅，在废弃后若处理不当，仍将对环境形成二次污染，而磷酸铁锂材料在生产及使用过程中，均无污染。

2．磷酸铁锂电池的主要结构及基本原理

磷酸铁锂电池一般选择相对锂而言电位大于 3V 且在空气中稳定的嵌锂过渡金属氧化物做正极：$LiFePO_4$（磷酸铁锂），作为负极的材料则选择电位尽可能接近锂电位的可嵌入锂化合物，如各种碳材料包括天然石墨、合成石墨、碳纤维、中间相小球碳素等和金属氧化物，包括 SnO、SnO_2、锡复合氧化物 $SnB_xP_yO_z$ 等。

电解质采用 $LiPF_6$ 的乙烯碳酸脂（EC）、丙烯碳酸脂（PC）和低黏度二乙基碳酸脂（DEC）等烷基碳酸脂搭配的混合溶剂体系。

隔膜采用聚烯微多孔膜如 PE、PP 或它们的复合膜，尤其是 PP/PE/PP 三层隔膜不仅熔点较低，而且具有较高的抗穿刺强度，起到了热保险作用。

外壳采用钢或铝材料，盖体组件具有防爆断电的功能。

$$LiFe(\text{II})PO_4 \longleftrightarrow Fe(\text{III})PO_4 + Li^+ + e^- \quad (1)$$

当电池充电时，正极中的锂离子 Li^+ 通过聚合物隔膜向负极迁移；在放电过程中，负极中的锂离子 Li^+ 通过隔膜向正极迁移。

3．磷酸铁锂电池在通信系统中应用存在的问题

（1）电池的均衡性问题

通信电源系统中，开关电源系统的直流输出通常设定有两级输出电压，分别是浮充电压和均衡充电电压，之所以有此功能，就是配合铅酸蓄电池组的要求，既要保证通信负荷的用电，又要确保铅酸电池在满荷电状态下的自放电能够及时得以补充，还要用均充电压在电池组放电后对电池充电以保证充满。事实上，通信电源系统多数情况下都处于浮充工作状态，开关电源输出浮充电压，铅酸蓄电池 98%以上的时间也都处于浮充满电状态。

因此，在兼顾现有通信电源主要功能和技术参数不变的前提下，如果采用磷酸铁锂电池，磷酸铁锂电池组多数情况下也是处于荷电备用的浮充状态。

铅酸电池在浮充状态下，不仅其内部的电化学特性趋于平衡，其内部的极板和电解液都相对稳定了，而且自身的自放电还能够得到及时的补充。但是针对磷酸铁锂电池，在常年外加恒定电压的情况下，其内部的活性物质和电解液等是否稳定，则需要进一步地考证，需要用时间来评价其可靠性。

从目前电池厂家给出的资料来看，对于磷酸铁锂电池，只要保证每只电池不出现过充，电池本身就是安全的。因此从电池浮充角度来看，还是要确保电池保护方面的均衡及过充检测的有效性。

（2）价格问题

目前针对通信系统应用的磷酸铁锂电池的生产还未形成规模，因此价格比较昂贵，也限制了磷酸铁锂电池在通信系统中的应用。当前磷酸铁锂电池的价格为阀控式密封铅酸蓄电池的 5 倍左右。

磷酸铁锂蓄电池是锂离子电池家族的一个成员，和其他类型的锂电池相比，铁锂电池的安全性等方面有了明显的改进。和通信行业使用的铅酸蓄电池相比，铁锂电池具有许多明显的优点。目前，由于铁锂电池的产业链没有完善，导致制备成本较高，再加上产品的一些应用特性需要进一步研究和试验，这些限制了铁锂电池在通信行业的应用和推广。但是，随着研究的不断深入和产品成本的不断降低，铁锂电池在通信行业的使用将会越来越广泛。

小　　结

1. 蓄电池是通信电源系统中，直流供电系统的重要组成部分。在市电正常时，与整流器并联运行，起平滑滤波作用；当市电异常或在整流器不工作的情况下，则由蓄电池单独供电，担负起对全部负载供电的任务，起到备用作用。

2. 阀控式密封铅酸蓄电池的特点为：荷电出厂，安装后即可使用；无需添加水和酸；不漏液、无酸雾；化学稳定性好；电池寿命长；体积小、重量轻、自放电低。

3. 阀控铅蓄电池的基本结构：正负极板组、隔板、电解液、安全阀及壳体，此外还有一些零件如端子、连接条、极柱等。

4. 阀控铅蓄电池按不同用途和外形结构分有固定型和移动型两大类。

5. 阀控铅蓄电池的充放电工作原理可用以下化学化应方程式来说明：

$$\underset{\text{二氧化铅}}{\underset{(\text{正极})}{PbO_2}} + \underset{\text{硫酸}}{\underset{(\text{电解液})}{2H_2SO_4}} + \underset{\text{绒状铅}}{\underset{(\text{负极})}{Pb}} \underset{\xleftarrow{\text{充电}}}{\xrightarrow{\text{放电}}} \underset{\text{硫酸铅}}{\underset{(\text{正极})}{PbSO_4}} + \underset{\text{水}}{\underset{(\text{电解液})}{2H_2O}} + \underset{\text{硫酸铅}}{\underset{(\text{负极})}{PbSO_4}}$$

6. 阀控蓄电池的氧循环原理就是：从正极周围析出的氧气，通过电池内循环，扩散到负极被吸收，变为固体氧化铅之后，又化合为液态的水，经历了一次大循环。

7. 额定容量是指制造电池时，规定电池在一定放电率条件下，应该放出最低限度的电量。实际容量，是指在特定的放电电流，电解液温度和放电终了电压等条件下，蓄电池实际放出的电量，它不是一个恒定的常数，受放电率、放电温度、电解液浓度和终了电压等因素的影响。

8. 蓄电池失效是指电池性能逐渐退化，直至不能使用。有失水，早期容量损失（PCL），热失控，板栅的腐蚀与变形，负极硫酸化，隔板质量下降等原因。

9. 阀控密封铅酸电池不应专设电池室，而应与通信设备同装一室。安装方式要根据工作场地与设施而定。

10. 通信用蓄电池的充电方式主要是浮充充电和均衡充电两种方式。为了延长阀控电池的使用寿命，必须了解不同充电方式的充电特点和充电要求，严格按照要求对蓄电池进行充电。

11. 阀控式铅酸蓄电池在维护过程中的注意事项。

12. VRLA 蓄电池对充电设备的技术要求有：稳压精度、自动均充功能、电压—温度补偿功能、限流功能和智能化管理功能等。

13. VRLA 蓄电池的定期测量项目：端电压的均匀性，标示电池的选定，电池极柱压降的测量，电池极柱温升的测量，VRLA 蓄电池全容量测试，蓄电池单组离线操作等。

14．磷酸铁锂电池对比传统的铅酸电池主要有：寿命长、体积小、重量轻、可大电流快速充放电，耐高温、绿色环保等特点，但目前电池稳定性和价格问题困扰着它在通信行业中的大规模应用。

思考题与练习题

7-1 蓄电池组在通信工作中起什么作用？

7-2 蓄电池的分类。

7-3 阀控式铅酸蓄电池是由哪些部分组成的？各部分的作用如何？

7-4 写出阀控铅蓄电池充放电时的化学反应方程式，并说明正负极板上主要物质的变化情况。

7-5 什么是阀控蓄电池的氧循环原理？

7-6 什么叫阀控蓄电池的额定容量？

7-7 实际容量受哪些因素的影响？

7-8 大电流放电时为何将放电终了电压设置得低些？

7-9 小电流放电时为何将放电终了电压设置得高些？

7-10 阀控铅蓄电池失水的主要原因是什么？

7-11 热失控会对蓄电池造成什么危害？

7-12 引起阀控蓄电池硫酸化的主要原因是什么？

7-13 阀控铅蓄电池浮充电流设定的依据是什么？

7-14 阀控铅蓄电池浮充电压为何要进行温度补偿？

7-15 阀控铅蓄电池为何应定期进行均衡充电？

7-16 VRLA 蓄电池对充电设备的技术要求有哪些？

7-17 蓄电池智能化管理功能包括哪些内容？

7-18 如何判断蓄电池端电压的均匀性是否合格？需在什么条件下检测？

7-19 简述蓄电池单组离线操作的步骤。

7-20 蓄电池组中的标示电池是如何选定的？

7-21 蓄电池组为何要测量极柱压降？说出测试的方法与注意事项。

7-22 蓄电池组为何要进行电池极柱温升的测量？说出测试的方法与注意事项。

第8章　高压直流供电系统

本章典型工作任务

- 典型工作任务一：高压直流系统的绝缘监察装置检测。
- 典型工作任务二：高压直流系统的周期检测。

本章内容

- 高压直流供电方式概述。
- 服务器使用高压直流供电的可行性分析。
- 高压直流供电技术参数选择。
- 高压直流技术优势分析。
- 高压直流技术存在的问题。

本章重点

- 服务器使用高压直流供电的可行性分析。
- 高压直流技术优势分析。

本章难点

- 高压直流技术存在的问题。

本章学时数　4 课时。

学习本章目的和要求

- 理解数据 IDC 机房传统供电方式的缺点。
- 理解高压直流供电方式可替代交流供电的原因及供电对象要求。
- 掌握更换高压直流模块操作技能。
- 了解高压直流供电方式可能存在的问题。

8.1　典型工作任务

8.1.1　典型工作任务一：高压直流系统的绝缘监察装置检测

8.1.1.1　所需知识

（1）高压直流供电系统替代传统 UPS 供电可行性分析。

（2）高压直流供电系统结构。

（3）系统绝缘监察装置的可靠性分析。

8.1.1.2　所需能力

（1）绝缘监察测试仪的使用。

（2）测试数据是否合格的判断。

8.1.1.3　参考行动计划

（1）分组：以 5 人左右为一个小组，明确人员职责，按照项目要求各自独立开展工作。

（2）讨论：明确分组以后各组围绕主题、重点和工作步骤开展讨论。根据讨论结果拿出各组的方案、具体步骤和注意事项。

（3）教师的审核：教师根据各组提出的方案审核方案是否完整及具体可操作性、是否存在安全隐患。

（4）各小组的实际训练操作：各小组按照审核通过的方案组织实际训练操作。

（5）检查评估：实际操作结束后，由检查组开展评估和小结。

8.1.1.4　参考操作步骤

（1）检查：绝缘监察装置中绝缘告警整定值，应设置在 25～28kΩ 之间。

（2）测试：①在系统单极（正极或负极）接入 10～20kΩ 电阻，检查系统告警情况，阻值计算是否准确。②在系统单极（正极或负极）接入 30～50kΩ 电阻，检查系统告警情况，阻值计算是否准确。③对于配置有支路检测的绝缘装置系统，可以选某一支路接入电阻，检查支路判断是否准确。④关闭或开启绝缘监察装置，观察直流回路输出情况，系统应无异常。

（3）判断数据是否合格。

（4）分析原因并给出意见。

8.1.1.5　检查评估

（1）步骤实施的合理性：看工作步骤是否符合计划方案，是否顺畅、合理。

（2）安全性考虑：可靠性如何，是否存在安全隐患。

（3）团队分工合作效率：团队配合是否默契、工作效果如何。

（4）创新：工作思路和方法是否有所创新。

（5）拓展性：是否有助于相近学科的学习和研究。

（6）职业素养的提高：学习态度、操作能力、可持续发展能力、创新能力均有较大提高。

（7）成果的自我总结评价：各小组的工作总结是否恰如其分，对存在问题的分析是否透彻，整改措施是否得当。

8.1.2 典型工作任务二：高压直流系统的周期检测

8.1.2.1 所需知识

1．高压直流供电系统结构与运行环境要求。

2．高压直流供电系统供电对象特殊性。

3．高压直流供电系统维护规程与测试方法。

8.1.2.2 所需能力

1．更换高压整流模块操作。

2．绝缘监察测试仪等相关仪器的使用。

3．更换高压直流熔断器、开关等的操作。

4．高压直流系统运行可靠性分析。

8.1.2.3 参考行动计划

1．分组：以 5 人左右为一个小组，明确人员职责，按照项目要求各自独立开展工作。

2．讨论：明确分组以后各组围绕主题、重点和工作步骤开展讨论。根据讨论结果拿出各组的方案、具体步骤和注意事项。

3．教师的审核：教师根据各组提出的方案审核方案是否完整及具体可操作性、是否存在安全隐患。

4．各小组的实际训练操作：各小组按照审核通过的方案组织实际训练操作。

5．检查评估：实际操作结束后，由检查组开展评估和小结。

8.1.2.4 参考操作步骤

检测项目按表 8-1 执行。

表 8-1　　　　　　　　　　　　　　高压直流系统周期检测项目

序号	项　　　　　目	周期
1	检查绝缘监察告警记录，检查正负极对地悬浮状态是否正常	月
2	检查记录系统输出电压、电流	月
3	检查模块液晶屏显示功能是否正常、翻看告警记录	月
4	检查整流器、监控模块的工作状态，整流器的负载均分性能	月
5	检查各整流器风扇运转是否正常	月
6	清洁设备、风扇、过滤网等，确保无积尘、散热性能良好	月
7	测量直流熔断器的压降或温升、汇流排的温升有无异常	月
8	检查整流器各告警点等参数设置是否正确，有无变更，检查各种手动或自动连续可调功能是否正常，测试必要的保护与告警功能（如系统直流输出限流等）	季
9	检查蓄电池管理功能：检查系统自动均、浮充转换功能，检查均、浮充电压、均充限流值、均充周期及持续时间、温度补偿系数等各项参数，校对均、浮充电压设定值、电池保护电压、均浮充转换电流等	季
10	检查各开关、继电器、熔断器以及各接触元器件是否正常工作，容量是否匹配（包括交、直流配电部分）；接线端子的接触是否良好	季
11	检查防雷设备是否正常	季

续表

序号	项　　　目	周期
12	检查两路交流电源输入的电气或机械联锁装置是否正常	年
13	检查测试绝缘监察装置是否正常	年
14	检查各机架保护接地是否牢固可靠	年
15	校准系统电压、电流	年
16	测试备份整流器	年

8.1.2.5　检查评估

（1）步骤实施的合理性：看工作步骤是否符合计划方案，是否顺畅、合理。

（2）安全性考虑：可靠性如何，是否存在安全隐患。

（3）团队分工合作效率：团队配合是否默契、工作效果如何。

（4）创新：工作思路和方法是否有所创新。

（5）拓展性：是否有助于相近学科的学习和研究。

（6）职业素养的提高：学习态度、操作能力、可持续发展能力、创新能力均有较大提高。

（7）成果的自我总结评价：各小组的工作总结是否恰如其分，对存在问题的分析是否透彻，整改措施是否得当。

8.2　相关配套知识

8.2.1　高压直流供电方式概述

近几年，广大用户对数据业务需求的迅猛提升，导致各大电信运营商不断加大核心数据机房的建设规模，同时，也对核心数据机房的供电系统的安全性、可靠性以及运行效率提出更高的要求。传统 UPS 供电方式的稳定性、安全性、经济性的问题日益严重，其供电弊端日益显现。高压直流供电技术在核心数据机房的应用逐步推开。

传统 UPS 供电系统存在的问题主要有以下几个方面。

1．系统可靠性

UPS 系统中，后备蓄电池与负载之间存在逆变器、静态开关等多个电子器件，导致蓄电池无法直接给负载供电，与传统电信专用-48V 直流供电系统相比，可靠性大大降低。虽然采用多种手段提升 UPS 系统可靠性，但就 UPS 整体供电系统而言，有很多不可备份的系统级单点瓶颈，比如同步并机板、静态开关、输出切换开关等。对于目前可靠性最高的双总线冗余系统，也存在两侧总线间负载切换瞬间浪涌，导致主机过载保护切换到旁路的情况，造成系统不可预见的突发性故障。

2．系统谐波干扰

UPS 供电方式中，存在 UPS 整流和负载电源整流两个电流谐波源，导致供电系统谐波分量剧增，使变压器利用率下降、柴油发电机支撑能力下降，影响到整个系统的利用率，造成系统隐性故障。

3．系统运行效率

采用 UPS 供电方式，从市电引入到负载的主板供电端，存在 UPS 内部的 AC/DC、DC/AC 两级变换和负载电源模块的 AC/DC、DC/DC 两级变换，整个供电流程运行效率很低，一般在 71%～83%之间。

在冗余系统中，为了确保一台 UPS 故障时，系统依然能够保持正常供电，就要求系统中各单机输出控制在一定的比例内，如 1+1 系统为 50%，2+1 系统为 66%。

同时考虑负载谐波干扰、负荷突变、降低设备故障率等问题，核心数据机房的 UPS 系统必需保持一定的裕度，通常按照系统 70%～80%的容量计算，实际上每台 UPS 的负荷率只有 35%～40%。

由于 UPS 的可扩展性较差，一般在建设时按照中远期容量考虑，实际使用中业务的发展是一个渐进的过程，这使得平均使用负载率只有 20%～30%，运行效率也相应下降。

上述多种原因造成 UPS 系统实际运行效率低于 70%。

4．系统标准化

UPS 复杂的结构和组网方式给系统标准化建设带来了困难，多种组网方式和复杂的系统为标准化带来困难，系统设计建造停留在手工阶段。

5．系统的维护扩容性

UPS 设备复杂的物理架构和逻辑控制，使得系统可维护性降低，缺少蓄电池直接保护能力，导致故障处理难度增加，多次出现设备厂家在维修过程中造成系统供电中断事故。

UPS 系统扩容必须同时考虑到电源的频率、电压、相序、相位、波形等问题，不像直流电源系统扩容只关注电压一个参数，所以每一次 UPS 在线扩容都是一次巨大的风险操作。

8.2.2 服务器使用高压直流供电的可行性分析

采用高压直流供电技术给交流数据设备供电，首先要求确认数据设备（主要是服务器等）能否使用高压直流电源。

服务器电源基本工作原理如图 8-1 所示。

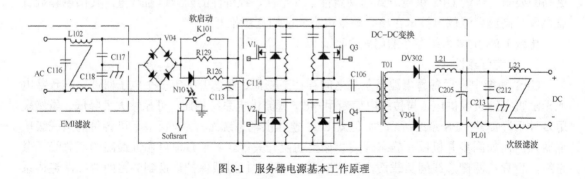

图 8-1 服务器电源基本工作原理

从图 8-1 可以看出，交流输入经过整流滤波后，在直流母线上的电压应为

$$U_\circ = 0.9\sqrt{2}U_i = 0.9 \times \sqrt{2} \times 220 = 280(\text{V})$$

通常服务器交流供电范围为 220V±10%，即 198～242V，因此，直流母线上的电压 $U_\circ$ 在 252～308V 之间。

因此只要电压设置在合适的范围内，且输入电路中没有低频变压器等电源设备，均可使用高压直流供电，通过 EMI 滤波，加载到整流电路上，通过对占用对角的两个整流管，加载在 DC/DC 变换电路上，经过 DC/DC 变换成服务器主板所需的低压直流电源。

从电路原理分析，当前大部分服务器可以采用高压直流供电技术为其供电。

8.2.3　高压直流供电技术参数选择

业界对于高压直流供电系统的最大争论主要是在系统电压参数设定上，目前主要有以下 4 种标准。

1. 低压 220V

220V 等级是从电力操作电源演变而来的，220V 为标称电压，后备电池按照 108 个 2V 电池单元配置（可配置 2V 电池 108 只，6V 电池 36 只，12V 电池 18 只），平时浮充电压为 240V，供电范围在 194V（电池保护电压）～254V（电池均充电压）之间。

因为 220V 低于 252～308V 的范围，如果长期给服务器供电，会因电压过低、电流过大造成整流管过热，存在故障隐患，因此，在现已运行的系统中，基本上都需要在供电回路中增加直流升压电路，导致在蓄电池和负载之间增加了升压电路，存在单点故障隐患。

2. 中压 276V

为了避免 220V 等级中存在的单点故障隐患，结合整流管对最低电压的要求，采用标称电压为 276V 的中压供电等级。240V 为标称电压，后备电池按照 138 个 2V 电池单元配置（可配置 2V 电池 138 只，6V 电池 46 只，12V 电池 23 只），平时浮充电压为 308V，供电范围在 248（电池保护电压）~324V（电池均充电压）之间。

276V 正好在 252~308V 的范围内，服务器能正常工作。少数具备输入电压检测保护的服务器，可能会由于输入电压太高而保护，不能启动工作。此类服务器必须使用单路输入双路输出的专用电源线，以低电压启动（180~200V），待设备启动后，慢慢升高电压，直至与系统电压一致，合上正式电源分路开关，撤除低电压电源。此类设备开通后，必须在设备的输入端位置和电源模块的明显位置建立特殊标志，警示维护人员在停机维护重新开机时，仍需采用低压启动方式。

3. 高压 350V

后备电池按照 156 个 2V 电池单元配置（可配置 2V 电池 156 只，6V 电池 52 只，12V 电池 26 只），平时浮充电压为 351V，供电范围在 265（电池保护电压）～366V（电池均充电压）之间。

虽然 350V 电压等级超出了理论的 252～308V 安全范围，但鉴于该电压等级的诸多优势，目前在各核心数据机房的高压直流供电技术的试点中主要采用 350V 电压等级。主要原因如下。

（1）大部分电子零件（Caps、MOSFET）耐压等级为直流 450～500V。

（2）一般电源系统的输入范围为交流 90～264V，最高峰值电压为 373V。

（3）350V 电压等级有机会直接给目前大部分服务器供电，同时还可以给未来 400V 服务器供电，系统兼容性较好。

（4）输出直流电压越高，系统效率越高，节能效果越好。

目前，350V 电压等级也是业内力推的等级，艾默生、中达等厂家分别为法国电信、中华电信提供 350V 电压等级的产品。

4．超高压 400V

400V 供电等级采用标称电压 380V 及以上电压，该电压等级超出现有服务器电源元器件的标称耐压等级，不适用于现有的服务器，是未来专用服务器设计的发展方向之一，现阶段暂不考虑。

8.2.4　高压直流技术优势分析

1．大幅提高供电系统效率

主机比 UPS 提高 6%～7%（满载情况下比较，低负载率时更高）；去掉各级滤波器及隔离变压器损耗，提升 3%～5%；与 UPS 单机系统结构比，总效率提高 10%～12%；与冗余并机传统系统结构比，总效率提高 18%～20%。

2．显著降低设备成本

主机无 DC/AC 逆变器和静态旁路，可降低成本 60%以上；去掉各级滤波器、负载前端 STS、简化线缆等；系统总成本（购置成本和运营成本）与 UPS 单机相比约下降 20%～30%；系统总成本（购置成本和运营成本）与 UPS 冗余配置相比约下降 30%～50%。

3．备用能源（蓄电池）的功能得到充分发挥

后备电池可用度大大提高，可以认为：彻底解决了 UPS 供电系统中不可预见、突发性故障的威胁；电池供电不需经过 DC/AC 转换，利用率提高 10%。

4．消除了谐波电流对系统自身和电网的危害

消除了主机及负载内的两级谐波源，线路谐波成分从 30%～50%降到 0；输入 THDA≤5%，输入功率因数提高到 0.99 以上；降低变压器、油机等供配电设备的配置容量；简化各环节滤波设备。

5．大大简化系统结构，大幅度提高可靠性

无 DC/AC 逆变器和静态旁路开关，器件数量大量减少，可靠性高；可方便地组成 $N+1$ 模块化系统，任一或多个模块故障系统仍可以运行，可靠性很高；监控模块管理功能强大，且故障时系统仍可以运行；无频率同步问题，无环流问题，冗余并机简单可靠；无零地电压差问题，接地要求简化。

6．有利于系统模块化、标准化进程

整流模块易于实现标准化，机架易于实现标准化；简化主机容量规格，形成整流模块化设计；电池组电压规格由十几种减少到一种；系统架构易于实现标准化。

8.2.5　高压直流技术存在的问题

1．服务器等设备内部安规距离

直流电压有效值比交流电压有效值高，对服务器内部爬电距离要求更高，虽然各厂家对内部安规距离均留有一定的余量，但缺少标准化的要求。目前可预见的影响距离包括原边对地距离，原边对副边距离，L、N 之间的距离等。

2．直流供电回路中的器件问题

（1）服务器内部输入保险的分断

服务器内部输入保险均为交流保险，能够分段交流短路电流，直流电流没有过零点，分断难度更大，能否分断直流短路电流需要进一步确认。

服务器保险均加在 L 线上，N 线没有保护，直流供电时，服务器负极缺少相应的保护。

（2）服务器上交流拨动开关的分断

服务器输入端的拨动开关均为交流器件，用于分断额定直流电流时将出现拉弧或燃烧等现象。拨动开关分断 5A/250V 直流电流发生开关损坏，无法安全分断额定直流电流。

（3）服务器供电的插座

服务器供电插座没有设置灭弧功能，用于插拔高压直流供电负载，必然出现拉弧或燃烧等现象。交流插排分断 10A/250V 直流电流出现严重火花，甚至插排损毁。

3．直流供电回路母排悬浮的安全隐患

直流供电回路中，母排悬浮后，当人接触母排后，无法预计母排的电压，对人身安全存在隐患。目前，有部分厂家采用的绝缘检测仪只能对系统绝缘情况进行告警，不能主动保护人身安全。

小　　结

1．高压直流供电技术以高可靠性、高效率、低运行成本等诸多优势，可以逐步取代核心数据机房中传统的 UPS 供电方式。

2．高压直流供电技术作为一个新兴的技术方案还存在着诸多问题，在推广使用过程中逐步完善其产品标准、技术规范、安全规范以及后期的维护规程等。

思考题与练习题

8-1　为什么高压直流供电技术可取代原来的 UPS 供电系统？

8-2　高压直流供电技术有何优势？

第 9 章　　　　　　　　　　　直流配电

本章典型工作任务

- 典型工作任务一：直流配电日常检查。
- 典型工作任务二：熔断器检查与更换。
- 典型工作任务三：直流压降测量。
- 典型工作任务四：直流杂音测量。

本章知识内容

- 直流电源供电方式概述。
- 直流供电系统的配电方式。
- 直流配电作用和功能。
- 典型直流配电屏原理。

本章知识重点

- 直流电源分散供电方式特点。
- 低阻配电原理。
- 直流配电作用和功能。

本章知识难点

- 高阻配电原理。
- 典型直流配电屏原理。

本章学时数　6 课时。

学习本章目的和要求

- 理解集中供电方式的特点，掌握分散供电方式的特点和注意事项。
- 理解高阻配电的优点，以及高阻配电在实际设计时应注意的问题。
- 掌握直流配电的作用和一般具有的功能。
- 理解直流配电屏的工作原理。
- 能进行直流配电日常检查及系统测试操作。

9.1　典型工作任务

9.1.1　典型工作任务一：直流配电日常检查

9.1.1.1　所需知识

（1）直流电源供电方式，详见 9.2.1 节

（2）直流供电系统的配电方式，详见 9.2.2 节

（3）直流配电作用和功能，详见 9.2.3 节

（4）直流配电屏原理，详见 9.2.4 节

9.1.1.2　所需能力

（1）查看菜单中的参数。

（2）查看告警内容。

（3）处理告警的能力。

（4）万用表的使用。

（5）钳形电流表的使用。

9.1.1.3　参考行动计划

（1）分组：以 5 人左右为一个小组，明确人员职责，按照项目要求各自独立开展工作。

（2）讨论：明确分组以后各组围绕主题、重点和工作步骤开展讨论。根据讨论结果拿出各组的方案、具体步骤和注意事项。

（3）教师的审核：教师根据各组提出的方案审核方案是否完整及具体可操作性、是否存在安全隐患。

（4）各小组的实际训练操作：各小组按照审核通过的方案组织实际训练操作。

（5）检查评估：实际操作结束后，由检查组开展评估和小结。

9.1.1.4　参考操作步骤

（1）测量整流器输出电压、输出电流。

（2）测量蓄电池的极柱压降、端压。

（3）判断数据是否合格。

（4）分析原因并给出意见。

9.1.1.5　检查评估

（1）步骤实施的合理性：看工作步骤是否符合计划方案，是否顺畅、合理。

（2）安全性考虑：可靠性如何，是否存在安全隐患。

（3）团队分工合作效率：团队配合是否默契、工作效果如何。

（4）创新：工作思路和方法是否有所创新。

（5）拓展性：是否有助于相近学科的学习和研究。

（6）职业素养的提高：学习态度、操作能力、可持续发展能力、创新能力均有较大提高。

（7）成果的自我总结评价：各小组的工作总结是否恰如其分，对存在问题的分析是否透彻，整改措施是否得当。

9.1.2 典型工作任务二：熔断器检查与更换

9.1.2.1 所需知识

（1）直流配电作用和功能。

（2）熔断器的结构及工作原理，详见 1.2.2.3 节。

（3）掌握电弧安全知识，详见 1.2.3 节。

9.1.2.2 所需能力

（1）万用表、钳形电流表、点温仪的正确使用。

（2）熔丝更换条件的判断和正确选择。

（3）更换熔丝的规范操作。

9.1.2.3 参考行动计划

（1）分组：以 5 人左右为一个小组，明确人员职责，按照项目要求各自独立开展工作。

（2）讨论：明确分组以后各组围绕主题、重点和工作步骤开展讨论。根据讨论结果拿出各组的方案、具体步骤和注意事项。

（3）教师的审核：教师根据各组提出的方案审核方案是否完整及具体可操作性、是否存在安全隐患。

（4）各小组的实际训练操作：各小组按照审核通过的方案组织实际训练操作。

（5）检查评估：实际操作结束后，由检查组开展评估和小结。

9.1.2.4 参考操作步骤

（1）检查熔丝的熔断指示。

（2）用红外仪检查熔丝的温升（温升＝表面最大温度-环境温度 $\Delta t > 80℃$）。

（3）用万用表测量熔丝两端对地电压，相等，未熔断。

   用电流表测量熔丝上下线路电流，一样，未熔断。

（4）更换熔丝

① 更换已熔断。

a．用插拔器拔出熔丝。

b．切断负荷开关。

c．在没有负载的情况下插上。

② 更换温升＞80℃的熔丝。

a．选择合适的备用熔丝。

b．放临时线与原熔丝复接。

c．更换熔丝选择合适的好的熔丝（1.5～2 倍最大负荷电流）。

d．拆临时线。

9.1.2.5 检查评估

（1）步骤实施的合理性：看工作步骤是否符合计划方案，是否顺畅、合理。

（2）安全性考虑：可靠性如何，是否存在安全隐患。

（3）团队分工合作效率：团队配合是否默契、工作效果如何。

（4）创新：工作思路和方法是否有所创新。

（5）拓展性：是否有助于相近学科的学习和研究。

（6）职业素养的提高：学习态度、操作能力、可持续发展能力、创新能力均有较大提高。

（7）成果的自我总结评价：各小组的工作总结是否恰如其分，对存在问题的分析是否透彻，整改措施是否得当。

9.1.3　典型工作任务三：直流压降测量

9.1.3.1　所需知识

（1）开关电源系统的结构与原理。

① 交流配电单元的结构与作用；

② 直流配电单元结构与原理；

③ 整流模块结构、原理与操作；

④ 蓄电池组的结构与作用；

⑤ 监控模块操作，详见 5.2.4 节。

（2）直流回路压降的定义，详见 12.3.3 节。

9.1.3.2　所需能力

（1）对开关电源系统熟练操作（包括交流配电单元和监控模块操作）。

（2）正确使用四位半数字万用表和直流钳形电流表。

（3）通过换算鉴别系统内某个压降数据是否符合设计指标。

9.1.3.3　参考行动计划

（1）分组：以 5 人左右为一个小组，明确人员职责，按照项目要求各自独立开展工作。

（2）讨论：明确分组以后各组围绕主题、重点和工作步骤开展讨论。根据讨论结果拿出各组的方案、具体步骤和注意事项。

（3）教师的审核：教师根据各组提出的方案审核方案是否完整及具体可操作性、是否存在安全隐患。

（4）各小组的实际训练操作：各小组按照审核通过的方案组织实际训练操作。

（5）检查评估：实际操作结束后，由检查组开展评估和小结。

9.1.3.4　参考操作步骤

（1）去掉整流器，让蓄电池单独向负载放电。

（2）用万用表的直流挡测量电压：测量蓄电池两端的电压、直配屏输入端的电压、直配屏输出端的电压、负载两端的电压。

（3）用钳形电流表测负载电流。

（4）计算：所测 4 个电压两两相减得到 3 段压降。

（5）换算：实际系统电压电流换算成系统额定电压电流情况下的压降。

（6）判断：全程压降换算后 3V 以内且直流屏内压降 0.5V 以内为合格。

具体步骤和计算参考 12.3.3 节。

9.1.3.5　检查评估

（1）步骤实施的合理性：看工作步骤是否符合计划方案，是否顺畅、合理。

（2）安全性考虑：可靠性如何，是否存在安全隐患。

（3）团队分工合作效率：团队配合是否默契、工作效果如何。

（4）创新：工作思路和方法是否有所创新。

（5）拓展性：是否有助于相近学科的学习和研究。

（6）职业素养的提高：学习态度、操作能力、可持续发展能力、创新能力均有较大提高。

（7）成果的自我总结评价：各小组的工作总结是否恰如其分，对存在问题的分析是否透彻，整改措施是否得当。

9.1.4　典型工作任务四：直流杂音测量

9.1.4.1　所需知识

（1）直流配电屏的工作原理。

（2）整流器与蓄电池的并联浮充工作的原理。

（3）各直流杂音的意义，详见 12.5 节。

9.1.4.2　所需能力

（1）杂音计的熟练使用。

（2）示波器的熟练使用。

（3）指标合格与否的判断。

9.1.4.3　参考行动计划

（1）分组：以 5 人左右为一个小组，明确人员职责，按照项目要求各自独立开展工作。

（2）讨论：明确分组以后各组围绕主题、重点和工作步骤开展讨论。根据讨论结果拿出各组的方案、具体步骤和注意事项。

（3）教师的审核：教师根据各组提出的方案审核方案是否完整及具体可操作性、是否存在安全隐患。

（4）各小组的实际训练操作：各小组按照审核通过的方案组织实际训练操作。

（5）检查评估：实际操作结束后，由检查组开展评估和小结。

9.1.4.4　参考操作方法

具体参考 12.5 节。

9.1.4.5　检查评估

（1）步骤实施的合理性：看工作步骤是否符合计划方案，是否顺畅、合理。

（2）安全性考虑：可靠性如何，是否存在安全隐患。

（3）团队分工合作效率：团队配合是否默契、工作效果如何。

（4）创新：工作思路和方法是否有所创新。

（5）拓展性：是否有助于相近学科的学习和研究。

（6）职业素养的提高：学习态度、操作能力、可持续发展能力、创新能力均有较大提高。

（7）成果的自我总结评价：各小组的工作总结是否恰如其分，对存在问题的分析是否透彻，整改措施是否得当。

9.2　相关配套知识

9.2.1　直流电源供电方式概述

直流电源供电方式主要分为集中供电方式和分散供电方式两种。传统的集中供电方式正逐步被分散供电方式所取代，我们接下来较详细地描述这两种供电方式的特点。

9.2.1.1　集中供电方式

集中供电系统是将包括整流器、直流配电屏以及直流变换器和蓄电池组等在内的直流电源设备安装在电力室和蓄电池室，如图 9-1 所示。在一个电力室里可能集中了多种直流电源，全局所有通信设备用直流电源都从电力室的直流配电屏中取得。

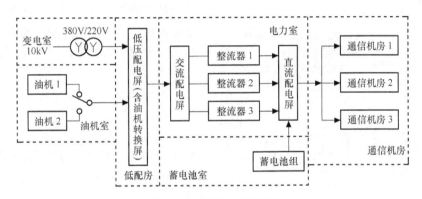

图 9-1　集中供电方式示意图

显然，传统集中供电具有电源设备集中、便于维护人员集中维护的优点。

但是，随着现代通信网逐步向数字化、宽带化、个人化方向发展，通信设备对通信电源供电系统提出了更高的要求，集中供电系统已经不能再适应通信发展的要求，正逐渐被分散供电体制所取代。一般来说，集中供电方式存在以下缺点。

（1）供电系统可靠性差。在集中供电系统中，由于担负着全局通信设备的供电任务，如果其中的某部分设备出现故障，影响范围很大，甚至造成通信全阻。所以从整个通信网的可靠性来看，运行可靠性很差。

（2）在集中供电系统中，电源设备到通信设备采用低压直流传输，距离较长，从而造成直流馈电线路压降过大，线路能耗加大等后果。另外，过长的馈电回路还会影响电源及电路的稳定性。

（3）由于各种通信设备对电压的允许范围不一致，而集中供电量由同一直流电源供电，严重影响了通信设备的使用性能。同时还会使系统的电磁兼容性（EMC）变差。

（4）集中供电系统需按终期容量进行设计。集中供电系统在扩容或更换设备时，往往由于设计时的容量跟不上通信发展的速度而需要改建机房，造成很大浪费。另外，由于集中供电系统设计时电源备选型在容量上至少预计了 10 年的负载要求，这样在工程结束的初期，大量电源设备搁置待用或轻载运行，也造成极大的浪费。

（5）需要达到技术要求的专用电力室和电池室。集中供电系统需要符合技术规范的电力室和电池室，基建投资和满足相关技术规范的装备投资都很大。

（6）需要 24 小时专人值班维护，维护成本很高。

9.2.1.2 分散供电方式

1．分散供电方式的类型

（1）半分散供电方式

所谓半分散供电方式，就是把整流器与蓄电池以及相应的配电单元等设备安装在通信机房或临近房间中，向该通信机房中的通信设备供电的方式。在实际运行中，又可以分为两类。

① 将电源设备（整流器、蓄电池和交直流配电屏）安装在通信机房内，为本机房的各种通信设备供电。这是国外目前普遍采用的方式（如日本、瑞典等）。

② 电源设备在通信机房中分成若干个小的独立电源系统，每个小电源系统都包含了整流模块蓄电池组和配电模块，向本机房中部分通信设备供电，目前英国和法国采用这种供电方式。

半分散供电方式的电源设备结构如图 9-2 所示。图中电源机柜包含整流模块和交直流配电单元及保护装置，柜中直流配电单元用于将直流电源分配到每列通信模块系统的最末端，馈电线路短，而且可用小线径的电缆。

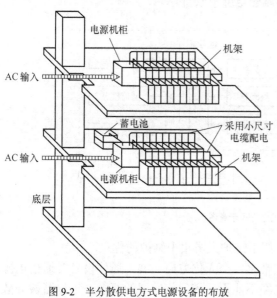

图 9-2　半分散供电方式电源设备的布放

（2）全分散供电系统

在这种供电系统中，每列通信设备的机架内都装设了小型基本电源（包括整流模块、交直流配电单元和蓄电池），澳大利亚、美国采用了这种供电方式。

2．分散供电方式的优缺点

分散供电具有以下优点。

（1）分散供电可靠性高，采用分散供电系统，将规模很大的电源变为小电源系统，在故障发生时因为减小了故障影响面，所以提高了电源系统可靠性。或者将大电源系统改为分散式有并联冗余的小电源系统向同一机房的通信设备供电，也可提高通信电源的可靠性。

（2）分散供电有明显的经济效益。采用分散供电系统后，各种容量的能耗以及占地面积都会有较大幅度的减少。

（3）承受故障能力强。由于采用较短且较细的电缆将电源设备与负载连接起来，故短路后的瞬变电压小，因此大多数分散供电系统不需用高阻配电来限制故障电流。即使发生严重故障时，如电池端或主配电单元发生短路，以及电池组中出现故障电池等，也仅会导致部分电源供电中断，而不会引起对所有通信设备供电的中断。

（4）能合理配置电源设备。在实施分散供电系统的设计时，由于与通信设备同时计划安装，不需考虑扩容等问题，节约了初期投资、减少了设备和系统资源的浪费。

分散供电存在的问题：由于分散供电是将蓄电池与通信设备放在同一机房，故要求电池密封程度很高，同时考虑到楼板的承受力，一般电池容量按 0.1～1H 配备，对交流供电要绝对保证。

9.2.2　直流供电系统的配电方式

传统的直流供电系统中，利用汇流排把基础电源直接馈送到通信机房的直流电源架或通信设备机架，这种配电方式因汇流排电阻很小，故称为低阻配电方式。如图 9-3 所示，假设 RL_1 发生短路（用 S_1 合上代表短路）则当 F_1 尚未熔断前，AO 之间的电压将跌落到极低（约为 AB 间阻抗与电池内阻 R_r 之比，F_1 电阻很小，故电压接近于 0），而且短路电流很大（基本上由电池电压及电池内阻决定）。在 F_1 熔断时，由于短路电流大，使 di/dt 也很大，在 AB 两点的等效电感上产生的感应电势 Ldi/dt，会形成很大尖峰，因此 AO 之间的电压将首先降到接近于 0，而后产生一个尖峰高电压，如图 9-3（b）所示波形。这些都会对接在同一汇流排上的其他通信设备产生影响。

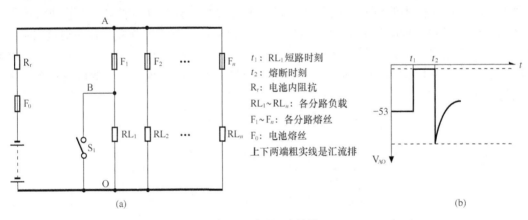

图 9-3　低阻配电简图

图 9-4（a）所示是在低阻配电系统基础上发展起来的高阻配电系统原理图。可以选择相对线径细一些的配电导线，相当于在各分路中接入有一定阻值的限流电阻 R_1，一般取值为电池内阻的 5～10 倍。这时如果某一分路发生短路，则系统电压的变化——电压跌落及反冲尖峰电压都很小，这是因为 R_1 限制了短路电流以及 Ldi/dt 也减少的原因，图 9-4（b）所示是 AO 电压变化示意图。R_1 与电池内阻 R_r 合适的选配，可使 AO 电压变化在电源系统允差范围，使系统其他负载不受影响而正常工作。换而言之，达到了等效隔离的作用。

当然，高阻配电也有一些问题：其一是由于回路中串联电阻会导致电池放电时，不允许放到常规终止电压，否则负载电压太低。其二是串联电阻上的损耗，一般为 2%～4%。

在直线供电系统中，无论是采用集中供电方式还是分散供电方式，直流配电设备都是直流供电系统的枢纽，它负责汇接直流电源与对应的直流负载，通过简单的操作完成直流电能的分配，输出电压的调整以及工作方式的转换等。其目的既要保证负载要求，又要保证蓄电池能获得补充电流。

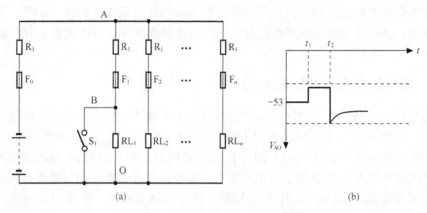

图 9-4　高阻配电及电压变化示意图

并联浮充供电方式的原理如图 9-5 所示。整流器与蓄电池并联后对通信设备供电。在交流电正常情况下，整流器一方面给通信设备供电，另一方面又给蓄电池补充充电，以补充蓄电池因自放电而失去的电量。在并联浮充工作状态下，蓄电池还能起一定的滤波作用。当交流中断时，蓄电池单独给通信设备供电，放出的电量在整流器恢复工作后通过自动（或手动）转为均充来补足。并联浮充供电方式的优点是：延长电池寿命、工作可靠（因电池始终处于充足状态）、供电效率也较高。目前无论是集中供电系统还是分散供电系统都采用了这种方法。

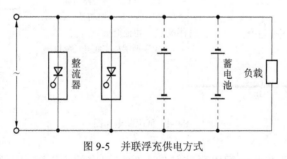

图 9-5　并联浮充供电方式

9.2.3　直流配电的作用和功能

直流配电是直流供电系统的枢纽，它将整流输出的直流和蓄电池组输出直流汇接成不间断的直流输出母线，再分接为各种容量的负载供电支路，串入相应熔断器或负荷开关后向负载供电。图 9-6 所示的直流配电一次电路示意图即表示了直流配电的作用。

直流配电的作用和功能的实现一般需要专用的直流配电屏（或配电单元）完成。直流配电屏除了完成图 9-6 所示的一次电路的直流汇接和分配的作用以外，通常还具有以下一些功能。

1. 测量

测量系统输出总电压，系统总电流；各负载回路用电电流；整流器输出电压电流；各蓄电池组充（放）电电压、电流等。并能将测量所得到的值通过一定的方式显示。

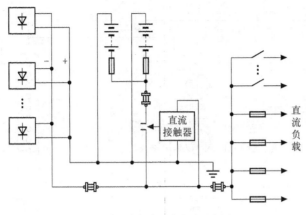

图 9-6 直流配电一次电路示意图

2. 告警

提供系统输出电压过高、过低告警；整流器输出电压过高、过低告警；蓄电池组充（放）电电压过高、过低告警；负载回路熔断器熔断告警等。

3. 保护

在整流器的输出线路上，各蓄电池组的输出线路上，以及各负载输出回路上都接有相应的熔断器短路保护装置。此外，各蓄电池组线路上还接有低压脱离保护装置等。

9.2.4 典型直流配电屏原理

对应小容量的供电系统，比如分散供电系统，通常交流配电、直流配电和整流、监控等组成一个完整、独立的供电系统，集成安装在一个机柜内。

相对大容量的直流供电系统，一般单独设置直流配电屏，以满足各种负载供电的需要。图 9-7 所示是一张独立的直流配电屏电路图。

整流器输出直流电压由配电屏的正、负汇流排接入，两组蓄电池由直流屏的电池排接入。根据负载的容量，各路输出电压可经过熔断器或空气开关接到负载。图中，AP569 为信号集中告警电路板，当电池主熔断器 FU_1（1）或 FU_2（2）熔断后，相应的信号熔断器 FU_{17}（36）或 FU_{18}（37）迅速熔断，该信号熔断器的一组接点 3、4 闭合，接通发光管 HL_1（38）的电源，发光管发出电池熔断器熔断灯光告警。同时，信号熔断器 FU_{17}（36）或 FU_{18}（37）的另一组接点 3、4 闭合后，AP569 告警板的 34-16 端变为负电位，该板的继电器 K1 吸合，其一组接点闭合，蜂鸣器 HA（41）发出声音告警。与蜂鸣器串联的开关 SA_{13}（42）用于维修时停止声音告警。

负载熔断器熔断时，信号加到 AP646 上，经过处理后，电路板 AP646 的 32-18 端输出熔断信号给告警板 AP569 的 34-1 端，从而驱动发光管 HL_2，发出负载熔断器熔断灯光告警，同时还使得蜂鸣器 HA（41）发出声音告警信息。

信号集中告警板 AP569 可提供直流系统各种告警信息，分别通过告警输出插座 X_3（35）的 1、2、3、4、5、6 脚向外电路传递"负载熔断器熔断告警"和"电池熔断器熔断告警"（如送往开关电源的监控模块的用户接口板上，以提供监控模块的控制和显示）。此外，告警输出插座 X_3（35）的 9、10 脚提供直流电压取样信号。

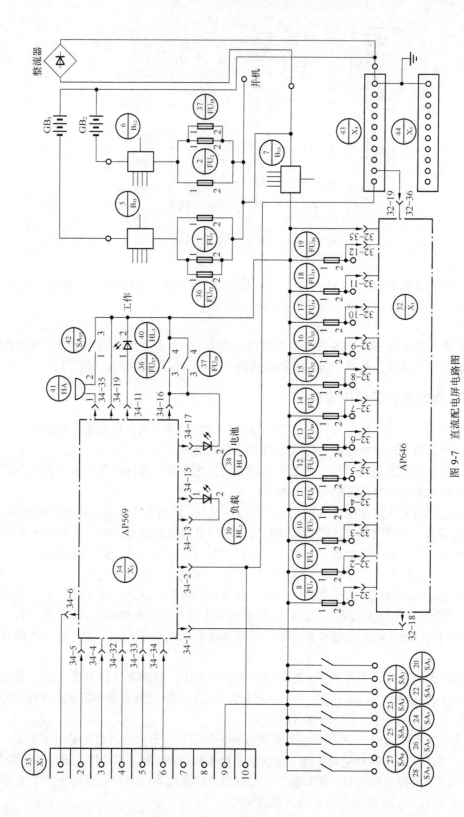

图 9-7 直流配电屏电路图

小　　结

1. 直流电源供电方式主要分为集中供电方式和分散供电方式两种。分散供电方式具有可靠性高、经济效益好、承受故障能力强、电源设备配置合理等优点，同时应注意要求使用阀控密封电池，并考虑楼板的承受力。

2. 直流供电系统的配电方式有低阻配电和高阻配电。

低阻配电的汇流排电阻小，相应线路损耗和线路压降小，但当某一负载发生短路事故后，可能使得直流总输出电压发生瞬间的跳变，从而影响其他负载的正常工作甚至损坏。

高阻配电选择线径较细的配电导线，相当于在各分路中接入有一定阻值的限流电阻，克服了低阻配电负载发生短路事故后影响面大的缺点，达到了等效隔离的作用。在实际使用中，高阻配电应注意蓄电池放电终止电压应稍高于常规电压。

3. 并联浮充供电方式是目前普遍采用的一种方式，前提是供电负载是宽电压负载。

4. 直流配电屏除了具有直流汇接和分配的作用以外，通常还具有测量、告警和保护等功能。

5. 对应小容量的供电系统，通常将交流配电、直流配电和整流、监控等组成一个完整、独立的供电系统，集成安装在一个机柜内。相对大容量的直流供电系统，一般单独设置直流配电屏。

思考题与练习题

9-1　什么是集中供电方式？

9-2　什么是分散供电方式？为什么它将逐步取代集中供电方式？

9-3　简述高阻配电的优点以及注意事项。

9-4　简述直流配电的作用和功能。

9-5　为什么大容量直流系统需单独配置直流配电屏？

第三篇

综合篇

第10章　　　　通信接地与防雷

本章典型工作任务

- 典型工作任务一：接地系统日常检查。
- 典型工作任务二：接地电阻的测量。
- 典型工作任务三：避雷器的检测与更换。
- 典型工作任务四：接地系统的工程验收。

本章知识内容

- 接地系统概要：接地系统的组成、影响接地电阻的因素、接地中关于电压的概念、接地的分类作用。
- 联合接地系统：优点、组成、特点。
- 通信电源系统的防雷保护：雷电相关知识介绍、常见防雷元件、系统防雷保护措施。

本章知识重点

- 接地系统的组成、影响接地电阻的因素。
- 通信电源系统接地的分类及各自的作用。
- 联合接地的优点和组成特点。
- 常见防雷元件。
- 通信电源系统防雷保护原则和措施。

本章知识难点

- 交流保护接地的保护原理。
- 联合接地的组成特点。
- 雷电危害。

本章学时数　6课时。

学习本章目的和要求

- 掌握接地系统的组成和影响接地电阻的主要因素，理解接地系统中几个电压的概念。
- 掌握交流工作接地的概念以及作用。
- 掌握 TN-S 接地系统的接法和优点。
- 掌握直流工作接地的作用，理解采用正极接地的原因。

- 掌握联合接地的优点，理解联合接地系统接线方式和均压的特点。
- 了解雷电的相关知识，理解常见防雷元件的工作机理并熟悉它们常用技术指标，掌握通信电源系统防雷保护原则和措施理解方法。
- 能进行接地系统日常检查、接地电阻的测量和避雷器的检测与更换。
- 能进行接地系统的工程验收。

10.1 典型工作任务

10.1.1 典型工作任务一：接地系统日常检查

10.1.1.1 所需知识

（1）接地系统概要，详见 10.2.1 节。

（2）通信电源系统接地的分类及各自的作用，详见 10.2.1.4 节。

（3）联合接地的优点和组成特点，详见 10.2.2.2 节。

10.1.1.2 所需能力

（1）日常数据是否合格的判断。

（2）运用接地系统知识对实际问题的分析。

（3）对接地系统日常检查中遇到的实际问题给出解决方案。

10.1.1.3 参考行动计划

（1）分组：以 5 人左右为一个小组，明确人员职责，按照项目要求各自独立开展工作。

（2）讨论：明确分组以后各组围绕主题、重点和工作步骤开展讨论。根据讨论结果拿出各组的方案、具体步骤和注意事项。

（3）教师的审核：教师根据各组提出的方案审核方案是否完整及具体可操作性、是否存在安全隐患。

（4）各小组的实际训练操作：各小组按照审核通过的方案组织实际训练操作。

（5）检查评估：实际操作结束后，由检查组开展评估和小结。

10.1.1.4 参考操作步骤

（1）检查局站内各种电源设备及铁件的接地是否良好。

（2）检查交流供电系统的高压引入线、高压配电柜、低压配电柜、调压器、UPS、油机控制屏设备的避雷器。

（3）检查直流供电系统的整流器、控制器的浪涌抑制器以及集中监控系统本身设备的防雷装置。

（4）对遭受雷击的局站应迅速查明原因，并及时上报处理。

10.1.1.5 检查评估

（1）步骤实施的合理性：看工作步骤是否符合计划方案，是否顺畅、合理。

（2）安全性考虑：可靠性如何，是否存在安全隐患。

（3）团队分工合作效率：团队配合是否默契、工作效果如何。

（4）创新：工作思路和方法是否有所创新。

（5）拓展性：是否有助于相近学科的学习和研究。

（6）职业素养的提高：学习态度、操作能力、可持续发展能力、创新能力均有较大提高。

（7）成果的自我总结评价：各小组的工作总结是否恰如其分，对存在问题的分析是否透彻，整改措施是否得当。

10.1.2　典型工作任务二：接地电阻的测量

10.1.2.1　所需知识

（1）接地系统概要。

（2）通信电源系统接地的分类及各自的作用。

（3）联合接地的优点和组成特点。

（4）接地电阻测量方法，详见 12.8 节。

10.1.2.2　所需能力

（1）各种接地电阻测量仪的使用。

（2）接地电阻测量现场具体方案的制定。

（3）测试结果的分析和提出解决方案。

10.1.2.3　参考行动计划

（1）分组：以 5 人左右为一个小组，明确人员职责，按照项目要求各自独立开展工作。

（2）讨论：明确分组以后各组围绕主题、重点和工作步骤开展讨论。根据讨论结果拿出各组的方案、具体步骤和注意事项。

（3）教师的审核：教师根据各组提出的方案审核方案是否完整及具体可操作性、是否存在安全隐患。

（4）各小组的实际训练操作：各小组按照审核通过的方案组织实际训练操作。

（5）检查评估：实际操作结束后，由检查组开展评估和小结。

10.1.2.4　参考操作步骤

（1）根据实际地理环境和工作环境制定接地电阻测试方案。

（2）接地电阻的测试（以直流布极法测量，ZC－8 型仪表测试为例）。

① 根据被测地网的形状、大小和具体尺寸确定被测地网对角长度 D（或圆形地网的直径 D）。

② 在距接地网的 $2D$ 处，将地阻仪的电流极棒（C_1），地阻仪的电压极棒（P_1）分别打在 D，$1.2D$，$1.4D$ 的位置进行 3 次测试。3 次测得的电阻为 R_1、R_2、R_3。

（3）得出测试结果，换算、分析和给出结论。

① 实际接地电阻 R_0 可用公式求得：

$$R_0' = 2.16R_1 - 1.9R_2 + 0.73R_3$$

② 由于接地电阻直接受大地电阻率的影响，而大地电阻率受土壤所含水分、温度等因素的影响。这些因素随季节的变化而变化。因此在不同季节测量时需要采用季节修正系数 K 即

$$R_0 = R_0' \cdot K$$

式中，K——季节修正系数，在不同地区有不同的修正系数表可查；

R_0——标准接地电阻值；

R_0'——不同月份测得的实际接地电阻值。

（4）注意事项：

详见 12.8 节。

10.1.2.5 检查评估

（1）步骤实施的合理性：看工作步骤是否符合计划方案，是否顺畅、合理。

（2）安全性考虑：可靠性如何，是否存在安全隐患。

（3）团队分工合作效率：团队配合是否默契、工作效果如何。

（4）创新：工作思路和方法是否有所创新。

（5）拓展性：是否有助于相近学科的学习和研究。

（6）职业素养的提高：学习态度、操作能力、可持续发展能力、创新能力均有较大提高。

（7）成果的自我总结评价：各小组的工作总结是否恰如其分，对存在问题的分析是否透彻，整改措施是否得当。

10.1.3 典型工作任务三：避雷器的检测与更换

10.1.3.1 所需知识

（1）雷电危害，详见 10.2.3.1 节。

（2）通信电源系统的防雷保护原则和措施，详见 10.2.3.3 节。

（3）常见防雷元件原理，详见 10.2.3.2 节。

10.1.3.2 所需能力

（1）运用防雷元件原理知识判断防雷元件性能。

（2）正确选择防雷元件。

（3）防雷元件的安全更换。

10.1.3.3 参考行动计划

（1）分组：以 5 人左右为一个小组，明确人员职责，按照项目要求各自独立开展工作。

（2）讨论：明确分组以后各组围绕主题、重点和工作步骤开展讨论。根据讨论结果拿出各组的方案、具体步骤和注意事项。

（3）教师的审核：教师根据各组提出的方案审核方案是否完整及具体可操作性、是否存在安全隐患。

（4）各小组的实际训练操作：各小组按照审核通过的方案组织实际训练操作。

（5）检查评估：实际操作结束后，由检查组开展评估和小结。

10.1.3.4 检查评估

（1）步骤实施的合理性：看工作步骤是否符合计划方案，是否顺畅、合理。

（2）安全性考虑：可靠性如何，是否存在安全隐患。

（3）团队分工合作效率：团队配合是否默契、工作效果如何。

（4）创新：工作思路和方法是否有所创新。

（5）拓展性：是否有助于相近学科的学习和研究。

（6）职业素养的提高：学习态度、操作能力、可持续发展能力、创新能力均有较大提高。

（7）成果的自我总结评价：各小组的工作总结是否恰如其分，对存在问题的分析是否透彻，整改措施是否得当。

10.1.4　典型工作任务四：接地系统的工程验收

10.1.4.1　所需知识

（1）接地系统概要。

（2）通信电源系统接地的分类及各自的作用。

（3）联合接地的优点和组成特点。

10.1.4.2　所需能力

（1）执行通信电源接地系统的验收流程。

（2）能分析判断工程各个环节是否合格。

10.1.4.3　参考行动计划

（1）分组：以 5 人左右为一个小组，明确人员职责，按照项目要求各自独立开展工作。

（2）讨论：明确分组以后各组围绕主题、重点和工作步骤开展讨论。根据讨论结果拿出各组的方案、具体步骤和注意事项。

（3）教师的审核：教师根据各组提出的方案审核方案是否完整及具体可操作性、是否存在安全隐患。

（4）各小组的实际训练操作：各小组按照审核通过的方案组织实际训练操作。

（5）检查评估：实际操作结束后，由检查组开展评估和小结。

10.1.4.4　参考操作注意事项

1. 在验收时应按下列要求进行检查。

① 整个接地网外露部分的连接可靠，接地线规格正确，防腐层完好，标志齐全明显。

② 避雷针（带）的安装位置及高度符合设计要求。

③ 供连接临时接地线用的连接板的数量和位置符合设计要求。

④ 工频接地电阻值及设计要求的其他测试参数符合设计规定，雨后不应立即测量接地电阻。

2. 在验收时，应提交下列资料和文件。

① 实际施工的竣工图。

② 变更设计的证明文件。

③ 安装技术记录（包括隐蔽工程记录等）。

④ 测试记录。

10.1.4.5　检查评估

（1）步骤实施的合理性：看工作步骤是否符合计划方案，是否顺畅、合理。

（2）安全性考虑：可靠性如何，是否存在安全隐患。

（3）团队分工合作效率：团队配合是否默契、工作效果如何。

（4）创新：工作思路和方法是否有所创新。

（5）拓展性：是否有助于相近学科的学习和研究。

（6）职业素养的提高：学习态度、操作能力、可持续发展能力、创新能力均有较大提高。

（7）成果的自我总结评价：各小组的工作总结是否恰如其分，对存在问题的分析是否透彻，整改措施是否得当。

10.2 相关配套知识

10.2.1 接地系统概要

在通信局（站）中，接地占有很重要的地位，它不仅关系到设备和维护人员的安全，同时还直接影响着通信的质量。因此，掌握理解接地的基本知识，正确选择和维护接地设备，具有很重要的意义。

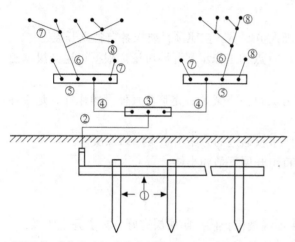

①接地体 ②接地引线 ③接地线排 ④接地线 ⑤配电屏地线排
⑥去通信机房汇流排 ⑦接地分支线 ⑧设备接地端子

图 10-1　接地系统示意图

10.2.1.1 接地系统组成

1．接地的概念

通信局站中接地装置或接地系统中所指的"地"，和一般所指的大地的"地"是同一个概念，即一般的土壤，它有导电的特性，并具有无限大的电容量，可以作为良好的参考零电位。所谓"接地"，就是为了工作或保护的目的，将电气设备或通信设备中的接地端子，通过接地装置与大地作良好的电气连接，并将该部位的电荷注入大地，达到降低危险电压和防止电磁干扰的目的。

2．接地系统

所有接地体与接地引线组成的装置，称为接地装置，把接地装置通过接地线与设备的接地端子连接起来就构成了接地系统，如图 10-1 所示。

10.2.1.2 接地电阻组成及影响接地电阻的因素

1．接地电阻组成

接地体对地电阻和接地引线电阻的总和，称为接地装置的接地电阻。接地电阻的数值，等于接地装置对地电压与通过接地装置流入大地电流的比值。

接地装置的接地电阻，一般是由接地引线电阻、接地体本身电阻、接地体与土壤的接触电阻以及接地体周围呈现电流区域内的散流电阻 4 部分组成。

在上述决定接地电阻大小的 4 个因素中，接地引线一般是有相应截面的良导体，故其电阻值是很小的。而绝大部分的接地体采用钢管、角钢、扁钢或钢筋等金属材料，其电阻值也是很小的。接地体与土壤的接触电阻决定于土壤的湿度、松紧程度及接触面积的大小，土壤的湿度越高、接触越紧、接触面积越大，则接触电阻就小，反之，接触电阻就大。电流由接地体向土壤四周扩散时，越靠近接地体，电流密度越大，散流电流所遇到阻力越大，呈现出的电阻值也越大。也可以看出，电流对接地电阻的影响最大，所以接地电阻主要由接触电阻和散流电阻构成。

2．影响接地电阻的因素

上面已经分析了接地电阻主要由接触电阻和散流电阻构成，所以分析影响接地电阻的因素主要考虑影响接触电阻和散流电阻的因素。

接触电阻指接地体与土壤接触时所呈现的电阻，在上一节中已经作了描述。下面重点讨论散流电阻的问题。

散流电阻是电流由接地体向土壤四周扩散时，所遇到的阻力。它和两个因素有关：一是接地体之间的疏密程度。考虑到保护电流刚从接地体向大地扩散时，其有限的空间电流密度很大，所以在实际工程设计时不能将各接地体之间埋设得过于紧密，一般埋设垂直接地体之间间距是其长度的两倍以上。二是和土壤本身的电阻有关。衡量土壤电阻大小的物理量是土壤电阻率。

土壤电阻率的定义为：电流通过体积为 $1m^3$ 土壤的这一面到另一面的电阻值，代表符号为 ρ，单位为 $\Omega \cdot m$ 或 $\Omega \cdot cm$，$1\Omega \cdot m = 100\Omega \cdot cm$。土壤电阻率的大小与以下主要因素有关。

（1）土壤的性质

土壤的性质对土壤电阻率的影响最大，表 10-1 中列出了几种土壤的电阻率平均值。从表中可以看出，不同性质的土壤，它们的土壤电阻率差别很大。一般来讲，土壤含有化学物质（包括酸、碱以及腐烂物质等）较多时，其土壤电阻率也较小；同一块土壤，大地表面部分土壤电阻率较大，距离地面越深，电阻率越小，而且有稳定的趋势。所以在实际工作中，应根据实际情况的不同，选择好接地装置的位置，尽量将接地体埋设在较理想的土壤中。表 10-1 只是一个平均的参考值，具体数值应参考当地土壤的实际资料。

表 10-1　　　　　　　　　　　　几种土壤电阻率的平均值

类　别	名　称	电阻率（$\Omega \cdot m$）
岩石	花岗岩	200 000
	多岩山石	5 000
	砾石、碎石	5 000
砂	砂砾	1 000
	表层土类石、下层砾石	600
土壤	红色风华粘土	500
	多石土壤	400
	含砂粘土	300
	黄土	200
	砂质粘土	100
	黑土、陶土	50
	捣碎的木炭	40
	沼泽地	20
	陶粘土	10

（2）土壤的温度

当土壤的温度在 0℃ 以上时，随土壤温度的升高，土壤电阻率减小，但不明显，当土壤温度上升到 100℃时，由于土壤中水分的蒸发反而使土壤电阻率有所增加。但是当土壤的温度在 0℃以下时，土壤中水分结冰，其土壤电阻率急剧上升，而且当温度继续下降时，土壤电阻率增加十分明显。因此，在实际工程设计施工时，应将接地体埋设在冻土层以下，以避免产生很大的接地电阻。

同时，我们应该考虑到同一接地系统在一年中的不同季节里，其接地电阻不同，这里面有土壤温度的因素，还有湿度的因素。

（3）土壤的湿度

土壤电阻率随着土壤湿度的变化有着明显的差别，一般来讲，湿度增加会使土壤电阻率明显减小。所以，一方面接地体的埋设应尽量选择地势低洼、水分较大之处；另一方面，平时在测量系统接地电阻时，应选择在干季测量，以保证在一年中接地电阻最大的时间里系统的接地电阻仍然能够满足要求。

（4）土壤的密度

土壤的密度即土壤的紧密程度。土壤受到的压力越大，其内部颗粒越紧密，电阻率就会减小。因此，在接地体的埋设方法上，不用采取挖掘土壤后再埋入接地体的方法，可以采用直接打入接地体的方法，这样既施工简单，又可以使接地电阻下降。

（5）土壤的化学成分

土壤中含有酸、碱、盐等化学成分时，其电阻率就会明显减小。在实际工作中，可以用在土壤中渗入食盐的方法降低土壤电阻率，也可以用其他的化学降阻剂来达到降低土壤电阻率的目的。

10.2.1.3　接地中电压概念

在接地系统中，由于会有电荷注入大地，势必会有电压的存在。很好地理解接地系统中几个重要的电压概念，对于人身和设备的安全有很重要的意义。

1. 接地的对地电压

电气设备的接地部分，如接地外壳、接地线或接地体等与大地之间的电位差，称为接地的对地电压 U_d，这里的大地指零电位点。

正常情况下，电气设备的接地部分是不带电的，所以其对地电压是 0V。

当有较强电流通过接地体注入大地时（如相线碰壳），电流通过接地体向周围土壤作半球形扩散，并在接地点周围地面产生一个相当大的电场，电场强度随着距离的增加迅速下降。试验资料表明，距离接地体 20m 处，对地电压（该处与无穷远处大地的电位差）仅为最大对地电压的 2%，在工程应用上可以认为是零电位点，从接地体到零电位点之间的区域，称为该接地装置的接地电流扩散区，若用曲线表示接地体及其周围地点的对地电压，则呈典型的双曲线形状，如图 10-2 所示。

2. 接触电压

在接地电阻回路上，一个人同时触及的两点间所呈现的电位差，称为接触电压。在图 10-2 中，当设备外壳带电而人触及机壳时，所遭受的接触电压 U_c，等于电气设备外壳的对地电压 U_d 和脚所站位置的对地电压 U_d' 之差，即 $U_c=U_d-U_d'$。显然人所在的位置离接地体处越近，接触电压越小；离接地体越远，则接触电压越大，在距离接地体处约 20m 以外的地方，接触电压最大。这也是为什么一般情况要求设备就近接地的原因。

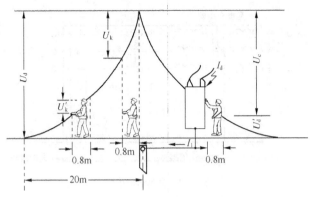

图 10-2　对地电压、接触电压和跨步电压

3．跨步电压

在电场作用范围内（以接地点为圆心，20m 为半径的圆周），人体如双脚分开站立，则施加于两脚的电位不同而导致两脚间存在电位差，此电位差便称为跨步电压 U_k。跨步电压的大小，随着与接地体或碰地处之间的距离而变化。距离接地体或碰地处接近，跨步电压越大，反之则小。如图 10-2 所示的 U_k 和 U_k'。

10.2.1.4　接地分类及作用

通信电源接地系统，按带电性质可分为交流接地系统和直流接地系统两大类。按用途可分为工作接地系统、保护接地系统和防雷接地系统。而防雷接地系统中又可分为设备防雷和建筑防雷。下面我们分别来讨论交流接地和直流接地两大系统。

1．交流接地系统

交流接地系统分为工作接地和保护接地。

所谓工作接地，是指在低压交流电网中将三相电源中的中性点直接接地，如配电变压器次级线圈、交流发电机电枢绕组等中性点的接地即称为交流工作接地，如图 10-3 所示。

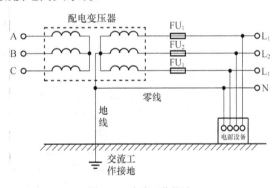

图 10-3　交流工作接地

交流工作接地的作用是将三极交流负荷不平衡引起的在中性线上的不平衡电流泄放于地，以及减小中性点电位的偏移，保证各相设备的正常运行。接地以后的中性线称为零线。

所谓保护接地，就是将受电设备在正常情况下与带电部分绝缘的金属部分（即所谓导电但不带电的部分）与接地装置作良好的电气连接，来达到防止设备因绝缘损坏而遭受触电危险的目的。

如图 10-4 所示，当设备机壳与 A 相输入接触，则 A 相电流很快会以图中粗黑线所示构成回路，由于回路电阻很小（接地电阻应该足够小），A 相电流很大，在很短的时间内熔断器 FU_1 熔断保护，从而避免了人身伤亡和设备安全。

根据我国《低压电网系统接地形式的分类、基本技术要求和选用导则》的规定，低压电网系统接地的保护方式可分为：接零系统（TN 系统）、接地系统（TT 系统）和不接地系统（IT 系统）三类。

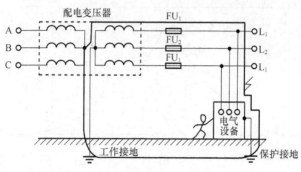

图 10-4　交流保护接地

TN 系统是指受电设备外露导电部分（在正常情况下与带电部分绝缘的金属外壳部分）通过保护线与电源系统的直接接地点（即交流工作接地）相连。TT 系统是指受电设备外露导电部分通过保护线与单独的保护接地装置相连，与电源系统的直接接地点不相关。IT 系统是指受电设备外露导电部分通过保护线与保护接地装置相连，而该电源系统无直接接地点。由于目前通信电源系统中的交流部分普遍采用 TN-S 接地保护方式，下面仅介绍 TN 系统的几种方案。

（1）TN-C 系统

TN-C 系统为三相电源中性线直接接地的系统，通常称为三相四线制电源系统，其中性线与保护线是合一的，如图 10-5（a）所示。TN-C 系统没有专设 PE 线（保护地线），所以受电设备外露的导电部分直接与 N 线连接，这样也能起到保护作用。

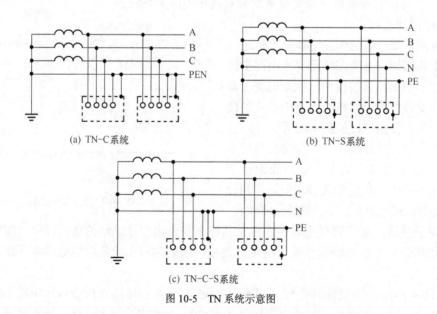

(a) TN-C 系统　　　　　　　　　　　　　　(b) TN-S 系统

(c) TN-C-S 系统

图 10-5　TN 系统示意图

（2）TN-S 系统

TN-S 系统即为三相五线制配电系统。如图 10-5（b）所示。这是目前通信电源交流供电系统中普遍采用的低压配电网中性点直接接地系统。

在 TN-S 系统中，采用了与电源接地点直接相连的专用 PE 线（交流保护线或称无流零线，该线上不允许串接任何保护装置与电气设备），设备的外露导电部分均与 PE 线并接，从而将整个系统的工作线与保护线完全隔离。

TN-S 方案工作可靠性高，抗干扰能力强，安全保护性能好，应用范围广。这种方案与 TN-C 系统相比具有如下优点。

① 一旦中性线断线，不会像 TN-C 系统中那样，使断点后的受电设备外露导电部分可能带上危险的相电压。

② 在各相电源正常工作时，PE 线上无电流（只有当设备外露导电的部分发生搭电时 PE 线上会有短时间的保护电流），而所有设备外露导电的部分都经各自的 PE 线接地，所有各自 PE 线上无电磁干扰。而 N 线由于正常工作时经常有三相不平衡电流经 N 线泄放于地，TN-C 系统不可避免的在电源系统内会存在相互的电磁干扰。

另外，TN-S 系统应注意的问题如下。

① TN-S 系统中的 N 线必须与受电设备的外露导电部分和建筑物钢筋严格绝缘布放。

② 实际上，从电源直接接地点引出的 PE 线与受电设备外露导电部分相连时，通常必须进行重复接地，防止 PE 线断开时，断点后面发生碰电的设备有外壳带电的危险。（事实上在 N 线和 PE 线合一的三相四线制电源中重复接地保护尤其重要。）

在通信电源系统中需要进行接零保护（实际上是重复接地保护）的有：配电变电器、油机发电机组、交直流电动机的金属外壳，整流器、配电屏与控制屏的框架，仪表用互感器二次线圈和铁芯，交流电力电缆接线盒，金属护套，穿线钢管等。

（3）TN-C-S 系统

此方案是 TN-C 和 TN-S 组合而成，如图 10-5（c）所示。整个系统中有一部分中性线和保护线是合一的系统。TN-C-S 系统多用于环境条件较差的场合。

2．直流接地系统

按照性质和用途的不同，直接接地系统可分为工作接地和保护接地两种。工作接地用于保护通信设备和直流通信电源设备的正常工作；而保护接地则用于保护人身和设备的安全。

在通信电源的直流供电系统中，为了保护通信设备的正常运行、保障通信质量而设置的电池一极接地，称为直流工作接地，如 -48V、-24V 电源的正极接地等。

直流工作接地的作用主要有以下几点。

① 利用大地作良好的参考零电位，保证在各通信设备间甚至各局（站）间的参考电位没有差异，从而保证通信设备的正常工作。

② 减少用户线路对地绝缘不良时引起的通信回路间的串音。

在通信系统中，将直流设备的金属外壳和电缆金属护套等部分接地，叫直流保护接地。其作用主要有以下几点。

① 防止直流设备绝缘损坏时发生触电危险，保证维护人员的人身安全。

② 减小设备和线路中的电磁感应，保持一个稳定的电位，达到屏蔽的目的，减小杂音的干扰，以及防止静电的发生。

通常情况下，直流的工作接地和保护接地是合二为一的，但随着通信设备向高频、高速处理方向发展，对设备的屏蔽、防静电要求越来越高。

直流接地需连接的有：蓄电池组的一极，通信设备的机架或总配线的铁架，通信电缆金属隔离层或通信线路保安器，通信机房防静电地面等。

直流电源通常采用正极接地的原因，主要是大规模集成电路所组成的通信设备的元器件的要求，同时也为了减小由于电缆金属外壳或继电器线圈等绝缘不良，对电缆芯线、继电器和其他电器造成的电蚀作用。

另外，在通信电源的接地系统中，还专门设置了用来检查、测试通信设备工作接地而埋设的辅助接地，称为测量接地。原因是在进行接地电阻测量时，可能会将干扰引入电源系统，同时接地系统又不能和电源系统脱离。为了解决这一矛盾，专门设置了测量接地，它平时与直流工作接地装置并联使用，当需要测量工作接地的接地电阻时，将其引线与地线系统脱离，这时测量接地代替工作接地运行。所以说，测量接地的要求与工作接地的要求是一样的。

3．防雷接地

在通信局（站）中，通常有两种防雷接地，一种是为保护建筑物或天线不受雷击而专设的避雷针防雷接地装置，这是由建筑部门设计安装的；另一种是为了防止雷击过电压对通信设备或电源设备的破坏需安装避雷器而埋设的防雷接地装置，如高压避雷器的下接线端汇接后接到接地装置。

关于通信电源防雷的保护，我们将在本章第 3 节介绍。

10.2.2　联合接地系统

考虑到各接地系统（交流工作接地、直流工作接地和保护接地）在电流入地时可能相互影响，传统做法是将各接地系统在距离上分开 20m 以上，称为分设接地系统。但是随着外界电磁场干扰日趋增大，分设接地系统的缺点日趋明显。在 20 世纪 90 年代开始，在国内外出现了联合接地系统。

10.2.2.1　联合接地的优点

为了说明联合接地的优点，我们应该从分设接地系统讲起。

1．分设接地系统

分设接地系统是指工作接地、保护接地和防雷接地等各种单设接地装置，并要求彼此相距 20m。这种方式是我国 20 世纪 50 年代至 70 年代末通信局（站）所采用的传统接地方式，它存在如下缺点。

① 侵入的雷浪涌电流在这些分离的接地之间产生电位差，使装置设备产生过电压。

② 由于外界电磁场干扰日趋增大，如强电进城、大功率发射台增多、电气化铁道的兴建，以及高频变流器件的应用等，使地下杂散电流发生串扰，其结果是增大了对通信和电源设备的电磁耦合影响。而现代通信设备由于集成化程度高，接收灵敏度高，因而提高了环境电磁兼容的标准。分设接地系统显然无法满足通信的发展对防雷以及提高了的电磁兼容标准的要求。

③ 接地装置数量过多，受场地限制而导致打入土壤的接地体过密排列，不能保证相互间所需的安全间隔，易造成接地系统间相互干扰。

④ 配线复杂，施工困难。在实际施工中由于走线架、建筑物内钢筋等导电体的存在，很难把各接地系统真正分开，达不到分设的目的。

2．联合接地系统

目前，美国、日本和德国等国家在通信大楼均采用了联合接地的方式。我国在 20 世纪 90 年代中期制定的部颁《通信局（站）电源系统总技术要求》中明确地规定了采用联合接地的技术要求。

联合接地系统由接地体、接地引入、接地汇集线和接地线所组成，如图 10-6 所示。

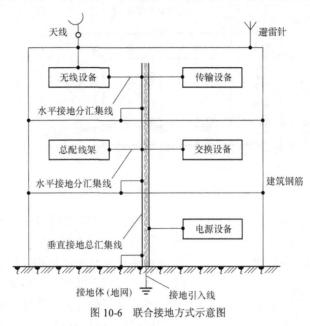

图 10-6　联合接地方式示意图

图中接地体由数根镀锌钢管或角铁，强行环绕垂直打入土壤，构成垂直接地体，然后用扁钢以水平状与钢管逐一焊接，使之组成水平电极。两者构成环形电极（称地网），采用联合接地方式的接地体，还包含建筑物基础部分混凝土内的钢筋。

接地汇集线是指通信大楼内分布设置，且与各机房接地线相连的接地干线。接地汇集线又分垂直接地总汇集线和水平接地分汇集线两种，前者是垂直贯穿于建筑体各层楼的接地用主干线，后者是各层通信设备的接地线与就近水平接地进行分汇集的互连线。

接地引入线是接地体与总汇集线之间相连的连接线。

接地线是各层需要进行接地的设备，与水平接地分汇集线之间的连线。

采用联合接地方式，在技术上使整个大楼内的所有接地系统联合组成低接地电阻值的均压网，具有下列优点。

① 地电位均衡，同层各地线系统电位大体相等，消除危及设备的电位差。

② 公共接地母线为全局建立了基准零电位点。全局按一点接地原理而用一个接地系统，当发生地电位上升时，各处的地电位一齐上升，在任何时候，基本上不存在电位差。

③ 消除了地线系统的干扰。通常依据各种不同电特性设计出多种地线系统，彼此间存在相互影响，而采用一个接地系统之后，使地线系统做到了无干扰。

④ 电磁兼容性能变好。由于强、弱电，高频及低频电都等电位，又采用分屏蔽设备及分支地线等方法，所以提高了电磁兼容性能。

10.2.2.2　联合接地的组成

理想的联合接地系统是在外界干扰影响时仍然处于等电位的状态，因此要求地网任意两点之间电位差小到近似为零。

1. 接地体地网

图 10-7 所示为接地体地网示意图。

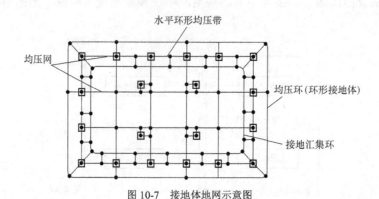

图 10-7　接地体地网示意图

图 10-8　通信大楼钢骨架钢筋与联合接
地线焊成鼠笼罩

接地总汇集线有接地汇集环与汇集排两种形式，前者安装于大楼底层，后者安装于电气室内，接地汇集环与水平环形均压带逐段相互连接，环形接地体又与均压网相连，构成均衡电位的接体。再加基础部分混凝土内的钢筋互相焊接成一个整体，组成低接地电阻的地网。

接地线网络有树干形接地地线网、多点接地地线网和一点接地地线网。一点接地地线网是由接地电极系统的一点，放射形接至各主干线，再连接各个用电设备系统。

2．接地母线

在联合接地系统中，垂直接地总汇集线贯穿于电信大楼各层的接地用主干线，也可在建筑物底层安装环形汇集线，然后垂直引到各机房水平接地分汇集线上，这种垂直接地总汇集线称为接地母线。

3．对通信大楼建筑与双层地面的要求

要求建筑物混凝土内采用钢框架与钢筋互连，并连接联合地线焊接成法拉弟"鼠笼罩"状的封闭体，才能使封闭导体的表面电位变化形成等位面（其内部场强为零），这样，各层接地点电位同时进行升高或降低的变化，使之不产生层间电位差，也避免了内部电磁场强度的变化，如图 10-8 所示。

10.2.3　通信电源系统的防雷保护

随着电力电子技术的发展，电子电源设备对浪涌高脉冲承受能力和耐噪声能力不断下降，使电力线路或电源设备受雷电过电压冲击的事故常有发生，目前通信电源系统的防雷已经成为重要的课题，所以开展防雷技术研讨十分重要。

10.2.3.1　雷电分类及危害

雷电的产生原因目前学术界仍有争论，普遍的解释是地面湿度很大的气体受热上升与冷空气相遇形成积云，由于云层的负电荷吸附效应，在运动中聚集大量的电荷。当不同电荷的积云靠近时，或带电积云对大地的静电感应而产生异性电荷时，宇宙间将发生巨大的电脉冲放电，这种现象称为雷电。

1. 雷电流

据试验资料报道，雷电过电压产生雷电的冲击波幅值可高达 1 亿伏，其电流幅值也高达几十万安培。

雷电流波形如图 10-9（a）所示。由图可见，形如锯齿波。图中在 0 点通过 C 点（电流峰值的 10%处）和 B 点（电流峰值的 90%处）作一条直线与横轴相交的点。图中 T_1 称为波前时间指 0 点到 E 点（1.25T 处）的时间间隔。T_2 称为半峰值时间指由 0 点到电流峰值再到峰值下降至一半的时间间隔。例如较常见的 8/20μs 模拟雷电流波形（在很多避雷元件上均标有 8/20μs 或 10/350μs 等），指该雷电流波形为 T_1=8μs±20%，T_2=20μs±20%的典型雷电流。

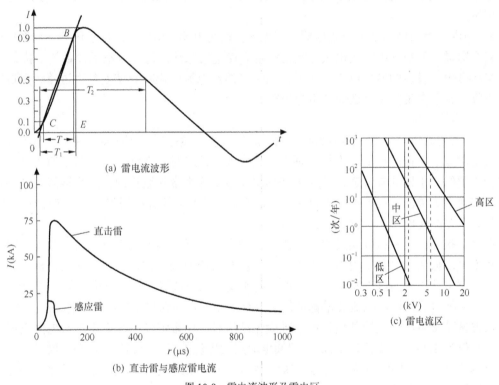

(a) 雷电流波形

(b) 直击雷与感应雷电流

(c) 雷电流区

图 10-9 雷电流波形及雷电区

雷击分为两种形式：感应雷与直击雷。感应雷是指附近发生雷击时设备或线路产生静电感应或电磁感应所产生的雷击；直击雷是雷电直接击中电气设备或线路，造成强大的雷电流通过击中的物体泄放入地。

直击雷与感应雷波形如图 10-9（b）所示，由图可见，直击雷峰值电流可达 75kA 以上，所以破坏性很大。大部分雷击为感应雷，其峰值电流较小，一般在 15kA 以内。

依据雷电活动的日期，将发生雷闪或雷声的时间称为雷暴日。年平均雷暴小于 15 天的地区称为少雷区，超过 40 天的地区称为多雷区。又依据雷电过电压大小及每年平均发生雷暴过电压次数，可将雷电地区分为高、中、低区。

由图 10-9（c）可见，以 6kV 雷击过电压而论，在低雷区每年不发生这种过电压雷击，而在中雷区每年平均发生 3～4 次，在高雷区每年平均有 70 次。说明同一雷击过电压情况下，高雷区雷击次数最多。

2．雷电流的危害

雷电流在放电瞬间浪涌电流高达 1～100kA，其上升时间不到 1μs，其能量巨大，可损坏建筑物，中断通信，危害人身安全。但因遭受直接雷击范围小，故在造成的破坏中不是主要的危险，而其间接危害则不容忽视。

① 产生强大的感应电流或高压直击雷浪涌电流若使天线带电，从而产生强大的电磁场，使附近线路和导电设备出现闪电的特征。这种电磁辐射作用，破坏性很严重。

② 地面雷浪涌电流使地电位上升，依据地面电阻率与地面电流强度的不同，地面电位上升程度不一。但由于地面过电位的不断扩散，会对周围电子系统中的设备造成干扰，甚至被过压损坏。

③ 静电场增加接近带电云团处周围静电场强度可升至 50kV/m，置于这种环境的空中线路电势会骤增，而空气中的放电火花也会产生高速电磁脉冲，造成对电子设备的干扰。

当代微电子设备的应用已十分普及，由于雷浪涌电流的影响而使设备耐过压、耐过电流水平下降，并已在某些场合造成了雷电灾害。

3．雷电流干扰

① 直击雷对通信大楼的环境影响。现代通信大楼虽然已采用钢框架及钢筋互连结构，同时也采用常规防雷措施，如在大楼房顶上若设有天线铁塔时，在铁塔上安装了避雷针，而且避雷针由引线与接地装置互连；还在大楼顶层安装了避雷带和避雷网，又用连线与地相连。因此现代通信大楼已几乎不再发生直接雷击。但是环境恶劣的移动通信站、程控交换模块局、无人值守网路终端单元，均可遭受到直击雷。

据资料报道：具有钢框架及钢筋互连结构的电信大楼，倘若发生直击雷电时，其雷流涌电流也不可以低估，这种电流从雷击点侵入，流至大楼的墙、柱、梁、地面的钢框架和钢筋中。而经避雷针流入的电流不多，绝大部分电流集中从外墙流入（也有少量从立柱中流入）。又发现在大楼内的雷浪涌电流几乎都从纵向立柱中侵入，而通过横向梁侵入的电流十分少。

依据试验资料，若大楼外墙为钢筋混凝土结构时，由雷浪涌电流产生的楼层间电位差很小，如峰值为 200kA，波长为 12μs 的浪涌电流层间电位差仅为 0.8kV。若在相同条件下大楼外墙无钢筋结构时，层间电位差高达 8.2kV。此外，在雷浪涌电流入侵的柱子附近，还存在着很强的磁场（但是在柱子与柱子之间的磁场有所削弱）。

从过去遭受直击雷实例来看，当大楼的钢框架或钢筋侵入雷浪涌电流时，使设在同一大楼内的各种电气设备之间产生电位差，同时还会出现很强的磁场。另外还引起地电位上升，所以对大楼内通信装置或电源设备及其馈线路造成很大干扰。

② 雷击对电力电缆的影响。直击雷的冲击波作用于电力电缆附近大地时，雷电流会使雷击点周围土壤电离，并产生电弧，由于电弧形成的热效应，机械效应及磁效应等综合作用而使电缆压扁，并可导致电缆的内外金属粘连短路。另外，雷击电缆附近树木时，雷电流又可经树根向电缆附近土壤放电，也可使电缆损坏。

感应雷可在电缆表层与内部的导体间产生过电压，也会使电缆内部遭受破坏。因为雷电流在电缆附近放电入地时，电缆周围位置将形成很强的磁场，进而使电缆的内外产生很大的感应电压，造成电缆外层击穿和周围绝缘层烧坏。

10.2.3.2　常见防雷元件

防雷的基本方法可归纳为"抗"和"泄"。所谓"抗"指各种电器设备应具有一定的绝缘水平，以提高其抵抗雷电破坏的能力；所谓"泄"指使用足够的避雷元器件，将雷电引向自身从而泄入大地，以削弱雷电的破坏力。实际的防雷往往是两者结合，有效地减小雷电造成的危害。

常见的防雷元器件有接闪器、消雷器和避雷器三类。其中接闪器是专门用来接收直击雷的金属物体。

接闪的金属杆称为避雷针，接闪的金属线称为避雷线，接闪的金属带金属网称为避雷带或避雷网。所有接闪器必须接有接地引下线与接地装置良好连接。接闪器一般用于建筑防雷。

消雷器是一种新型的主动抗雷设备。它由离子化装置、地电吸收装置及连接线组成，如图 10-10 所示。其工作原理是金属针状电极的尖端放电原理。当雷云出现在被保护物上方时，将在被保护物周围的大地中感应出大量的与雷云带电极性相反的异性电荷，地电吸收装置将这些异性感应电荷收集起来通过连接线引向针状电极（离子化装置）而发射出去，向雷云方向运动并与其所带电荷中和，使雷电场减弱，从而起到了防雷的效果。实践证明，使用消雷器后可有效地防止雷害的发生，并有取代普通避雷针的趋势。

避雷器通常是指防护由于雷电过电压沿线路入侵损害被保护设备的防雷元件，它与被保护设备输入端并联，如图 10-11 所示。

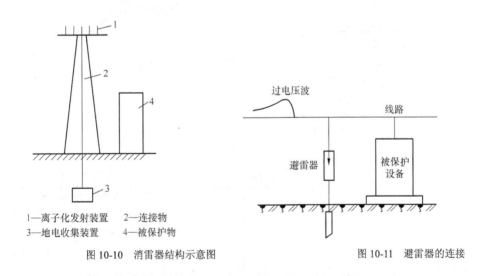

1—离子化发射装置　2—连接物
3—地电收集装置　4—被保护物

图 10-10　消雷器结构示意图

图 10-11　避雷器的连接

常见的避雷器有阀式避雷器、排气式避雷器和金属氧化物避雷器等。

1．阀式避雷器

阀式避雷器由火花间隙和阀片组成，装在密封的磁套管内。火花间隙用铜片冲制而成，每对间隙用厚为 0.5～1mm 的云母垫圈隔开，如图 10-12 所示。正常情况下，火花间隙阻止线路工频电流通过，但在雷电过电压作用下，火花间隙被击穿放电。紧接着火花间隙的阀片是由陶料粘固起来

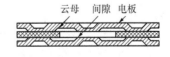

图 10-12　阀式避雷器的火花间隙结构

的电工用金刚砂组成，它具有非线性特性，正常电压时阀片电阻很大，过电压时阀片电阻变得很小，因此阀型避雷器在线路上出现过电压时，其火花间隙击穿，阀片能使雷电流顺畅地向大地泄放。当过电压一消失、线路上恢复工频电压时，阀片呈现很大的电阻，使火花间隙绝缘迅速恢复而切断工频续流，从而保护线路恢复正常运行。必须注意：雷电流流过阀电阻时要形成电压降，这就是残余的过电压，称为残压。残压要加在被保护设备上，因此残压不能超过设备绝缘允许的耐压值，否则设备绝缘仍要被击穿。

阀式避雷器中火花间隙和阀片的多少，是与工作电压高低成比例的。图 10-13（a）和图 10-13（b）所示分别是我国生产的 FS4-10 型高压阀式避雷器和 FS-0.38 型低压阀式避雷器的结构图。

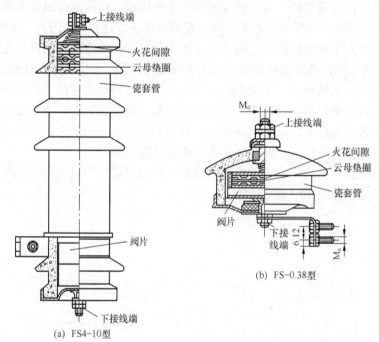

(a) FS4-10型

(b) FS-0.38型

图 10-13　高低压阀式避雷器

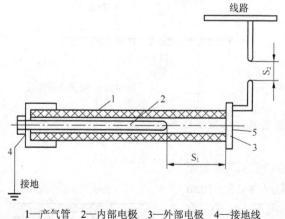

1—产气管　2—内部电极　3—外部电极　4—接地线

5—排气口　S_1—内部间隙　S_2—外部间隙

图 10-14　排气式避雷器

2. 排气式避雷器

排气式避雷器通称管型避雷器，由产气管、内部间隙和外部间隙等三部分组成，如图 10-14 所示。内部间隙装在产气管内，一个电极为棒形，另一个电极为环形。

当线路上遭到雷击或感应雷时，过电压使排气式避雷器的外部间隙和内部间隙被击穿，强大的雷电流通过接地装置入地。随之通过避雷器的是供电系统的工频续流，雷电流和工频续流在管子内部间隙发生强烈电弧，使管子内壁的材料燃烧，产生大量灭弧气体。由于管子容积很小，这些气体的压力很大，因而从管口喷出，强烈吹弧，在电流第一次过零时，电弧即可熄灭，全部灭弧时间至多 0.01s。这时外部间隙的空气恢复了绝缘，使避雷器与系统隔离，恢复系统的正常运行。排气式避雷器具有残压小的突出优点，且简单经济，但动作时有气体吹出，因此只用于室外线路，变配电所内一般采用阀式避雷器。

3. 金属氧化物避雷器（MOA）

金属氧化物避雷器又称为压敏电阻避雷器。这是一种没有火花间隙，只有压敏电阻片的新型避雷器。压敏电阻片是由氧化锌或氧化铋等金属氧化物烧结而成的多晶半导体陶瓷元件，具有理想的阀阻特性。在工频电压下，它呈现出极大的电阻，能迅速有效地抑制工频续流，因此无需火花间隙来熄灭由工频续流引起的电弧；而在过电压的情况下，其电阻又变得很小，能很好地泄放雷电流。目前，金属氧化物避雷器已广泛用作低压设备的防雷保护。随着其制造成本的降低，它在高压系统中也开始获得推广应用。

金属氧化物避雷器的主要技术指标如下。

① 压敏电压（U_{1mA}）：指通流电流为 1mA 下的电压。

② 通流容量：指采用可提供短路电流波形（如 8/20μs）的冲击发生器，所测量允许通过的电流值。

③ 残压比：浪涌电流通过压敏电阻时所产生的降压称为残压，残压比是指能流 100A 时的残压与压敏电压的比值，即 U_{100A}/U_{1mA}。有时也可取 U_{3kA}/U_{1mA} 比值。

压敏电阻响应时间为 ns 级，应用范围宽。但存在残压比高，有漏电流，且易老化的缺点。

除此以外，在一些电子电路中，为进一步防止雷电的危害损害设备，还会加入其他的防雷器件，比如瞬变电压抑制二极管（TVP）。这种二极管是在稳压管工艺基础上发展起来的，其反向恢复时间极短（小于 1×10^{-12}s），其峰值脉冲功率在 0.5～5kW 范围，且具有体积小，不易老化的优点。

由于防雷保护的重要性越来越被有关方面重视，目前涌现出了更多的防雷器件，它们的保护性能有了很大的提高。

10.2.3.3　通信电源系统防雷保护措施

1. 防雷区

由于防护环境遭受直击雷或间接雷破坏的严重程度不同，因此应分别采用相应措施进行防护，防雷区是依据电磁场环境有明显改变的交界处而划分的。通称为第一级、第二级、第三级和第四级防雷区。

第一级防雷区：指直击雷区，本区内各导电物体一旦遭到雷击，雷浪涌电流将经过此物体流向大地，在环境中形成很强的电磁场。

第二级防雷区：指间接感应雷区，此区的物体可以流经感应雷浪涌电流。这个电流小于直击雷流涌电流，但在环境中仍然存在强电磁场。

第三级防雷区：本区导电物体可能流经的雷感应电流比第二级防雷区小，环境中磁场已很弱。

第四级防雷区：当需进一步减小雷电流和电磁场时，应引入后续防雷区。

2. 防雷器的安装与配合原则

依据 IEC1313－31996 文件要求，将建筑物内外的电力配电系统和电子设备运行系统，划分成 12 个防雷区，并将几个区的设备一起连到等电位连接带上。

由于各个防雷区对保护设备的损坏程度不一，因此对各区所安装的防雷器的数量和分断能力要求也不同。各局（站）防雷保护装置必须合理选择，且彼此间应很好配合。配合原则如下。

① 借助于限压型防雷器具有的稳压限流特性，不加任何去耦元件（如电感 L）。

② 采用电感或电阻作为去耦元件（可分立或采用防雷区设备间的电缆具有的电阻和电感），电感用于电源系统，电阻用于通信系统。

在通信局（站），防雷保护系统的防雷器配合方案为：前续防雷器具有不连续电流/电压特性，后续防雷器具有防压特性。在前级放电间隙出现火花放电，使后续防雷浪涌电流波形改变，因此后级防雷器的放电只存在低残压的放电。

3．几种防雷保护

直击雷的浪涌最大电流为 75～80kA，所以防雷器最大放电电流定为 80kA。而间接保护又分主级保护和次级保护两大类，主级保护以防雷器经受一次雷击而不遭受破坏时所能承受的最大放电电流值（以 8/20μs 波为例），典型值定为 40kA；次级防雷器为主级防雷器后续防雷器，典型值定为 10kA。依据 NFC17－102 标准，绝大多数直接雷击的放电电流幅度低于 50kA，所以 40kA 分断一级防雷器是合适的。

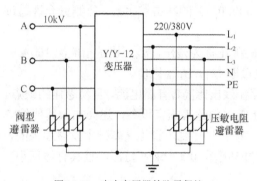

图 10-15 电力变压器的防雷保护

① 电力变压器的防雷保护。电力变压器最低压侧都应装防雷器，而在低压侧采用压敏电阻避雷器，两者均作 Y 形接续，它们的汇集点与变压器外壳接地点一起组合，就近接地，如图 10-15 所示。

② 通信局（站）交流配电系统的防雷保护。为了消除直击雷浪涌电流与电网电压的波动影响，依据负荷的性质采用分级衰减雷击残压或能量的方法来抑制雷电的侵犯。

在 XT005－95 文件中已规定，出、入局电力电缆两端的芯线应加氧化锌避雷器，变压器高低压相线也应分别加氧化锌避雷器。因此，将通信电源交流系统低压电缆进线作为第一级防雷，交流配电屏作为第二级防雷，整流器输入端口作为第三级防雷，如图 10-16（a）所示。

③ 电力电缆防雷保护在电力电缆馈电至交流配电屏之前约 12m 处，设置避雷装置作为第一级保护，如图 10-16（b）所示。L_1，L_2，L_3 每相对地之间分别装设一个防雷器，N 线至地之间也装设一个防雷器，防雷器公共点和 PE 线相连。

这级防雷器应具备 80kA 每级通流量，以达到防直接雷击的电气要求。

④ 交流配电屏内防雷保护。由于在前面已设有一级防雷电路，故交流配电屏只承受感应雷击 15kA 以下每级通流量，以及 1 300～1 500V 残压的侵入。这一级为第二级保护，如图 10-16（c）所示。

防雷器件接在空气开关 K 之前，以防空气开关受雷击。防雷电路是在相线与 PE 线之间接压敏电阻，同时在中性线与地之间也接压敏电阻，以防雷击可能从中性线侵入。

⑤ 整流器防雷保护。在整流器的输入电源设置的防雷器成为第三级防雷保护，防雷器装置在交流输入断路器之前，每级通流量小于 5kA 相线间只需承受 500～600V 残压侵入。

有些整流器在输出滤波电路前接有压敏电阻，或在直流输出端接有电压抑制二极管。它们除了作第四级防雷保护外，还可抑制直流输出端有时会出现的操作过电压。

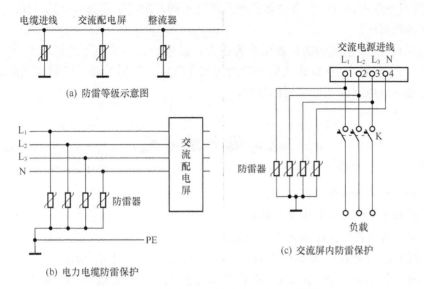

图 10-16　通信局（站）交流配电系统防雷措施

有关通信防雷接地系统的过程安装设计规范可参见通信局站防雷与接地工程设计规范（GB 50689—2011）、通信局（站）在用防雷系统的技术要求和检测方法（YD/T 1429—2006）。

小　　结

1．所谓"接地"，就是为了工作或保护的目的，将电气设备或通信设备中的接地端子，通过接地装置与大地作良好的电气连接，并将该部位的电荷注入大地，达到降低危险电压和防止电磁干扰的目的。

2．接地装置的接地电阻，一般是由接地引线电阻，接地体本身电阻，接地体与土壤的接触电阻以及接地体周围呈现电流区域内的散流电阻四部分组成。其中影响最大的是接触电阻和散流电阻。

3．影响土壤电阻率的因素主要有：土壤的性质、土壤的温度、土壤的湿度、土壤的密度和土壤的化学成分。

4．距离接地体越远，接地的对地电压越小、接触电压越大、跨步电压越小。

5．通信电源接地系统，按带电性质可分为交流接地系统和直流接地系统两大类。按用途可分为工作接地系统、保护接地系统和防雷接地系统。

6．随着外界电磁场干扰日趋增大，分设接地系统的缺点日趋明显。目前普遍采用联合接地系统，由接地体、接地引入、接地汇集线和接地线组成，并使整个大楼内的所有接地系统联合组成低接地电阻值的均压网。

7．雷电的危害越来越被重视，雷击分为两种形式：感应雷与直击雷。常见的防雷元器件有接闪器、消雷器和避雷器三类，其中金属氧化物避雷器（MOA）由于其理想的阀阻特性和防雷性能已被广泛用作低压设备的防雷保护。

8．根据遭受直击雷或间接雷破坏的严重程度不同，防雷区是划分为第一级、第二级、第三级和第四级防雷区。

9．通信防雷保护系统的防雷器配合方案为：前续防雷器具有不连续电流/电压特性，后续防雷器具有防压特性。在前级放电间隙出现火花放电，使后续防雷浪涌电流波形改变，因此后级防雷器的放电只存在低残压的放电。

思考题与练习题

10-1　接地系统由哪些装置组成？

10-2　影响土壤电阻率的因素有哪些？

10-3　为什么设备保护接地要求就近接地？

10-4　请用图示交流工作接地的接法，并说明交流工作接地的作用。

10-5　画一个 TN-S 系统示意图，并说明 A 相搭壳后的保护过程；PE 线和 N 线严格绝缘布放的原因。

10-6　直流工作接地的作用有哪些？通常正极接地的原因是什么？

10-7　联合接地系统相比分设接地系统的优点有哪些？

10-8　解释 8/20μs 模拟雷电流波形的含义。

10-9　阀式避雷器和金属氧化物避雷器在结构上有何不同？

10-10　什么是避雷器的残压，它有什么危害？

10-11　在通信电源系统中防雷器的安装与配合的原则是怎样的？

第11章　通信电源与环境集中监控

本章典型工作任务

- 典型工作任务一：集中监控系统日常检查。
- 典型工作任务二：集中监控系统日常操作。
- 典型工作任务三：集中监控系统周期测试。
- 典型工作任务四：集中监控系统参数配置分析。

本章知识内容

- 集中监控实施的背景及意义。
- 集中监控具有的功能。
- 常见监控硬件介绍。
- 监控系统的数据采集。
- 监控对象及原则。
- 电源监控系统的传输与组网。
- 电源监控系统的结构和组成。
- 远程实时图像监控。
- 电源集中监控系统操作及日常维护概述。
- 告警排除及步骤。

本章知识重点

- 集中监控具有的功能。
- 常见传感器的作用与原理。
- 电源监控系统的结构和组成。
- 集中监控系统日常维护。

本章知识难点

- 电源监控系统的传输与组网。
- 电源监控系统的结构和组成。
- 远程实时图像监控。
- 集中监控系统日常维护。

本章学时数　6 课时。

学习本章目的和要求

- 理解集中监控实施的背景及意义，熟悉集中监控具有的功能，掌握常见传感器的作用与原理。
- 熟悉监控系统监控对象及理解监控内容选择的原则。
- 掌握常见传感器作用与原理以及变送器和协议转换器的作用。
- 掌握电源监控系统组成和五级分层结构体系。
- 理解远程实时图像监控过程。
- 理解集中监控系统维护体系的组成以及相对应各种维护人员的作用和责任，掌握日常维护检测项目，熟悉告警分类和故障排除工作过程和步骤。
- 能进行集中监控系统日常检查、操作；周期测试、参数配置分析。

11.1　典型工作任务

11.1.1　典型工作任务一：集中监控系统日常检查

11.1.1.1　所需知识
（1）熟悉监控的对象，详见 11.2.5 节。
（2）掌握电源监控系统的组网和传输，详见 11.2.6 节。
（3）掌握常见采集设备的工作原理，详见 11.2.3 节。

11.1.1.2　所需能力
（1）能够保持机房环境的整洁、规范。
（2）能确保监控设备的供电正常。
（3）能对监控数据从采集—传输—存储显示一系列流程所涉及的软硬件设备，能够做日常的检查、判断和检修。

11.1.1.3　参考行动计划
（1）分组：以 5 人左右为一个小组，明确人员职责，按照项目要求各自独立开展工作。
（2）讨论：明确分组以后各组围绕主题、重点和工作步骤开展讨论。根据讨论结果拿出各组的方案、具体步骤和注意事项。
（3）教师的审核：教师根据各组提出的方案审核方案是否完整及具体可操作性、是否存在安全隐患。
（4）各小组的实际训练操作：各小组按照审核通过的方案组织实际训练操作。
（5）检查评估：实际操作结束后，由检查组开展评估和小结。

11.1.1.4　参考操作步骤
（1）保持监控中心服务器、监控主机和配套设备的整齐和清洁。
（2）监控中心服务器、监控主机和配套设备应由不间断电源供电，交流电压的变化范围应在额定值的-15%～+10%内；直流电压的变化范围应在额定值的-15%～+20%内。
（3）定期检查并确保监控中心服务器、监控主机和配套设备、监控模块及前端采集设备有良好的接地和必要的防雷设施。对智能设备的监控要充分考虑到智能通信口与数据采集器之间的电气隔离及防雷措施。

（4）检查监控中心内设备，服务器、业务台、打印机、音箱和大型显示设备等运行是否正常。

（5）检查前端采集设备的数据采集、处理以及上报数据是否正常。

（6）检查监控中心局域网和整个传输网络工作是否稳定和正常。.

（7）如有异常，分析原因并给出意见。

11.1.1.5 检查评估

（1）步骤实施的合理性：看工作步骤是否符合计划方案，是否顺畅、合理。

（2）安全性考虑：可靠性如何，是否存在安全隐患。

（3）团队分工合作效率：团队配合是否默契、工作效果如何。

（4）创新：工作思路和方法是否有所创新。

（5）拓展性：是否有助于相近学科的学习和研究。

（6）职业素养的提高：学习态度、操作能力、可持续发展能力、创新能力均有较大提高。

（7）成果的自我总结评价：各小组的工作总结是否恰如其分，对存在问题的分析是否透彻，整改措施是否得当。

11.1.2 典型工作任务二：集中监控系统日常操作

11.1.2.1 所需知识

（1）掌握相关的计算机网络知识、数据库相关知识，参见相关书籍。

（2）掌握监控系统软件相关知识，参见 11.2.7 节及具体监控系统操作手册。

（3）熟悉监控系统硬件相关知识，详见 11.2.3 节及具体监控系统维护手册。

（4）掌握集中监控系统日常操作流程，详见 11.2.9 节。

11.1.2.2 所需能力

（1）Windows 系统操作能力。

（2）具备数据库查询能力。

（3）对监控系统软件常用功能熟练操作的能力。

11.1.2.3 参考行动计划

（1）分组：以 5 人左右为一个小组，明确人员职责，按照项目要求各自独立开展工作。

（2）讨论：明确分组以后各组围绕主题、重点和工作步骤开展讨论。根据讨论结果拿出各组的方案、具体步骤和注意事项。

（3）教师的审核：教师根据各组提出的方案审核方案是否完整及具体可操作性、是否存在安全隐患。

（4）各小组的实际训练操作：各小组按照审核通过的方案组织实际训练操作。

（5）检查评估：实际操作结束后，由检查组开展评估和小结。

11.1.2.4 参考操作注意事项

（1）分析每天的各种告警数据报表、历史数据报表和参数曲线，结合月、季的阶段汇总报表，了解设备运行情况，制定相应的设备维护计划。

（2）对系统终端发出的各种声光告警，立即作出反映。对于一般告警，可以记录下来，进一步观察；对于紧急告警，应通知维护人员去处理，如涉及设备停止运行或出现严重故障，影响电信网的正常运行，应立即通知维护人员抢修，并按规定及时上报。对于部分需现场确认恢复的告警信息，应有现场值守人员或专人（无人值守机房）确认恢复。

（3）每月备份上个月的历史数据，每年定期整理过期数据便于以后分析。

（4）系统配置参数必须备份，系统配置数据发生改变时，自身配置数据要重新备份，在出现意外时，用来恢复系统。

（5）系统操作记录数据，每季备份一次，以作备查。

（6）数据库内保存的历史数据在定期倒入外存储设备后，作上标签妥善保管。历史数据保存的期限可根据实际情况自行确定，至少五年。

（7）每次监控工程扩建或改造完工后，必须及时更新整理一份完整的工程文档，并且要与前期工程文档完好的衔接。

11.1.2.5　检查评估

（1）步骤实施的合理性：看工作步骤是否符合计划方案，是否顺畅、合理。

（2）安全性考虑：可靠性如何，是否存在安全隐患。

（3）团队分工合作效率：团队配合是否默契、工作效果如何。

（4）创新：工作思路和方法是否有所创新。

（5）拓展性：是否有助于相近学科的学习和研究。

（6）职业素养的提高：学习态度、操作能力、可持续发展能力、创新能力均有较大提高。

（7）成果的自我总结评价：各小组的工作总结是否恰如其分，对存在问题的分析是否透彻，整改措施是否得当。

11.1.3　典型工作任务三：集中监控系统周期测试

11.1.3.1　所需知识

（1）掌握所学所有相关电源方面知识：包括高低压配电、整流、蓄电池、空调、油机等，详见第 1 章～第 9 章内容。

（2）掌握监控系统软件相关知识。

（3）熟悉监控系统硬件相关知识。

（4）熟悉监控系统网络知识。

11.1.3.2　所需能力

（1）对所有电源设备和环境量的测试。

（2）对远程遥控量、遥调量的测试。

11.1.3.3　参考行动计划

（1）分组：以 5 人左右为一个小组，明确人员职责，按照项目要求各自独立开展工作。

（2）讨论：明确分组以后各组围绕主题、重点和工作步骤开展讨论。根据讨论结果拿出各组的方案、具体步骤和注意事项。

（3）教师的审核：教师根据各组提出的方案审核方案是否完整及具体可操作性、是否存在安全隐患。

（4）各小组的实际训练操作：各小组按照审核通过的方案组织实际训练操作。

（5）检查评估：实际操作结束后，由检查组开展评估和小结。

11.1.3.4　参考操作步骤

（1）对所有电源设备的数据量和状态量进行测试。

（2）对所有环境的数据量和状态量进行测试。

（3）所有测试以不影响供电系统的正常工作为原则。

11.1.3.5　检查评估

（1）步骤实施的合理性：看工作步骤是否符合计划方案，是否顺畅、合理。

（2）安全性考虑：可靠性如何，是否存在安全隐患。

（3）团队分工合作效率：团队配合是否默契、工作效果如何。

（4）创新：工作思路和方法是否有所创新。

（5）拓展性：是否有助于相近学科的学习和研究。

（6）职业素养的提高：学习态度、操作能力、可持续发展能力、创新能力均有较大提高。

（7）成果的自我总结评价：各小组的工作总结是否恰如其分，对存在问题的分析是否透彻，整改措施是否得当。

11.1.4　典型工作任务四：集中监控系统参数配置分析

11.1.4.1　所需知识

（1）掌握所学所有相关电源方面知识：包括高低压配电、整流、蓄电池、空调、油机等，详见第 1 章～第 9 章内容。

（2）掌握监控系统软件相关知识。

（3）熟悉监控系统硬件相关知识。

（4）熟悉监控系统网络知识。

11.1.4.2　所需能力

（1）集中监控系统软件管理员级别的熟练操作。

（2）对监控系统各参数配置的优化分析。

11.1.4.3　参考行动计划

（1）分组：以 5 人左右为一个小组，明确人员职责，按照项目要求各自独立开展工作。

（2）讨论：明确分组以后各组围绕主题、重点和工作步骤开展讨论。根据讨论结果拿出各组的方案、具体步骤和注意事项。

（3）教师的审核：教师根据各组提出的方案审核方案是否完整及具体可操作性、是否存在安全隐患。

（4）各小组的实际训练操作：各小组按照审核通过的方案组织实际训练操作。

（5）检查评估：实际操作结束后，由检查组开展评估和小结。

11.1.4.4　参考操作方法

（1）监控局站配置、工作站的配置、局房配置、设备配置、端口配置、采集单元配置、信号配置、告警条件配置、组态配置。

（2）向中心服务器刷新数据、服务器数据下载、配置数据分发（包括生成端局、智能设备处理机 AMS、OCE、IDA、前置主机等的配置文件）功能。

11.1.4.5　检查评估

（1）步骤实施的合理性：看工作步骤是否符合计划方案，是否顺畅、合理。

（2）安全性考虑：可靠性如何，是否存在安全隐患。

（3）团队分工合作效率：团队配合是否默契、工作效果如何。

（4）创新：工作思路和方法是否有所创新。

（5）拓展性：是否有助于相近学科的学习和研究。

（6）职业素养的提高：学习态度、操作能力、可持续发展能力、创新能力均有较大提高。

（7）成果的自我总结评价：各小组的工作总结是否恰如其分，对存在问题的分析是否透彻，整改措施是否得当。

11.2　相关配套知识

11.2.1　集中监控实施的背景及意义

随着通信规模的扩大，电源设备也大量增加。电源设备的技术含量大大提高，一方面电源设备的性能有很大提升，另一方面太多的现场人员维护反而影响设备的稳定性和可靠性；同时，随着计算机网络技术的不断成熟和普及，以及先进的维护管理体制的推广等，这些因素导致的必然趋势是通信电源集中监控的产生。

传统的维护模式要求电源设备的运行需要通过人工看守的方式，一小时一抄表地进行人工监视，通过大量报表，分析设备运行情况，判断和处理故障。这种方式，很难及时准确地发现和定位故障，尤其是对于一些可能影响设备供电的故障隐患，更是难以很好地进行判断和处理。

随着我国电信事业的迅速发展，通信网络的规模不断扩大，需要操作与维护的设备种类和数量大幅度地提高，设备的技术含量和复杂度也越来越高，作为保障通信系统正常运行的"源动力"的通信电源系统，其稳定性和可靠性就显得尤为重要。而传统的维护模式显然已经不适合通信电源乃至整个通信事业的发展步伐。

与此同时，计算机通信技术、电子技术、自动控制技术、传感器技术和人机系统技术的迅猛发展，计算机网络、办公自动化和工业自动控制的普及，为监控系统的发展创造了必要的客观条件。

通信电源集中监控管理系统是一个分布式计算机控制系统（即所谓的集中管理和分散控制），它通过对监控范围内的通信电源系统和系统内的各个设备（包括机房空调在内）及机房环境进行遥测、遥信和遥控，实时监视系统和设备的运行状态，记录和处理监控数据，及时监测故障并通知维护人员处理，从而达到少人或无人值守，实现通信电源系统的集中监控维护和管理，提高供电系统的可靠性和通信设备的安全性。

实施集中监控的意义主要有以下几点。

（1）提高了电源维护管理水平，提高了电源设备运行的稳定性和可靠性。

一些高技术含量的电源设备本身可靠性较高，同时对环境要求较高，有人值守反而增加了故障隐患。通过监控系统可实现全天候实时、全面的设备以及环境监控，通过对采集的大量有用数据的分析与统计，使维护人员准确地掌控电源系统设备运行状况，有针对性地安排系统维护和设备检修，预防可能出现的故障，不断地优化电源系统，从而提高电源设备运行的稳定性和可靠性，进而提高通信电源供电质量。

同时，监控系统可以自动记录电源设备的运行情况和故障后维护人员的处理过程，便于区分责任，有利于提高维护人员的管理效率和增加维护人员的责任心。

（2）提高了电源设备运行的经济性，降低了运行成本。

电力是一种能源，如何提高在传输、变换和使用中的效率，是电源维护的一个重要内容。随着单片机技术在智能电源设备中的广泛应用，设备本身的智能性和效率在不断地提高。监控系统发挥其在数据分析和处理以及控制上的优势，与智能设备相互配合，根据设备的实际运行情况，随时调整其运行参数，使设备始终工作在最佳状态，提高了电源设备运行的经济性，也延长了设备的使用寿命。

（3）解放了劳动力，提高了电源维护工作的效率，降低了维护成本。

长期以来，传统的通信电源维护被认为是劳动密集型的专业，这与以往电源设备技术含量低，可靠性不高，需要维护人员现场值守有关。随着近年来我国电信事业的迅速发展，通信网络的规模不断扩大，相应地电源设备的数量和种类都大大地增加，维护工作量也随之骤增，要解决这个矛盾，只有通过建设监控系统，实现对通信电源和机房环境的集中管理和维护，削减端局维护人员，大大减少维护人员总数，同时以地区为中心组建一支专业化水平高的维护力量，不但降低了维护成本，也使得维护质量大大提高。

11.2.2　集中监控具有的功能

实施通信电源集中监控的目的，就是要将电源维护人员从繁琐的维护工作中解放出来，提高劳动生产率，降低设备运行和维护成本，提高设备运行的可靠性和经济性。

图 11-1 所示是监控系统工作过程示意图。由图中所示，监控的工作过程是双向的，一方面，被监控的电源设备和环境量需经过采集和转换成便于传输和计算机识别的数据形式，再经过网络传输到远端的监控计算机进行处理和维护，最后可通过人机交互界面和维护人员交流；另一方面，维护人员可通过交互界面发出控制命令，经过计算机处理后，传输至现场经控制命令执行机构使电源设备以及环境完成相应动作。

图 11-1　监控系统工作过程示意图

具体而言，通信电源集中监控管理系统的功能可以分为监控功能、交互功能、管理功能、智能分析功能以及帮助功能 5 个方面。

1．监控功能

监控功能是监控系统最基本的功能。这里"监"是指监视、监测，"控"是指控制，所以监控功能又可以简单地分为监视功能和控制功能。

（1）监视功能

监控系统能够对设备的实时运行状况和影响设备运行的环境条件实行不间断地监测，获取设备运行的原始数据和各种状态，以供系统分析处理。这个过程就是遥测和遥信。同时，监控系统还能够通过安装在机房里的摄像机，以图像的方式对设备、环境进行直接监视，并能通过现场的拾音器将声音传到监控中心，以帮助维护人员更加直观、准确地掌握设备运行状况，查找告警原因，及时处理故障。这个过程也常被称为遥像。监视功能要求系统具有较好的实时性、准确性和精确性。

（2）控制功能

监控系统能够把维护人员在业务台上发出的控制命令转换成设备能够识别的指令，使设备执行预期的动作，或进行参数调整。这个过程也就是遥控和遥调。监控系统遥控的对象包括各种被监控设备，也包括监控系统本身的设备，如对云台和镜头进行遥控，使之能够获取满意的图像。控制功能也同样要求系统具有较好的实时性和准确性。

2．交互功能

交互功能，是指监控系统与人之间相互对话的功能，也就是人机交互界面所实现的功能，包括以下几个方面。

（1）图形界面

监控系统运用计算机图形学技术和图形化操作系统，为我们提供了友好的图形操作界面，其内容包括：地图、空间布局图、系统网络图、设备状态示意图和设备树等。图形界面的采用，使得维护人员的操作变得简单、直观而有效，并且不易出错。

（2）多样化的数据显示方式

监控系统给人们提供的数据显示方式不再是简单的文字和报表，而是文字和图形相结合，视觉和听觉相结合的多样化显示。

（3）声像监控界面

声像监控无疑让监控系统与人之间的相互对话变得更加形象直观，使得维护人员能够较为准确地了解现场一些实时数据监测所不能反映的情况，增强维护和故障处理的针对性。

3．管理功能

管理功能是监控系统最重要和最核心的功能。它包括对实时数据、历史数据、告警、配置、人员以及档案资料的一系列管理和维护。

（1）数据管理功能

监控系统中所谓的数据，包括了反映设备运行状况和环境状况的所有监测到的数值、状态和告警。

大量的数据在显示之后就被丢弃了，但也有许多数据（可能是未经显示的）对反映设备性能和长期运行状况、指导以后的维护工作具有相当重要的意义，因此需要对它们进行归档，保存到数据库当中去。为了节省磁盘空间，提高处理速度，这些数据可能被压缩或转换成计算机所能识别的格式进行存储。

当数据被简单处理后，就以历史数据的形式被保存在磁盘中。为了了解一些设备的长期特性和运行状况，从中得出一些规律性和建设性的结论，经常需要对历史数据进行查询。系统为用户提供高效的搜索引擎和逻辑运算功能，以帮助用户迅速查找到所需要的数据。

大量的历史数据保存在有限的磁盘空间中，占据着宝贵的系统资源。当这些数据经过了一段时间后，对维护工作已经显得不是那么重要，却又有一定的留档价值的时候，就需要将它们导出到备份存储设备中，如光盘、磁带等。而当需要这些数据的时候，再将它们导入系统。这就是数据的备份和恢复。这项工作对系统的安全性也非常重要。经常将系统内的数据进行备份，在系统一旦因不可预见的原因而崩溃时，能够使损失减少到最低程度。

数据处理和统计，即运用数学原理，通过计算机强大的处理能力，对大量杂乱无章的原始数据进行归纳、转换和统计，得出具有一定指导意义的统计数据，并从中找出一定的规律的过程。常见的统计运算有平均值、最大值、最小值和均方差等。同时，系统还能够根据用户的需要，生成各种各样的报表和曲线，为维护工作提供科学的依据。

（2）告警管理功能

我们知道，告警也是一种数据。但它与其他数据不同，有着其内容和意义上的特殊性。对告警的管理，除了数据管理功能所提到的内容外，还包括以下一些内容。

① 告警显示功能：告警显示与数据显示一样都具有多种不同的显示方式，所不同的是，

告警必须能够根据其重要性和紧急性分等级显示。通常不同的告警等级以不同颜色的字体、指示灯或图标等在显示器或大屏幕上显示，同时还配以不同的语音信息或警报声。此外，有些系统还运用行式打印机对告警信息进行实时打印。

在具有图像监视的系统中，当被监视对象发生告警时，系统能够自动控制相应的矩阵切换、云台转动和镜头调整，使监视画面调整到发生告警的场地或设备，以进行远程监视，并控制录像机自动进行录像。这也即告警时图像联动功能。

② 告警屏蔽功能：有些系统所监视到的告警信息，可能对维护人员来说是没有什么实际意义的，或是因某种特殊原因而不需要让其告警的，这时便需要由监控系统对这些告警信息进行屏蔽，使它们不再作为告警反映给维护人员。如在白天上班时一些有人值守的机房的红外和门禁告警，再如端局在对设备进行更换、扩容等施工时所产生的一些设备告警等。当需要时再对这些告警项目进行恢复，取消屏蔽。

③ 告警过滤功能：监控系统的告警功能为及时发现并排除设备的故障提供了良好的帮助，但有时过多相关的告警信息又反而会使维护人员难以判断直接的故障原因，给维护工作带来麻烦。比如停电时，交流配电、直流配电和整流器等都会发出相应的告警，可能一下子会在监控界面上产生几十条告警。这时需要系统能够根据预先设定的逻辑关系，判断出最关键、最根本的告警，而将其余关联的告警过滤掉。这也是监控系统智能化的一个最基本要求。

④ 告警确认功能：在很多情况下，告警即意味着"不正常"，意味着故障或是警戒，及时处理各种故障和突发事件，是每一个维护人员的职责。告警确认功能使得这项职责更加有据可依。当维护人员对一条告警进行确认时，系统会自动记录下确认人、确认时间等信息，并根据需要打印维修派工单。

⑤ 告警呼叫功能：当维护人员离开机房时，系统能够在产生告警时通过无线寻呼台向维护人员发出呼叫，并能够将告警名称、发生地点、发生时间和告警等级等信息显示在维护人员的 BP 机上，为及时处理故障争得了宝贵的时间。

（3）配置管理功能

配置管理是指通过对监控系统的设置以及参数、界面等特性进行编辑修改，保证系统正常运行，优化系统性能，增强系统实用性。它包括参数配置功能、组态功能和校时功能 3 个方面。

系统参数包括数据处理参数，如数据采样周期、数据存储周期和数据存储阈值等；告警设置参数，如告警上、下限，告警屏蔽时间段，是否启动声音告警等；通信与端口参数，如通信速率、串行数据位数、端口与模块数量和地址等；采集器补偿参数，如采集点斜率补偿、相位补偿和函数补偿等。

组态功能是监控系统个性化的一个标志，体现了系统操作以人为中心的特点，提高了系统的适应性。组态功能包括界面组态、报表组态和监控点组态等。

监控系统是一个实时系统，对时间的要求很高。如果系统各部分的时钟不统一，将会给系统的记录和操作带来混乱。系统的校时功能能够有效地防止这种混乱的发生。校时功能包括自动校时和手动校时。

（4）安全管理功能

这里"安全"包含两层含义，一是监控系统的安全，二是设备和人员的安全。监控系统采取了一些必要的措施来保证他们的安全，这项功能称为安全管理功能。

为了保证监控系统的安全性，需要为每个登录系统的用户设置不同的用户账号、权限和口令。用户权限通常分为 3 种：一般用户、系统操作员和系统管理员，也有称为客人、用户和管理员的。其中一般用户只能进行一些简单的浏览、查看和检索操作；系统操作员则能够在此基础上，进行告警确认、设备遥控以及一些参数配置等维护操作；系统管理员具有最高权限，除具有系统操作员的权限外，还能够进行全面的参数配置、用户管理和系统维护等操作。每个用户以不同的账号来区分，并以口令进行保护。

系统的操作记录常常是查找故障、明确责任的重要依据。监控系统对维护人员所进行的所有的重要操作都进行了详细的记录，如登录、遥控、修改参数和增删监控点等。记录的内容包括操作的时间、对象、内容、结果和操作人等。

遥控操作是通过业务台直接向设备发出指令，要求其执行相应动作的过程，不适当的遥控可能对设备造成损害，甚至造成人员伤亡。使用单位应针对监控系统制定详细的操作细则，以保证遥控操作的安全性。同时，在监控系统中也对遥控操作采取了一些相应的安全措施，如要求在对设备发出遥控命令时验证口令，再如在监控中心对设备进行遥控时，能够以声、光等信号提醒可能存在的现场人员警觉等。

（5）自我管理功能

自我管理，顾名思义，是监控系统对自身进行维护和管理的功能。按照要求，监控系统的可靠性必须高于被监控设备，自我管理功能是提高系统运行稳定性和可靠性的重要措施。

监控系统自身必须保持健康，一个带病运行的系统是不能进行良好的监控管理的。系统的自诊断功能从系统自身的特点出发，对每个功能模块进行自我检查和测试，及时发现可能存在的病症，找出病因，提醒维护人员予以治疗解决。

系统日志是系统记录自身运行过程中各种软事件的记录表，是系统进行自我维护的重要工具。建立完善的系统日志可以帮助维护人员发现监控系统中存在的异常，排除系统故障。

（6）档案管理功能

档案管理功能是监控系统的一项辅助管理功能。它将与监控系统相关的设备、人员和技术资料等内容作归纳整理，进行统一管理。

设备管理功能将下属局（站）的所有重要电源设备以及监控系统的重要硬件设备进行统一管理，记录其名称、型号、规格、生产厂家、购买日期、启用日期、故障和维修情况等信息，以备查询。设备管理功能对设备维护以及监控系统本身的维护都具有重要的帮助作用。

人员管理是指将监控中心及下属局（站）的相关电源维护管理人员登记造册，记录其姓名、职务和联系电话等与维护有关的内容，以方便管理维护工作的开展。

监控系统在其建设的过程中，会形成大量的技术文档和资料，包括系统结构图、布局图、布线图、测点列表和器件特性等。这些资料对设备维护以及系统的维护、扩容和升级都具有相当重要的意义。利用计算机对这些资料进行集中管理，可以提高检索效率。

4. 智能分析功能

智能分析功能是采用专家系统、模糊控制和神经网络等人工智能技术，来模拟人的思维，在系统运行过程中对设备相关的知识和以往的处理方法进行学习，对设备的实时运行数据和历史数据进行分析、归纳，不断地积累经验，以优化系统性能，提高维护质量，帮助维护人员提高决策水平的各项功能的总称。常见的智能分析功能包括以下几个方面。

（1）告警分析功能

告警分析是指系统运用自身的专家知识库，对所产生的告警进行过滤、关联，分析告警原因，揭示导致问题出现的根本所在，并提出解决问题的方法和建议。

（2）故障预测功能

故障预测即根据系统监测的数据，分析设备的运行情况，提前预测可能发生的故障。这项功能也被称为预告警功能。

（3）运行优化功能

运行优化是指系统根据所监测的数据，自动进行设备性能分析、节能效果分析等工作，给维护人员提供节能建议和依据，或者直接对设备的某些参数进行调整。

智能分析功能的运用，使传统的监控理论向真正的智能化方向发展，拓宽了监控技术领域，具有划时代的意义。

5．帮助功能

一个完善的计算机系统，一定要有其完备的帮助功能。在监控系统中，帮助信息的方式是多种多样的。最常见的是系统帮助，它是一个集系统组成、结构、功能描述、操作方法、维护要点及疑难解答于一体的超文本，通常在系统菜单的"帮助"项中调用。系统帮助给用户提供了目录和索引等多种查询方式。

此外，有的系统还为初使用的用户提供演示和学习程序，有的系统将一些复杂的操作设计成"向导"模式，逐步地指导用户进行正确的操作。随着多媒体技术在监控系统中的运用，还会出现语音、图像等方式的帮助信息，使维护人员能够更快、更好地使用监控系统。

11.2.3　常见监控硬件介绍

11.2.3.1　几种常用传感器

传感器是在监控系统前端测量中的重要器件，它负责将被测信号检出、测量并转换成前端计算机能够处理的数据信息。由于电信号易于被放大、反馈、滤波、微分、存储以及远距离传输等，加之目前电子计算机只能处理电信号，所以通常使用的传感器大多是将被测的非电量（物理的、化学的和生物的信息）转换为一定大小的电量输出。

1．温度传感器

温度是表示物体冷热程度的物理量。温度传感器是通过一些物体温度变化而改变某种特性来间接测量的。常用的温度传感器有热敏电阻传感器、热电偶温度传感器及集成温度传感器等。

热敏电阻是利用物体在温度变化时本身电阻也随着发生变化的特性来测量温度的。主要材料有铂、铜和镍。一般热电阻测量精度高，但测量范围比较小。

热电偶测量范围较宽，一般为-100℃～+200℃。热电偶基本工作原理来自物体的热点效应。集成温度传感器，它的线性好，灵敏度高，体积小，使用简便。

2．湿度传感器

湿度敏感器件是基于所用材料性能与湿度有关的物理效应和化学反应的基础上制造的。通过对湿度有关的电阻、电容等参数的测量，就可将相对湿度测量出来。下面简介几种常用的湿度传感器。

（1）阻抗型湿敏元件组成的湿度传感器

其湿敏材料主要是金属氧化物陶瓷材料，一般采用厚薄膜结构，它们有较宽的工作湿度范围，并且有较小响应时间。缺点是阻抗的对数与相对湿度所成的线性度不够好。

（2）电容式湿敏元件组成的湿度传感器

相对湿度的变化影响到内部电极上聚合物的介电常数，从而改变了元件电容值，由此引起相关电路输出电量的变化，其线性度较好，响应快。

（3）热敏电阻式湿度传感器

它利用潮湿空气和干燥空气的热传导之差来测定湿度，一般接成电桥式测量电路。

3．感烟探测器

火灾探测器分感烟探测器、感温探测器和火焰探测器。感烟探测器分离子感烟型和光电感烟型，感温探测器分定温感温型和差温感温型，工程上使用最多的是感烟探测器。

离子感烟探测器利用放射性元素产生的射线，使空气电离产生微电流来检测。离子感烟器只有垂直烟才能使其报警，因此烟感应装在房屋的最顶部；灰尘会使感烟头的灵敏度降低，因此应注意防尘；离子感烟探测器使用放射性元素 Cs_{137}，应避免拆卸烟感，注意施工安全。

4．红外传感器

（1）被动式红外入侵探测器

目前安全防范领域普遍采用热释电传感器制造的被动式红外入侵探测器。

热释电材料（如锆钛酸铝等），若其表上面的温度上升或下降，则该表面产生电荷，这种效应称热释电效应。

热释电红外探测器主要由热释电敏感元件、菲涅尔透镜及相关电子处理电路组成。

菲涅尔透镜实际上是一个透镜组，它上面的每一个单元透镜一般都只有一个不大的视场角。面相邻的两个单元透镜的视场既不连续，也不交叠，却相隔一个盲区，这些透镜形成一个总的监视区域，当人体在这一监视区域中运动时，依次地进入某一单元透镜的视场，又走出这一透镜的视场，热释电传感器对运动的人体就能间隔地检测到，并输出一串电脉冲信号，经相应的电路处理，输出告警信号。

（2）微波、红外双鉴入侵探测器

红外告警探测器是鉴于探测人体辐射的红外线来工作的，对外界热源的反映比较敏感，在有较强的发热源的环境中工作容易出现告警。微波探测器根据多普勒效应原理来探测移动物体。多普勒效应简言之就是当发射的波遇到移动的物体时，其反射回来波的频率就会发生变化。同时运用微波和红外原理制作的探测器能有效地降低误告警率。目前使用的入侵探测器常加上智能防小动物电路，即三鉴入侵探测器，系统的可靠性得到进一步提高。

5．液位传感器

（1）警戒液位传感器

常用的警戒液位传感器是根据光在两种不同媒质界面发生反射和折射原理来测量液体的存在。常被用于测量是否漏水，俗称为水浸探测器。

（2）连续液位传感器

连续液位传感器利用的测量压力（压降）或随液面变化带动线性可变电阻的变化，并经过一定的换算来测出液位的高度。在监控系统中常被用来测量柴油发电机组油箱油位的高度。

11.2.3.2　变送器

由于传感器转换以后输出的电量各式各样，有交流也有直流，有电压也有电流，而且大小不一，而一般 D/A 转换器件的量程都在 5V 直流电压以下，所以有必要将不同传感器输出的电量变换成标准的直流信号，具有这样功能的器件就是变送器。换句话说，变送器是能够将输入的被测的电量（电压、电流等）按照一定的规律进行调制、变换，使之成为可以传送的标准输出信号（一般是电信号）的器件。

变送器除了可以变送信号外，还具有隔离作用，能够将被测参数上的干扰信号排除在数据采集端之外，同时也可以避免监控系统对被测系统的反向干扰。

此外还有一种传感变送器，实际上是传感器和变送器的结合，即先通过传感部分将非电量转换为电量，再通过变送部分将这个电量变换为标准电信号进行输出。

11.2.3.3　协议转换器

对通信协议，原电信总局的《通信协议》中作了详细的规定，其内容包括通信机制、通信内容、命令及应答格式、数据格式和意义、通用及专用编码等。通信双方如果协议不一致，就会像两个语言不通的人一样难以进行相互交流。对于目前已经存在的大量智能设备通信协议与标准的《通信协议》不一致的情况，必须通过协议转换来保证通信。实现协议转换的方法一般是采用协议转换器，将智能设备的通信协议转换成标准协议，再与局（站）中心监控主机进行通信。

11.2.4　监控系统的数据采集

11.2.4.1　数据采集与控制系统的组成

对动力设备而言，其监控量有数字量、模拟量和开关量。数字量（如频率、周期、相位和计数）的采集，其输入较简单，数字脉冲可直接作为计数输入、测试输入、I/O 口输入或作中断源输入进行事件计数、定时计数，实现脉冲的频率、周期、相位及计数测量。对于模拟量的采集，则应通过 A/D 变换后送入总线，I/O 或扩展 I/O。对于开关量的采集则一般通过 I/O 或扩展 I/O。对于模拟量的控制，必须通过 D/A 变换后送入相应控制设备。典型的单片机构成的数据采集与控制系统结构图，如图 11-2 所示。

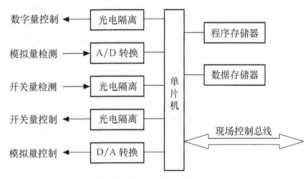

图 11-2　数据采集与控制系统

11.2.4.2　串行接口与现场监控总线

串行通信是 CPU 与外部通信的基本方式之一，在监控系统中采用的是串行异步通信方式，波特率一般设定为 2 400～9 600bit/s。监控系统中常用的串行接口有 RS232、RS422、RS485 接口。

RS232 接口采用负逻辑，逻辑"1"电平为-5～-15V，逻辑"0"电平为+5～+15V。RS232 传输速率为 1Mbit/s 时，传输距离小于 1m，传输速率小于 20kbit/s 时，传输距离小于 15m。RS232 只适用于作短距离传输。

RS422 采用了差分平衡电气接口，在 100kbit/s 速率时，传输距离可达 1 200m，在 10Mbit/s 时可传 12m。和 RS232 不同的是在一条 RS422 总线上可以挂接多个设备。RS485 是 RS422 的子集。RS422 为全双工结构，RS485 为半双工结构。

动力监控现场总线一般都采用 RS422 或 RS484 方式，由多个单片机构成主从分布式较大规模测控系统。具有 RS422、RS485 接口的智能设备可直接接入，具有 RS232 接口的智能设备需将接口转换后接入。各种高低配实时数据和环境量通过数据采集器，电池信号通过采集器接入现场控制总线送到端局监控主机，然后上报中心。图 11-3 所示是端局现场监控系统示意图。

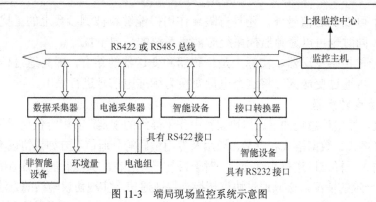

图 11-3　端局现场监控系统示意图

11.2.5　监控对象及原则

1. 监控对象

监控系统所应包括的监控对象如表 11-1 所示。

表 11-1　　　　　　　　　　　　　　监控对象一览表

分　类	监　控　对　象	
电源设备	高压变配电设备	进线柜、出线柜、母联柜、直流操作电源柜、变压器
	低压配电设备	进线柜、主要配电柜、补偿柜、计量柜、稳压器、ATS
	整流配电设备	交流屏、直流屏、整流器/开关电源、蓄电池组
	变流设备	UPS、逆变器、DC-DC 变换器
	发电设备	柴油发电机组、燃气发电机组、太阳能电池、风力发电设备
空调设备		机房专用空调、中央空调、分体空调
机房环境		环境条件、消防、安全防卫
监控系统		监控系统软、硬件

2. 监控系统的监控内容

监控内容是指对上述监控对象所设置的具体的采控信号量，也称为监控项目、监控点或测点。如前所述，从数据类型上看，这些信号量包括模拟量、数字量、状态量和开关量等；从信号的流向上看，又包括输入量和输出量两种。由此可以将这些监控项目分为遥测、遥信、遥控以及遥调、遥像等几种类型，通常把遥调归入到遥控当中，遥像归入到遥信当中并称为"三遥"。

遥测的对象都是模拟量，包括电压、电流、功率等各种电量和温度、压力、液位等各种非电量。

遥信的内容一般包括设备运行状态和状态告警信息两种。

遥控量的值类型通常是开关量，用以表示"开"、"关"或"运行"、"停机"等信息，也有采用多值的状态量的，使设备能够在几种不同状态之间进行切换动作。

遥调是指监控系统远程改变设备运行参数的过程。遥调量一般是数字量。

遥像是指监控系统远程显示电源机房现场的实时图像信息的过程。

我们在确定监控项目时应注意以下几个原则：

① 必须设置足够的遥测、遥信监控点。

② 监控项目力求精简。在选择项目时应坚持"可要可不要的监控项目坚决不要"的原则。

③ 不同监控对象的监控项目要有简有繁。

④ 监控项目应以遥测、遥信为主，遥控、遥调以及遥像为辅。

根据有关技术规定，各种监控对象的监控内容如表 11-2 所示。

表 11-2　　　　　　　　　　　　监控内容一览表

监控对象		监控内容		
		遥　测	遥　信	遥控/遥调
高压配电设备	进线柜	输入电压、输入电流、有功功率、无功功率	1. 开关状态 2. 过流跳闸、速断跳闸、接地跳闸（可选）、失压跳闸（可选）告警	
	出线柜		1. 开关状态 2. 过流跳闸、速断跳闸、接地跳闸（可选）、失压跳闸（可选）告警	
	母联柜		1. 开关状态 2. 过流跳闸、速断跳闸告警	
	直流操作电源柜	储能电压（可选）、控制电压（可选）	1. 开关状态 2. 充电机故障告警	
	变压器	表面温度	瓦斯告警、过温告警	
低压配电设备	进线柜	输入电压、电流、频率、功率因数	开关状态	开关分合闸（可选）
	主要配电柜	电压（可选）、电流（可选）	开关状态	开关分合闸（可选）、ATS的转换（可选）
	稳压器	输入电压、输入电流、输出电压、输出电流	1. 工作状态（工作/旁路） 2. 故障告警	
	补偿柜	补偿电流（可选）	工作状态（接入/断开）	
发电设备	柴油发电机组	输出电压、电流、功率、频率/转速、水温（水冷）、缸体温度（风冷）、机油压力、机油温度（风冷）、启动电池电压、油箱液位	1. 工作状态（运行/停机）、工作方式（自动/手动） 2. 充电机故障、皮带断裂（风冷）、启动失败、过压、欠压、过载、油压低、水温高、频率/转速高、启动电池电压低、油位低告警	开/关机、紧急停机
	燃气发电机组	输出电压、电流、功率、频率/转速、水温、机油压力、机油温度、启动电池电压、控制电池电压、进气温度、排气温度	1. 工作状态（运行/停机）、工作方式（自动/手动） 2. 启动失败、过压、欠压、过载、油压低、油温高、水温高、频率/转速高、启动电池电压低、排气温度高告警	开/关机、紧急停机
	太阳能供电系统	直流输出电压、电流、蓄电池充放电电流	1. 工作状态 2. 方阵故障告警	
	风力发电设备	输出电压、电流、频率	1. 工作状态 2. 风机故障告警	
整流配电设备	交流屏	输入电压、电流、频率（可选）	1. 主要开关状态 2. 熔丝断告警	
	整流器/开关电源	整流器输出电压、整流模块输出电流	1. 整流模块工作状态（开/关机、均/浮充、限流/不限流） 2. 整流模块故障、监控模块故障	启动/停止（可选）、均充/浮充（可选）
	直流屏	直流输出电压、电流	1. 蓄电池熔丝状态 2. 主要分路熔丝/开关故障	
	蓄电池组	蓄电池组总电压、蓄电池组充放电电流、单体蓄电池电压（可选）、标识电池温度（可选）		

监控对象		监控内容		
		遥 测	遥 信	遥控/遥调
变流设备	UPS	交流输入电压（可选）、直流输入电压、标识蓄电池电压（可选）、标识蓄电池温度（可选）、交流输出电压、交流输出电流、输出频率	1. 同步/不同步状态、UPS/旁路供电 2. 市电故障、整流器故障、逆变器故障、旁路故障告警	
	逆变器	直流输入电压、直流输入电流；交流输出电压、交流输出电流、输出频率	故障告警	
	DC-DC变换器	输入电压、输入电流、输出电压、输出电流	故障告警	
空调设备	分体空调	主机工作电流	1. 开/关机状态 2. 主机告警	开/关机
	中央空调	交流输入电流（可选）、主机工作电流、冷却水泵工作电流、冷冻水泵工作电流；冷却水和冷冻水进、出水温度（可选）；送、回风温度；送、回风湿度（可选）	1. 风柜风机、水塔风机、冷却水泵、冷冻水泵、主机工作状态 2. 主机告警、风柜风机告警	启动、关闭风柜风机
	专用空调	主机工作电流、吸气压力、排气压力、送风温度、回风温度、送风湿度、回风湿度	1. 工作状态（运行/停机） 2. 主机、过滤器、风机故障告警	开/关机、温湿度设定（可选）
机房环境		环境温度、环境湿度	烟雾、门窗、玻璃碎、水浸、红外告警	
监控系统			线路故障、采集模块故障	

11.2.6 电源监控系统的传输与组网

传输与组网在电源监控系统中占有很主要的地位，它是监控数据正确和快速的基础。

1. 传输资源

（1）PSTN

PSTN（Public Service Telephone Netwoork，公用电话网）是最普通的传输资源。其特点是普及、成本低、误码多、易受干扰，一般不作主要传输路由，只作备份路由。

（2）2M

2M 资源，又称 E1 线路，是电信系统中最常见的一种资源。2M 的接口有两种，一种是平衡接口，采用 2 对 120Ω的线对，一对收，一对发；另一种是非平衡接口，采用一对 75Ω的同轴电缆，一根收，一根发。按照时分复用的方法，把一个 2 048kbit/s 的比特流，分为 32 个 64kbit/s的通道，每个通道称为一个时隙，编号 0 至 31，其中时隙 0 作为交换机之间同步用，其他时隙可用来承载其他业务。在动力监控中既可用来传输图像信号，同时也可传输数据信号。

（3）DDN

DDN（Digital Date Network，数字数据网）是电信部门的一个数据业务网，其主要功能是向用户提供端到端的透明数字串行专线。

所谓透明专线，就是用户从一端发送出来的数据，在另一端原封不动地被接收，网络对承载用户数据没有任何协议要求。可分为同步串行专线和异步串行专线。同步串行通路速率从 64kbit/s 至 $n*64$kbit/s，最高达 204kbit/s；异步串行通路速率一般小于 64kbit/s，从 2 400bit/s，9 600bit/s 至 38.4kbit/s。在动力监控系统中多被用来传输动力监控数据信号。

（4）97 网

97 网是电信系统内部的计算机网络，提供以太网或 RS232 串口，可直接利用。

（5）ISDN

ISDN（Intergrated Service Digital Network，综合业务数字网）以全网数字化，将现有的话音业务和数据业务通过一个网络提供给用户。

2．传输组网设备

根据组网设备在网络互连中起的作用和承担的功能，可分为接入设备、通信设备、交换设备和辅助设备。

① 接入设备用于接入各个终端计算机，主要有多串口卡和远程访问服务器等。

② 通信设备用于承担连网线路上的数据通信功能。主要有调制解调器（MODEM），数据端接设备（DTU）等。

③ 交换设备用于提供数据交换服务，构建互连网络的主干。较常用的是路由器，在数据通信时，发送数据的计算机必须将发到其他网络上的数据帧首先发给路由器，然后才由路由器转发到目的地址。

④ 辅助设备在网络互连中起辅助的作用，常用的有网卡、收发器和中继器等。

11.2.7　电源监控系统的结构和组成

1．总体结构

一个省级监控系统，是由省级监控中心（PSC），地市级监控中心（SC），县市级监控中心（SS），监控局站（SU）和监控模块（SM）所组成。PSC 和 SC 监控中心主要负责对整个监控网监管，由监控局站（SU）执行本站范围内的运行维护。整个监控系统结构图，如图 11-4 所示。

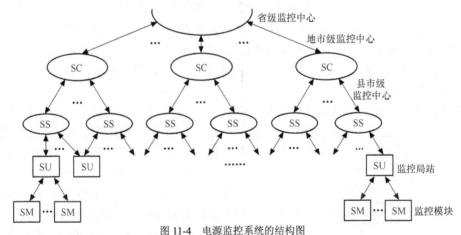

图 11-4　电源监控系统的结构图

2．基本组成

常见的本地网电源监控系统组成结构框图，如图 11-5 所示。

从图中可以看出，县市级和地市级监控中心均是由主业务台、备用业务台和服务器等构成局域网，只是在结构层次、管理职责和功能上有所区别。监控局（站）是由众多的采集设备和智能设备通过 RS422 监控总线（或 RS485 总线）汇总到数据前置机，由前置机送入上一级的监控中心。

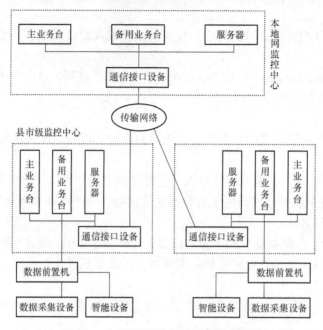

图 11-5　本地网电源监控系统结构组成框图

11.2.8　远程实时图像监控

1．系统概述

远程实时图像监控是通信电源集中监控系统的一个组成部分，是对动力数据监控的性能补充。由于远端局站分布广，无人值守，设备的正常运行、防盗、防火以及人员出入管理等机房安全问题成为我们关注的问题，实现远程实时图像监控能有效地解决我们的后顾之忧。

远程图像监控系统采用先进的数字图像压缩编解码处理技术，可以实施大范围、远距离的图像集中监控，图像清晰度高，实时性好，组网方便。可实现告警联动，实时告警录像等功能。

2．系统的结构

远程图像监控系统一般主要由 E1 通信链路、监控中心和监控端局 3 个部分组成。监控中心还可以通过多级级联构成多级监控系统。端局的图像视频信号通过视频切换器，由图像编码压缩设备完成图像的 MPEG-1 的编码，形成视频码流，再由 2M 时隙复用设备送到 E1 线路上，传到监控中心。监控中心对端局上传的 E1 码流经过时隙交换，图像解码，输出视频信号，监视器显示或进行告警录像。典型的远程图像监控系统结构框图，如图 11-6 所示。

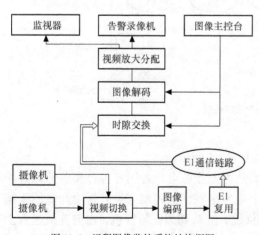

图 11-6　远程图像监控系统结构框图

3．系统的功能

系统可通过 E1、ISDN、DDN、PSTN 等传输线路将监控端局摄像机的图像经过压缩编码后上传监控中心，监控中心进行反过程的解码，送出视频信号到监视器。在监控中心可通过图像主控台控制中心及端局的图像设备查看任一路图像，并可遥控端局摄像机的云台和镜头，以达到对端局环境的监视作用。

　　系统还具有红外、图像告警联动功能。当端局出现红外等告警时，监控中心可以根据预定的程序自动控制摄像头切到告警点上，录像机自动录像，记录告警信息，同时可以打开告警点上的照明，触发现场警铃，并且以字幕、声音形式报警。

11.2.9　集中监控系统日常使用和维护

　　实施集中监控的根本目的是提高通信电源运行的可靠性，同时提高管理水平、提高工作效率、降低维护成本和运行成本。但为了达到这一目标，除了监控系统本身性能的优良与否之外，离不开日常对监控系统合理的使用和维护，下面从电源监控系统各种功能的使用、日常维护项目以及常见故障的一般处理方法流程 3 个方面对电源集中监控系统的使用维护作初步的介绍。

　　11.2.9.1　电源监控系统的使用

　　日常的电源集中监控系统使用，即对监控系统软件各项功能的使用。在 11.2 小节，我们已经介绍了电源监控系统的主要功能，只有正确理解监控系统各项功能，才能做到对监控系统的正确、熟练的使用。所以，这一小节实际上是对前面章节的总结。

　　1．监控系统最基本的功能是对电源设备及环境的实时监视和实时控制

　　地市级监控中心实行 24 小时值班，主要是对监控区域内的所有监控局（站）进行数据和图像的轮巡并记录，包括熟练切换每个监控局（站），能以图、表或其他软件提供的功能查看各监控局站设备及环境数据等。

　　监控系统通过各种遥控功能，能够根据数据分析结果或根据预先设定的程序，对设备的工作状态和工作参数进行远程控制、调整，提高其运行效率，降低能耗，实现科学管理。

　　2．分析电源系统运行数据，协助故障诊断，做好故障预防

　　通过监控系统，对电源设备的各种运行参数（包括实时数据、历史数据和运行曲线等）进行观察和分析，可以及早发现设备的故障隐患，并采取相应的措施，把设备的故障消除在萌芽状态，进一步提高通信电源系统的可靠性、安全性。例如，通过监控数据分析，可以及早发现交流三相不平衡、整流模块均流特性差、蓄电池均压性差、设备运行长期处于告警边缘（如交流电压）以及设备监测量发生非正常突变（如电流突然变大）等情况，及时采取措施，防患于未然。监控系统的高度智能化可以协助维护人员进行类似的分析。

　　3．辅助设备测试

　　对电源设备进行性能测试是了解设备质量、及时发现故障、进行寿命预测的重要手段，监控系统可以在设备测试过程中详细记录各种测试数据，为维护人员提供科学的分析依据，比如，蓄电池组的放电试验。

　　4．实现维护工作的管理与监督

　　监控系统可以根据预先设定的程序，提醒维护人员进行例行维护工作，如定期巡检、试机、更换备品、清洗滤清器等；也可以根据所监测的设备状况，提醒维护人员进行加油、加水、充电等必要的维护工作。

　　监控系统还可以对维护人员的维护工作进行监督管理。例如，通过交接班记录、故障确认及处理记录等，可以了解维护人员是否按时交接班，是否及时进行故障确认和处理，处理结果如何等。

此外，通过监控系统提供的巡更、考勤等功能，可以协助管理部门更好地实现各种维护、巡检的管理与监督。

5. 其他

设备管理、人员管理和资料管理等档案信息管理是监控系统提供的重要辅助管理功能。充分发挥信息管理功能，将各个通信局（站）电源系统的设备情况、交直流供电系统图、防雷接地系统图、机房布置平面图、交直流配电屏输出端子编号及所接负载以及维护管理人员等信息录入监控系统，并做到及时更新，可以使维护管理人员准确、便捷地查询各种信息，及时掌握各个局（站）的供电情况和设备运行状况，并以此为根据，有的放矢地指导设备维护和检修，进行人员调度，制定更合理、更有效的维护作业计划和设备更新计划。

11.2.9.2　电源监控系统的维护体系

为了充分利用监控系统的科学管理功能，发挥其最大的作用，在电源维护管理体制上必须与之相适应。要建立一种区别于传统的维护体制，要求既要能够提高维护质量，减少资源浪费，又能充分调动维护人员的积极性，建立起良好的协调配合机制。

这是一个新的课题，各大通信运营商正在尝试新的维护管理体制，并在实践中逐步完善。在新的维护体制下，原有的交换、传输和电源等专业合并成统一物理平台的网络监控中心，各专业人员负责本专业系统网络的工作。电源专业根据这套维护管理体系可分为监控值班人员、应急抢修人员和技术维护人员。

1. 监控值班人员

监控值班人员是各种故障的第一发现人和责任人，也是监控系统的直接操作者和使用者。值班人员的主要职责是：坚守岗位，监测系统及设备的运行情况，及时发现和处理各种告警；进行数据分析，按要求生成统计报表，提供运行分析报告；协助进行监控系统的测试工作；负责监控中心部分设备的日常维护和一般性故障处理。

对监控值班人员的素质要求是：具有一定的通信电源知识和计算机网络知识，了解监控系统的基本原理和结构；能够熟练地掌握和操作监控系统所提供的各种功能，能够处理监控中心一般性的故障。

2. 技术维护人员

当值班人员发现故障告警后，需要相应的技术维护人员进行现场处理，包括电源系统和监控系统本身。此外，技术维护人员日常更重要的职责是对系统和设备进行例行维护和检查，包括对电源和空调设备、监控设备、网络线路和软件等的检查、维护、测试、维修等，建立系统维护档案。

对技术维护人员的素质要求是：具有较高的专业技术，对所维护的设备及系统非常熟悉，丰富的通信电源、计算机网络和监控知识以及维护经验。

3. 应急抢修人员

当发生紧急故障时，需要一支专门的应急抢修队伍进行紧急修复，同时该队伍还可以承担一定的工程职责（如电源的割接设备安装等）和配合技术支撑维护人员进行日常维护工作。

对应急抢修人员的素质要求是：综合素质要求高，特别是协调工作的能力和应变的能力，同时要求有很高的专业知识和丰富的经验。

以上各种人员除了具有较高的专业知识和经验以外，还应具有良好的心理素质和高度的责任心，同时，他们需要有一个管理协调部门来统一指挥、统一调度，这就是网络管理中心，同时网络管理中心还可以负担诸如维护计划的编制、人员的考核培训和其他部门的交流合作等。

11.2.9.3　告警排除及步骤

电源监控系统的故障，包括电源系统故障和监控系统故障，监控途径如下。

① 通过监控告警信息发现，比如市电停电告警。

② 通过分析监控数据（包括实时数据和历史数据）发现，如直流电压抖动但没有发生告警。

③ 观察监控（电源）系统运行情况异常发现，比如监控系统误告警等。

④ 进行设备例行维护时发现，比如熔断器过热等。

因为大多数故障是通过监控系统告警信息发现的，因此及时、准确分析和处理各类告警，成为一项非常重要的工作职责。告警信息按其重要性和紧急程度划分为一般告警、重要告警和紧急告警。

一般告警是指告警原因明确，告警的产生在特定时间不足以影响该区域或设备的正常运行，或对告警产生的影响已经得到有效掌控、无需立即进行抢修的简单告警。

重要告警是指引起告警的原因较多，告警的产生在特定的时间可能会影响该区域或设备的正常运行、故障影响面较大、不立即进行处理肯定会造成故障蔓延或扩大的重要端局的环境或设备的告警。

紧急告警是指告警的产生在特定时间可能或已经使该区域或设备运行的安全性、可靠性受到严重威胁，故障产生的后果严重，不立即修复可能会造成重大通信事故、安全事故的机房安全告警或电源空调系统告警。

当值班人员发现告警后，应立即进行确认，并根据告警等级和告警内容进行分析判断并进行相应处理，派发派修单，维护人员根据派修单上所提供的信息进行故障处理，故障修复后，维护人员应及时将故障原因、处理过程、处理结果及修复时间填入派修单，返回监控中心，监控中心进行确认后再销障、存档。故障派修单如表 11-3 所示，机房集中监控系统周期维护检测项目表如表 11-4 所示。机房集中监控系统告警处理流程图、机房集中监控系统故障派修处理闭环和机房集中监控系统常见故障处理流程分别如图 11-7 至图 11-9 所示。

表 11-3　　　　　　　　　　　　　　　　故障派修单

故 障 派 修 单

监控中心：※※※　　　　　　　　　　　　　　　　　　　　流水号：※※※

	派单人	※※※	工号	※※※	派单时间	※※※
故障情况	告警区域	※※※	故障点	※※※※※※※※※※※		
	告警等级	※※※	告警类别	※※※	告警时间	※※※
	告警门限	※※※	告警值	※※※	告警恢复时间	※※※
	告警描述	※※※※※※※※※※※※※※※※※※※				
派修部门		技术维护中心	派修人员		※※※	
处理结果		※※※	修复时间		※※※	
故障处理过程及原因分析		※※※※※※※※※※※※※※※※※※				

表 11-4　　　　　　　　　机房集中监控系统周期维护检测项目表

项　目	维护检测内容	维护检测要求	周期	责　任　人
监控系统	监控主机，业务台，图像控制台，IP 浏览台运行状况	端局数据上报是否正常，监控系统的常用功能模块、告警模块、图像功能及联动功能等是否正常	日	中心值班人员
	系统记录	查看监控系统的用户登录记录、操作记录、操作系统和数据库日志，是否有违章操作和运行错误	日	系统管理员
	本地区所有机房浏览	浏览监控区域内所有机房，查看设备的运行状况是否正常	日	中心值班人员
	监控系统病毒检查	每星期杀毒一次	周	中心值班人员
	检查系统主机的运行性能和磁盘容量	检查业务台、前置机和服务器的设置及机器运行的稳定性，检查各系统和数据库的磁盘容量	月	系统管理员
	资料管理	监控系统软件、操作系统软件管理，报表管理	月	系统管理员
	采集器、变送器、传感器	和中心核对端局采集的数据，确定采集器、变送器、传感器是否正常工作	月	中心值班人员及端局监控责任人
	端局图像硬件系统	中心配合端局人员对摄像头、云台、PLD、画面分割器、视频线和接插件进行检查	月	中心值班人员及端局监控责任人
	广播和语音告警	检查音箱和话筒，测试广播和语音告警	月	中心值班人员及端局监控责任人
	端局前端设备现场管理	检查监控区域内所有端局设备和采集器等的布设、安装连接状况，线缆线标等是否准确	月	端局监控责任人
	监控系统设备清洁	对 IDA 监控机架等进行清洁卫生	月	端局监控责任人
数据量	低压柜	三相电压是否平衡？市电频率是否波动频繁	季	中心值班人员及端局监控责任人
	ATS	开关状态，油机自启动功能检查	季	中心值班人员及端局监控责任人
	油机	启动电池电压不应低于额定电压，观察一下油机运行的各项参数（尤其是油位，油压和频率）	季	中心值班人员及端局监控责任人
	开关电源	整流器的模块的输出电流是否均流。观察一下直流输出电流和输出电压以及蓄电池总电压是否正常	季	中心值班人员及端局监控责任人
	UPS	UPS 输出的三相电压是否平衡，三相电流是否均衡，检查 UPS 的工作参数是否正确	季	中心值班人员及端局监控责任人
	交直流屏	三相电压是否平衡？市电频率是否波动频繁，负载电流是否稳定正常	季	中心值班人员及端局监控责任人
	机房空调	观察空调的温度设置和湿度设置是否合理，是否符合机房环境要求。风机及压缩机工作是否正常	季	中心值班人员及端局监控责任人
环境量	空调地湿及水浸	传感器是否能够正常运行	季	中心值班人员及端局监控责任人
	电力室温度	传感器是否能够正常运行，精度是否达到要求	季	中心值班人员及端局监控责任人
	交换机房温湿度	传感器是否能够正常运行，精度是否达到要求	季	中心值班人员及端局监控责任人
	传输机房温湿度	传感器是否能够正常运行，精度是否达到要求	季	中心值班人员及端局监控责任人
	门禁系统	门管理、卡管理和卡授权是否正确	季	中心值班人员及端局监控责任人
	红外告警	红外传感器能否准确告警	季	中心值班人员及端局监控责任人
其他	剩余非重要项目检测	按照硬件、软件功能测试对剩余非重要项目进行测试	年	中心值班人员及端局监控责任人

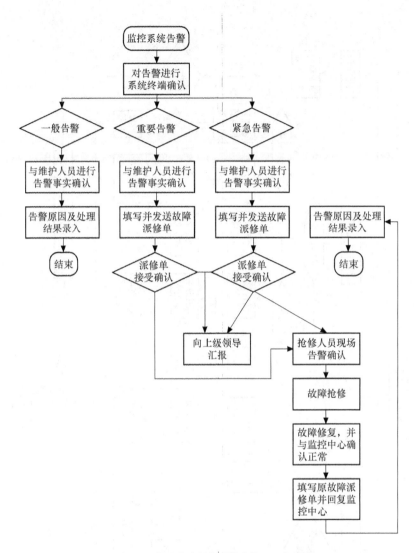

图 11-7　机房集中监控系统告警处理流程图

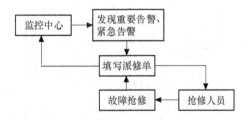

图 11-8　机房集中监控系统故障派修处理闭环

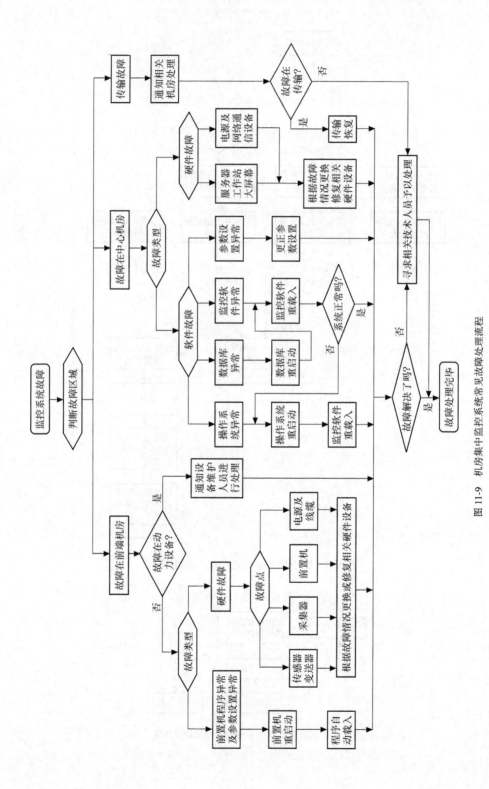

图 11-9　机房集中监控系统常见故障处理流程

小　结

1. 通信电源集中监控管理系统是一个分布式计算机控制系统，它通过对通信电源系统及机房环境进行遥测、遥信和遥控，实时监视系统和设备的运行状态，记录和处理监控数据，及时监测故障并通知维护人员处理，从而达到少人或无人值守，提高供电系统的可靠性和通信设备的安全性。

2. 通信电源集中监控管理系统的功能可以分为监控功能、交互功能、管理功能、智能分析功能以及帮助功能等 5 个方面。

3. 监控系统常用传感器有温度传感器、湿度传感器、湿度敏感器件、感烟探测器、红外传感器和液位传感器等。

4. 变送器是能够将输入的被测的电量（电压、电流等）按照一定的规律进行调制、变换，使之成为可以传送的标准输出信号（一般是电信号）的器件。变送器除了可以变送信号外，还具有隔离作用。

5. 计算机系统（包括 SM、SU）之间要进行通信，必须在物理接口和通信协议上一致，如果不一致，前者应使用接口转换器，后者使用转换器协议转换器（一般协议转换器兼具有接口转换的功能）。

6. RS232 接口采用负逻辑，传输速率为 1Mbit/s 时，传输距离小于 1m，传输速率小于 20kbit/s 时，传输距离小于 15m。RS232 只适用于作短距离传输。RS422 采用了差分平衡电气接口，抗干扰能力强，在 100kbit/s 速率时，传输距离可达 1 200m，在 10Mbit/s 时可传 12m。RS485 是 RS422 的子集。RS422 为全双工结构，RS485 为半双工结构。动力监控现场总线一般都采用 RS422 或 RS484 方式。

7. 电源监控系统常用的网络传输资源有 PSTN、2M、DDN、97 网、ISDN 等。常见的传输组网设备有：接入设备多串口卡、远程访问服务器等、通信设备调制解调器（MODEM），数据端接设备（DTU）、交换设备路由器、辅助设备网卡、收发器和中继器等。

8. 一个省级电源集中监控系统的分层体系结构由省级监控中心（PSC）、地市级监控中心（SC）、县市级监控中心（SS）、监控局站（SU）和监控模块（SM）所组成，为树形拓扑连接。

9. 远程实时图像监控是对动力数据监控的性能补充。它采用先进的数字图像压缩编解码处理技术，可以实施大范围、远距离的图像集中监控，图像清晰度高，实时性好，组网方便。可实现告警联动，实时告警录像等功能。

10. 日常的电源集中监控系统使用，即是对监控系统软件各项功能的使用。只有正确理解监控系统各项功能，才能做到对监控系统的正确、熟练的使用。

11. 为了充分利用监控系统的科学管理功能，必须建立与之相适应的电源维护管理体制，电源专业根据这套维护管理体系可分为监控值班人员、应急抢修人员和技术维护人员等。

12. 大多数故障是通过监控系统告警信息发现的，告警信息按其重要性和紧急程度分为一般告警、重要告警和紧急告警。

思考题与练习题

11-1　集中监控实施有何意义？

11-2　告警屏蔽功能和告警过滤功能有什么区别？举例说明。

11-3　什么是三遥功能？举例说明。

11-4　电源集中监控系统的参数配置功能有哪些？请分别举例说明。

11-5　请列举 4 种常见的传输资源。

11-6　监控系统常用传感器有哪些？它与变送器有何区别？

11-7　画一个省级电源集中监控系统的分层体系结构示意图。

11-8　远程实时图像监控由哪些部分组成？

11-9　谈一谈就你理解的电源集中监控维护管理体系应该是怎样的？如果你是监控值班人员，你日常的主要工作有哪些？

第12章 通信电源系统日常维护测试

本章内容

- 通信电源日常维护测试的基本要求和误差控制。
- 交流参数指标的测量。
- 温升、压降的测量。
- 整流模块的测量。
- 直流杂音电压的测量。
- 蓄电池组的测量。
- 柴油发电机组的测量。
- 接地电阻的测量。
- 机房专用空调的测量。

本章重点

- 温升、压降的测量。
- 直流杂音电压的测量。
- 蓄电池组的测量。
- 接地电阻的测量。

本章难点

- 通信电源日常维护测试的误差控制。
- 蓄电池组容量的测量。
- 整流模块的测量。

本章学时数 8 课时。

学习本章目的和要求

- 理解通信电源日常维护测试的基本要求和误差控制。
- 掌握交流参数指标；温升、压降的测量方法和指标。
- 掌握整流模块的各种性能的测试。
- 理解直流杂音电压概念以及测试的注意事项，掌握杂音电压测试方法和指标。
- 掌握蓄电池组标识电池选择、端压均匀性判断、极柱压降测量和容量判断方法。
- 掌握柴油发电机组绝缘电阻、输出电压、频率、正弦畸变率、功率因数、噪声的测量方法及指标。

- 掌握接地电阻直线布极法的测量。
- 了解空调的构造，掌握机房专用空调高低压力的测试及制冷、加热、除湿、加湿等功能的测试。

12.1 通信电源日常维护测试概述

通信网络的正常运行，首先要求通信电源系统必须安全、可靠地运行。而供电网络的安全运行，归根结底是电源网络各种设备运行参数必须符合指标的要求，包括电压、电流、功率、功率因数、谐波、杂音电压、接地电阻以及温升等。所以为了使供电质量满足通信网络的要求，从而保证通信网络的良好运行，必须对电源网络的各种参数进行定期或不定期的测量和调整，以便及时地了解电源网络的运行情况。

12.1.1 测量操作的基本要求

随着电源技术的发展，电源设备种类很多，并且各类设备均有不同的技术指标要求，因而对供电网络各种运行参数进行测量时必须针对不同的设备采取不同的测试仪表和测试方法。但各类运行参数的测量也有相同的操作规范，以保证测试过程的安全性和检测参数的准确性。以下各点是对测量操作的基本要求。

① 被测参数的测量精度与选用的仪表，测量方法，测量的环境等有一定的关系。在通常情况下，一般性的测量调试对仪表精度要求不太高，在 1%～3%范围内即可，在要求高精度的测试中，要尽量选用高精度等级的测量仪表，一般要求精度等级高于 0.5 级。

② 仪表在进行测量之前，一般应根据要求进行预热和校零。

③ 被测试信号的幅值必须在测试仪表的量程范围以内。当不明被测信号电压值的范围时，可将仪表的量程放在最大挡，待知道被测信号范围后，再把仪表的量程放在适当位置上进行测试，避免损坏仪表或造成测量不准。

④ 保证仪表接线正确，以免损坏仪表。

⑤ 在测量中，表笔和被测量电路要牢靠接触，尽量减小接触误差，同时要防止短路，烧坏电路或仪表。

⑥ 由于大部分仪表属于电磁类仪表，所以测量时仪表周围应避免强磁场的干扰，以免影响测量精度。

12.1.2 测量的误差控制

测量是为确定被测对象的量值而进行的实验过程。一个量在被观测时，该量本身所具有的真实大小称为真值。在测量过程中，由于对客观规律认识的局限性、测量器具不准确、测量手段不完善、测量条件发生变化及测量工作中的疏忽或错误等原因，都会使测量结果与真值不同，这个差别就是测量误差。不同的测量，对其测量误差的要求也不同。但随着科学技术的发展和生产水平的提高，对减小测量误差提出了越来越高的要求。对很多测量来说，测量工作的价值完全取决于测量的准确程度。当测量误差超过一定程度，测量工作和测量结果不但变得毫无意义，甚至会给工作带来很大危害。

1．测量误差的定义

测量误差就是测量结果与被测量真值的差别。通常可分为绝对误差和相对误差。

（1）绝对误差

$$绝对误差＝测得值－真值 \tag{12-1}$$

真值虽然客观存在，但要确切地说出真值的大小却很困难。在一般测量工作中，只要按规定的要求，达到误差可以忽略不计，就可以将它来代替真值。满足规定准确度要求，用来代替真值使用的量值称为实际值。在实际测量中，常把用高一等级的计量标准所测得的量值作为实际值。所以式（12-1）可表示为：

$$绝对误差＝测得值－实际值 \tag{12-2}$$

绝对误差可以是正也可以是负。

（2）相对误差

绝对误差的表示方法有它的不足之处，这就是它往往不能确切地反映测量的准确程度。例如，测量两个频率，其中一个频率 f_1＝1 000Hz，假设其绝对误差为 1Hz；另一个频率 f_2＝1 000 000Hz，其绝对误差假设为 10Hz。尽管前者绝对误差小于后者，但我们并不能因此得出 f_1 的测量较 f_2 准确的结论。为了弥补绝对误差的不足，提出了相对误差的概念。

① 相对误差

$$相对误差＝（绝对误差/实在值）×100\% \tag{12-3}$$

相对误差也叫相对真误差。它是一个百分数，有正负，但没有单位。

② 相对额定误差

$$相对额定误差＝（绝对误差/仪表最大量程）×100\% \tag{12-4}$$

相对额定误差也叫允许误差。它也是一个百分数，有正负，没有单位。

仪表的准确度等级（简称仪表等级）就是根据允许误差的纯数值来划分的。例如，某仪表表盘上写有 1.5 表示 1.5 级的仪表，其允许误差就是 ±1.5%。

由式（12-3）和式（12-4）可导出，相对误差等于相对额定误差乘以仪表的额定值（最大量程），再与被测值（实在值）之比，即

$$相对误差＝（相对额定误差×仪表最大量程）/实在值 \tag{12-5}$$

例如，用一个准确度为 1.5 级，量程为 100A 的电流表分别去测 80A 和 30A 的电流，问测量时可能产生的最大相对误差各为多少？

$$测 80A 时的相对误差＝（±1.5\%×100）/80＝±1.875\%$$
$$测 30A 时的相对误差＝（±1.5\%×100）/30＝±4.999\%$$

可见，被测值相比仪表的最大量程越小，则测量的误差越大。这就是使被测值在仪表刻度的 2/3 以上区间，可以减小测量误差，提高测量准确度的道理。

2．测量误差的分类

根据测量误差的性质和特点，可将它分为系统误差、随机误差和粗大误差 3 大类。

（1）系统误差

系统误差是指在相同条件下多次测量同一量时，误差的绝对值和符号保持恒定，或在条件改变时按某种规律而变化的误差。

造成系统误差的原因很多，常见的有：测量设备的缺陷、测量仪表不准、测量仪表的安

装放置和使用不当等。例如：电表零点不准引起的误差；测量环境变化，如温度、湿度、电源电压变化、周围电磁场的影响等带来的误差；测量时使用的方法不完善，所依据的理论不严密或采用了某些近似公式等造成的误差。

（2）随机误差

随机误差是指在实际相同条件下多次测量同一量时，误差的绝对值和符号以不可预定的方式变化着的误差。

随机误差主要是由那些对测量值影响较微小，又互不相关的多种因素共同造成的。例如，热骚动，噪声干扰，电磁场的变化，空气扰动，大地微振以及测量人员感觉器官的各种无规律的微小变化等。

一次测量的随机误差没有规律，不可预定、不能控制也不能用实验的方法加以消除。

（3）粗大误差

粗大误差是指超出在规定条件下预期的误差，也就是说在一定的测量条件下，测量结果明显偏离了真值。粗大误差也称为寄生误差，它主要是由于读数错误、测量方法错误、测量仪器有缺陷等原因造成的。

粗大误差明显地歪曲了测量结果，因此对应的测量结果（称为坏值）应剔除不用。

3．测量的正确度、精密度和准确度

正确度是表示测量结果中系统误差大小的程度。

精密度是表示测量结果中随机误差大小的程度，简称精度。测量值越集中，测量精度越高。

如果测量的正确度和精密度均高，则称为测量的准确度高，准确度表示测量结果与真值的一致程度。在一定条件下，我们总是力求测量结果尽量接近真值，即力求准确度高。

4．误差的控制和处理

（1）随机误差的控制和处理

随机误差变化的特点是：在多次测量中，随机误差的绝对值实际上不会超出一定的界限，即随机误差具有界限性；绝对值相等的正负误差出现的机会相同，即随机误差具有对称性；随机误差的算术平均值随着测量次数的无限增加而趋于零，即随机误差具有低偿性。因此，我们可以通过多次测量取平均值的方法来削弱随机误差对测量结果的影响。

（2）系统误差的控制和处理

对待系统误差，很难说有什么通用的方法，通常是针对具体测量条件采用一定的技术措施。这些处理主要取决于测量人员的经验、学识和技巧。但是，对系统误差的处理，一般总是涉及以下几个方面。

① 设法检验系统误差是否存在。

② 分析可能造成系统误差的原因，并在测量之前尽力消除。

测量仪器本身存在误差和对仪器安装、使用不当，测量方法或原理存在缺点，测量环境变化以及测量人员的主观原因都可能造成系统误差。在开始测量以前应尽量消除这些误差来源或设法防止测量受这些误差来源的影响，这是消除或减弱系统误差最好的方法。

在测量中，除从测量原理和方法上尽力做到正确、严格外，还要对测量仪器定期检定和校准，注意仪器的正确使用条件和方法。例如仪器的放置位置、工作状态、使用频率范围、电源供给、接地方法、附件以及导线的使用和连接都要注意符合规定并正确合理。

对测量人员主观原因造成的系统误差，在提高测量人员业务技术水平和工作责任心的同时，还可以从改进设备方面尽量避免测量人员造成的误差。例如用数字式仪表常常可以减免读数误差。又如用耳机来判断两频率之差，由于人耳一般不能听到 16Hz 以下的频率，所以会带来误差，若把耳机指示改成用示波器或数字式频率计指示，就可以避免这个误差。测量人员不要过度疲劳，必要时变更测量人员重新进行测量也有利于消除测量人员造成的误差。

③ 在测量过程中采用某些技术措施，来尽力消除或减弱系统误差的影响。

虽然在测量之前注意分析和避免产生系统误差的来源，但仍然很难消除产生系统误差的全部因素，因此在测量过程中，可以采用一些专门的测量技术和测量方法，借以消除或减弱系统误差。这些技术和方法往往要根据测量的具体条件和内容来决定，并且种类也很多，其中比较典型的有零示法、代替法、交换法和微差法等。

④ 设法估计出残存的系统误差的数值或范围。

有时系统误差的变化规律过于复杂，采取了一定的技术措施后仍难完全解决；或者虽然可以采取一些措施来消除误差源，但在具体测量条件下采取这些措施在经济上价格昂贵或技术上过于复杂，这时作为以中治标的办法，应尽量找出系统误差的方向和数值，采用修正值的方法加以修正。例如，可在不同温度时进行多次测量，找出温度对测量值影响的关系，然后在实际测量时，根据当时的实际温度对测量结果进行修正。

12.2　交流参数指标的测量

在供电系统中，交流供电是使用最普遍、获取最容易的一种供电方式，也是最重要的一种供电方式。电信企业对电源的不可用度有着严格的要求，重要的局站均要求实现一类市电供电方式。掌握交流电量参数的定义和测量方法是动力维护人员做好动力维护工作的基础，也是需要掌握的最基本的技能。

12.2.1　交流电压的测量

电流的方向、大小不随时间而变化的电流称为直流电流。大小和方向随时间而变化的电流称为交变电流简称交流电。常见的交变电流（即电厂供应的交流电）是按正弦规律变化的我们称之为正弦交流电。交流电压又可分为峰值电压、峰—峰值电压、有效值电压和平均值电压等 4 种。

交流电压的测量通常使用万用表、示波器或交流电压表（不低于 1.5 级）。测量方法主要有直读法和示波器测量法。

（1）直读法测量

根据被测电路的状态，将万用表放在适当的交流电压量程上，测试表笔直接并联在被测电路两端，电压表的读数即为被测交流电源的有效值电压。

以上方法适用于低压交流电的测量。对于高压电，为了保证测试人员和测量设备的安全，一般采用电压互感器将高压变换到电压表量程范围内，然后通过表头直接读取。在电压测量回路中，电压互感器的作用类似于变压器。值得一提的是进行电压互感器的安装和维护时，严禁将电压互感器输出端短路。

常用的交流电压表和万用表测量出的交流电压值，多为有效值。通过交流电压的有效值，经过相应的系数换算，可以得到该交流电源的全波整流平均值、峰值和峰—峰值。表 12-1 中列出了各种交流电源的有效值，全波整波平均值、峰值和峰—峰值的转换关系，供测量电压时查阅。

表 12-1　　　　　　　　　　　　　　交流电源电压转换系数表

交流电源	波　形	有效值	平均值	峰　值	峰—峰值
正弦波		$0.707U_m$	$0.637U_m$	U_m	$2U_m$
正弦波全波整流		$0.707U_m$	$0.637U_m$	U_m	U_m
正弦波半波整流		$0.5U_m$	$0.318U_m$	U_m	U_m
三角波		$0.577U_m$	$0.5U_m$	U_m	$2U_m$
方波		U_m	U_m	U_m	$2U_m$

（2）示波器测量法

用示波器测量电压，不但能测量到电压值的大小，而且能正确地测定波形的峰值、周期以及波形各部分的形状，对于测量某些非正弦波形的峰值或波形某部分的大小，示波器测量法是必不可少的。

用存储示波器测量电压时，不但可以利用屏幕上的光标对波形进行直接测量，并且能够将存储下来的波形复制到计算机中以便日后进行比较和分析。

用示波器可以测出交流电源的峰值电压或峰—峰值电压。如果需要平均值电压或有效值电压，可以通过表 12-1 给出的系数进行换算。

12.2.2　交流电流的测量

交流电流的测试一般选用精度不低于 1.5 级的钳形表、电流表或万用表。

测试大电流时，一般选用交流钳形表测量。测试时将钳形表置于 AC 挡，选择适当的量程，张开钳口，将表钳套在电缆或母排外，直接从钳形表上读出电流值。测试接线如图 12-1（a）所示。如果被测试的电流值与钳形表的最小量程相差很大时，为了减少测量误差，可以将电源线在钳形表的钳口上缠绕几圈，然后将表头上读出的电流值除以缠绕的导线圈数，测试接线如图 12-1（b）所示。

测量精度要求较高且电流不大时，应选用交流电流表（或万用表）进行测量。测量时将电流表串入被测电路中，从表上直接读出电流值。测试接线如图 12-2 所示。

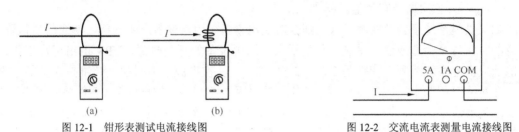

图 12-1　钳形表测试电流接线图　　　　图 12-2　交流电流表测量电流接线图

12.2.3　交流输出频率的测量

频率的测量可选用电力谐波分析仪、通用示波器以及带频率测试功能的万用表、频率计等仪表。应该注意，测量柴油发电机的输出频率时，负载容量不能超出柴油发电机的额定输出容量，否则会影响其输出频率。

1. 选用电力谐波分析仪的测量方法

选用万用表或电力谐波分析仪进行测量时，将万用表打在电压挡，将两根表棒并接在被测电路的两端，直接从表头上读出频率值。

选用万用表进行测试时，则应该将万用表的功能挡打在频率挡。其他测试要求与电力谐波分析仪相同。

2. 示波器测量法

用示波器测量频率的方法有多种，如扫速定度法，李沙育图形法，亮度调节法等，但在电源设备的维护中最常用的方法为扫速定度法。目前常用的示波器有工作频率 40MHz 的 SS-7804 双踪示波器和 100MHz 的 SS-8608 存储双踪示波器，只要简单的操作即能显示稳定波形，测量简单准确，相应操作方法将在实训中作进一步说明。

12.2.4　交流电压波形正弦畸变因数的测量

在电源设备中，除了线性元件外，还大量使用各种非线性元件，如整流电路、逆变电路、日光灯和霓虹灯等。非线性元件的大量使用使得电路中产生各种高次谐波。高次谐波在基波上叠加，使得交流电压波形产生畸变。为了反应一个交流波形偏离标准正弦波的程度，把交流电源各次谐波的有效值之和与总电压有效值之比称为正弦畸变因数，也称为正弦畸变率。用 RMS（THD-R%）表示。也可以用交流电源各次谐波的有效值之和与基波电压有效值之比表示，用（THD-F%）表示。正弦畸变率为无量纲量。

$$\gamma = \frac{U_X}{U} = \frac{\sqrt{U_2^2 + U_3^2 + \cdots + U_m^2}}{U} \times 100\% \qquad （THD-R\%）$$

$$\gamma = \frac{U_X}{U_1} = \frac{\sqrt{U_2^2 + U_3^2 + \cdots + U_m^2}}{U_1} \times 100\% \qquad （THD-F\%）$$

其中，γ——电压波形正弦畸变率；

$\quad\quad U_X$——各次谐波总有效值；

$\quad\quad U$——总电压有效值；

$\quad\quad U_1$——基波电压有效值；

$\quad\quad U_m$——各次谐波有效值。$m=1，2，3，4\cdots$

如果供电系统正弦畸变率过大，则会对供电设备、用电设备产生干扰，使通信质量降低。严重的时候甚至会造成通信系统误码率增大，用电设备如开关电源、UPS 退出正常工作，也可能造成供电系统跳闸。特别是 3 次、5 次、7 次、9 次谐波，应引起电源维护人员的注意。

在对称三相制中三相电流平衡，且各相功率因数相同则零线电流为 0。如果电流中存在 3 和 3 的倍数次谐波，各相的谐波电流不再有 120° 的相位差的关系，它们在零线中不但不能相互抵消，反而叠加在一起，使得零线 3 和 3 的倍数次谐波电流值为相线中的 3 倍。

设 $i_{1a}=\sin（\omega t+0°）$；$i_{1b}=\sin（\omega t+120°）$；$i_{1c}=\sin（\omega t-120°）$；则 $i_{1a}+i_{1b}+i_{1c}=0$

$i_{3a}=\sin（3\omega t+0°）$；$i_{3b}=\sin（3\omega t+3\times120°）$；$i_{3c}=\sin（3\omega t-3\times120°）$；

则 $i_{3a}+i_{3b}+i_{3c}=3i_{3a}=3i_{3b}=3i_{3c}$。

其中，i_{1a}、i_{1b}、i_{1c} 为三相相电流一次谐波；i_{3a}、i_{3b}、i_{3c} 为三相相电流三次谐波。

过大的零线电流，不但增加线路损耗，还会引起零地间电压过高，线路采用四极开关时可能会引起开关跳闸。另外，由于 5 次、7 次电压谐波的波峰和 50Hz 基波的波峰重合，叠加后严重影响交流电压波形。

测试仪表可选用电力谐波分析仪 F41B 或失真度测试仪。测试电压谐波时电力谐波分析仪直接并接在交流电路上，调整波形/谐波/数字按钮至谐波功能挡，直接读出被测信号的谐波含量。

12.2.5　三相电压不平衡度的测量

三相电压不平衡度是指三相供电系统中三相电压不平衡的程度，用 ε_U 表示它是指电压负序分量有效值和正序分量有效值的百分比。三相电流不平衡度用 ε_i 表示。

测量三相电压不平衡度首先要求测出三相供电系统的线电压，然后再采用作图法、公式计算法或图表法求出。其中公式计算法较为繁琐，图表法不够准确，较简单的方法是作图法，以下介绍作图法的步骤。

测出三相电压后，以三相电压值为三角形的三条边作图，如图 12-3 所示，图中 AB、BC、CA 为所测得的三相线电压，O 和 P 是以 CA 为公共边所做的两个等边三角形的两个顶点，电压不平衡度按下式计算：

$$\varepsilon_U=OB/PB=U_P/U_N\times100\%$$

式中，ε_U——电压不平衡度；

$\quad\quad U_P$——电压的正序分量，V；

$\quad\quad U_N$——电压的负序分量，V。

需要说明的几个问题如下。

① 正序分量是将不对称的三相系统按对称分量法分解后，其对称而平衡的正序系统中的分量。

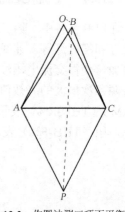

图 12-3　作图法测三项不平衡度

② 负序分量是将不对称的三相系统按对称分量法分解后，其对称而平衡的负序系统中的分量。

③ 图中 *OB*、*PB* 的值，可用直接测量法求得。

12.2.6　交流供电系统的功率和功率因数的测量

在目前的电源系统维护中，电力谐波分析仪 F41B 是测量功率和功率因数最方便的仪表。用 F41B 进行测量时，只需将红表笔搭接在相线上，黑表笔搭接在零线上，电流钳按正确的电流方向套在相线上。将 V/A/W 功能键设定在功率挡，波形/谐波/数值功能键设定在数值挡，便可以从表头上直接读出视在功率（*S*）、有功功率（*P*）、无功功率（*Q*）和功率因数（*PF*）。如果三相负载平衡，只需测出其中一项的参数即可，其他两相参数与该相参数相同。

如果用电设备内部采用三角形接法，即只有三根相线而没有零线时，测量该设备的三相功率时需要调整电压表笔和电流钳的接法。具体接法为：红表笔搭接在其中一相（A 相），黑表笔搭接在另一相（B 相），用电流钳来测量余下的那一相（C 相）电流，然后从电力谐波分析仪 F41B 的表头上直接读出三相用电设备的功率参数。

功率和功率因数的测量也可采用有功功率表、无功功率表来测量，或者采用电压表、电流表、功率因数表来测量，根据测出的数据，按照定义中给出的相互关系，求出其他参数，在此不作详述。交流参数表如表 12-2 所示。

表 12-2　　　　　　　　　　　　　　交流参数表

项　　目	表示符号	单　位	额　定　值	允许偏差
线电压	U_{ab}、U_{bc}、U_{ac}	V	380	−15%～+10%
相电压	U_a、U_b、U_c	V	220	−15%～+10%
零地电压	U_{NG}	V	<1	
频率	f	Hz	50	±2
电压失真度	δ_U		<5%	
三相不平衡度	ε_U		<4%	

12.3　温升、压降的测量

12.3.1　温升的测量

1. 温升的定义及其影响

我们知道供电系统的传输电路和各种器件均有不可消除的等效电阻存在，线路和器件的连接肯定会有接触电阻的产生。这使得电网中的电能有一部分将以热能的形式消耗掉。这部分热能使得线路、设备或器件的温度升高。设备或器件的温度与周围环境的温度之差称为温升。

很多供电设备对供电容量的限制，很大程度上是出于对设备温升的限制，如变压器、开关电源、UPS、开关、熔断器和电缆等。设备一旦过载，会使温升超出额定范围，过高的温升会使得变压器绝缘被破坏、开关电源和 UPS 的功率器件烧毁、开关跳闸、熔断器熔断、电缆橡胶护套熔化继而引起短路、通信中断，甚至产生火灾等严重后果。所以电力维护人员对设备的温升值应该引起高度的重视。通过对设备温升的测量和分析，我们可以间接地判断设备的运行情况。部分器件的温升允许范围如表 12-3 所示。

表 12-3　　　　　　　　　　　　部分器件温升允许范围

测　　点	温升（℃）	测　　点	温升（℃）
A 级绝缘线圈	≤60	整流二极管外壳	≤85
E 级绝缘线圈	≤75	晶闸管外壳	≤65
B 级绝缘线圈	≤80	铜螺钉连接处	≤55
F 级绝缘线圈	≤100	熔断器	≤80
H 级绝缘线圈	≤125	珐琅涂面电阻	≤135
变压器铁芯	≤85	电容外壳	≤35
扼流圈	≤80	塑料绝缘导线表面	≤20
铜导线	≤35	铜排	≤35

2. 温升的测量方法

红外点温仪是测量温升的首选仪器。根据被测物体的类型，正确设置红外线反射率系数，扣动点温仪测试开关，使红外线打在被测物体表面，便可以从其液晶屏上读出被测物体的温度，测得的温度与环境温度相减后即得设备的温升值。有些红外点温仪还可设定高温告警值，一旦设备温度超出设定值，点温仪便会给出声音告警。红外点温仪常见物体反射率系数如表 12-4 所示。

表 12-4　　　　　　　　　　　红外点温仪常见物体反射率系数表

被　测　物	反射系数	被　测　物	反射系数
铝	0.30	塑料	0.95
黄铜	0.50	油漆	0.93
铜	0.95	橡胶	0.95
铁	0.70	石棉	0.95
铅	0.50	陶瓷	0.95
钢	0.80	纸	0.95
木头	0.94	水	0.93
沥青	0.95	油	0.94

注意

① 被测试点与仪表的距离不宜太远，仪表应垂直于测试点表面。
② 仪表与被测试点之间应无干扰的环境。
③ 对测试点所得的温度以最大值为依据。

12.3.2　接头压降的测量

由于线路连接处不可避免地存在接触电阻，因此只要线路中有电流，便会在连接处产生接头压降。导线连接处接头压降的测量，可用三位半数字万用表。将测试表笔紧贴线路接头两端，万用表测得的电压值便为接头压降。无论在什么环境下都应满足：

接头压降≤3mV/100A　（线路电流大于 1 000A）

接头压降≤5mV/100A　（线路电流小于 1 000A）

下面的例子说明如何判断接头压降是否满足要求。

例如：某导线中实际负载电流为 4 000A，在某接头处测得的接头压降为 100mV，则标准情况下压降为 100mV/4 000A=2.5mV/100A<3mV/100A，为合格值。

接头压降的测量可以判断线路连接是否良好，避免接头在大电流通过时温升过高。

12.3.3　直流回路压降的测量

1．直流回路压降的定义

直流回路压降是指蓄电池放电时，蓄电池输出端的电压与直流设备受电端的电压之差。

任何一个用电设备均有其输入电压范围的要求，直流设备也不例外。由于直流用电设备输入电压的允许变化范围较窄，且直流供电电压值较低，一般为−48V，特别是蓄电池放电时，蓄电池从开始放电时的−48V 到结束放电为止，一般只有 7V 左右的压差范围。如果直流供电线路上产生过大的压降，那么在设备受电端的电压就会变得很低，此时即使电池仍有足够的容量（电压）可供放电，但由于直流回路压降的存在，可能造成设备受电端的电压低于正常工作输入电压的要求，这样就会使直流设备退出服务，造成通信中断。因此，为了保证用电设备得到额定输入范围的电压值，电信系统对直流供电系统的回路压降进行了严格的限制，在额定电压和额定电流情况下要求整个回路压降小于 3V。

整个直流供电回路，包括 3 个部分的电压降。

① 蓄电池组的输出端至直流配电屏的输入端。

② 直流配电屏的输入端至直流配电屏的输出端，并要求不超过 0.5V。

③ 直流配电屏的输出端至用电设备的输入端。

以上 3 个部分压降之和应该换算至设计的额定电压及额定电流情况下的压降值，即需要进行恒功率换算。并且要求无论在什么环境温度下，都不应超过 3V。

2．直流回路压降的测量

直流回路压降的测量可以选用 3 位半的万用表或直流毫伏表、钳形表。精度要求不低于 1.5 级。下面以实际的例子说明直流压降的换算。

【例 12-1】设有直流回路设计的额定值为 48V/2 000A，在蓄电池单独放电时，实际供电的电压为 50.4V，电流为 1 200A，对三个部分所测得压降为 0.2V、0.3V 及 1.3V，则在额定电压 48V 及额定电流 2 000A 工作时，其直流回路压降为：

$$U=（0.2+0.3+1.3）×（48×2\ 000）÷（50.4×1\ 200）=2.853V<3V$$

直流屏内压降为：

$$U=0.3×（48×2\ 000）÷（50.4×1\ 200）=0.48V<0.5V$$

因此，直流回路压降满足设计要求。

12.4　整流模块的测量

整流模块的作用是将交流电转换成直流电，是通信网络中直流供电系统的重要组成部分。整流模块可以为通信设备提供-48V、24V 等直流电源。目前整流模块均采用高频整流，体积小、容量大、输入电压范围宽、输出电压稳定、均流特性好、系统扩容简单，多台模块并联工作可以很方便地实现 $N+1$ 冗余并机，系统可靠性得到大大的提高。整流模块作为直流供电系统的基本组成单元，熟练掌握其各项技术指标的测试方法对于保证通信网络的供电安全具有重要的意义。

12.4.1　交流输入电压、频率范围及直流输出电压调节范围测量

1. 交流输入电压、频率范围

高频整流模块通过 PWM、PFM 或两者相结合的控制方式，将交流电转换成直流电。如果交流输入电压过高，则容易造成直流电压偏高、整流模块内部器件被高压击穿，从而造成模块损坏；如果交流输入电压过低则直流输出电压偏低。因此，为了使整流模块输出稳定的直流电压，要求交流输入电压的波动限定在一定的范围以内。保证整流模块正常工作的最高电压和最低电压称为模块输入电压范围。一旦输入电压超出该范围时，整流模块在监控模块的控制下停止工作，同时给出相应的声光告警，如果交流电压回复到允许输入范围时，整流模块应该自动恢复工作。另外，整流模块还可以设定输入过压/欠压告警值，如输入超出告警范围，整流模块仍然保持正常输出，同时给出输入过压/欠压的声光告警，以便引起维护人员的注意。相应地，整流模块有频率输入范围的技术指标。根据信息产业部 YD/T 731－2002 标准：整流模块的输入电压范围为 $85\%\sim110\%U_{e}$，输入频率范围为 $48\sim52\mathrm{Hz}$。如果输入电压超出告警设定范围时，整流模块应该产生声光报警并进入保护状态，输出电压为 0。一旦输入电压回复到设定范围，模块自动进入工作状态。

2. 直流输出电压调节范围

由于蓄电池组有浮充、均充的要求，直流供电回路上有线路压降的存在，种种因素均要求整流模块能够根据不同的要求相应地调整直流输出电压。整流模块输出电压的调整，应该能够通过手动方式或通过系统监控模块的控制实现连续可调的功能。根据信息产业部 YD/T 731－2002 的要求，整流模块的直流输出电压的调节范围为 $43.2\sim57.6\mathrm{V}$（对 48V 供电而言）。

具体的测试方法如下。

① 对于开关电源系统，通过监控模块上的系统菜单，进入均充或浮充电压调节菜单，调整直流输出电压，同时用万用表监测模块输出电压，根据测得的数据判断该功能是否满足规范要求。

② 对于数字控制式整流模块，同样通过菜单功能调整输出电压。非数字控制式整流模块需要通过调节电位器的方式来实现输出电压的调整。调整模块的同时，用万用表检测实际输出电压的变化情况并将测试结果与规范要求进行比较。

③ 进一步调节模块输出电压，使输出电压超出输出过压/欠压告警点时，模块应该能够产生声光报警并进入输出保护状态。

12.4.2　稳压精度测量

整流模块在实际的工作中，当电网电压在额定值的 85%～110% 及负载电流在 5%～100% 额定值的范围内变化时，整流模块应该具有自动稳压功能。

当电网电压在额定值的 85%～110%、负载电流在 5%～100% 额定值的范围内同时变化时，输出电压与模块输出电压整定值之差占输出电压整定值的百分比称为模块的稳压精度。模块的稳压精度应该不大于 ±0.6%。

整流模块的稳压精度的计算公式如下：

$$\delta_U = \frac{U - U_\text{o}}{U_\text{o}} \times 100\%$$

式中，δ_U —— 整流模块的稳压精度；

　　　U_o —— 整流模块整定电压；

　　　U —— 整流模块在各种工作状态下的输出电压。

稳压精度的测量方法如下。

① 启动整流模块，调节交流输入电压为额定值，输出电压为出厂整定值。

② 调节负载电流为 50% 额定值，测量整流模块直流输出电压，将该电压值作为模块输出电压的整定值。

③ 调节交流输入电压值分别为额定值的 85%、110%，输出负载电流分别为额定值的 5%、100%，分别测量 4 种状态组合后的模块输出电压。

④ 根据测得的模块输出电压，计算模块的稳压精度，取其最大值。

12.4.3　整流模块均分负载能力测量

多台整流模块并联工作时，如果负载电流不能均分，则输出电流较大的模块产生的热量较大、器件老化较快，出现故障的概率较大。一旦该模块退出服务，其他模块将承担全部负载电流。这样就造成模块间的负载不均衡程度进一步扩大，从而使得模块损坏的速度加快。

根据信息产业部 YD/T 731－2002 标准，并机工作时整流模块自主工作或受控于监控单元应做到均分负载。在单机 50%～100% 额定输出电流范围，其均分负载的不平衡度不超过直流输出电流额定值的 ±5%。

由于模块显示电流值精确度不高，因此在进行均流性能测量时，如果条件允许，最好用直流钳形表测量各模块的输出电流。模块负载电流不均衡度的测试方法如下。

① 对所测试的开关电源模块，先设置限流值（同一系统的模块限流值应一致）。

② 关掉整流器，让蓄电池单独供电一段时间。

③ 打开整流器，这时开关电源在向负载供电的同时向蓄电池进行充电（均充），在刚开始向蓄电池充电时，电流很大，各模块工作在限流状态，在各模块电流刚退出限流区时，记下各模块的电流值，作为满负载情况的均流特性。

④ 当直流总输出电流约为额定值的 75% 时，记录各模块电流。

⑤ 当直流总输出电流约为额定值的 50% 时，记录各模块电流；如果负载电流超过 50% 额定电流值，则蓄电池充电结束（充电电流约在 3 小时内不再减少）时，记录各模块的电流值。

模块输出电流记录表如表 12-5 所示。

表 12-5	模块输出电流记录表						
负载率	各模块输出电流						
	I_1	I_2	...	...	...	...	I_N
100%I_e							
75%I_e							
50%I_e							

根据测得的数据，按以下公式计算模块负载电流的均衡度：

$$\delta I_n = \frac{I_n - \bar{I}}{I_e}$$

$$\bar{I} = \frac{\sum_{n=1}^{N} I_n}{N}$$

式中，δI_n——第 n 台模块的负载电流均衡度，n=1，2，3···N；

I_n——第 n 台模块的负载电流，n=1，2，3···N；

$\bar{I}$——各模块的平均电流，为总电流除以模块数量；

N——测试的模块总数。

12.4.4 限流性能的检测

整流模块的限流性能主要是防止蓄电池放电后充电电流过大，同时也为了在整流模块出现过载时，模块能够实现自我保护，以免损坏。模块的限流值在 30%～110%I_e 之间可以连续可调。当限流整定值超出输出电流额定值时，不允许长期使用。

测试方法如下。

（1）使整流设备处于稳压工作状态，通过控制菜单设定输出限流值。

（2）改变整流设备的负载电阻值，使整流设备的输出电流逐步增大。到达限流整定值时，如果继续减小负载电阻值，模块应持续降低输出电压，使输出电流保持不变，该点的电流值即为限流点。负载电阻越小，电压下降得越快，说明限流性能越好。

12.4.5 输入功率因数及模块效率测量

目前整流模块一般均加装功率因数校正电路，输入的功率因数可以达到 0.9 以上，效率可以达到90%以上。

输入功率因数和效率的测量，要求输入电压、输入频率、输出电压和输出电流为模块的额定值。

12.4.6 开关机过冲幅值和软启动时间测量

整流模块保持输出电压稳定，主要依靠模块内部的输出电压反馈电路来实现。但由于电压反馈需要一定的时间，因此在反馈电路起作用以前，整流模块将会出现瞬间的输出过压现象，然后反馈电路起作用使整流模块实现稳压输出。

开机过冲现象的检测需要 20MHz 存储记忆示波器，具体操作步骤如下。

（1）将模块输出电压接入示波器，适当调整示波器的工作参数。

（2）调节模块输入电压为额定值，直流输出电压为出厂整定值。

（3）调节负载电流为 100%额定值，测量整流模块直流输出电压，将该电压值作为模块输出电压的整定值。

（4）反复作开机和关机试验 3 次，用记忆示波器记录其输出电压波形，开关电源最大和最小峰值不超过直流输出电压整定值的±10%。根据直流输出波形，读出模块从启动开始到稳压输出的时间即为模块的软启动时间。

12.4.7 绝缘电阻及杂音

在常温条件下，用绝缘电阻测试仪 500V 挡测量整流模块的交流部分对地、直流部分对地和交流对直流的绝缘电阻。要求绝缘电阻不小于 2MΩ。

整流模块电气指标如表 12-6 所示。整流模块除了以上技术指标，还有一项非常重要的技术指标是整流模块直流输出的杂音电压。杂音指标的好坏将直接影响通信质量。杂音指标的测量将在下一节中介绍。

表 12-6　　　　　　　　　整流模块电气指标要求

项　　目	指标要求	负载条件
输入电压范围	（85%～110%）U_e	
输入频率范围	48～52Hz	
输入高压保护	≥115%U_e	
输入欠压保护	≤80%U_e	
输入功率因数	≥0.92（输出功率≥1 500W） ≥0.95（输出功率<1 500W）	额定负载
模块效率	≥90%（输出功率≥1 500W） ≥85%（输出功率<1 500W）	额定负载
输出电压调节范围	43.2～57.6V	（85%～110%）U_e、（5%～100%）I_e
稳压精度	≤±0.6%	（85%～110%）U_e、（5%～100%）I_e
源效应	≤±0.1%	（85%～110%）U_e
负载效应	≤±0.5%	（5%～100%）I_e
输出限流设定	30%～110%I_e	
模块均流不平衡度	≤±5%	50%、75%、100%I_e
启动冲击电流（浪涌电流）	≤150%	
开机过冲幅度	≤±10%U_e	
电压瞬态响应	≤±5%整定电压	突加额定负载
软启动时间	3～10s	启动至输出标称电压的时间
瞬态响应时间	≤200μs	突加额定负载，输出超出稳压精度的时间
绝缘电阻	≥2MΩ	试验电压为直流 500V
噪声	≤55（dBA）	1m 处测量

12.5　直流杂音电压的测量

杂音电压是指在一定的频率范围内，所有杂音电压信号的有效值之和。直流电源的杂音电压主要来源于整流元器件、滤波、交流电的共模谐波和电磁辐射及负载的反灌杂音电压等。直流杂音电压超出过大，容易引起通话质量下降、误码率增大和系统有效传输速率下降等。在信息产业部的电源维护规程中对各类杂音电压指标均有明确的要求。直流电源的杂音电压测量应在直流配电屏的输出端，整流设备应以稳压方式与电池并联浮充工作，并且电网电压、输出电流和输出电压在允许变化范围内进行测量。直流杂音电压可以分为电话衡重杂音电压、峰－峰值杂音电压、宽频杂音电压和离散杂音电压。

12.5.1　衡重杂音电压的测量

通常所说的杂音电压是指在一定频率范围内所有干扰杂音电压信号的有效值总和。由于人耳对不同频率的感知程度有所不同，为了通过电话机能真实反应人耳对声音的感觉，于是在所用的测试仪表中串接一只类似人耳对各频率不同感觉的衡量网络，用这种方式测得的杂音电压称为衡重杂音电压。这类表的检波应采用有效值检波方式。

测试电源杂音电压的目的是测量直流电源中的交流干扰杂音电压，为防止直流电压进入仪表而造成仪表损坏，需要在仪表输入端中串接隔直电容器，它的耐压应是直流电压的 1.5倍以上（即 100V 以上）。为了防止正、负极性的错接，该电容器应是无极性，同时为了让 300Hz以上的干扰信号杂音电压无压降地输入测试仪表，要求串接的电容器阻抗远远小于 600Ω 的平衡输入阻抗。实际测量中一般要求电容器的容量在 10μf 以上。电容器阻抗的计算公式如下：

$$X_C = \frac{1}{2\pi f_C} = \frac{1}{2\pi \times 300 \times 10 \times 10^{-6}} = 53\,\Omega \ll 600\,\Omega$$

为了防止在测量时，仪表输入的测试线正负极性接错，造成短路发生意外而损坏设备和仪表，要求仪表的外壳应处于悬浮状态。测试用仪表如果本身需要接交流电源时，通常电源插头有 3 个脚，其中中间脚是保护接地，它与仪表外壳相通，为了使仪表的外壳处于悬浮状态，方法是去掉仪表电源线插头上的中芯头或另用二芯电源接线板（即中芯头不接地），如图12-4 所示。

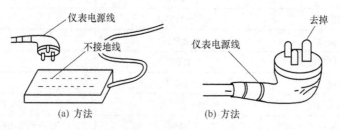

图 12-4　机壳悬浮方法

衡重杂音电压的测量通常选用 QZY-11 型宽频杂音电压计，仪表机壳应悬浮。测试接线图如图 12-5 所示。

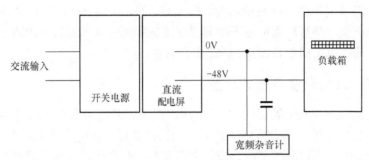

图 12-5　电话衡重杂音电压测试接线图

衡重杂音电压的测量步骤如下。

（1）打开仪表电源、预热约 20 分钟。

（2）调零：阻抗挡至 600Ω，功能挡至需要测试的频段，调节校零电位计使仪表指示∞（零电压）。

（3）自校：阻抗挡至校准，调节校准电位计，使表针指示 0dB（红线）。

（4）完成上述步骤后，调节阻抗挡至 600Ω，功能挡至电话，平衡挡至平衡 a/b，电平挡至+40dB（100V），时间挡至 200ms。将测试线接入平衡输入插孔，负极性端输入线串接一只大于 10μF/100V 的隔直无极性电容，另一条输入线接至正极性端。

（5）调节电压挡，使表针指示为清晰读数，记下表头指针指示的电压即为衡重杂音电压。电压值应<2 mV。

（6）测试完毕，电平挡调至+40dB，关闭仪表电源，拆除测试线。

12.5.2　宽频杂音电压的测量

宽频杂音电压是各次谐波的均方根，由于其频率范围大，故分成 3 个频段来衡量，分别是：Ⅰ频段 15Hz～3.4kHz、Ⅱ频段 3.4～150kHz、Ⅲ频段 150kHz～30MHz。其中Ⅰ频段在音频（电话频段）以内，Ⅰ频段杂音过大对通信设备内部特别是音频电路影响很大，对这一频段的杂音用峰－峰杂音电压指标来衡量。音频（电话频段）以上的频率（Ⅱ频段和Ⅲ频段）干扰，对于通话质量影响不大，因而对此要求有所降低，但它对通信设备的正常运行会产生干扰。选用高频开关电源作为整流器有可能会产生频率较高的干扰信号而影响数字通信、数据通信及移动通信系统。

宽频杂音电压用有效值检波的仪表来测量。Ⅱ频段和Ⅲ频段的杂音电压要求如下：

3.4～150kHz（≤100mV）

150kHz～30MHz（≤30mV）

宽频杂音电压的测量选用 QZY-11 宽频杂音电压计，仪表机壳应悬浮。仪表校准的步骤同衡重杂音电压测量方法。

（1）打开表电源预热。

（2）调零、自校。

（3）测试：阻抗挡至 75Ω，电平挡至+10dB（30V），时间挡至 200ms，测试同轴线中串入一只大于 10μF/100V 的无极性电容。将同轴线的线芯接入电源负极性端，同轴网接入电源正极性端，功能挡分别调至Ⅱ频段（3.4～150kHz）和Ⅲ频段（150kHz～30MHz）。

（4）记录：调节电平挡，仪表指示为清晰读数，分别记下表头指示电压值。若为电平值读数应换算至电压值。当有严重电磁干扰时可在测试线两端并入 0.1μF/100V 的无极性电容。

（5）关表：调回电平挡至+10dB，拆线关表电源。

12.5.3 峰—峰值杂音电压的测量

通过衡重及宽频杂音电压的测试，对于 300Hz 以上信号的杂音电压都进行了监测和分析，而缺少对于 300Hz 以下的电源杂音电压的分析。这些低频杂音电压，主要来源于市电整流后对直流电源进行滤波时所遗漏的干扰杂音，它主要对一些音频及低频电路带来较大的危害。

峰—峰值杂音电压是指杂音电压波形的波峰与波谷之间的幅值电压，它的测量一般用示波器来观察。因为观察 300Hz 以下的低频波形要求示波器的扫描速度较慢，所以采用 20MHz 以上扫描频率的示波器时，可以观察到稳定、清晰的波形。

在测量系统峰—峰值杂音电压波形时，首先应确定在示波器屏幕上能显示 300Hz 以下谐波分量，再测量波形波峰与波谷之间的电压值。开关电源系统要求峰—峰值杂音电压指标小于 200mV。

12.5.4 离散杂音电压的测量

通过对 3.4kHz～30MHz 的宽频杂音电压测试，掌握了在这一频带内所有干扰信号有效值的总和，但它不能具体反映对于某一个干扰频率的干扰量，为了了解这一频段内的每一个干扰频率的具体数值，需要对 3.4kHz～30MHz 范围内各干扰频率的电压进行测试，这就是离散杂音电压的测量。离散杂音电压测量时将 3.4kHz～30MHz 的频率范围划分成几个频段，在不同频段中有不同的电压要求，每个频段中测出的最高电压值都应小于以下规定值。

3.4～150kHz（≤5mV）

150～200kHz（≤3mV）

200～500kHz（≤2mV）

500～30MHz（≤1mV）

离散杂音电压的测量选用 ML-422C 选频表或频谱分析仪，仪表机壳应悬浮。

以上介绍了电源系统中常见的一些杂音及测量，另外还有反灌杂音电流、反灌相对衡重杂音电流等，在此不再介绍。在实际工作中，分析判断系统杂音电压的来源，是比较复杂的，解决的总体思路是局部解决问题，如可以关掉部分整流器或由蓄电池单独供电来判断是由某整流器还是负载设备反馈过来的杂音电压干扰。

12.6 蓄电池组的测量

在通信电源系统中，蓄电池组是直流供电系统的重要组成部分。一旦交流供电中断或开关电源设备出现故障时，就必须依靠蓄电池组向直流用电设备提供电能，保证直流用电设备的不间断供电，从而保证通信网络的正常运行。在交流正常供电时，蓄电池组通过开关电源充电（均充或浮充）来储备电能。此外，蓄电池组与整流模块并联运行可以起到平滑滤波的作用，能降低直流系统的杂音电压，改善整流器的供电质量。

目前通信企业使用的蓄电池组根据结构原理可以分成防酸隔爆型和阀控密封型。由于防酸隔爆型蓄电池组体积大、对环境污染严重以及维护工作量大等原因而逐渐被阀控密封型蓄电池组取代。从单体电压上来看,主要有 2V、6V、12V 三种。2V 蓄电池主要用于-48V 或 24V 直流系统,6V 与 12V 蓄电池主要用作 UPS 的后备电池。本节主要介绍 2V 阀控密封型蓄电池的有关测量要求。

12.6.1 蓄电池组常规技术指标的测量

1.电池外观的检查

用目测法检查蓄电池的外观有无漏液、变形、裂纹、污迹、极柱和连接条有无腐蚀及螺母是否松动等现象。

2.电池端电压及偏差

电池端电压的均匀性,可以反映出电池组内电池的质量差异,特别是对已经投入运行一段时间的蓄电池其判断效果更为准确。新电池在投入使用时一般其端电压会有较大的偏差,造成端电压偏差的因素很多,如内部结构、生产工艺及出厂充电效果等。新电池投入使用一段时间,甚至需要几个回合的充放电过程才能使端电压趋于均衡。电池端电压的均匀性有两个指标,一个为静态,另一个为动态,使用中(平时处于浮充状态)的电池端压一般作动态指标。

根据信息产业部发布的《通信用阀控式密封铅酸蓄电池》的相关要求,若干个单体电池组成的一组蓄电池,经过浮充、均充电工作 3 个月后各单体电池开路电压最高与最低的差值应不大于 20mV(2V 电池)、50mV(6V 电池)、100mV(12V 电池)。蓄电池处于浮充状态时,各单体电池电压之差应不大于 90mV(2V 电池)、240mV(6V 电池)、480mV(12V 电池)。

电池端电压的均匀性的判断也可以参照以下标准:电池组在浮充状态下,测量各单体电池的端电压,求得一组电池的平均值,则每只电池的端电压与平均值之差应小于±50mV。

端电压的测量应该从单体电池极柱的根部用四位半数字电压表测量端电压。对于有些蓄电池厂家生产的密封阀控电池,在平时浮充使用时电压表表笔无法接触极柱根部来测量其端电压,只能在极柱的螺钉上测量,这将会带来测量误差,在测量时需要考虑电池的充电电流,如果浮充电流很小,则测量误差可以忽略。

【例 12-2】有 4 个电池,其端电压分别为 2.17V、2.18V、2.16V、2.25V,其平均电压为

$$(2.17+2.18+2.16+2.25)\div4=2.19V$$

其最大偏差值为 2.25-2.19=60mV >50mV(不合格)。

但若以每个电池间的最大差值≤90 mV 为标准时,则 2.25-2.16=90mV 就为合格值。这表示以平均电压±50mV 为高标准。

3.标示电池

一组蓄电池容量的多少,决定于整组电池中容量最小的一只单体电池,也就是以电池组中最先到达放电终止电压的那只电池为基准。因此,对电池组容量的检测总是着重对电池组中容量最小的电池进行监测。这些有代表性的单体电池被称之为标示电池。

标示电池的选定应在电池放电的终了时刻查找单体端电压最低的电池一至二只为代表,但标示电池不一定是固定不变的,相隔一定时间后应重新确认。如果端电压在连续 3 次放电循环中测试均是最低的,就可判为该组中的落后电池。电池组中有明显落后的单体电池时应

对电池组进行均衡充电。

当电池组处于浮充状态时，标示电池电压在整组电池中不一定是最低的，甚至是最高的。也就是说，端电压最低的电池其容量不一定是最小的，如果一只电池端电压超出平均电压很多，如达到 2.5V 以上时，很可能该电池已经失水过多，电解液浓度过高，该电池的容量往往不足。

4．电池极柱压降

（1）极柱压降的产生及影响

蓄电池组由多只单体电池串联组成，电池间的连接条和极柱的连接处均有接触电阻存在。由于接触电阻的存在，在电池充电和放电过程中连接条上将会产生压降，该压降我们称之为极柱压降。接触电阻越大，充放电时产生的压降越大，结果造成受电端电压下降而影响通信，其次造成连接条发热，产生能耗。严重时甚至使连接条发红，电池壳体熔化等严重的安全隐患。因此，需要在电池安装完成以及平时维护中对电池组的极柱压降进行定期的测量。

根据信息产业部发布的《通信用阀控式密封铅酸蓄电池》的相关要求，蓄电池按 1h 率电流放电时，整组电池每个极柱压降都应小于 10mV。在实际直流系统中，如果蓄电池的放电电流不满足 1h 率时，必须将测得的极柱压降折算成 1h 率的极柱压降，然后再与指标要求进行比较。

极柱压降过大，可能是由于极柱连接螺丝松动，或者连接条截面过小所至，当极柱压降不能满足要求时，需根据实际情况进行调整，或拧紧电池连接条。

（2）极柱压降的测量

极柱压降的测量需要直流钳形表、四位半数字万用表，极柱压降必须在相邻两只电池极柱的根部测量，具体测量步骤如下。

① 调低整流器输出电压或关掉整流器交流输入，使电池向负载放电（使得流过极柱之间的电流较大且稳定，便于测量的准确性）。

② 过几分钟，待电池端电压稳定后测得放电电流及每两只电池间的极柱压降，如图 12-6 所示。

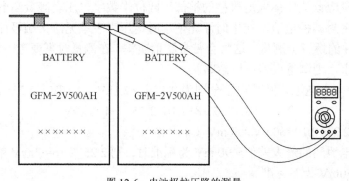

图 12-6 电池极柱压降的测量

③ 由将测得的极柱压降折算成 1h 率的极柱压降，然后再与指标要求进行比较。

【例 12-3】有一组 48V/500AH 的电池组，在对实际负载放电时的电流为 125A 时，测量每两只电池根部间的连接压降，其最大的一组为 4.8mV。试分析极柱压降是否满足要求？

我们知道 1h 率放电电流 $I_1=5.5 \times I_{10}=5.5 \times 50=275$（A），则 1h 率放电时的极柱压降为：

$$\Delta U = \frac{I_1}{I_C} \times 4.6 = \frac{275}{125} \times 4.8 = 10.6 (\text{mV})$$

因为ΔU=10.6mV>10mV，所以极柱压降不合格。

　　5．电池室环境对电池的影响

　　由于蓄电池充放电过程实际是电化学反应的过程，周围环境的温度对其影响非常明显。不同的温度情况下它的内阻及端电压将发生变化，在相同浮充电压情况下它的浮充电流不同。

　　例如：一组电池浮充电压均为 2.25V。

　　　　　环境温度为 20℃～22℃时，浮充电流约 34mA/100Ah

　　　　　环境温度为 34℃～36℃时，浮充电流约 105mA/100Ah

　　　　　环境温度为 40℃～45℃时，浮充电流约 300mA/100Ah

　　即温度越高，浮充电流越大。电池室温度一般要求控制在 25℃，浮充电压为 2.25V，浮充电流在 45mA/100Ah 左右，为了能控制这一电流值，在不同温度时开关电源应能自动调整浮充电压，即要求开关电源具有输出电压的自动温度补偿功能。环境温度每升高 1℃，每只单体浮充电压降低 3mV，反之亦然。需要指出的是，电池浮充电压温度补偿范围一般限制在 3℃～38℃之间。超出这一范围时，浮充电压不再继续升高或降低。

　　另外，由于阀控电池的排气阀的打开与关闭决定于电池壳体内外的气压差。如果电池所使用的地区气压较低，则充电时容易造成电池排气阀在电池内部压力相对较低时便自动打开，从而引起电池失水，容量下降。因此，当使用地区气压较低时，蓄电池组应降低容量来使用。

12.6.2　蓄电池组容量的测量

　　蓄电池组所有的技术指标中，最根本的指标为电池容量。对常规指标的测量其最终目的是为了直接或间接地监测电池容量、维持电池容量。电池维护规程中规定，如果电池容量小于额定容量的 80%时，该电池可以申请报废。否则当电池容量不足，且维护人员对该电池的性能没有明确了解时，一旦交流停电就很容易造成通信网络供电中断事故。

　　电池容量的测试，对于防酸隔爆型电池可通过观察电池极板，测量电解液比重和液位的高低来估计电池容量的多少；对于密封阀控电池，除了测量电池端电压外，目前只能通过放电才能知道它的容量大小。虽然有厂家推荐用电导仪测量电导来推算电池容量，但发现误差大并且不稳定，在此不作推荐。

　　电池容量的检测方式根据电池是否与直流系统脱离可以分成离线式和在线式。根据放电时放出容量的多少，可以分成全放电法、核对性容量试验法和单个电池（标示电池）核对性容量试验法。根据直流供电的实际情况两者可以灵活组合，得到离线式全容量测试、离线式核对性容量测试、在线式全容量测试以及在线式核对性容量测试等方法。

　　蓄电池组容量的测量最常用的工具仪表是直流钳形表、四位半数字万用表和恒流放电负载箱、计时器和温度计等。仪表精度应不低于 0.5 级。如果进行标示电池核对性容量试验，则需要单体电池充电器。最近几年推出的蓄电池容量测试仪配置有测试所需的整套装备，包括负载箱、电流钳、单体电压采集器、容量测试监测仪以及相应的电池容量分析软件。蓄电池容量测试仪可以保证电池恒流放电，同时可以通过设定放电时间、电池组总电压下限、单体电压下限和放电总容量等参数来保证电池放电的安全性。配合容量分析软件，可以提供放电时各单体电池的电压特性比较曲线、放电电流曲线、总电压曲线、单体与平均电压曲线和单体电池容量预估图等。尽管进行核对性容量试验时，蓄电池容量测试仪最后提供的单体电池容量分析结果并非十分精确，但该仪器对电池容量的测试可以提供极大的便利和帮助。

1. 离线式全容量测试

离线式全容量测试一般适用于新安装的电池，并且直流系统尚未带载重的设备，即使交流停电，也不会对网络造成严重影响。全容量放电试验是最准确的一种测试方法。需要进行全容量放电试验时，应该事先根据电池厂家的要求，对电池进行必要的均充或一定时间的浮充。

具体的测量步骤如下。

（1）将充满的蓄电池组脱离供电系统并静置10~24h。

（2）开始放电前检查开关电源、交流供电和柴油发电机组是否正常。

（3）测量蓄电池组的总电压和单体电池电压、周围环境温度，接好负载箱。如果采用蓄电池容量测试仪进行电池容量测量，则正确连接容量测试仪，设置各项放电控制参数。

（4）打开负载，让蓄电池开始放电，记录放电开始时间。放电时尽量控制放电电流保持平稳。

（5）放电期间应持续测量蓄电池组的总电压、各单体电压和放电电流，测量时间间隔为：10h率放电每隔1h记录一次，3h率放电每隔0.5h记录一次，1h率放电每隔10min记录一次。

（6）采用电池容量测试仪进行测量时，容量测试仪能够自动记录放电时间、放电电流和电池电压等参数。此时操作人员需要用钳形表与万用表测量放电电流和电池电压，并与容量测试仪进行比较，以判断容量测试仪的测量精度。

（7）通过多次测量，找出电压最低的两只电池作为标示电池。标示电池应作为重点观察对象。

（8）放电接近末期时要随时测量电池组的总电压和单体电压，特别是标示电池的端电压。一旦有电池端电压达到放电终止电压，则立即切断电源，记录放电终止时间（放电终止电压的确定参见表12-7）。

（9）放电结束后，蓄电池静止20min后，电池电压一般可以回升到48V以上。

（10）调整直流系统输出电压，使直流系统与蓄电池组电压偏差在1V以内，将该组电池重新接入直流系统。

（11）根据电池要求，正确设置开关电源参数，对电池组进行均充。待电池充电完成后再进行第二组电池容量的测试。

（12）根据测量数据进行电池容量的核算。

如果放电电流较为平稳，则放电电流乘以放电时间即为蓄电池组的实测总容量。

$$C_r = I \times t$$

其中，C_r——蓄电池测试容量，单位为安时（Ah）；

  I——蓄电池放电电流，单位为安培（A）；

  t——蓄电池总放电时间，为结束时间减去开始时间，单位为小时（h）。

如果每次测量时放电电流有较大波动，为减少电池容量的计算误差，应改用下式计算电池的实测容量：

$$C_r = \sum_n I_n \times t_n$$

其中，C_r——蓄电池测试容量，单位为安时（Ah）；

  I_n——各次测量得到的蓄电池放电电流，单位为安培（A）；

  t_n——测量时间间隔，单位为小时（h）。

最后根据蓄电池放电率及放电时的环境温度，将实测容量按下式换算成 25℃时的容量：

$$C_e = \frac{C_p}{\eta[1 + K(t - 25)]}$$

式中，t——放电时的环境温度；

     K——温度系数；

        10h 率放电时 K=0.006/℃

        3h 率放电时 K=0.008/℃

        1h 率放电时 K=0.01/℃

     η——蓄电池有效放电容量（见表 12-7）；

     C_r——试验温度下的电池实测容量；

     C_e——电池组额定容量。

【例 12-4】一电池组额定容量为 500Ah，按全放电法测电池容量，测得实际放电时电流为 73A，此时电池室温度为 20℃，当放电 5 小时 55 分钟时，测得一组电池中最低一只电池（标示电池）端电压为 1.8V，立即停止放电，恢复整流器供电，并核算该电池组的容量。

实际放电容量：

$$C_r = I \times t = 73 \times（5+55/60）=432（Ah）$$

查表可得电池组进行的是 6 小时率的放电，有效放电容量 η=87.6%，环境温度为 20℃。

$$C_e = \frac{C_r}{\eta[1 + K(t - 25)]} = \frac{432}{0.876[1 + 0.008(20 - 25)]} = 514(Ah)$$

因为 514Ah>（500Ah×80%），所以该组电池的容量合格。

    蓄电池组进行离线式全容量测试准确性较高，但是安全性较差。在线式电池容量放电试验，虽然安全性较高，但是在多组电池同时进行放电时，如果各组电池的性能差异较大，则相互间放电电流会有较大的差别。对于性能较差的一组电池，其放电电流小于其他电池组。又由于各组电池并联工作，相互间总电压相同，因此该电池组虽然性能较差，但是单体电池电压的变化相对而言比较均匀，这造成了落后电池不容易被发现。当然最后可以通过各组电池的放电电流大小以及实际放出的容量来判断该组电池的性能好坏，只是可能会出现较大的误差。

如果为了准确找出标示电池并测量电池组容量，对在线使用的蓄电池组进行离线式容量测量时，以下几点需要引起高度重视。

（1）如果只有一组蓄电池，在离线测量时一旦交流供电中断，会立即造成通信设备停电事故。因此，这种情况下只能采用在线式核对性容量试验，不允许进行离线测试。

（2）如果有两组以上蓄电池并联工作时，可以将其中一组蓄电池脱离直流系统进行容量测试，其余电池仍然在线工作。这样即使交流停电，可以由在线工作的蓄电池来保证通信设备的供电，以免网络瘫痪。但在蓄电池组数较少，特别是一共只有两组蓄电池时，下面几点仍然值得注意。

① 一旦交流停电，此时负载电流将全部由其余的在线蓄电池组承担，因此进行离线测量时必须首先测量负载电流，并判断各电池组连接电缆、熔丝能否承受该负载电流，能承受多长时间，该时间段内油机能否成功启动等。

② 进行 1/3 容量核对性试验，放电结束电池终止电压可以达到 48V（单体电压为 2.0V），停止放电后将该电池组放置一段时间，总电压可以上升到 50V。待电池电压稳定后，通过调低整流器输出电压与电池电压偏差小于 1V 时才将该电池重新投入直流系统。

2．核对性容量试验

在实际操作中，对于性能比较接近的电池组一般采用在线式核对性容量测试。核对性容量试验通常按 3h 率的放电电流进行 1 小时放电，即放出电池总容量的 1/3 左右。电池放电结束时，将各单体电池端电压与厂家给出的 3h 率标准放电曲线（或电池端电压参数表）进行对比，若曲线下降斜度与原始曲线基本接近，说明该电池的容量基本不变，如果电池放电曲线斜率明显比标准曲线陡，即放电终止时电池端电压明显低于标准参数，则说明电池容量变化明显。但整组电池的实际容量只能靠维护人员的维护经验进行估测，或通过蓄电池容量测试仪进行估测，误差相对较大。

由于核对性容量测试只放出部分容量（一般为 30%～40%），即使放电结束时交流停电，电池组仍然有 60% 以上的容量可供放电，因此较为安全。核对性容量试验要求对电池进行大电流（5h 率以上）放电，不然电压变化缓慢，不易分辨，并要求有原始的放电电压变化曲线才能对容量进行核对。

测量方法与步骤如下。

（1）检查市电、油机和整流器是否安全、可靠。记录电池室温度。

（2）检查当前直流负载电流，如果负载电流过小，则接上直流负载箱并进行相应的设定，使总放电电流超过 5h 率放电电流的要求。

（3）调低整流器输出电压为 46V，由电池组单独放电。记录放电开始时间。

（4）测量电池放电电流，核算放电电流倍数。

（5）测各电池端电压，经过数次测量找出标示电池。

（6）当放电容量已达电池额定容量的 30%～40%，或者整组电池中有一只电池（标示电池）端电压到达 1/3 放电容量的电压值时，停止放电，恢复整流器供电并对电池组进行均充。记录放电终止时间。

（7）绘出放电电压曲线，与标准曲线进行比较，估算容量。

蓄电池组容量的估算非常复杂，影响电池容量估算的因素很多，很难做到准确估算。进行放电容量试验时，简单的容量估算可以按照以下方式进行：首先根据放电电流和表 12-7 的参数，估算放电小时率 h，如果放电电流与表 12-7 中提供的数据不能准确对应，则在相邻的放电率参数间进行适当的调整。如放电电流为 $2.3I_{10}$ 时，可以取放电率 h 为 3.5。其次是根据电池放电的终止电压，核查该电压在厂家提供的放电曲线中的放电时间 t_0（单位为小时）。

$$C_g = C_r \times h \div t_0 \div \eta$$

式中，C_g——电池组估测容量；

　　　C_r——电池组至放电结束时的实测容量；

　　　h——电池放电小时率。如果放电电流不是标准的放电率，则按比例在相邻的放电率间调整，见表 12-7；

　　　η——该放电率下电池的有效放电容量，见表 12-7。

如果放电试验时环境温度不为 25℃，则还要进行电池容量的折算，方法前面已述。

【例 12-5】某组电池额定容量为 1 000Ah，原始 3 小时率放电电压变化曲线（室温 25℃）

如图 12-7 所示。现作核对性部分容量（30%）放电试验。实际放电电流 250A，放电时室内温为 27℃。当放电 48 分钟时，标示电池电压值为 2 000V，停止放电恢复整流器供电，分析放电特性。

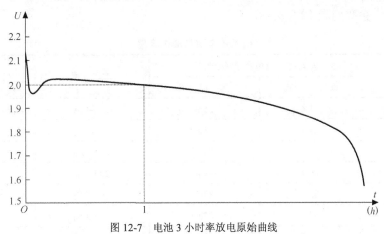

图 12-7　电池 3 小时率放电原始曲线

根据原始放电曲线，进行 3 小时率放电，放电 1 小时端电压应该为 2.000V，250A 的放电电流刚好为 3 小时率放电。现在放电时间为 48 分钟最低端电压即达到 2.000V，因此可得：$h=3$，$t_0=1$ 小时，$\eta=75\%$（查表 12-7），

$$C_r = I \times t = 250 \times \frac{48}{60} = 250 \times 0.8 = 200 (\text{Ah})$$

$$C_g = C_r \times h \div t_0 \div \eta = 200 \times 3 \div 1 \div 0.75 = 800 (\text{Ah})$$

$$C_{10} = \frac{C_g}{1 + K(t - 25)} = \frac{800}{1 + 0.008(27 - 25)} = 787 (\text{Ah})$$

通过估算公式，该电池组容量 C_{10} 约为 787Ah，根据信息产业部规定，电池容量低于额定容量的 80% 时可以报废，所以该电池已经报废。

3．标示电池核对性容量试验

最安全的电池容量测试方法是单个电池（标示电池）的放电检测，因为一组电池的容量大小决定于整组中容量最小的那只电池，即标示电池的容量。因此，可以通过对标示电池单独进行容量检测来判断整组电池的容量。具体的测试可以用全容量试验或核对性容量试验。

由于测试是对单个电池进行放电，放电时，标示电池的端电压将从浮充时的 2.25V 降低到放电结束时的 2.00V，即降低 250mV，而整个直流系统浮充电压不变，因此其他浮充电池的平均端电压约上升 10mV/只，但浮充电流的变化只是 mA/Ah 级，测试误差可忽略不计。而在标示电池充电时，其他电池的平均端电压约降低 10mV/只，也不会影响-48V 的供电系统。需要说明的是，电池放电接近结束时如果交流供电中断，则电池组向负载供电的过程中可能造成标示电池过放电，从而造成该电池出现反极现象。

测量方法与步骤如下：

（1）检查市电、油机、整流器，保证交流供电安全、可靠。

（2）将单体电池负载箱接入标示电池两端，进行恒流定时放电。记录放电开始时间、放电电流及标示电池电压。

（3）待放电至规定端电压时，停止放电。用单体电池充电器对标示电池充电。

（4）分析所测数据与原始值比较，方法同核对性容量试验。

电池放电率与放电容量如表 12-7 所示，环境温度对电池放电容量的影响如表 12-8 所示，各品牌电池工作参数如表 12-9 所示。

表 12-7　　　　　　　　　　　　电池放电率与放电容量

放　电　率	电池有效放电容量（$\eta=\%$）		放电电流	终止电压（V）
	防　酸　式	阀　控　式		
1	51.4	55.0	5.140 I_{10}	1.75
2	61.1	61.0	3.055 I_{10}	1.80
3	75.0	75.0	2.500 I_{10}	1.80
4	80.0	79.0	2.000 I_{10}	1.80
5	83.3	83.3	1.660 I_{10}	1.80
6	87.6	87.6	1.460 I_{10}	1.80
7	91.7	91.7	1.310 I_{10}	1.80
8	94.4	94.4	1.180 I_{10}	1.80（1.84）
9	97.4	97.4	1.080 I_{10}	1.80（1.84）
10	100	100	1.000 I_{10}	1.80（1.85）
20	110	110	0.550 I_{10}	1.80（1.86）

注：（）中的电压为第 6 次循环后至电池保证寿命中期进行容量测试时应达到的终止电压。

表 12-8　　　　　　　　　环境温度对电池放电容量的影响

温度（℃）	−40	−30	−20	−10	0	10	20	30	40	50
电池有效容量（%）	12	28	43	57	72	85	96	103	105	105

表 12-9　　　　　　　　　各品牌电池工作参数

参数	规范值	GNB	南都	华达	双登	灯塔	光宇
浮充电压	2.23～2.28V	2.25V/节（54）	2.23V/节（53.5）	2.25V/节（54）	2.25V/节（54）	2.25V±1%	2.25V/节
均充电压	2.30～2.35V	2.35V（56.4）	2.35V/节（56.4）	2.35V/节（56.4）	2.35V/节（56.4）	2.35V/节	不需要
充电限流	0.1C10	0.1C10	0.1C10	0.125～0.2C10	0.15C10	0.1C10	0.1～0.2C10
高压告警值	2.38/cell	2.38V/cell	2.38V/cell	2.38V/cell	2.38V/cell	2.38V/cell	
低压告警值	45V，高于 LVDS 脱离电压	45.6V	46V	45.6V	46V	45V	
电池温度补偿系数	3 mV/cell	5.5mV/cell	3mV/cell	3mV/cell	3mV/cell	4mV/cell	3mV/cell
电池温度过高	35℃	35℃	35℃	35℃	35℃	35℃	

续表

参数	规范值	GNB	南都	华达	双登	灯塔	光宇
LVDS 脱离电压	44V/22V 综合放电率	44V 1.83V/节	44V 1.83V/节	44V 1.83V/节	44.5V 1.85V/节	44V 1.83V/节	
LVDS 复位电压	47V/23.8V 考虑回路压降	47V/23.8V 1.95V/节	47V/23.8V 1.95V/节	47V/23.8V 1.95V/节	48V	47V/23.8V 1.95V/节	
均充周期	720H	1 年	90 天	基站半年 交换 1 年	基站 2 个月 机房 6 个月	90 天	
周期均充时间	1～10h	2.35V/12h	10h	12h	0.15C10/10h	10h	
复电均充起始条件（容量）	放出 20% 以上容量	一般设：20% 停电频繁设：0%	20%	5%	0%	20%	
停电均充时间	1～10h	12h	10h	12h	15h	10h	
均充转浮充条件	50mA/Ah	50mA/Ah	100mA/Ah	30mA/Ah	50mA/Ah	50mA/Ah	
继续均充时间	3h	3h	3h	3h	3h	3h	
退出均充条件	5mA/Ah	10mA/Ah	5mA/Ah	10mA/Ah	5mA/Ah	5mA/Ah	
充电容量倍数	≥120%	120%	120%	100%	120%	120%	
环境温度（℃）	25	25	25	25	25	20	25
电池连接	先串后并	先串后并					
电池报废指标	小于额定容量的 80%	小于额定容量的 80%					
电池端电压差（回路/开路）	50mV/20mV	10mV/5mV	50mV/20mV	50mV/20mV	50mV/20mV	50mV/20mV	

注：1. 以上各参数除灯塔中心温度为20℃，其余各电池厂家中心温度均为25℃。

2. 设备开通时应以电池端电压为标准浮充电压，即开关电源设置浮充电压后再加上线路压降。

3. 温度补偿探头放在通风最差，环境最恶劣的部位。

12.7　柴油发电机组的测量

由于线路检修、灾难性气候以及突发性事故等原因的存在，市电的不中断供电往往难以实现。为了减少交流停电时间，油机发电机组（以下简称油机）便成了一种不可缺少的备用电源设备。随着电源技术的发展，油机供电的自动化程度越来越高，从市电监测、油机启动、油机供电到市电恢复后负载电源的切换、油机冷却、油机停机的整个过程均可实现自动化操作，实现市电停电后以最快的速度恢复交流供电，为了增加油机供电的可靠性，重要的枢纽机房配置两台油机，实行主备切换或并机供电模式，减轻了后备电池的供电压力，为机房实现集中监控、无人值守创造了条件。

配置油机后，还必须切实做好柴油机的日常维护和保养工作，才能保证在需要使用时油机能正常的启动，并可靠地向通信设备输送符合指标要求的交流电源。柴油发电机组平时的维护保养，除了定期检查冷却水、机油、燃油和启动电池外，对电气特性的检测是必不可少的。另外，油机的正常启动和工作，除了与油机本身有关，还与油机运行环境的温度、湿度和气压等因素有关，因此测试油机时往往需要记录环境的温度、湿度和气压。

要保证市电的不中断供电、油机发电机组是一个不可缺少的备用电源，在市电不稳定及有自然灾害时，只能通过油机发电机发电才能保证长时间地交流间断供电。特别目前的通信设备有些交流电不允许中断，通过 UPS 可以保证短时间的交流供电使空调保证机房中的温度、湿度在规定范围内，但在较长时间内无市电的情况下提供交流电只有由发电机才能保证。

油机发电机组平时的维护，除了定期检查水位、油位等外，特别对于电气特性的检测是必不可少的。油机的电气特性主要有额定电压、额定频率、空载电压整定范围、电压和频率的稳态调整率、波动率、瞬态调整率、瞬态稳定时间、电压波形正弦畸变率、三相电压不平衡度和绝缘电阻等。下面对油机发电机组的绝缘电阻、输出电压、频率、正弦畸变率、功率因数和噪声的测量进行介绍。

1. 绝缘电阻的测量

要求油机发电机组保证不出现"四漏"（漏油、漏水、漏气、漏电），则漏电只有通过绝缘电阻的检测才能发现。为了使输出电压可靠、稳定，要求发电机的转子与定子之间的绝缘电阻值达到一定数值以上。

绝缘电阻的测量不论在什么季节测量转子对地、定子对地及转子与定子之间的绝缘电阻（在三相电中只要测量一相就可以，因三相线圈是互通的），都应符合要求。

目前不少发电机是采用无刷励磁系统（通过三级转换由转子产生励磁功能，并控制励磁电流的大小保证输出电压稳定），则很难找到便于测量的转子线圈，即无法测量绝缘电阻，这时只作定子线圈的绝缘电阻测试。

测量方法与步骤：

（1）油机在冷态（启动前）及热态（启动加载运行 1 小时后）分别测量各绝缘电阻。

（2）用耐压 1 000V 的兆欧表测量绝缘电阻值。

（3）测量定子（发电机三相电输出端子中的任一相），对地进行测量。

（4）测量转子（发电机三相转子线圈中的任一相），对地进行测量。

（5）测量定子与转子之间的绝缘电阻（定子与转子之间任何一相）。

（6）不论在什么季节及冷态和热态情况下，绝缘电阻值应≥2MΩ。

注意

① 当无法找到转子线圈时，（4）、（5）两点内容不作测试。

② 测量前应把油机的控制板脱开，以防损坏板内电路。

2. 输出电压的测量

发电机组的输出电压与发电机组中的转速及励磁电流有关，而转速又决定了输出交流电的频率，只有在决定了频率的情况下，再测量其输出电压的额定值，即先进行满载时调整交流电频率为额定值（50Hz），然后去掉负载（为空载）测量其输出电压为整定（400V）。

当加载（若能改变加载情况则逐级加载，25%、50%、75%、100%）实际负载（或逐级减载）待稳定后，测得输出电压，经计算得稳态电压调整率 δ_U 应符合要求。

U——空载时输出的整定电压；

U_1——负载渐变后的稳定输出电压，取最大值和最小值，若三相电取平均值。

测量方法与步骤：

（1）发电机加满载调整输出交流电频率为整定值（50Hz）。

（2）发电机去载（为空载）调整输出交流电压为整定值（400V）。

（3）逐级加载 25%、50%、75%、100%（或实际负载），待稳定后测得各次的三相平均电压、计算稳态调整率，应符合要求 ≤±4%。

（4）待逐级减载 75%、50%、25% 至空载（或去实际负载）待稳定后测得各次的三相平均电压计算稳态调整应符合要求 ≤±4%。

3．输出频率的测量

油机的转速决定了发电机输出交流电的频率，对于输出交流的整定频率，在发电机组满载时调整至额定值（50Hz）在测试中的减载及加载时不再调整。

可用发电机控制屏上的频率表或 F41B 表测试频率，当减载 75%、50%、25%（或实际负载至空载），及逐级加载 25%、50%、75%、100%（或加实际负载）稳定后测得交流电频率，经计算得稳态频率调整率 δ_f 应符合要求。

$$\delta_f = \frac{f_1 - f_2}{f} \times 100\%$$

其中，f——满载时的额定频率；

　　　f_1——负载渐变后的稳定频率，取各读数中的最大值和最小值；

　　　f_2——额定负载的频率。

当测试中所加负载为实际负荷时，f_1 用空载时频率值代替，$f=f_2$ 为实际加载时频率值代替。

测量方法及步骤如下。

（1）发电机为满负荷（或加实际负载时）调整输出频率为额定值。

（2）逐级减载 75%、50%、25% 至宽载（或去实际负载）测得输出交流电频率，以最大偏差值为依据。

（3）用公式计算稳态频率调整率 δ_f，应符合要求 ≤±4%。

4．正弦畸变率的测量

发电机在空载输出额定电压稳定的情况下，用 F41B 表测量输出电压的正弦畸变率 THD-R 值应符合要求 <5%。

操作方法参见 12.2.4 小节中"交流电正弦畸变率的测量"。

5．交流电输出功率因数 $\cos\varphi$ 的测量

发电机组输出为额定电压（空载）后加载纯电阻性额定负载（或实际负载），在发电机组的控制屏上 $\cos\varphi$ 表或用 F41B 表测得功率因数 $\cos\varphi$ 应符合要求。

测量方法与步骤如下。

（1）发电机组在空载情况下，调整输出电压为整定值（400V）。

（2）加载额定值的纯电阻负载（或实际负载）。

（3）读控制屏上 $\cos\varphi$ 表或用 F41B 表测各单相电功率时的 $\cos\varphi$ 值，应符合要求 >0.8（滞后）。

发电机组的以上各项测试所需加负载时，都应采用纯电阻性负载。

6. 噪声的测量

在油机空载和带额定负载状态下，用声纳计测量油机前、后、左、右各处的噪声大小。声纳计离油机水平距离 1m，垂直高度约 1.2m。对于静音型机组，可以分别测量静音罩打开和关闭时油机的噪声，两者对比可以反映出静音罩的隔声效果。对于已经投用的油机，则在油机室外 1m 处分别测量各点噪声，测出的噪声值应符合当地环保部门的要求。

根据《中华人民共和国环境噪声污染防治法》（1997 年 3 月 1 日起施行，适用于城市区域。乡村生活区域可参照本标准执行），各类地区的噪声标准如表 12-10 所示。

表 12-10　　　　　　　　　　　　各类地区噪声标准

地区类别	昼间噪声标准	夜间噪声标准	地区类别说明
0	50	40	0 类标准适用于疗养区、高级别墅区、高级宾馆区等特别需要安静的区域。位于城郊和乡村的这一类区域分别按严于 0 类标准 5 分贝执行
1	55	45	1 类标准适用于以居住、文教机关为主的区域。乡村居住环境可参照执行该类标准
2	60	50	2 类标准适用于居住、商业、工业混杂区
3	65	55	3 类标准适用于工业区
4	70	55	4 类标准适用于城市中的道路交通干线道路两侧区域，穿越城区的内河航道两侧区域。穿越城区的铁路主、次干线两侧区域的背景噪声（指不通过列车时的噪声水平）限值也执行该类标准

备注：油机室外噪声测量时需考虑周围环境背景噪声的影响。如果背景噪声与油机噪声比较接近，则测出的噪声实际为两者的叠加值；只有背景噪声小于油机噪声 10dB 时，背景噪声才可以忽略不计

12.8　接地电阻的测量

大地是一个良导体，电阻非常小，电容量非常大，拥有吸收无限电荷的能力并且在吸收大量的电荷后能够保持电位不变。因此，可以在物体遭受雷击时通过避雷装置将雷电流快速地向大地中释放，还可以把大地作为电气系统的参考地，即为电气系统提供基准零电位，从而有了接地的概念。在日常生活中，各类建筑物、供电系统、通信系统、计算机网络以及各类用电设备均涉及接地的要求。

合理良好的接地系统可以保证建筑及电气设备免遭雷击的损害，保证供电系统的正常工作，在用电设备发生漏电时保护人身的安全。对通信网络而言，接地系统同样起着非常重要的作用，各类通信局（站）均对接地电阻有着严格的要求。接地按其作用可以分成保护接地和工作接地，前者有防雷接地、用电设备外壳接地、防电蚀接地和防静电接地等，工作接地常见的有交流中心点接地、直流-48V 正极接地、逻辑接地、屏蔽接地和信号接地等。接地体通常采用钢筋网、镀锌角钢、镀锌扁铁或者钢管等材料。

通信大楼原先均采用分散接地系统，一个大楼内防雷接地、强电接地、弱电接地均相互独立。为了保持大楼各层面内等电位接地要求，目前要求通信大楼采用联合接地系统，即利

用大楼立柱中的主钢筋和各层面的钢筋网组成笼状的接地体，然后在大楼的四周采用钢管或角钢打一圈人工辅助接地，再将辅助接地与大楼桩基接地按要求进行多点连接，最后在大楼底层不同地方分别引出总接地汇集排，分别用作保护接地和工作接地（见第 10 章）。接地系统的接地电阻每年应定期测量，并保证接地电阻符合指标要求。

一个接地体要与大地（地球）完全融合，要求接地体的外径与大地相距 20m 以上（具体距离还与土壤成分、湿度、电阻系数和酸碱度等有关），所以在测试时，要求各辅助电位间的距离在 20m 以上。

接地电阻的测试仪表可用 ZC-8 型一类的接地电阻测量仪来测量。测试方法一般有直线布极法、三角形布极法和两侧布极法，其中直线布极法测得误差为最小，所以在此只作直线布极法的介绍。

12.8.1　直线布极法测量介绍

用 ZC-8 型仪表测量接地电阻的方法和步骤如下。

（1）首先要弄清被测地网的形状、大小和具体尺寸；确定被测地网和对角长度 D（或圆形地网的直径 D）。

（2）在距接地网的 $2D$ 处，打下接地电阻仪的电流极棒（C_1），地阻仪的电压极棒（P_1）则分别打在 D，$1.2D$，$1.4D$ 的位置进行 3 次测试。3 次测得的电阻为 R_1、R_2、R_3。实际接地电阻 R_0' 可用公式求得：

$$R_0'=2.16R_1-1.9R_2+0.73R_3$$

（3）当电流极棒或电压极棒应插位置不能插入土壤中时，可延长电流极棒及电压极棒的比率位置。具体接地仪表接线如图 12-8 所示。

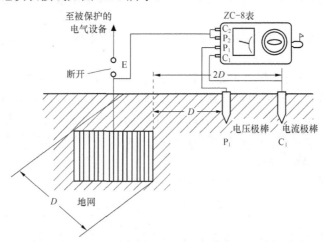

图 12-8　直线布极法布线图

（4）当地网的对角线长 $D<20m$，则电流极棒至接地网的距离应 $\geqslant 40m$。

（5）接地网点 E（或 C_2，P_2）连接点及电压极棒（P'）电流极棒（C'）的接地点应在一直线上。

（6）由于接地电阻直接受大地电阻率的影响，而大地电阻率受土壤所含水分、温度等因素的影响，这些因素随季节的变化而变化。因此，在不同季节测量时需要采用季节修正系数 K，即

$$R_0 = R_0' \cdot K$$

式中，K——季节修正系数，在不同地区有不同的修正系数表可查（在此不再列表）；

　　　R_0——标准接地电阻值；

R_0'——不同月份测得的实际接地电阻值。

注意 关于季节修正系数还有不同的计算方式和不同的数据，请读者自行查阅相关资料，在此不再描述。

12.8.2 接地电阻测量的注意事项

（1）为了减少测量误差，要求接地摇表的抗干扰能力大于 20dB 以上，以免土壤中的杂散电流或电磁感应的干扰。仪表应具有大于 500kΩ的输入阻抗，以便减少因辅助极棒探针和土壤间接触电阻引起的测量误差。

（2）选择电流极棒和电压极棒的测量位置，应避开架空线路和地下金属管道走向，否则测量的接地电阻将大大偏低。

（3）测试极棒应牢固可靠接地，防止松动或与土壤间有间隙。如果测量时摇表灵敏度过高，可以将辅助电极向上适当拉出，如果摇表灵敏度过低，可以在辅助电极周围浇水，减少辅助电极的接触电阻。

（4）测量接地电阻的工作，不宜在雨天或雨后进行，以免因湿度测量不准确。

（5）处于野外或山区的通信局（站），由于当地的土壤电阻率一般都比较高，测量地网接地电阻时，应使用两种不同测量信号频率的地阻仪分别测量，将两种地阻仪测量结果进行比较，以便确定接地电阻的大小。因为测量信号频率不恰当时，容易产生极化效应或大地的集肤效应，使测量结果不准或出现异常现象。

（6）当测试现场不是平地，而是斜坡时，电流极棒和电压极棒距地网的距离应是水平距离投影到斜坡上的距离。

（7）当接地体中有与测试仪表所产生的交流信号相同干扰源时，也将影响测试的真实性，则要求测试时应将所接设备断开才能进行。

（8）如果接地体周围全部是水泥地面，没法找到打辅助电极的位置，这时可以用大于 $25cm^2 \times 25cm^2$ 的铁板作为辅助电极平铺在水泥地面上，然后在铁板下面倒些水，以减少接触电阻。两块铁板的布放位置与辅助接地极的要求相同。采用这种方法测量对测试结果没有明显的影响，因为根据前面所述的测量原理，辅助电压极与辅助电流极与大地之间的接触电阻的大小并不影响接地电阻的测量。

各类机房对接地电阻的要求如表 12-11 所示。

表 12-11 各类机房对接地电阻的要求

序 号	接地电阻值（Ω）	适 用 范 围
1	<1	综合楼、国际电信局、汇接局、万门以上程控交换局、2 000 路以上长话局
2	<3	2 000 门以上 1 万门以下的程控交换局、2 000 路以下长话局
3	<5	2 000 门以下程控交换局、光缆端站、载波增音站、地球站、微波枢纽站、移动通信基站
4	<10	微波中继站、光缆中继站、小型地球站
5	<20（注）	微波无源中继站
6	<10	适用于大地电阻率小于 100Ω·m，电力电缆与架空电力线接口处防雷接地
7	<15	适用于大地电阻率为 101～500Ω·m，电力电缆与架空电力线接口处防雷接地
8	<20	适用于大地电阻率为 501～1 000Ω·m，电力电缆与架空电力线接口处防雷接地

注：当土壤电阻率太高，难以达到 20Ω时，可放宽到 30Ω

12.9　机房专用空调的测试

以程控交换机为代表的微电子通信产品的广泛应用，使通信机房对环境要求也越来越高。现在大部分通信机房普遍采用高控制精度的机房专用空调。与普通的家用空调相比，机房专用空调具有如下特点。

① 控制精度高。温度精度可达±1℃以内，湿度精度±2%以内。

② 功能齐全，包括制冷、加热、加湿和除湿等四大功能。

③ 维护方便。

④ 可靠性高，设备适用于全年运行，机组运行保护措施完备。

⑤ 显热比、能效比高，运行成本低。

⑥ 送风量大，空气流通较好。

本节介绍的测试项目主要针对机房专用空调，部分项目适用于家用空调。测试是在设备运行稳定后进行的，测试作为检查设备的工作状态和查找排除故障的主要手段，因而维护人员应该熟练掌握空调的测试方法，同时测试过程中应注意避免对机组本身造成伤害。

12.9.1　空调高低压力的测试

高压是指压缩机排出口至节流装置入口前的压力；低压是指节流装置出口至压缩机吸入口处的压力。空调在使用过程中，制冷系统中的高低压力不正常会引起一些损失，如压缩机的耗电量增加、压缩机损坏或使用寿命缩短、制冷能力下降以及系统易进入空气等。所以维护人员必须掌握正确的测试方法和步骤。

1. 高压压力的测试

将高压压力表正确接入高压三通，打开阀门；正常开机，使压缩机工作，观察压力表，等待压力稳定，读数，与正常值比较。

2. 低压压力的测试

将低压压力表正确接入低压三通，打开阀门；正常开机，使压缩机工作，观察压力表，等待压力稳定，读数，与正常值比较。

12.9.2　空调运行工况测试

空调的制冷运行是否正常，除通过对制冷系统的工作压力测试以外，还可以根据各部位的温度来判断，常用点温仪来测量。最主要的还必须测量各运行电流。

1. 制冷工况测试

开机运行，根据环境温湿度设置好温湿度工作点，使压缩机根据温度工作点而工作，用钳型电流表测压缩机电流。

2. 除湿工况测试

开机运行，根据环境温湿度设置好温湿度工作点，使压缩机根据湿度工作点而工作，用钳型电流表测压缩机电流。

3．加热工况测试

开机运行，根据环境温度设置好温度工作点，使加热器（机房空调多为电加热）工作，用钳型电流表测加热器电流。

4．加湿工况测试

开机运行，根据环境湿度设置好湿度工作点，使加湿器工作，用钳型电流表测加湿器电流。

5．室内、外风机及总负载测试

开机运行，根据环境温湿度设置好温湿度工作点，使内外风机工作，用钳型电流表测内外风机电流；再改变工况测空调的总工作电流。

小　结

1．通信网络的正常运行，归根结底是电源网络各种设备运行参数必须符合指标的要求，必须对电源网络的各种参数进行定期或不定期地测量和调整，以便及时了解电源网络的运行情况。

2．测量误差指标有绝对误差和相对误差。根据测量误差的性质和特点，可将它分为系统误差、随机误差和粗大误差三大类，其中多次测量可减小随机误差的影响，系统误差的处理取决于测量人员的经验、学识和技巧，粗大误差主要由于读数错误、测量方法错误和测量仪器有缺陷等原因造成的。

3．交流参数指标的测量包括：交流电压、交流电流、频率、正弦畸变率和三相不平衡度等的测量。

4．很多供电设备对供电容量的限制，在很大程度上是出于对设备温升的限制，过高的温升会使得设备绝缘破坏、元器件烧毁等，继而引起短路、通信中断，甚至产生火灾等严重后果，红外点温仪是测量温升的首选仪器。

5．直流系统压降分为接头压降和全程回路压降，直流系统压降过大将造成供电的不可靠，而且造成损耗增加。

6．整流模块作为直流供电系统的基本组成单元，熟练掌握其各项技术指标的测试方法对于保证通信网络的供电安全具有重要的意义。包括：直流输出电压调节范围、均流和限流性能、开关机过冲幅值和软启动时间等的测量。

7．直流杂音的电压过大将会影响通信质量以及通信设备工作的稳定和可靠，直流杂音电压可以分为电话衡重杂音电压、离散杂音电压、宽频杂音电压和峰—峰值杂音电压等指标来衡量。

8．蓄电池组是直流供电系统的重要组成部分，通信电源交流供电和直流供电的不间断都是由蓄电池组来保证的。对蓄电池组日常的维护测试主要有常规外观检查、端压均匀性检查、极柱压降检查和蓄电池组容量检查。

9．油机发电机组平时的维护，除了定期检查水位、油位等以外，特别对于电气特性的检测是必不可少的。油机的电气特性主要有绝缘电阻、输出电压、频率、正弦畸变率、功率因数和噪声等的测量。

10．合理良好的接地系统可以保证建筑及电气设备免遭雷击的损害，保证供电系统的正常工作，在用电设备发生漏电时保护人身的安全。接地系统的接地电阻每年应定期测量，并保证接地电阻符合指标要求。测试的方法中常用的方法为直线布极法，常用的仪表为 ZC-8

型一类的接地电阻测量仪。

11．通信机房对环境要求越来越高，日常对机房空调的性能测试维护也越来越重要，主要的测试有制冷系统工作时的高压低压和空调运行时各种工况下的工作电流。

思考题与练习题

12-1　通信电源日常测量操作的基本要求有哪些？

12-2　根据测量误差的性质和特点，测量误差可分为哪几类？请分别谈谈在实际测量时应如何减小或避免？

12-3　日常测量交流电压或电流常用的万用表测得的是交流有效值，如果想得到该交流分量的峰值，有哪些方法？并简述其注意事项。

12-4　钳形表测量小电流时往往精度不高，为了提高测量精度，可采用什么办法？请详细描述该方法。

12-5　什么是温升？测量电源设备或元器件温升时有什么注意事项？

12-6　某导线中实际负载电流为 2 000A，在某接头处测得的接头压降为 70mV，问：该处接头压降是否合格？

12-7　设有直流回路设计的额定值为 48V/1 500A，在蓄电池单独放电时，实际供电的电压为 50.3V，电流为 800A，对三个部分所测得压降为 0.15V、0.2V 及 1.1V，问：该系统直流回路压降是否合格？

12-8　整流器要求直流输出电压应能在一定范围内调节的原因是什么？

12-9　整流器限流功能包含哪些内容？

12-10　某开关整流器已知直流输出设定值为 54V，在不同条件下共测得直流输出电压五组：54V；53.8V；54.2V；54.6V；53.6V，问：就这五组数据而言，该整流器的稳压精度是否合格？

12-11　为什么用杂音计测量电源系统杂音时，测量仪表需要机壳悬浮？

12-12　蓄电池组标识电池是如何选择的？

12-13　为什么蓄电池组极柱压降测量时，要求在蓄电池组放电时进行？

12-14　某电源系统两组蓄电池组并联，现发现容量都已经过小，需要更换新电池，请制定一套更换的安全方案。

12-15　油机发电机所谓"四漏"指什么？如何检查？

12-16　画出用直线布极法测量系统接地电阻的示意图。如果接地体周围全部是水泥地面，没法找到打辅助电极的位置，如何解决？

12-17　测试空调高低压力的意义？测试的方法和步骤有哪些？

12-18　本章在讲述接地电阻测量时，涉及到的季节修正系数 K，你认为冬季和夏季相比，哪个季节 K 更大一些？为什么？

第13章　基站电源系统设计施工维护

本章典型工作任务

- 典型工作任务一：通信基站电源系统勘查设计。
- 典型工作任务二：通信基站电源系统规范施工。
- 典型工作任务三：通信基站电源系统日常巡检。

本章内容

- 通信基站电源系统勘察。
- 通信基站电源系统设计。
- 通信基站电源系统的施工规范。
- 通信基站电源系统典型故障分析与排除。

本章重点

- 通信基站电源系统的勘察设计。
- 通信基站电源系统的施工规范。

本章难点

- 通信基站电源系统的勘察设计。

本章学时数　6课时。

学习本章目的和要求

- 掌握通信基站电源系统勘察步骤和方法。
- 掌握通信基站电源系统设计步骤和规范。
- 掌握通信基站电源系统施工工艺和相关规范。

13.1　典型工作任务

13.1.1　典型工作任务一：通信基站电源系统勘查设计

13.1.1.1　所需知识

（1）电源系统的组成。

（2）基站电源系统勘察知识。

（3）机房布局设计。

（4）电源系统设备容量配置。

13.1.1.2　所需能力

（1）对新老机房做全面的布局和容量的勘察，输出勘察报告。

（2）机房的设备布局设计。

（3）电源设备的配置设计规划。

13.1.1.3　参考行动计划

（1）分组：以 5 人左右为一个小组，明确人员职责，按照项目要求各自独立开展工作。

（2）讨论：明确分组以后各组围绕主题、重点和工作步骤开展讨论。根据讨论结果拿出各组的方案、具体步骤和注意事项。

（3）教师的审核：教师根据各组提出的方案审核方案是否完整及具体可操作性、是否存在安全隐患。

（4）各小组的实际训练操作：各小组按照审核通过的方案组织实际训练操作。

（5）检查评估：实际操作结束后，由检查组开展评估和小结。

13.1.1.4　参考操作步骤

（1）全面勘察机房，完成勘察报告。

（2）根据前期勘察报告，完成电源设备的配置设计。

（3）根据前期勘察报告，完成机房设备的布局设计。

13.1.1.5　检查评估

（1）步骤实施的合理性：看工作步骤是否符合计划方案，是否顺畅、合理。

（2）安全性考虑：操作是否规范，是否存在安全隐患。

（3）团队分工合作效率：团队配合是否默契、工作效果如何。

（4）创新：工作思路和方法是否有所创新。

（5）拓展性：是否有助于相近学科的学习和研究。

（6）职业素养的提高：学习态度、操作能力、可持续发展能力、创新能力均有较大提高。

（7）成果的自我总结评价：各小组的工作总结是否恰如其分，对存在问题的分析是否透彻，整改措施是否得当。

13.1.2　典型工作任务二：通信基站电源系统规范施工

13.1.2.1　所需知识

（1）电源系统的组成。

（2）交流配电系统、开关电源、蓄电池、监控系统、空调、接地系统的安装建设规范。

13.1.2.2　所需能力

（1）熟悉机房设计图，能按照图纸正确规范施工。

（2）熟悉机房各类施工安装规范。

（3）查找发现施工中存在的问题。

13.1.2.3　参考行动计划

（1）分组：以 5 人左右为一个小组，明确人员职责，按照项目要求各自独立开展工作。

（2）讨论：明确分组以后各组围绕主题、重点和工作步骤开展讨论。根据讨论结果拿出各组的方案、具体步骤和注意事项。

（3）教师的审核：教师根据各组提出的方案审核方案是否完整及具体可操作性、是否存在安全隐患。

（4）各小组的实际训练操作：各小组按照审核通过的方案组织实际训练操作。

（5）检查评估：实际操作结束后，由检查组开展评估和小结。

13.1.2.4　参考操作步骤

（1）熟悉掌握机房设计图纸。

（2）根据机房设计图，参考13.2.3中的各项施工规范查看施工中存在的问题。

（3）根据查看，输出整改方案。

13.1.2.5　检查评估

（1）步骤实施的合理性：看工作步骤是否符合计划方案，是否顺畅、合理。

（2）安全性考虑：操作是否规范，是否存在安全隐患。

（3）团队分工合作效率：团队配合是否默契、工作效果如何。

（4）创新：工作思路和方法是否有所创新。

（5）拓展性：是否有助于相近学科的学习和研究。

（6）职业素养的提高：学习态度、操作能力、可持续发展能力、创新能力均有较大提高。

（7）成果的自我总结评价：各小组的工作总结是否恰如其分，对存在问题的分析是否透彻，整改措施是否得当。

13.1.3　典型工作任务三：通信基站电源系统日常巡检

13.1.3.1　所需知识

（1）基站电源系统的组成。

（2）基站交流配电、开关电源、蓄电池、防雷接地、监控、空调系统的组成和工作原理。

（3）各类电源测试仪表使用。

13.1.3.2　所需能力

（1）熟练使用各类电源测试仪器仪表。

（2）基站交流配电、开关电源、蓄电池、防雷接地、监控、空调系统等动力和配套系统的日常测试。

13.1.3.3　参考行动计划

（1）分组：以5人左右为一个小组，明确人员职责，按照项目要求各自独立开展工作。

（2）讨论：明确分组以后各组围绕主题、重点和工作步骤开展讨论。根据讨论结果拿出各组的方案、具体步骤和注意事项。

（3）教师的审核：教师根据各组提出的方案审核方案是否完整及具体可操作性、是否存在安全隐患。

（4）各小组的实际训练操作：各小组按照审核通过的方案组织实际训练操作。

（5）检查评估：实际操作结束后，由检查组开展评估和小结。

13.1.3.4　参考操作步骤

1．基站交流系统维护

序号	项目
1	检查变压器是否漏油、有无异常声响、外观有无损坏、安装和接线是否牢固
2	检查交流引入线周围环境是否正常，注意供电电缆的地面有无施工、挖掘现象
3	检查避雷器是否完好
4	测量交流负载电压、电流、交流频率
5	检查断路器、空开、零线连接是否良好
6	测量供电回路的主要接点、空气开关等有无温升过高或压降
7	交流配电箱设备内部清洁
8	检查交流配电箱内部走线是否整齐规范

2．开关电源维护

序号	项目
1	检查模块液晶屏显示功能是否正常、翻看告警记录，检查告警信号
2	测量直流熔断器和各类接头温升、压降
3	清洁设备
4	检查断路器、风扇是否正常
5	检查模块均分负载性能
6	检查防雷模块是否良好，接地是否可靠
7	清洁设备
8	检查浮均充电压、限流、保护告警等各项参数设置
9	测试系统自动均、浮充转换功能
10	检查各类接线端子、开关的接触是否良好
11	插件和电缆连接、固定良好，无挤压变形、发热和老化

3．基站蓄电池维护

序号	项目
1	保持电池周边环境卫生
2	检查接头连接处有无松动、腐蚀现象
3	检查电池壳体有无渗漏和变形
4	检查极柱、安全阀周围是否有酸雾酸液逸出，有无白色结晶
5	测量电池电导值
6	全面清洁蓄电池
7	测量蓄电池组、各单体电池的端电压
8	检查馈电母线、电缆及软连接头等各连接部位的连接是否可靠，并测量压降
9	核对性放电试验

4．基站空调维护周期表

序号	项目
1	检查清洁空调表面及机柜，过滤网
2	检查接头连接处有无松动、腐蚀现象
3	检查温度设定，进出风口温度，温差
4	管路排水情况检查
5	自启动检查
6	检查室内外机架固定情况，有无腐蚀，有无紧固
7	检查冷媒管路固定情况，外层保护保温套完好状况
8	测量系统工作高低压力，测量系统工作电流
9	检查室内外机接地连接状况检查
10	检查管线洞孔封堵情况检查

5．基站动力和环境监控系统维护

序号	项目
1	检查基站监控系统各组件是否存在告警，与监控中心进行核对，检查各连接端口、采集线缆的连接、紧固和布线整洁美观状况
2	与中心核对基站监控系统的告警上传性能
3	监控系统硬件设备检查，抽查监控系统的性能、功能指标
4	设备清洁
5	监控系统数据准确度、系统功能全面核对性测试

6．基站接地防雷系统维护

序号	项目
1	检查3+1防雷器的模块失效指示
2	检查天馈线、主设备、传输等其他避雷器状态
3	检查室内外地线外观，连接质量
4	检查电源防雷器模块，零地线接头连接处发热状态

13.1.3.5　检查评估

（1）步骤实施的合理性：看工作步骤是否符合计划方案，是否顺畅、合理。

（2）安全性考虑：操作是否规范，是否存在安全隐患。

（3）团队分工合作效率：团队配合是否默契、工作效果如何。

（4）创新：工作思路和方法是否有所创新。

（5）拓展性：是否有助于相近学科的学习和研究。

（6）职业素养的提高：学习态度、操作能力、可持续发展能力、创新能力均有较大提高。

（7）成果的自我总结评价：各小组的工作总结是否恰如其分，对存在问题的分析是否透彻，整改措施是否得当。

13.2　相关配套知识

13.2.1　通信基站电源系统的勘查

通信电源是整个通信网中必不可少的重要组成部分，其供电质量的好坏，设备配置是否合理，将关系到整个通信网的畅通。电源勘察的细致与否，直接影响电源设备配置的合理性及供电质量。

在工程设计中，勘察是设计的基础。制定完备的电源专业勘察细则，工程设计人员按照细则逐项进行勘察工作，能进行全面的数据记录，有效地提高勘察的质量，从而保证工程设计的质量。

1．勘察前期准备工作

基站（小型局站）通信电源勘察以基站交流配电装置输入端为起始点，通信电源系统输出端为止的通信电源系统，以基站机房接地引出线为起始点，机房接地分排为止的接地系统。

勘察前做好细致的准备工作能起到事半功倍的作用，具体如下。

（1）了解总体的工程建设情况及规模，并收集勘察点的相关资料和建设内容，包括主设备、传输设备等建设规模及所需功耗和供电类别。

（2）根据掌握的情况，制定勘察计划，安排勘察路线。

（3）与建设单位联络人、相关专业设计人等取得联系，说明工作内容，取得配合，并记录所需的电话、地址、传真号、E-mail 等联系方法。

（4）对于新建或新租用的机房，应要求建设单位提供建筑平面图和总平面示意图，一般来说建设单位应能提供综合机房方面的图纸。对于已有机房，应准备好前期工程设计图纸。

准备好足够的空白综合机房或基站电源勘察记录表格和草图。

（5）准备好勘察所需的仪器及工具，包括 5m 以上钢卷尺、数字交直流钳形表。另根据需要可选配数码相机、指南针等。

2．新建或新租用基站（小型局站）通信电源勘察主要内容

（1）根据基站建设的需要，确定基站电源系统的配置情况。

（2）根据机房所处的位置、平面，确定基站电源设备的布放方案，室内走线架布置方案。

（3）根据机房的实际情况，确定接地系统的建设。

（4）提出通信电力系统建设所必要的机房条件，包括机房长、宽、高（梁下净高）、门、窗、立柱和主梁等的位置和尺寸；楼板承重及机房净高等，（蓄电池承重要求≥1000kg/m²，一般的民房承重在 200～400kg/m²，需采取措施增加承重），并向建设单位陪同人员和业主索取有关信息。

3．已有基站（小型局站）通信电源勘察主要内容

（1）核对前期工程的设备平面图及电力系统图，及时修改有变化的地方。

（2）察勘基站内低压及基站电源的使用功耗情况并进行记录，结合本期工程的需求，并与原配置进行比较，确定是否需要进行扩容建设。

（3）记录下已运行的电源设备的配置情况，配电设备分路的使用情况，结合本期工程的需求，确定是否需要进行扩容建设。

（4）察勘基站接地系统，对存在的问题予以解决。

4．勘察注意事项

（1）在勘察时，要注意观察、记录，对待建和已建工程中存在的问题和安全隐患要及时

的予以指出，并提出整改方案。

（2）在勘察已在网运行的设备时，要尽量在建设单位专业负责人的陪同下进行。

（3）勘察时切勿私自动手操作。在确实有需要时，可要求建设单位人员代为操作。

5．输出报告要求

勘察完成后需要及时对勘察内容进行整理和总结，提交相关的记录。新建或新租用基站应记录的有关信息如下。

（1）机房长宽高尺寸，门、窗、梁（上、下）、柱等的位置、尺寸（含高度）。

（2）指北方向。

（3）如为多孔板楼面的应标明孔板走向，便于加固设计及设备摆放布置。

（4）室内如有其他障碍物（管子等），应注明障碍物的位置、尺寸（含高度）。

（5）设计走线架、室内外接地排、交流配电箱、避雷器等的布置位置、尺寸（含高度）。

（6）设计新增设备（含组合开关电源、空调、蓄电池等）的平面布置。

（7）如无法确认机房承重问题，应提醒建设单位对承重进行核算和加固。

（8）确定油机切换箱和电表箱的位置。

已有基站应记录的有关信息为：

（1）机房长宽高尺寸，门、窗、梁（上、下）、柱等的位置、尺寸（含高度）。

（2）指北方向。

（3）如为多孔板楼面的应标明孔板走向，便于加固设计及设备摆放布置。

（4）室内如有其他障碍物（管子等），应注明障碍物的位置、尺寸（含高度）。

（5）机房如需改造，应详细注明与改造相关的信息，需新增部分走线架的应有设计方案并与原有走线架相区别。

（6）室内外接地铜排的位置和安装高度。

（7）已有设备（含组合开关电源、空调、蓄电池等）的平面布置。

（8）新增设备（含组合开关电源、空调、蓄电池等）的平面布置。

（9）如蓄电池需升级，则提出升级方案。

（10）如无法确认机房承重问题，应提醒建设单位对承重进行核算和加固。

6．与建设单位的沟通

资料整理完毕，且形成勘察初稿后，应尽快与建设单位进行沟通，交流设计方案，积极听取建设单位的正确的意见和建议，及时了解建设单位的建设思路，综合机房电源的远期建设方案和设备布置，基站电源设备的配置原则，目前电源设备使用中存在的问题等，沟通后形成最终稿。

13.2.2 通信基站的电源系统设计原则

1．市电引入设计原则

（1）自建基站交流供电线路宜采用套钢管直埋地的方式引入机房，其埋设长度不宜小于50m，如实际工程难以做到，则其埋地长度应不小于 30m。对于环绕机房敷设的直埋钢管，其钢管两端应与基站接地系统就近焊连；对于其他方式进入机房的直埋钢管，靠近机房的一端钢管应与基站接地系统就近焊连，远离机房的一端钢管应就近设置简易地网，其接地体宜设计成辐射形或环形，并相互可靠焊连；有困难的基站，也可以采用铠装电缆埋地引入方式，电缆两端钢带应就近接地，接地方法同上。

（2）供基站下电的高低压架空线路应与周围的树木、建筑等保持足够的安全距离。

（3）基站外露天安装的供电变压器，应确保安装、固定可靠，并在醒目位置悬挂"高压危险、严禁攀爬"等警示标志。

（4）变压器各接线端子应紧固无松动，确保电气接触良好，无氧化、发热现象，接线瓷瓶无破裂；变压器外壳无漏油痕迹。

（5）变压器中性点、外壳的接地引下线应确保紧固良好，无断裂、松动现象。

（6）除基站用电设备外，变压器上严禁搭接其他用供电负载。如有其他室外用电负载接至基站交流配电屏，应考虑相应防雷措施。

2．三相电原则

（1）应使用护套颜色为黑色的三相四线制阻燃电缆。

（2）除租用机房外，三相线线径应不小于 $25mm^2$，中性线不小于 $25mm^2$。

（3）交流中性线与保护地不接触，不合用。

（4）三相四线，尽量各相均衡，单相电压范围为 185～265V，输入电流谐波成分：不大于 25%（规定 3～39 次 THDA），输入频率：额定频率为 50Hz，允许变化范围：50Hz，±4%，功率因数：大于 0.85。

（5）对于交流引入采用三相四线电缆的基站，引入交流配电箱的保护接地母线线径不小于 $70mm^2$，导线应采用黄绿色铜导线。经交流配电箱后的空调线缆应采用三相五线电缆，开关电源的线缆应采用三相四线阻燃电缆。

3．交流配电箱设计原则

（1）交流配电箱的外形与结构应符合通信电源设备成套性的要求，一般采用壁挂式，其外形尺寸为 500mm×200mm×700mm、550mm×200mm×750mm 或 600mm×250mm×800mm。

（2）交流配电箱应具有中性线和保护接地装置，箱内应有足够的排线空间，独立的零线地线接线排。金属壳体应焊有 M8 及以上的同质接地螺母或螺栓。

（3）交流配电箱应能监测输入电压、电流，应装配智能电度表或采集模块，监测的电气参数宜包括三相电压、三相电流、功率因数、有功功率、无功功率、视在功率、有功总电能、无功总电能、有功总最大需量及发生时间、无功总最大需量及发生时间等。必要时，交流配电箱应分别对总输入分路、空调分路及开关电源分路进行电气参考监测。监测装置的量程应满足电气参数的需要，显示精度应优于 2%。

（4）交流配电箱输出分路应设有保护装置；必要时，输出分路应装配 SPD；输出分路的数量和容量的配置应满足通信基站的需要。

（5）试验电压为直流 500V 时，交流配电箱各带电回路对地之间（在该回路不直接接地时）的绝缘电阻均不低于 2MΩ。

4．基站应急发电机组设计原则

（1）基站应急汽油发电机组容量主要依据小型通信局站的负荷大小、环境要求以及局站对供电的要求等作为其选用原则；基站应急汽油发电机组的容量应满足中远期站点负荷的需求，额定功率应能满足基站最大保证负荷的供电需求，对于长时间使用的机组，基站保证负荷应不高于机组额定容量的 80%。

（2）对因环境温度过高，而需要对空调进行保障的特殊基站，基站应急汽油发电机的供电容量应适当考虑空调运行负荷，基站应急汽油发电机组应根据各地基站站点数量及实际供电情况进行配置，单台发电机组一般选用容量为 5～15kW，应根据各地基站站点数量及实际供电情况进行配置，单台发电机组一般选用容量为 5～15kW。

（3）基站应急汽油发电机组在使用时，应优先满足基站通信设备的供电及蓄电池组的补充电。

（4）在三类市电供电区域，山区的移动通信基站宜每 5 个站配置 1 台应急汽油发电机组；平原宜每 10 个基站配置 1 台应急汽油发电机组；对于市电供应情况较好的直辖市、省会城市及地市基站，应急汽油发电机组的配置数量可进行适当调减；对于市电供应紧张或交通不便的地区的基站，其应急汽油发电机组的配置数量可进行适当调增，对于边远地区及灾害易发地区，可根据不同区域维护能力、站点距离、气候条件等具体情况，适当增加油机配置数量。

（5）对于市电供应紧张，机组搬运困难的基站，机组宜储存在基站附近，或储存在独立发电机房内、海岛、湖岛、或河岛基站，其机组宜储存在基站内，储存在基站的汽油发电机组必须放空机组油箱内剩余汽油。

（6）应急汽油发电机组应能根据要求配置轮子，以方便搬运及维修，便携式汽油发电机应具备电启动功能，对于环境噪声要求高，而可能出现导致发电受阻的基站，宜选用静音型便携式汽油发电机组。

5. 高频开关电源设计原则

（1）通信基站应选用 1 套组合开关电源。

（2）组合电源整流模块数可按近期负荷配置，但满架容量应考虑远期负荷发展，单独建立的移动通信基站组合电源应具备低电压两级切断功能。

（3）组合开关整流器的总容量应满足通信负荷功率和蓄电池组的充电用功率，整流模块数量应按 $n+1$ 冗余方式确定整流器的配置。其中 n 只主用，$n \leqslant 10$ 时，1 只备用；$n>10$ 时，每 10 只备用 1 只。总容量按照负荷电流和均充电流（10 小时率充电电流）之和确定。

6. 蓄电池组设计原则

（1）蓄电池组的容量应按近期负荷配置，依据蓄电池的寿命，适当考虑远期发展。

（2）不同厂家、不同容量、不同型号、不同时期的蓄电池组严禁并联使用。

（3）蓄电池总容量估计如下：

$$Q = \frac{KIT}{1 + \eta[1 + \alpha(t - 25)]}$$

Q——蓄电池容量（Ah）；

K——安全系数，取 1.25；

I——负荷电流（A）；

T——放电小时数（h）；

η——放电容量系数；

t——实际电池所在地最低环境温度数值。所在地有采暖设备时，按 15℃考虑，无采暖设备时，按 5℃考虑；

α——电池温度系数（1/℃），当放电小时率≥10 时，取 α=0.006；当 10>当放电小时率≥1 时，取 α=0.008；当放电小时率<1 时，取 α=0.01。

蓄电池放电电流和容量关系表见表 13-1。

（4）蓄电池组容量配置应考虑负载所需保障时长，宜配置 1 组蓄电池，负荷较大时，可根据实际情况配置 2 组蓄电池。

表 13-1			蓄电池放电电流和容量关系表	
放电率	电池有效放电容量（η=%）		放电电流	终止电压（V）
	防酸式	阀控式		
1	51.4	55.0	5.500 I_{10}	1.75
2	61.1	61.0	3.050 I_{10}	1.80
3	75.0	75.0	2.500 I_{10}	1.80
4	80.0	79.0	2.000 I_{10}	1.80
5	83.3	83.3	1.660 I_{10}	1.80
6	87.6	87.6	1.460 I_{10}	1.80
7	91.7	91.7	1.310 I_{10}	1.80
8	94.4	94.4	1.180 I_{10}	1.80 (1.84)
9	94.4	94.4	1.080 I_{10}	1.80 (1.84)
10	100	100	1.000 I_{10}	1.80 (1.85)
20	110	110	0.550 I_{10}	1.80 (1.86)

（5）单组蓄电池容量一般可选用 38、50、100、150、200、300、500、1000Ah，容量小于 200Ah 宜配置单体 12V 的蓄电池，容量在 200Ah 以上宜配置单体 2V 的蓄电池。

7．空调设计原则

（1）考虑到通信设备扩容的需要，通信基站空调的制冷量应根据近中期的设备散热量配置。

（2）基站空调制冷量可简单地按照站点设备散热量及维护结构散热需求配置。通信设备的热量按照设备功率估算，电源设备的热量按照输出功率的 0.1 转化成热量估算；维护结构的热量可按照非彩钢板房发热量可取值为 100W/m²，彩钢板房发热量可取值为 150W/m²。

（3）基站空调的制冷量一般采用 2 匹柜机、3 匹柜机、5 匹柜机的单冷设备。

（4）空调制冷量的估算原则：1 匹制冷量为 2000 大卡×1.162＝2 324W，2 匹制冷量为 4 648W，3 匹制冷量为 6 972W。

（a）站点总散热量 Q>3 匹，宜配置 2 台 3 匹柜式空调，如机房空间仅满足 1 台空调安装位置，可根据站点实际情况配置 1 台 5 匹空调。

（b）站点总散热量 2 匹<Q≤3 匹，宜配置 1 台 3 匹柜式空调。

（c）站点总散热量 Q≤2 匹，宜配置 1 台 2 匹柜式空调。

（5）租用机房如果机房安装条件受限，可考虑选用 2 匹壁挂空调。

（6）空调室外机应考虑朝站点朝北方位安装（日照时长较短），安装现场应便于室外机通风散热。

8．动力和环境监控系统设计原则

（1）监控设备应具备升级兼容性和可扩展性，并预留一定的输出/输入端口。

（2）监控设备传输方式的选择应尽量利用现有传输网资源，提高传输手段的可靠性。

（3）新建站点优先采用基于 IP 传输的监控设备；站点原有传输方式为 E1 传输资源的站点，采用 E1 设备；原有站点已具备 IP 传输的应择机改造。

（4）对于传输资源不足的基站，可选择 GPRS 或短信等其他传送方式。

9．接地系统设计原则

移动通信基站所在地区土壤电阻率低于 700Ω·m 时，基站地网的工频电阻宜控制在 10Ω 以内，当基站的土壤电阻率大于 700Ω·m 时，可不对基站地网的工频电阻予以限制，此时地网的等效半径应大于等于 20m，并在地网四角敷设 20～30m 辐射型水平接地体。敷设辐射形水平接地体时，可根据周围的地形环境确定接地体的走向、埋深、长度和根数。

（1）接地体

① 基站的主地网应由机房地网、铁塔（含桅杆）地网组成，或由机房地网、铁塔地网和变压器地网组成。各地网间应作两点以上的可靠焊接。

② 机房地网：机房应在机房建筑物散水点以外设环形接地装置，并利用机房建筑物基础横竖梁内两根以上主钢筋共同组成机房地网。机房建筑物基础有地桩时，应将地桩内两根以上主钢筋与机房地网焊接连通；机房设有防静电地板时，应选用截面积不小于 50mm² 的铜导线在地板下围绕机房敷设闭合的环形接地线，并从接地汇集线上引出不少于两根截面积为 50～75mm² 的铜质接地线与引线排的南、北或东、西侧连通。

③ 铁塔地网：通信铁塔位于机房旁边时，铁塔地网应采用 40mm×4mm 的热镀锌扁钢将铁塔 4 个塔脚地基内的金属构件焊接连通，铁塔地网的网格尺寸不应大于 3m×3m。通信铁塔位于机房屋顶时，铁塔四脚应与楼顶避雷带就近不少于两处焊接连通，并在机房地网四角设置辐射式接地体。

④ 变压器地网：电力变压器设置在机房内时，其地网可合用机房及铁塔地网组成的联合地网；电力变压器设置在机房外，且距机房地网边缘 30m 以内时，变压器地网与机房地网或铁塔地网之间，应每隔 3～5m 相互焊接连通一次（至少有两处连通），以相互组成一个周边封闭的地网。

⑤ 接地体宜采用热镀锌钢材，钢管（ϕ50mm，壁厚不应小于 3.5mm）、角钢（不应小于 50mm×50mm×5mm）、扁钢（不应小于 40mm×4mm）。

⑥ 垂直接地体长度宜采用长度不小于 2.5m（特殊情况下可根据埋设地网的土质及地理情况决定垂直接地体的长度）的热镀锌钢材，垂直接地体间距为其自身长度的 1～2 倍，具体数量可以根据地网大小、地理环境情况来确定，地网四角的连接处应埋设垂直接地体。

⑦ 租赁民房或其他建筑（下通称商品房）作基站机房时，若商品房无防雷设施，应在商品房的屋顶四周设避雷带，并设专用引下线，避雷带与专用引下线焊接连通。同时围绕商品房在不同方向上设置两个地网，若商品房有基础接地体时，则地网应与基础接地体焊接连通，并将雷电引下线与地网相连。若商品房有防雷设施，可从建筑物避雷带上分别以两点以上焊接引到基站的室外和室内接地排，作为基站的接地系统。

⑧ 室外开挖地沟应保证地沟深度不小于 0.9m，其上部宽度不小于 0.5m，下部宽度不小于 0.4m，并且开挖时应尽量避开污水排放和土壤腐蚀性强的地段。

⑨ 垂直接地体在地沟内的打入深度应不小于 2.5m，若地质较硬导致角钢无法打入到要求的深度，可以将角钢的多余部分去除。为了便于焊接，打入角钢的侧面应与垂直布放的扁钢相平行。

（2）接地排要求

① 基站应在馈线入室口设置截面积不小于 100mm×10mm 室外接地铜排，并与室外走线架、室内走线架、铁塔塔身和基站建筑物等保持绝缘；接地铜排应采用不小于 95mm² 黄绿色铜导线或 40mm×4mm 的镀锌扁钢就近与基站地网作可靠连接。

② 基站室内接地排应采用不小于 40mm×4mm 的汇集线及室内铜排，接地引入线长度不宜超过 30m，接地引入线应采用不小于 95mm² 黄绿色铜导线或 40mm×4mm 的镀锌扁钢。

③ 在条件许可的情况下，接地引入线在地网的引接点与雷电引下线（包括塔基）在地网上的距离应不小于 5m。

④ 地线排的接线端子应作防锈处理，接触点必须处理清洁，保证良好的接触。

⑤ 接地线接头应作绝缘处理且不能与其他带电体相连。

（3）接地汇集线要求

① 接地汇集线一般设计成环形或排状，材料为铜材，应采用截面积不小于 40mm×4mm 的铜条。

② 机房内的接地汇集线可安装在地槽内、墙面或走线架上，接地汇集线应与建筑钢筋保持绝缘。

13.2.3　通信基站电源系统施工规范

1. 基站交流引入电缆施工规范

（1）交流电的引入和连接其相序必须符合国家标准，并注意相间负荷的均衡。低压交流配电系统中引出的零线不能作为基站内设备的接地源。

（2）交流电缆芯线的截面积根据该站负荷及引入路由的长度由设计确定。为了安装浪涌保护器的需要，相线与零线取相同的截面积。一般最常采用的芯线的截面积为 16 mm^2。

（3）交流电缆的外护套为黑色，内芯相线颜色为黄色（A 相）、绿色（B 相）、红色（C 相）、中性线零线为蓝色（N）、保护地线为黄绿色（PE）。多雷暴地区交流市电引入机房应采用铠装电缆（A+B+C+N+铠装）。

（4）根据设计人员现场勘察所选的站址属多雷暴地区时，自建机房基站低压交流电缆进机房应采用铠装电缆、地埋进机房，黄绿保护地线或铠装电缆的铠装层金属层应在穿钢管处与钢管通过连接（需做铜鼻子），并且电缆进入机房交流配电箱内也要进行接地（需做铜鼻子）。地埋的长度一般为 15m。其他地区按设计要求选用电缆。

（5）交流电缆的芯线与机房内交流配电箱总空气开关、零线排、保护地排连接时需做铜鼻子连接，如必须采用插接方式连接则需做管状软鼻子或对插入连接的铜线做浸锡处理。

（6）交流配电箱内部所有连接线均需根据其属性，采用合格的标签做好清晰的标示。

2. 基站室内电源线缆施工规范

（1）电源线、信号线及铜（铝）接线端子，螺栓，螺母的规格、型号必须符合施工图设计要求。

（2）交流电源线、直流电源线、射频线、地线、传输线、控制线应分开敷设，避免在同一线束内，不要互相缠绕，要平行走线，其间隔尽可能大。

（3）交流电源线和直流电源线不能交叉。

（4）所有直流电源线与铜鼻子要紧固连接，并用胶带或热缩套管封紧，没有裸露的铜线。

（5）电源线应走线方便，整齐，美观，与设备连接越短越好，同时不应妨碍今后的维护工作。

（6）电源线布放时，应连接正确并且紧固。

（7）电源线布放时，应保持其平直、整齐。

（8）电源线布放时，绑扎间隔应适当，松紧应合适。

（9）交流电源线两端要有标签，标签上要标明路由。

（10）电源线颜色要能明确区分各个电极：对于采用-48V 供电系统，0V 电源线宜采用红色，-48V 电源线宜采用黑色，开关电源工作地线宜采用红色。开关电源工作地线应采用不小于 95mm^2 铜导线就近与基站地网引入端作可靠连接，但不得与室内走线架上面的保护地汇集线相连。

3．开关电源系统施工规范

（1）高频开关组合电源安装位置，电缆敷设的路由、路数应符合施工图设计要求，以不影响主设备扩容为原则，高频开关组合电源应安装牢固。

（2）电源电缆必须采用整段的线料，不得在中间接头。规格和绝缘强度应符合设计要求，电缆与设备接线端子应连接牢固，使接头接触良好，保证电压降指标及对地电位符合设计要求，所有线缆均吊上塑料标签按设计做好标号。

（3）高频开关组合电源模块正确安装，每个开关整流模块的输出电流尽量调整。

（4）高频开关组合电源配置应根据不同设备类型对电流需求，配置适宜熔断器（16A、32A、63A、100A、125A），总熔丝和各个分路熔丝的容量均应符合设计要求，熔断器配备应满足施工图设计要求。

（5）应加装安全防护罩，并有可靠接地。

（6）开关电源的浮充电压及均充电压设置符合电池厂家的要求，并符合设备对供电电压范围的要求。

（7）基站开关电源至各个蓄电池组的直流电源连接线，正极采用红色外护套的多股软电缆，负极采用黑色外护套的多股软电缆，正极和负极电缆的截面积要求压降要求。

4．基站蓄电池施工建设规范

（1）电池架排列位置，符合施工图设计要求，并排列平整稳固，水平偏差不大于 3～5mm。

（2）电池架安装方式，符合施工图设计要求，蓄电池架安装应固定，每颗固定螺丝都要拧紧，不允许有松动的现象。

（3）电池应保持垂直与水平，底部四角均匀着力，电池各列要排放整齐，前后位置、间距适当。

（4）蓄电池极板螺母应紧固，极板盖板齐全，电池电极盖上的测试孔应朝外。电池组的每节电池应标有序号。

（5）蓄电池连接极板处应涂导电油膏；引出极的裸露部分应缠胶带绝缘。

（6）蓄电池至开关电源采用多根电缆连接时，应尽量保持每根正极电缆长度一致，每根负极电缆长度一致，以保证每组电池充、放电电压的一致，每根电缆线均需用标签标示正确。

（7）各组电池应根据母线走向确定正负极出线位置，电池组及电池均应设有清晰的明显标志。

（8）电池组如果配有电池温控测试线，应在满足便于使用条件下安装在距电池组最近的走线架上。

（9）6 度和 7 度抗震设防时，可以采用钢抗震架（柜）等其他材料抗震框架安装蓄电池组，抗震架（柜）的结构强度需满足设备安装地点的抗震设防要求。抗震架（柜）与地面用 M8 或 M10 螺栓加固。8 度和 9 度抗震设防时，蓄电池组必须用钢抗震架（柜）安装，钢抗震架（柜）底部应与地面加固。当抗震设防时，蓄电池组输出端与电源母线之间应采用母线软连接。

（10）蓄电池组不应安装在空调室内机下方。

（11）不同性能、规格和出厂时间的蓄电池不能混合组合使用。

（12）蓄电池组金属支架原则上不接地以防止短路事故。在电池安装连接、电池组并接时，操作用的扳手一定要包好绝缘胶带，严防短路，所有连接螺栓上的铜鼻子都必须配套压平垫片、弹簧垫片并拧紧螺帽。

（13）蓄电池安装完成后应尽快安排进行容量试验，以验证每节电池是否达到验收标准。

新安装的蓄电池若已经放置时间很长（3 个月以上）还应先进行补充充电。

5．基站空调的施工建设规范

（1）室内机安装标准

① 室内机容量符合设计要求。

② 室内机安装位置应符合施工图设计要求，壁挂空调应距屋顶 200～500mm。

③ 室内机安装位置应与通信设备保持一定距离。

④ 壁挂空调不能安装在设备顶部。

⑤ 室内机安装的位置应有利于通信设备的冷却及冷热风的交换。

⑥ 室内机背部靠墙，需做好防震加固，室内机安装应考虑利于冷凝水的排放。

⑦ 空调电源应在交流配电箱中设置独立空开，电源线走线整齐统一，明线应外加 PVC 套管。

⑧ 基站内采用柜式空调时，室内机的金属外壳应接保护接地线，保护地线的两头均应压接铜鼻子，与机壳可靠接触、用螺丝固定，接地线的另一头连接至机房室内总接地排。

（2）室外机安装标准

① 室外机安装位置应利于出风和散热。

② 室外机与室内机之间的距离应尽量短，以利于发挥空调的效率。

③ 室外机应根据机房的实际情况选择安装方式，空调室外机与室内机之间的连接管子必须由下向上引入室内，以防室外的雨水顺着管子流进机房，空调室内外连接铜管要固定，排水管不应漏水，排水管子室外出水口的位置不能高于室内机凝结水的容器底部，应注意将空调冷凝水引出机房并且排入下水道。

④ 室外机安装必须保证维护方便。

⑤ 室外机正前方散热空间应大于 1500mm。

⑥ 两台室外机之间的距离应不小于 450mm。

⑦ 柜机空调室外机固定于墙面时应使用专用支架，离墙面距离应在 200～400mm。

⑧ 室外机必须安装在高于地面 300mm 以上的铁架上。

⑨ 室外机的安装应注意安全、牢固。

⑩ 室外机在考虑防盗要求时应安装安全防护网。

⑪ 室外管线应包扎、固定可靠。

⑫ 室外铜管必须靠墙固定，需每隔 1.5m 固定一次。

⑬ 室外铜管入室前要做出一个回水弯。

⑭ 空调室外线缆必须采用三相五线橡皮电缆，管线较长的应采用 PVC 管套护固定。

⑮ 空调机的安装必须严格按照产品说明书的要求及注意事项进行施工。

空调安装时，应按日常维护的规定进行必要的设置、测试，留下记录。通常基站空调夏季设置为制冷，冬季则设置为定期除湿。空调机测试包括电流测试、压力测试、绝缘测试、相序错误时的保护功能试验、断电后恢复供电的自启动功能试验。

6．动力和环境监控系统施工规范

（1）工程必须提供完整的工程技术文件，包括与系统相关的设计文件、工程安装测试文件、系统文件、操作维护文件等，具体内容及要求见附表。

（2）监控终端本身必须具有良好的电磁兼容性和防雷击、防过压保护措施。

（3）监控终端取用基站交、直流供电系统电源时，应采取良好的屏蔽、隔离和保护措施，避免因此影响基站的正常运行。

（4）监控终端宜安装到综合柜内，或安装在距地面 1.5～1.8m 的墙面上（一般选择靠近走线架和门的位置）。

（5）所有信号采集设备、传感器、变送器必须贴有标签，标明其编号、名称和用途，且和系统图纸相统一。

（6）所有信号采集线和监控终端告警输出线两端必须作有明确线标，指明线缆编号和信号内容，且和系统图纸相统一。线标必须定位牢固，标示清晰、明显，且不易被擦除。

（7）所有探测器、传感器、变送器必须尽量靠近被监测对象，尽量缩短取样信号线。

（8）所有的信号采样线必须采用屏蔽线缆，两端接地；线缆满足相应的绝缘强度和机械强度要求，并尽量采用多芯线缆整体布放，严禁线缆接续使用。

（9）严禁在设备和机架正上方安装探测器及其他设备。

（10）所有对电信号的取样必须采取有效的电磁隔离、光电隔离等隔离保护措施。

（11）监控终端宜安装到综合柜内，或安装在距地面 1.5～1.8m 的墙面上（一般选择靠近走线架和门的位置）。终端安装位置不能影响基站其他机箱、机柜门的开启和关闭，同时要避免安装在潮湿的墙面、设备的出风口、空调的出风口、馈线入口和窗台下面容易受潮的地方。

（12）监控终端应与墙体绝缘安装。

7．基站接地防雷系统施工建设规范

（1）地网

① 水平接地体扁钢应垂直铺设在预先挖好的地沟内，遇到地下管线使扁钢达不到要求的埋设深度时，扁钢必须铺设在其下部。在铺设地网连接线无法避开如阴井等情况时，必须穿 PVC 管。

② 垂直接地体在地沟内的打入深度应不小于 2.5m，若地质较硬导致角钢无法打入到要求的深度，可以将角钢的多余部分去除。为了便于焊接，打入角钢的侧面应与垂直布放的扁钢相平行。

③ 地网接地体之间的连接，应采用电焊或气焊连接，不宜采用螺钉连接或铆接；无法使用电焊或氧焊的，建议使用热熔焊接。

④ 地网沟应在建筑物散水点以外开挖，地网沟距离建筑物地基应该 1m 以上；当地网沟穿越围墙、地基、线缆沟或直埋电缆时，应对上述设施采取一定的加固或保护措施。

⑤ 接地体与埋地交流电缆、光缆、传输电缆交越或并行时，接地体与电缆之间的距离应不小于 20cm；与高压埋地电缆交越时，接地体与高压电缆之间宜满足 50cm 的最小距离，并行时宜满足 100cm 的最小距离。地网沟内不允许并排布放其他进出基站的电缆或信号线路，如不得已要布放的，线缆宜做穿管等屏蔽处理。

⑥ 地网接地体埋设在农田等经常开挖施工的地面下时，应深埋 2m 以下，并在适当位置作明显的标识。

⑦ 垂直接地体使用机械钻孔深埋时，应距离基站建筑、铁塔、通信管塔等基础 10m 以上，距离电力变压器 15m 以上，距离架空高压线的垂直投影距离 10m 以上。

⑧ 地网施工中遇到各种入户金属管道时，对某些管道内已有电缆、光缆，焊接连通较难实施时，应用其他方法将其与联合地网作良好的电气连通。

⑨ 为保证良好的电气连通，扁钢与扁钢（包括角钢）搭接长度为扁钢宽度的 2 倍，焊接时要做到三面焊接。圆钢与扁钢搭接长度为圆钢直径的 10 倍，焊接时要做到双面焊接。圆钢与建筑物螺纹主钢筋搭接长度为圆钢直径的 10 倍，焊接时要做到双面焊接。

⑩ 地网与建筑物主钢筋焊接连通时，无特殊情况主钢筋必须为大楼外围各房柱内的外侧主钢筋，并且焊接部位应位于地面以下 30cm 处。

⑪ 新旧地网焊接连通前，应在焊接部位将原有地网表面氧化部分刮拭干净，地网焊接时焊点不应有假焊，漏焊或夹杂气泡等情况。

⑫ 地网施工中焊接部位，以及从室外联合地网引入室内的接地扁钢应作三层防腐处理，具体操作方式为先涂沥青，然后绕一层麻布，再涂一层沥青。

⑬ 基站的馈线接地排的安装应与室外走线架隔离。馈线接地排与接地引入线的扁钢之间的连接，应通过过渡铜铁排连接，过渡排宜固定良好，其高度宜不低于 2.5m，固定螺栓紧固后与过渡铜铁排之间宜点焊。

（2）地埋电力、通信电缆

① 室外电力电缆、通信电缆采用铠装电缆或穿钢管埋地进入机房时，地埋路由宜避开暗沟、热力管道、污染地带等。机房内无地槽时，地埋电缆要穿钢管埋地进入。要求地埋电缆离地面距离不小于 0.7m，钢管及铠皮要做好良好接地。

② 电缆埋地采用外套钢管时，钢管与地网应作良好的电气连通，钢管两端口要采取防损伤及防水的措施，可用防火泥等作封堵处理。

③ 基站设电力变压器时，变压器侧入地电力电缆的地面部分应套钢管，钢管应高出地面1.7m 以上。

（3）新建和修复避雷带

① 避雷带应每隔 1.2m 设置一支撑杆，支撑杆露出墙面部分的高度应不小于 15cm，插入墙内的深度不小于 10cm，插入支撑杆前先将钻孔时产生的粉末清理干净后，再将支撑杆一端涂上沥青，并且支撑杆应尽量保持在同一直线上。

② 圆钢与圆钢搭接的长度应为其自身直径的 10 倍，并且要求上下搭接，焊接时要求双面焊接。

③ 利用建筑物外围垂直立柱内主钢筋作为避雷带的专用引下线的，两处避雷带引下线的水平距离应不大于 25m。

④ 新建避雷带专用引下线应使用截面积 40mm×4mm 的热镀锌扁钢，使用前应把扁钢整平直。

⑤ 新建避雷带专用引下线固定点间距应不大于 2m，并保持一定的松紧度。引下线离墙距离保持 10mm 左右。

⑥ 新建避雷带专用引下线要与联合地网焊接连通，引下线在地面以上 1.7m 与地面以下0.3m 的段落应穿 PVC 管。

⑦ 所有室外接闪系统材料的焊接部位都应作防锈处理，先涂防锈漆，再涂银粉漆。

（4）电源用交流 SPD 的安装

① 第一级交流 SPD 宜采用箱式防雷箱，且靠近机房总接地汇流排安装，其接地线就近接到总接地汇流排，电源引线与接地线均不宜超过 1m。

② 模块式 SPD 应尽量安装在被保护设备内。模块式 SPD 和空气断路器一般固定在宽35mm 的标准导轨上，再将导轨固定在设备内。若无法安装时，可将 SPD 安装在箱内，或使用箱式 SPD，将其安装在被保护设备附近的墙上或其他地方，通常其电源引线与接地引线均不宜超过 1m，否则电源引线宜采用凯文接线方式连接。

③ SPD 器应以最短、直路径接地，其接地线应避免出现"V"形和"U"形弯，连线的

弯曲角度不得小于 90°，且接地线必须绑扎固定好，松紧适中。

④ SPD 安装好后，应检查低压断路器或熔断器与 SPD 的接线是否可靠，要求用手扯动确认可靠后将低压断路器开关推上或接入熔丝，对箱式 SPD 还应查看其指示灯是否显示正常。

（5）设备接地

① 各设备的保护地线应单独从总接地汇流排或接地汇流排上引入。

② 交流零线铜排必须与设备机框绝缘。

③ 机房开关电源系统的直流工作地应用不小于 70mm^2 的多股铜导线单独从总接地汇流排或接地汇流排上引入。

④ 基站内的各电源设备中若有接零保护的设备必须将其拆除，并为其新设保护地线。

⑤ 走线架、金属槽道两端应与总接地汇流排作可靠连接，接地线缆宜采用 $35\sim95\text{mm}^2$ 的铜导线；走线架、金属槽道连接处两端宜用 $16\sim35\text{mm}^2$ 铜导线做可靠连接，连接线宜短直，连接处要去除绝缘层。

（6）接地线的布放、接地铜排的安装与连接

① 铺设接地线应平直、拼拢、整齐，不得有急剧弯曲和凹凸不平现象；在电缆走线槽内、走线架上，以及防静电地板下敷设的接地线，其绑扎间隔应符合设计规定，绑扎线扣整齐，松紧合适，结扣在两条电缆的中心线，绑扎线在横铁下不交叉，绑扎线头隐藏而不暴露于外侧。

② 在防静电地板下敷设的设备接地线，应尽量敷设在原地板下各种缆线的下面。在施工条件允许的前提下，接地线尽量做到不与信号线交叉或并排近距离同行。

③ 多股接地线与汇流排连接时，必须加装接线端子（铜鼻），接线端子尺寸应与线径相吻合，接地线与接线端子应使用压接方式，压接强度以用力拉拽不松动为准，并用塑料护管将接线端子的根部做绝缘处理。接线端子与汇流排（汇集线）的接触部分应平整、紧固，无锈蚀、氧化，不同材质连接时应涂导电胶或凡士林。接线端子安装时，接线端子与铜排接触边的夹角宜成 90°。

④ 一般接地线宜采用外护套为黄绿相间的电缆，接地线与汇流排（汇集线）的连接处有清晰的标识牌。

⑤ 接地线沿墙敷设时应穿 PVC 管。

（7）非同一级电压的电力电缆不得穿在同一管孔内。

（8）走线架、总接地汇流排和接地汇流排固定在墙体或柱子上时，必须牢固、可靠，并与建筑物内钢筋绝缘。

（9）接地汇流排宜采用不小于 $100\text{mm}\times5\text{mm}$ 的铜排，从总接地汇流排的引接的接地线宜接至接地汇流排中央处的接线孔。

（10）交流电源线、直流电源线、射频线、地线、传输电缆、控制线等应分开敷设，严禁互相交叉、缠绕或捆扎在同一线束内；同时，所有的接地线缆应避免与电源线、光缆等其他线缆近距离并排敷设。

13.2.4　通信基站电源系统典型故障分析与排除

1. 基站专用变压器零线断开，造成整流模块损坏

（1）故障现象

某基站出现整流模块故障告警，蓄电池放电。

（2）故障分析

整流模块损坏，一般为电压过高引起，基站电压过高的原因可能如下。

① 市电电压过高，造成模块烧坏。

② 有雷击发生，雷电压，电流传入电路，造成模块烧坏。

③ 市电缺相或者零线断开，造成某相电压升高，该相模块损坏。

（3）故障排除

到达现场，发现空调没有工作，模块灯全灭，不能工作，蓄电池在放电。首先用万用表测量三相电压发现，三相电压全部正常。由于天气良好附近没有雷电发生，初步判断为市电的瞬间大电压冲击造成的市电过压烧坏整流模块，于是更换新模块。更换完毕，重新上电，突然"啪"一声，新换模块又全部烧坏。又测量市电，发现又是正常，根据此类现象，怀疑零线断开，由于该基站有专用变压器，于是去室外检查变压器零线接地情况，发现变压器零线长时间腐蚀，已经对地断路。通知电力局，重新接好变压器零线，再次更换整流模块，基站供电正常。

（4）经验教训

在供电系统运行过程中，零线一旦断路，由于没有零线导通不平衡电流，负荷中性点将产生严重位移，造成三相供电电压严重不平衡。在三相四线不平衡供电系统中，零线中断，负荷中性点将向负荷大的那相位移，负荷大的那相电压降低了；而负荷小的相电压升高了，三相负荷不平衡程度越严重，负荷中性点位移量就越大。负荷端相电压对称性被破坏，出现了不同程度的不平衡。而对于开关电源，若系统未接 N 线，单开一个整流模块，由于无回路，整流模块是不会工作的。当开启不同相的整流模块时，此时两火相产生回路，模块能启动，但模块内部检测到高压，会自动关闭。如果长时间处于该状态会导致整流模块烧坏。同样 N 线如果接触不好也会产生该故障。因此在日常的维护工作中，必须要确保变压器零线接地，设备零线的连接可靠，零线上禁止安装熔断器等保护或开关装置。

2．开关电源 LVDS 跳脱造成基站退服

（1）故障现象

某基站于早上 06：44 停电，06：47 该基站便退服。

（2）故障分析

基站一停电就退服，绝大部分原因是蓄电池故障造成的，但也有可能是开关电源 LVDS（低压脱离开关）跳脱造成。LVDS（低压脱离开关）跳脱的原因主要有：

① LVDS 本身故障；

② 直流电压检测装置故障；

③ 控制板件故障。

（3）故障排除

到达基站之后，首先查看线路和 LVDS（低压脱离开关）是否完好，发现该基站监控设备和传输设备工作良好，测量蓄电池电压为 52.2V，判断 LVDS 开关断开，利用强制吸合开关进行吸合，发现主设备仍然不能工作，断定一级 LVDS 故障，利用线缆对故障 LVDS 进行短接，主设备正常工作。暂时对 LVDS 做临时短接处理，后期更换。

（4）经验教训

低压隔离保护开关（LVDS）主要由直流接触器及控制器件组成，此功能是为防止电池过放电而设置的保护装置。当系统中装置一路 LVDS 时，可以防止电池过放电；当系统中设置

两路 LVDS 时，一级 LVDS 可以防止电池过放电，二级 LVDS 可延长部分重要负载，如监控、传输等设备的供电时间。

如基站为重要负载，可将开关电源中的 LVDS 拆除用铜排或者导线短接；对于装有 LVDS 装置的开关电源，平时要检查 LVDS 的性能。特别需要主要的是，在检查 LVDS 工作状况时，最好能对 LVDS 进行短接，防止意外跳脱，引起基站退服。

3. 蓄电池组单体反极

（1）故障现象

某基站交流停电，基站马上退服。

（2）故障分析

基站一停电就退服，绝大部分原因是蓄电池故障造成的，但也有可能是开关电源 LVDS（低压脱离开关）损坏或者意外跳脱造成。蓄电池故障导致基站一停电就退服的原因有以下两种。

① 某节蓄电池开路或者故障，导致蓄电池组无法放电。

② 某几节电池容量过低，导致整组电池容量过低，放电电压下降至通信设备无法工作。

（3）故障处理

到达现场后，发现 LVDS（低压脱离开关）跳脱，测量蓄电池电压为 52V（500Ah），单体电池电压均在 2.1V 以上，手动强制吸合 LVDS，负载电流为 57A，瞬间蓄电池电压下降至 30 余伏，主设备短时间下电，判断为蓄电池组故障。利用基站应急发电机组进行发电，保障基站运行正常。随后断开蓄电池熔丝，利用随身携带的蓄电池容量测试仪对蓄电池组离线进行放电测试，放电电流模拟该基站实际负载，约 60A。数十秒后电池组电压下降至 30V 以下，12#单体电池电压-46V（反极至类似开路状态），其他均在 2.1V 以上，放电电流由 60A 下降至数安。断开蓄电池容量测试仪，12#单体电池电压恢复到 1.78V，至此可以判断是 12#电池导致了此次故障的产生。为保障基站安全运行，拆除 12#单体电池，将蓄电池组连接为 23 只/组，调整开关电源浮充电压参数为：$2.25V \times 23 \approx 51.8V$，作为临时应急后备保障蓄电池组。

（4）经验教训

对于蓄电池的维护，首先要保障机房环境温度，同时注意平时观察单体电池有否损伤、变形或腐蚀现象；电池极柱处无爬酸、漏液，安全阀周围无酸雾、酸液溢出，保障每一个单体的外观都完好。在条件允许的情况下，使用容量测试仪进行全容量放电测试，测试整组电池的放电性能和判断单个电池的工作状况。同时在条件许可的情况下，也可利用平时市电停电，蓄电池放电的故障中，快速观察蓄电池组，查找落后电池。

对于单个电池反极或断路现象，可采取以上拆除故障电池，同时调整浮充电压的方法作为应急措施。

4. 空调压缩机高压告警停机

（1）故障现象

某基站空调高压告警停机。

（2）故障分析

常见的高压告警的原因如下。

① 风冷式冷凝器翅片间距过小，表面上积聚的灰尘太多，冷凝器中水垢层过厚。

② 轴流风机不运转，或转速过慢，或叶片轴反转。

③ 冷凝器周围障碍物较多，空气流通困难。

④ 制冷剂过多。

⑤ 膨胀阀的开启度过小，或者膨胀阀中堵塞。

⑥ 高压传感器故障。

（3）故障排除

现场查看室外机，发现室外机风机风叶已经破损，更换风叶，故障排除。

（4）经验教训

高压停机故障是夏天空调最容易出现的一个问题，在日常的维护中，可在炎热天气来临之前，对室外机组进行彻底的清洗，保障冷凝器的清洁，室外机散热的良好，减少故障的概率。针对本案例风扇叶片的损坏，由于叶片为塑料制品，应尽量防止阳光的照射，造成叶片老化，在更换的过程中也应选用质量良好的叶片，防止频繁损坏。

小　　结

1．电源勘察的细致与否，直接影响电源设备配置的合理性及供电质量。

2．勘察前做好细致的准备工作如：了解总体的工程建设情况及规模、制定勘察计划和路线、与建设单位联络人、相关专业设计人等取得联系、准备好前期工程设计图纸、准备好勘察所需的仪器及工具等。

3．通信基站的电源系统设计原则。

4．基站交流引入电缆、电源线缆、开关电源系统、蓄电池、空调、动力和环境监控系统、接地防雷系统施工建设规范。

5．通信基站电源系统典型故障分析与排除。

思考题与练习题

13-1　基站勘察前期准备工作有哪些？

13-2　某基站直流负载为 100A，停电时要保证至少 5 小时的后备时间，如何配置蓄电池组？

13-3　基站室内电源线缆施工有何要求？

参考文献

1. 叶雅文，韩从华. 通信配电. 北京：人民邮电出版社，1991
2. 王家庆. 智能型高频开关电源系统的原理使用与维护. 北京：人民邮电出版社，2000
3. 贾继伟等. 通信电源的科学管理与集中监控. 北京：人民邮电出版社，2004
4. 吴疆等. 看图学修空调器. 北京：人民邮电出版社，2003
5. 徐德胜，肖伟. 变频式空调器. 上海：上海交通大学出版社，2000
6. 侯振义，夏峥. 通信电源站原理及设计，2002
7. 蔡仁钢. 电磁兼容原理、设计和预测技术. 北京：航空航天大学出版社，1997
8. 张廷鹏，张海俊. 现代通信供电系统. 北京：人民邮电出版社，1995
9. 李崇建. 通信电源技术标准与测量. 北京：人民邮电出版社，2002
10. 朱品才，张华，薛观东. 阀控式密封铅酸蓄电池的运行与维护. 北京：人民邮电出版社，2006
11. 曹宇衡，曹阳. 小型汽油发电机组. 上海：上海交通大学出版社，2002
12. 欧盟 Asia-Link 项目"关于课程开发的课程设计"课题组. 职业教育与培训学习领域课程开发手册. 北京：高等教育出版社，2007